# Mesure, mécatronique et traitement de données

Jean Lemay

**JFD**
Éditions

**Mesure, mécatronique et traitement de données**
Jean Lemay

© 2017 Les Éditions JFD inc.

**Catalogage avant publication de Bibliothèque et Archives nationales du Québec et Bibliothèque et Archives Canada**

Lemay, Jean

Mesure, mécatronique et traitement de données

ISBN 978-2-924651-24-7

1. Génie mécanique – Manuel d'enseignement supérieur

TJ159.L45 2016     621     C2016-942260-7

**Les Éditions JFD**
C.P. 15, Succ. Rosemont
Montréal (Québec)
H1X 3B6
Téléphone : 514-999-4483
Courriel : info@editionsjfd.com
www.editionsjfd.com

ISBN : 978-2-924651-24-7
Dépôt légal : 1er trimestre 2017
Bibliothèque et Archives nationales du Québec
Bibliothèque et Archives Canada

Infographie et graphisme : Jonathan Lemarcheur et Interscript

Imprimé au Québec, Canada

# Remerciements

Cet ouvrage représente le fruit de plus de 25 années d'enseignement prodigué à l'Université Laval, mon *alma mater*. Durant ces années j'ai eu le privilège d'enseigner les cours de techniques de mesure, d'investigation expérimentale, d'acquisition et traitement de données offerts au département de génie mécanique. Ma passion de chercheur, dans le domaine expérimental en dynamique des fluides, et mon goût de la pédagogie n'auraient pu être assouvis sans le support de collaborateurs chevronnés et tout aussi passionnés. Ils m'ont appuyé et ont grandement influencé l'évolution de mes idées. Leur contribution à la réalisation de ce livre est indéniable.

Tout d'abord merci à M. Yves Jean, ingénieur électrique, spécialisé en électronique et instrumentation, pour ses commentaires d'une grande pertinence ainsi que pour toutes les solutions ingénieuses qu'il a apportées aux innombrables problèmes soulevés par les montages expérimentaux que nous avons développés au cours des années. Je remercie également les professeurs Jean Ruel et André Bégin-Drolet, ainsi que M. Marc-André Plourde-Campagna, pour leur enthousiasme et leur appui à la cause de l'enseignement des techniques de mesure. Leur implication dans l'enseignement des cours mentionnés plus haut a été une grande source d'inspiration pour moi. De plus, leurs commentaires constructifs et toujours perspicaces ont contribué à donner de la pertinence à cet ouvrage. L'apport du professeur Ruel et de M. Plourde-Campagna à la section traitant des cellules de charge a été particulièrement apprécié. Les simulations numériques des champs de déformation des différentes géométries de cellules de charge, réalisées par M. Plourde-Campagna, fournissent des informations inédites pour un lecteur averti. Peu d'ouvrages sur le marché en font un traitement si détaillé.

Ma gratitude s'adresse aussi au département de génie mécanique de l'Université Laval pour le support technique de grande qualité fourni par les ateliers de fabrication mécanique et d'électronique. Je suis persuadé que le développement d'un pôle d'excellence en méthodologies expérimentales nécessite la mise en œuvre d'une synergie impliquant les professeurs et les chercheurs, tout comme les ressources techniques en mécanique et en électronique. J'ai eu l'immense privilège de faire ma carrière dans un tel environnement et j'en suis très reconnaissant.

J'adresse aussi mes remerciements à mes parents, Monique et Gaston, qui m'ont supporté et encouragé tout au long de ma formation. Il me fait plaisir de leur dédier ce livre. Je termine en exprimant ma profonde gratitude à mon épouse Françoise ainsi qu'à mes enfants, Adrien et Anaïs, pour leur amour indéfectible.

# Table des matières

**Chapitre 6**
**Mesure de la pression**

**Chapitre 7**
**Mesure du débit**

**Chapitre 8**
**Mesure des forces et des déformations**

**Chapitre 9**
**Mesure de la position et détection de la proximité**

**Chapitre 10**
**Mesure des vibrations**

**Chapitre 11**
**Post-traitement des données dans le domaine temporel**

**Chapitre 12**
**Post-traitement des données dans le domaine des fréquences**

**Chapitre 13**
**Filtres numériques**

**Annexes**

# Liste des unités et des symboles

## Unités de mesure

### Note

Les *unités de base* SI (Système International) sont le mètre [m], le kilogramme [kg], la seconde [s], l'ampère [A], le kelvin [K], la candela [cd] et la mole [mol]. Elles sont soulignées dans le tableau suivant. Ces unités de base servent à exprimer toutes les autres unités SI que l'on dénomme *unités dérivées*. Les unités dérivées sont par exemple le joule [J], le newton [N], l'ohm [$\Omega$], le henry [H], etc. Notons enfin que le radian [rad], unité de mesure des angles plans, constitue une *unité supplémentaire* SI.

| Symbole | Dénomination | Unité SI de base | Unité équivalente | Quantité physique |
|---------|--------------|------------------|-------------------|-------------------|
| [A] | ampère | [A] | | Courant électrique |
| [C] | coulomb | [A·s] | | Charge électrique |
| [cd] | candela | [cd] | | Intensité lumineuse |
| [F] | farad | [$A^2 \cdot s^4 / (kg \cdot m^2)$] | [$s/\Omega$] | Capacitance |
| [H] | henry | [$kg \cdot m^2 / (A^2 \cdot s^2)$] | [$\Omega \cdot s$] | Inductance |
| [Hz] | hertz | [$1/s$] | | Fréquence |
| [J] | joule | [$kg \cdot m^2 / s^2$] | [N·m]= [W·s] | Énergie |
| [K] | kelvin | [K] | | Température |
| [kg] | kilogramme | [kg] | | Masse |
| [m] | mètre | [m] | | Longueur |
| [mol] | mole | [mol] | | Quantité d'une substance |
| [N] | newton | [$kg \cdot m / s^2$] | | Force |
| [Pa] | pascal | [$kg / (m \cdot s^2)$] | [$N/m^2$] | Pression, contrainte |
| [s] | seconde | [s] | | Temps |
| [T] | tesla | [$kg / (A \cdot s^2)$] | [$V \cdot s / m^2$] | Densité de flux magnétique |
| [V] | volt | [$kg \cdot m^2 / (A \cdot s^3)$] | | Force électromotrice |
| [W] | watt | [$kg \cdot m^2 / s^3$] | [J/s] | Puissance |
| [Wb] | weber | [$kg \cdot m^2 / (A \cdot s^2)$] | | Flux magnétique |
| [$\Omega$] | ohm | [$kg \cdot m^2 / (A \cdot s^3)$] | [H/s] | Résistance |

# Liste des symboles

## Note

Certains symboles ont plusieurs usages et se retrouvent donc plus d'une fois dans le tableau suivant. C'est le cas par exemple du symbole $p$ qui est utilisé pour la pression et pour la densité de probabilité, ou encore du symbole $V$ utilisé pour désigner l'effort tranchant et l'amplitude d'une tension alternative. Ces doubles usages ne portent cependant pas à confusion, car le contexte d'utilisation des symboles permettra d'en faire une interprétation unique. De plus, les unités SI de chacun des symboles sont indiquées dans la deuxième colonne du tableau. Les unités identifiées par [...] indiquent que le symbole en question aura des unités qui dépendent de la variable mesurée. Les unités identifiées par [1] indiquent qu'il s'agit d'un symbole sans dimension.

| Notation | Unité | Définition |
|---|---|---|
| $A$ | [m$^2$] | Surface, aire, section |
| $A_c, A_p$ | [m$^2$] | Section d'un conducteur, section d'un piston |
| $A_f$ | [m$^2$] | Surface frontale d'une cible |
| $\vec{a}$ | [m/s$^2$] | Vecteur accélération |
| $\vec{a}_c$ | [m/s$^2$] | Vecteur accélération de Coriolis |
| $a_j$ | [...] | Coefficient $j$ d'un polynôme de régression |
| $\vec{B}, B$ | [T] | Vecteur et module de densité de flux magnétique |
| $B_x$ | [...] | Incertitude reliée au biais |
| $C$ | [F] | Capacitance d'un condensateur |
| $C$ | [1] | Coefficient de décharge |
| $\vec{C}, C$ | [N·m] | Vecteur et module du couple résultant sur un tube de Coriolis |
| $C_D, C_F$ | [1] | Coefficient de traînée, coefficient de force |
| $c$ | [N·s/m] | Facteur d'amortissement |
| $c_i$ | [...] | Coefficient des lois d'étalonnage des thermocouples |
| $c_p$ | [J/(kg·K)] | Chaleur massique à pression constante d'une substance |
| $D$ | [m] | Diamètre d'un tuyau |
| $\mathcal{D}$ | [N] | Traînée aérodynamique ou hydrodynamique d'un corps |
| $d$ | [m] | Diamètre d'un cylindre, d'un orifice ou d'un col de débitmètre |
| $d_i$ | [...] | Différence $y_{e_i} - y_i$ dans un calcul de régression |
| $E$ | [V] | Tension continue |
| $E$ | [1] | Facteur de vitesse d'approche dans l'utilisation d'un débitmètre |
| $E$ | [N/m$^2$] | Module d'élasticité ou module d'Young d'un matériau |
| $E_i$ | [V] | Tension d'alimentation continue d'un instrument |
| $E_{FSR}$ | [V] | Tension d'entrée pleine échelle d'un convertisseur A/N |
| $e_i$ | [...] | Erreur élémentaire dans un processus de mesure |
| $e_Q$ | [V] | Erreur de quantification d'un convertisseur A/N |

| Notation | Unité | Définition |
|---|---|---|
| $F$ | [N] | Intensité d'une force, d'un effort |
| $F, K, T$ | [...] | Coefficient d'aplatissement d'un échantillon ou estimateur de $\alpha_4$ |
| $\vec{F_c}, F_c$ | [N] | Vecteur et module de la force de Coriolis |
| $f$ | [Hz] | Fréquence |
| $f_c$ | [Hz] | Fréquence de coupure d'un instrument |
| $f_{\text{éch.}}$ | [Hz] | Fréquence d'échantillonnage |
| $f_N$ | [Hz] | Fréquence de Nyquist |
| $f_n$ | [Hz] | Fréquence naturelle d'un capteur |
| $G$ | [N/m$^2$] | Module de cisaillement d'un matériau |
| $G_a$ | [1] | Gain interne d'un amplificateur opérationnel |
| $g$ | [m/s$^2$] | Accélération gravitationnelle |
| $H$ | [A/m] | Force d'un champ magnétique |
| $H(\omega)$ | [1] | Réponse en fréquence d'un circuit ou d'un capteur (ou $H(f)$) |
| $H_A(f)$ | [1] | Réponse en fréquence d'un accéléromètre |
| $h$ | [m] | Hauteur d'un liquide, différence d'élévation ($h = z_1 - z_2$) |
| $h$ | [J/kg] | Enthalpie massique d'une substance |
| $I, i$ | [A] | Courant continu, courant alternatif ou variable |
| $\vec{i}$ | [1] | Vecteur unitaire orienté dans le sens de l'axe $x$ (longitudinal) |
| $i_g$ | [A] | Courant circulant dans un galvanomètre |
| $\vec{j}$ | [1] | Vecteur unitaire orienté dans le sens de l'axe $y$ (transversal) |
| $j$ | [1] | Nombre imaginaire ($j^2 = -1$) |
| $K$ | [...] | Sensibilité statique d'un instrument |
| $K$ | [1] | Facteur de jauge |
| $k$ | [W/(m·K)] | Conductivité thermique (ou en [W/(m·°C)]) |
| $k$ | [N/m] | Rigidité ou constante de ressort |
| $\vec{k}$ | [1] | Vecteur unitaire orienté verticalement (vers le haut) |
| $k_s$ | [N·m/rad] | Rigidité en torsion |
| $L$ | [H] | Inductance |
| $\vec{L}, L$ | [m] | Vecteur et longueur définissant un conducteur ou un tube |
| $l$ | [m] | Longueur d'une barre |
| $M$ | [1] | Nombre de bits formant un code binaire (mot de $M$ − bits) |
| $M$ | [N·m] | Moment de flexion |
| $M, m$ | [kg] | Masse |
| $\dot{m}$ | [kg/s] | Débit massique |
| $N$ | [1] | Taille d'un échantillon de mesure |
| $N$ | [1] | Nombre de spires d'une bobine |
| $\vec{n}$ | [1] | Vecteur unitaire perpendiculaire à une surface de contrôle |
| $P_x$ | [...] | Incertitude reliée à la précision |
| $p$ | [1] | Densité de probabilité |
| $p$ | [Pa] | Pression |

| Notation | Unité | Définition |
|---|---|---|
| $p_{abs}$ | [Pa] | Pression absolue |
| $p_{atm}$ | [Pa] | Pression atmosphérique |
| $p_{jauge}$ | [Pa] | Pression jauge ($p_{jauge} = p_{abs} - p_{atm}$) |
| $Q$ | [C] | Charge électrique |
| $Q$ | [V] | Résolution d'un convertisseur A/N |
| $Q$ | [m³/s] | Débit volumique |
| $\dot{Q}$ | [W] | Taux de transfert de chaleur ou puissance thermique |
| $\dot{Q}_J$ | [W] | Taux de transfert de chaleur par effet Joule |
| $\dot{Q}_P$ | [W] | Taux de transfert de chaleur par effet Peltier |
| $\dot{Q}_T$ | [W] | Taux de transfert de chaleur par effet Thompson |
| $q$ | [N/m] | Chargement |
| $q_m$ | [kg/s] | Débit massique (Norme ISO 5167) |
| $q_v$ | [m³/s] | Débit volumique (Norme ISO 5167) |
| $R$ | [Ω] | Résistance électrique d'un conducteur |
| $R_a, R_o$ | [Ω] | Impédances d'entrée et de sortie d'un amplificateur opérationnel |
| Re | [1] | Nombre de Reynolds |
| $R_m$ | [Ω] | Résistance interne d'un galvanomètre ou d'un voltmètre |
| $r_{xy}$ | [1] | Coefficient de corrélation entre les distributions $x$ et $y$ |
| $r_{y_e y}$ | [1] | Coefficient de régression |
| $S$ | [...] | Coefficient de dissymétrie d'un échantillon ou estimateur de $\alpha_3$ |
| St | [1] | Nombre de Strouhal |
| $s_x, s$ | [...] | Écart-type d'un échantillon $x$ ou estimateur de $\sigma$ |
| $s_{xy}$ | [1] | Covariance entre les distributions $x$ et $y$ |
| $T$ | [K] ou [°C] | Température (T [K] = T [°C] + 273.15) |
| $T$ | [s] | Temps d'observation d'un signal discret ($T = N\,\delta t$) |
| $t$ | [s] | Temps |
| $t, t_{v,p}$ | [...] | Variable de la loi de Student |
| $\vec{U}, U$ | [m/s] | Vecteur et module de la vitesse |
| $U_a$ | [m/s] | Projection du vecteur vitesse suivant la direction axiale |
| $U_c$ | [m/s] | Vitesse de propagation d'une onde de compression |
| $U_n$ | [m/s] | Projection du vecteur vitesse suivant $\vec{n}$ |
| $U_s$ | [m/s] | Vitesse de propagation d'une onde de cisaillement |
| $\vec{U}_t$ | [m/s] | Vecteur de vitesse tangentielle à une pale d'hélice |
| $u_x$ | [...] | Incertitude finale sur la mesure de $\bar{x}$ |
| $V$ | [N] | Effort tranchant |
| $V$ | [V] | Amplitude d'une tension alternative |
| $v$ | [V] | Tension alternative ou variable |
| $v_i\,v_o$ | [V] | Tensions variables à l'entrée et à la sortie d'un circuit |
| $v_m$ | [V] | Tension électrique aux bornes d'un pont de Wheatstone |
| $W$ | [J] | Énergie |

| Notation | Unité | Définition |
|---|---|---|
| $\vec{W}$ | [m/s] | Vecteur de vitesse relative ($\vec{W} = \vec{U} - \vec{U}_t$) |
| $X(f)$ | [...] | Transformée de Fourier de $x(t)$ |
| $x(t)$ | [...] | Signal d'entrée d'un système linéaire |
| $x(t)$ | [...] | Abscisses d'un nuage de points dans un calcul de régression |
| $x(t)$ | [m] | Position absolue de la base d'un capteur séismique |
| $x$ | [m] | Position d'un potentiomètre linéaire |
| $\vec{x}_a$ | [m] | Vecteur position de l'axe d'un tube de Coriolis |
| $y(t)$ | [...] | Signal de sortie d'un système linéaire |
| $y(t)$ | [...] | Ordonnées d'un nuage de points dans un calcul de régression |
| $y(t)$ | [m] | Position absolue de la masse d'un capteur séismique |
| $y_e$ | [...] | Fonction estimée dans un calcul de régression |
| $Z, Z_{\text{éq.}}$ | [Ω] | Impédance et impédance équivalente d'un circuit électrique |
| $Z_C, Z_L$ | [Ω] | Impédance capacitive, réactance inductive |
| $z$ | [m] | Élévation, altitude, coordonnée cartésienne selon le vecteur $\vec{k}$ |
| $z(t)$ | [m] | Position relative de la masse d'un capteur séismique |
| $z, z_p$ | [...] | Variable centrée réduite |

| Symbole grec | Unité | Définition |
|---|---|---|
| $\alpha$ | [deg] | Angle d'incidence |
| $\alpha$ | [Ω/(Ω·°C)] | Coefficient de température de la résistivité |
| $\alpha$ | [1] | Coefficient d'écoulement dans l'utilisation d'un débitmètre |
| $\alpha_3, \alpha_4$ | [1] | Coefficients de dissymétrie et d'aplatissement d'une population |
| $\alpha_{AB}$ | [V/K] | Coefficient d'effet Seebeck (ou en [V/°C]) |
| $\alpha_i$ | [...] | Coefficient des lois d'étalonnage des thermocouples |
| $\beta$ | [...] | Erreur systématique (biais) |
| $\beta$ | [1] | Rapport des diamètres dans l'utilisation des débitmètres |
| $\gamma$ | [N/m³] | Poids spécifique d'une substance ($\gamma = \rho g$) |
| $\gamma$ | [1] | Déformation angulaire ou glissement (ou en [rad]) |
| $\delta$ | [...] | Erreur totale |
| $\delta$ | [m] | Élongation totale |
| $\delta t$ | [t] | Valeur du pas de temps d'échantillonnage ($\delta t = 1/f_{\text{éch.}}$) |
| $\epsilon$ | [...] | Erreur aléatoire (précision) |
| $\epsilon$ | [1] | Déformation unitaire |
| $\zeta$ | [1] | Coefficient d'amortissement d'un capteur |
| $\theta$ | [rad] | Angle de torsion d'un tube de Coriolis |
| $\theta$ | [rad] | Position angulaire d'un potentiomètre rotatif |
| $\lambda$ | [m] | Longueur d'onde |
| $\mu$ | [...] | Espérance mathématique d'une population |
| $\mu$ | [Pa·s] | Viscosité dynamique d'un fluide |

| Symbole grec | Unité | Définition |
|---|---|---|
| $\mu_0$ | [H/m] | Perméabilité magnétique du vide |
| $\mu_r$ | [1] | Perméabilité magnétique relative d'un matériau |
| $\mu_r$ | [...] | Moment d'ordre $r$ |
| $\nu$ | [m²/s] | Viscosité cinématique d'un fluide |
| $\nu_P$ | [1] | Coefficient de Poisson d'un matériau |
| $\Pi_1$ | [m²/N] | Piézorésistance |
| $\pi_{AB}$ | [V] | Coefficient d'effet Peltier (ou en [W/A]) |
| $\rho$ | [kg/m³] | Masse volumique d'une substance |
| $\rho_e$ | [Ω·m] | Résistivité électrique |
| $\sigma, \sigma^2$ | [...] | Écart-type et variance d'une population |
| $\sigma$ | [V/K] | Coefficient d'effet Thompson (ou en [W/(A·K)]) |
| $\sigma$ | [N /m²] | Contrainte normale |
| $\tau$ | [s] | Constante de temps d'un instrument |
| $\tau$ | [N /m²] | Contrainte de cisaillement |
| $\phi$ | [rad] | Angle de déphasage ou de phase |
| $\phi$ | [Wb] | Flux magnétique |
| $\Psi^2$ | [...] | Valeur moyenne quadratique |
| $\omega$ | [rad/s] | Fréquence angulaire ou circulaire ($\omega = 2\pi f$) |
| $\vec{\omega}, \omega$ | [rad/s] | Vecteur et module de la vitesse angulaire |

| Autre notation | Unité | Définition |
|---|---|---|
| A/N | | Analogique/Numérique |
| bit | | Unité binaire prenant la valeur 0 ou 1 (BIT = Binary unIT) |
| $\forall$ | [m³] | Volume |
| $\overline{(\ )}$ | [...] | Valeur moyenne d'une quantité donnée |
| $\dot{(\ )}$ | [...] | $d(\ )/dt$ |
| $\ddot{(\ )}$ | [...] | $d^2(\ )/dt^2$ |
| $E[\ ]$ | [...] | Espérance mathématique d'une quantité donnée |
| $\Delta(\ )$ | [...] | Variation ou incrément d'une quantité donnée |
| $(\ )_R, (\ )_I$ | [...] | Partie réelle, partie imaginaire d'un nombre complexe |
| $\vert\ \vert$ | [...] | Module d'un vecteur ou d'un nombre complexe |

# Sous-multiples (≤0.1) et multiples (≥10) des unités de mesure

| Symbole | Préfixe | Valeur multiplicative | |
|---------|---------|---|---|
| y | yocto | $10^{-24}$ | = 0.000 000 000 000 000 000 000 001 |
| z | zepto | $10^{-21}$ | = 0.000 000 000 000 000 000 001 |
| a | atto | $10^{-18}$ | = 0.000 000 000 000 000 001 |
| f | femto | $10^{-15}$ | = 0.000 000 000 000 001 |
| p | pico | $10^{-12}$ | = 0.000 000 000 001 |
| n | nano | $10^{-9}$ | = 0.000 000 001 |
| $\mu$ | micro | $10^{-6}$ | = 0.000 001 |
| m | milli | $10^{-3}$ | = 0.001 |
| c | centi | $10^{-2}$ | = 0.01 |
| d | déci | $10^{-1}$ | = 0.1 |
| da | déca | $10^{1}$ | = 10 |
| h | hecto | $10^{2}$ | = 100 |
| k | kilo | $10^{3}$ | = 1 000 |
| M | méga | $10^{6}$ | = 1 000 000 |
| G | giga | $10^{9}$ | = 1 000 000 000 |
| T | téra | $10^{12}$ | = 1 000 000 000 000 |
| P | péta | $10^{15}$ | = 1 000 000 000 000 000 |
| E | exa | $10^{18}$ | = 1 000 000 000 000 000 000 |
| Z | zetta | $10^{21}$ | = 1 000 000 000 000 000 000 000 |
| Y | yotta | $10^{24}$ | = 1 000 000 000 000 000 000 000 000 |

# Introduction

L'histoire de l'humanité est jonchée d'une multitude d'inventions qui ont bouleversé le cours des événements. Certaines ont marqué leur époque et ont fait évoluer des civilisations en leur permettant de faire des bonds de géant. Ainsi, l'électricité, le moteur à combustion, l'aéronautique, le transistor, l'informatique, le microprocesseur et l'ordinateur ont eu des effets majeurs sur l'évolution technologique du monde moderne. En fait, le taux de croissance des innovations augmente à une vitesse fulgurante et c'est une des raisons pour lesquelles nous sommes passés très rapidement de la révolution industrielle, qui a débuté dans les années 1800, à l'époque actuelle que l'on dénomme aussi ère de l'information. Dire que nous vivons dans un environnement technologique est un euphémisme. Un simple coup d'œil à notre cadre quotidien et notre mode de vie le démontre aisément. En réalité, la plupart des habitants des pays industrialisés seraient désemparés s'ils perdaient, par exemple, leur système de télécommunication ou encore, leurs moyens de transport et de distribution des marchandises.

Les techniques de mesure, dont il est question dans cet ouvrage, sont au cœur de notre environnement hautement technologique. En fait, la plupart des gens utilisent quotidiennement des instruments de mesure. En lisant la température sur un thermomètre, en contrôlant la vitesse de leur véhicule à l'aide de l'odomètre, en utilisant un pèse-personne, ou encore, en mesurant le temps de cuisson de leurs aliments, les individus font un geste que l'on peut qualifier de prise de mesure d'une quantité physique (température, vitesse, poids, temps).

La mesure de quantités physiques intéresse particulièrement l'ingénieur. Que ce soit pour observer et décrire un phénomène ou encore, pour contrôler l'évolution d'un processus ou la dynamique d'une machine, l'ingénieur a recours aux techniques de mesure. Ces techniques font intervenir une panoplie de capteurs et d'outils permettant d'acquérir l'information, de la traiter et éventuellement de rétroagir sur le phénomène en question. Les techniques de mesure sont à la base de l'approche expérimentale qui consiste à observer, analyser et comprendre la dynamique des systèmes.

Lorsque l'on fait appel à l'approche expérimentale, une sélection pertinente des instruments de mesure nécessite une bonne connaissance de ce qui est disponible sur le marché. Il est important de connaître quels sont les différents éléments sensibles qui servent à fabriquer les instruments de mesure. Il est aussi essentiel de savoir quels sont tous les facteurs qui peuvent influencer la sensibilité d'un capteur (température, pression, vitesse, déformation, déplacement, etc.). Cela permet de mieux les utiliser et, si possible, de réduire l'influence des perturbations parasites pouvant affecter leur réponse. En adoptant cette optique, on peut en quelque sorte démystifier l'offre du marché et réaliser que personne ne propose de « capteurs miracles ». En fait, la plupart des capteurs sont basés sur des principes relativement simples qui sont ensuite *bonifiés* à l'aide de circuits électroniques (généralement pour rendre leur réponse linéaire, sans hystérésis, compensée pour différents facteurs de dérive, etc.). Pour faire de la recherche et du développement, il faut aller au-delà de *l'emballage* (il faut comprendre « comment ça marche ») et même, quelques fois, analyser les caractéristiques des capteurs que le fabricant propose. Différentes vérifications peuvent être faites par le biais d'étalonnages adéquats. Ainsi, le présent ouvrage ne vise pas à faire une revue exhaustive des différents capteurs. Il vise plutôt, entre autres, à rendre le lecteur à l'aise avec l'instrumentation et l'approche expérimentale.

Tout utilisateur d'instruments de mesure doit savoir que dès lors qu'il effectue une mesure, il ne peut obtenir la vraie valeur d'une quantité physique; en réalité, il ne fait qu'estimer la valeur de la quantité physique en question. Il doit admettre qu'il ne peut être sûr à 100 % que la valeur estimée corresponde à la valeur vraie. L'écart entre la valeur vraie (que l'on ne connaît pas) et la valeur estimée correspond à l'erreur de mesure. L'art de la mesure consiste, d'une part, à savoir réduire le plus possible cette erreur et, d'autre part, à savoir quantifier correctement l'incertitude affectant la mesure. Le lecteur trouvera dans ce manuel les techniques de base utilisées en ingénierie pour évaluer les incertitudes de biais et de précision. Il trouvera également de quelle manière traiter le problème plus complexe de la propagation des incertitudes dans le calcul d'un résultat, lorsque ce résultat implique la mesure de plusieurs quantités physiques. Le lecteur pourra finalement aborder le sujet plus avancé de l'estimation des incertitudes résultant du calcul de régression des moindres carrés effectué sur un ensemble de données expérimentales que l'on utilise, par exemple, lors du processus d'étalonnage d'un instrument.

Les capteurs qui sont à la base de tout système de mesure peuvent être classés en deux catégories : les capteurs actifs et les capteurs passifs. Les instruments de nouvelle génération utilisent généralement des capteurs actifs. Dans le présent ouvrage, on s'intéresse plus particulièrement aux capteurs actifs et aux signaux qu'ils fournissent. Cependant, cela ne veut pas dire que les capteurs passifs n'aient pas d'intérêt; au contraire, certains de ces capteurs servent souvent de référence lors d'étalonnages de capteurs actifs.

Un capteur actif possède une source de puissance auxiliaire. Celle-ci lui fournit la majeure partie de la puissance de sortie alors que le signal d'entrée n'en fournit qu'une portion insignifiante. Un accéléromètre, un pont de jauges de déformations ou un capteur de pression à éléments piézoélectriques sont tous des exemples de capteurs actifs. À l'opposé, une composante dont l'énergie de sortie est entièrement ou presque entièrement fournie par le signal d'entrée est appelée un capteur passif. Un thermomètre de verre à dilatation de mercure est un capteur passif. Un tube de Pitot combiné à un manomètre à tube en U est aussi un capteur ou un instrument passif.

Les capteurs actifs peuvent être intégrés à une chaîne d'acquisition de données, approche que nous favoriserons dans le cadre de ce livre. Les signaux récoltés par la chaîne de mesure nécessitent généralement un traitement statistique et, parfois, la complexité de ce traitement peut faire appel à des outils mathématiques sophistiqués. Le présent ouvrage couvre les notions du traitement des données, tout d'abord dans le domaine temporel et ensuite dans le domaine des fréquences.

Les capteurs actifs peuvent aussi être associés à des microprocesseurs de manière à leur fournir une capacité d'analyse leur permettant d'effectuer des diagnostics. On peut même retrouver plusieurs capteurs actifs et microprocesseurs combinés en un seul appareil que l'on dénomme *capteur intelligent*. Ces capteurs de nouvelle génération constituent l'avenir de la mesure et du contrôle. Lorsque l'on aborde ces questions, on entre dans le domaine de la *mécatronique*. En effet, cette discipline se trouve à l'intersection de la mécanique, de l'électromécanique, de l'électronique et de l'informatique. L'intégration de ces champs de l'ingénierie permet d'aborder des problématiques complexes requérant la mesure de quantités physiques, l'analyse en temps réel de la dynamique d'un système et la théorie du contrôle. Le présent manuel dresse les bases de cette démarche d'intégration.

Les thèmes énumérés dans les paragraphes précédents sont abordés dans un ordre dicté par des impératifs pédagogiques. Ainsi, les chapitres 1 et 2 traitent de concepts de base, tels que l'analyse des incertitudes, les étalonnages statiques et dynamiques ainsi que les calculs de régression qui permettent de représenter les relations d'étalonnage à l'aide de fonctions mathématiques. Ensuite, les chapitres 3 et 4 abordent respectivement les notions d'électronique que l'on utilise couramment dans le domaine de la mesure et les concepts d'acquisition de données. La description des cartes d'acquisition de données faite au chapitre 4 s'appuie sur les notions d'électronique vues dans le chapitre 3. De plus, les liens avec les étalonnages dynamiques (chapitre 2) deviennent évidents lorsque l'on discute de bande passante des instruments de mesure et de détermination de la fréquence d'échantillonnage d'une carte d'acquisition de données (chapitre 4). Ensuite les chapitres 5 à 10 traitent de la mesure des quantités physiques de grande importance en ingénierie : la température, la pression, le débit, les forces et les déformations, la position et, finalement, les vibrations. Les chapitres 11 et 12 présentent les notions de traitement des données dans le domaine temporel et dans le domaine des fréquences. On y définit notamment les fonctions de densité de probabilité, les moments et corrélations ainsi que les différents outils d'analyse spectrale. L'ouvrage se termine avec le chapitre 13 qui offre un survol rapide des filtres numériques.

Les notions décrites dans ce livre ne sont pas nouvelles. L'auteur en a fait une présentation originale en s'inspirant de nombreux ouvrages dans le domaine qu'il a consultés au fil des ans. Ces livres de référence sont listés dans la bibliographie que l'on retrouve à la fin du présent manuel.

En terminant, il est utile de préciser que cet ouvrage s'adresse principalement aux ingénieurs mécaniques et industriels ainsi qu'aux étudiantes et étudiants de tous les cycles inscrits dans ces disciplines. Il s'adresse également aux ingénieurs civils et chimiques qui y trouveront une foule de renseignements utiles à leurs domaines respectifs. Même les ingénieurs électriques y verront un grand intérêt, puisqu'ils sont souvent amenés à intégrer des composantes et instruments de mesure de nature mécanique à des systèmes électriques complexes.

# 1 | L'approche expérimentale

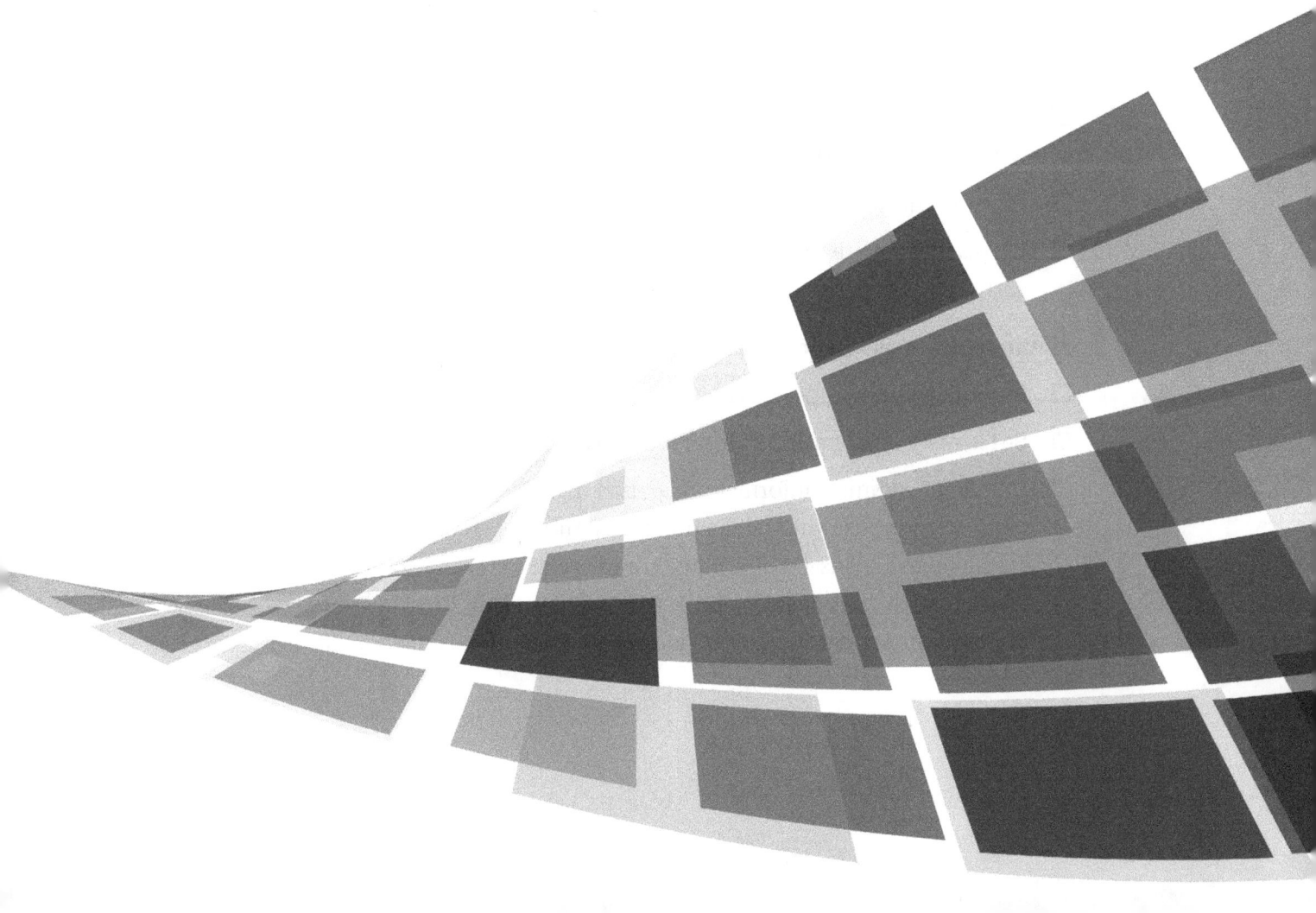

# 1.1 Design d'expérience

Le design d'une expérience comprend:

- ☐ La sélection d'une technique de mesure appropriée.
- ☐ La sélection des instruments acceptables.
- ☐ Le choix des étalonnages adéquats.
- ☐ Un plan exposant la façon suivant laquelle les mesures seront prises, dépouillées et présentées.

La planification globale peut être divisée en plusieurs étapes individuelles, mais liées entre elles. Celles-ci doivent obligatoirement être réalisées avant le début effectif de la campagne de mesures. La conception d'une expérience peut ainsi être résumée de la façon suivante:

① **Objectif**

- ☐ Identifier les variables à mesurer.
- ☐ Identifier les interactions pertinentes entre les variables et les paramètres de contrôle.

② **Plan**

- ☐ Développer une stratégie de variation des variables indépendantes.
- ☐ Développer si nécessaire une stratégie de variation aléatoire des variables externes au problème.
- ☐ S'assurer que l'information acquise soit suffisante pour atteindre les objectifs.
- ☐ Le plan doit faire appel si possible à des méthodes concomitantes de telle sorte que l'on puisse minimiser le biais sur les mesures.

③ **Méthodologie d'évaluation des méthodes**

- ☐ Identifier une ou plusieurs méthodes de mesure candidates.
- ☐ Se baser sur un examen de la littérature des techniques et instruments disponibles.
- ☐ Une large gamme d'informations existe dans les livres spécialisés et les journaux scientifiques (méthodes détaillées, théorie...), dans les codes nationaux (techniques), dans les journaux commerciaux spécialisés (techniques, instrumentation...) et dans les bulletins techniques ou brochures des fabricants et distributeurs d'instruments de mesure (techniques, détails des caractéristiques des instruments...).

④ **Analyse des incertitudes**

- ❑ Décider du niveau minimum d'exactitude que l'on peut tolérer.

- ❑ Faire ce choix de telle sorte que les données finales puissent toujours rencontrer les objectifs de départ.

- ❑ Le seuil d'exactitude dépend de l'application (recherche → seuil élevé, estimation industrielle → seuil moyen ou faible...).

- ❑ Choisir les méthodes de mesure et les instruments qui peuvent respecter le niveau d'exactitude fixé.

⑤ **Coûts**

- ❑ Classer chaque candidat retenu au point 4 en fonction du coût.

- ❑ Déterminer s'il y a une méthode candidate qui rencontre les contraintes budgétaires.

- ❑ S'il y a un problème, on doit :

  - réviser le budget à la hausse avec les groupes administratifs...

  - réviser le point 4 avec un seuil d'exactitude à la baisse... (il est possible que l'on doive alors réviser les objectifs de départ).

⑥ **Étalonnage**

- ❑ Les étalonnages réduisent les erreurs de mesure ; ils sont cependant coûteux (investissements, temps...).

- ❑ Les spécifications des fabricants sont parfois suffisantes.

- ❑ Prendre la décision en fonction du seuil d'exactitude déterminé au point 4.

⑦ **Acquisition des données**

- ❑ Déterminer la chaîne de mesure suivante :

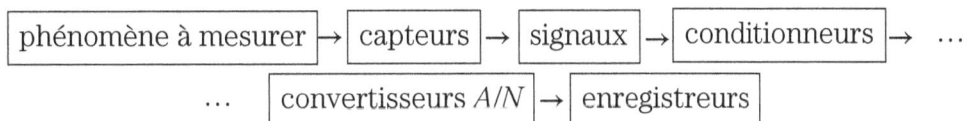

$$\boxed{\text{phénomène à mesurer}} \rightarrow \boxed{\text{capteurs}} \rightarrow \boxed{\text{signaux}} \rightarrow \boxed{\text{conditionneurs}} \rightarrow \ \dots$$

$$\dots \ \boxed{\text{convertisseurs } A/N} \rightarrow \boxed{\text{enregistreurs}}$$

- ❑ Déterminer la taille des échantillons à mesurer.

- ❑ Déterminer la fréquence à laquelle les données doivent être mesurées.

- ❑ Déterminer la gamme de conditions d'opération.

⑧ **Dépouillement des données**

- ❑ Concevoir les moyens de traitement des données depuis l'acquisition effective des signaux jusqu'à la présentation des résultats finaux.

## 1.2 Analyse des incertitudes

Un des principes de base en instrumentation consiste à admettre qu'on ne peut effectuer de mesure sans erreur. On ne peut donc connaître exactement la valeur vraie d'une quantité mesurée ni, par conséquent, l'erreur exacte associée à sa mesure. On peut cependant essayer de minimiser les erreurs.

### 1.2.1 Concepts de base

Chaque mesure $x$ peut être visualisée comme étant accompagnée d'une erreur $\delta$ telle que l'intervalle $x \pm \delta$ contiendra la valeur vraie, que l'on note ici $x_v$. L'erreur de mesure $\delta$ est généralement exprimée en termes de deux composantes : $\delta = \beta + \epsilon$, où $\beta$ est *l'erreur systématique* et $\epsilon$ *l'erreur aléatoire*.

**Erreur aléatoire $\epsilon$**

- ☐ Dispersion des mesures autour d'une valeur moyenne notée $\overline{x}$.

- ☐ Mesures généralement réparties autour de la moyenne suivant une <u>distribution gaussienne</u>.

- ☐ Peut être causée par les caractéristiques du système de mesure.

- ☐ Le terme *précision* est utilisé pour caractériser l'erreur aléatoire.

- ☐ L'écart-type $\sigma$ (ou $s$, l'estimateur de $\sigma$) sert à quantifier cette erreur.

**Erreur systématique $\beta$**

- ☐ Aussi appelée erreur de <u>biais</u>.

- ☐ Erreur fixe donnant une mesure systématiquement plus haute ou plus basse que la valeur vraie. Cette erreur est définie par la différence entre la valeur moyenne et la valeur vraie.

- ☐ Certains auteurs utilisent l'expression *exactitude de la valeur moyenne* pour caractériser l'erreur systématique. Cependant, la plupart des auteurs réservent l'utilisation du terme *exactitude* (correspondant au terme anglo-saxon « accuracy ») à l'écart entre une valeur discrète $x_k$ et la valeur vraie. Ainsi, selon cette définition, l'exactitude correspond à l'erreur totale $\delta_k$ illustrée à la figure 1.1. Sachant que la valeur de $\delta_k$ varie d'une valeur mesurée à l'autre, on ne peut discuter de l'exactitude qu'en termes statistiques. De cette façon, on considère qu'un instrument ayant une bonne exactitude sera caractérisé par une bonne précision (faible écart-type d'un échantillon de plusieurs mesures) et une faible erreur de biais.

❏ Lorsque le biais peut être quantifié, on peut corriger les valeurs mesurées.

❏ Le biais peut être minimisé par des étalonnages adéquats.

Supposons que l'on mesure à $N$ reprises une quantité $x$. L'ensemble des $N$ mesures discrètes constitue un échantillon de taille $N$. La figure 1.1 schématise graphiquement les relations existant entre les erreurs mises en jeu.

**Figure 1.1**  Relation graphique existant entre l'erreur de biais et l'erreur aléatoire.

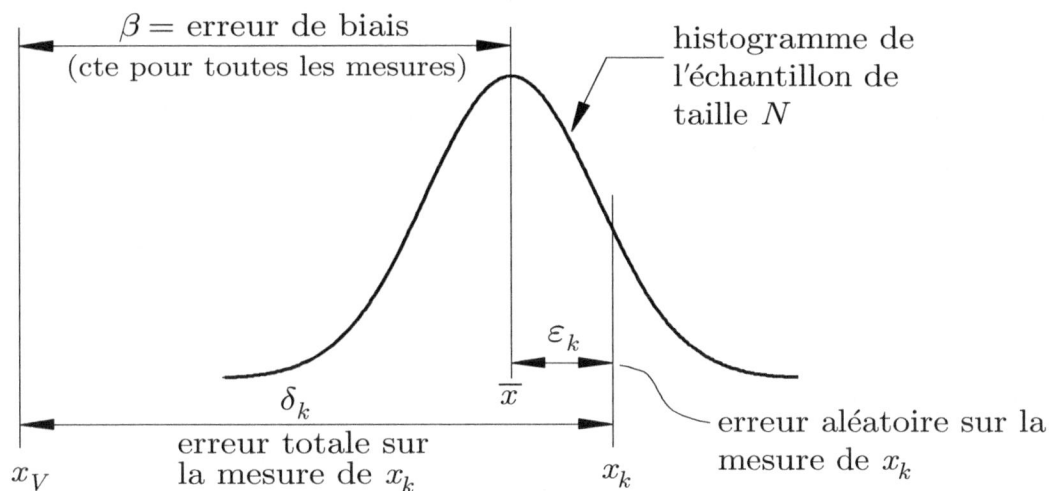

avec : $x_V$ = valeur vraie

$\overline{x}$ = moyenne de l'échantillon

$x_k$ = $k^{i\grave{e}me}$ mesure de la quantité $x$ $(1 \leq k \leq N)$

**Exemple**

Considérons un processus impliquant un four dans lequel on mesure une montée en température en fonction du temps. Ce processus est répétitif de façon précise; c'est-à-dire que l'on peut répéter plusieurs fois la même montée de température en fonction du temps. Pour cet exemple, supposons que l'on connaisse la valeur vraie à l'aide d'une sonde RTD (ces sondes sont les plus précises).

---

**Figure 1.2**    Évolution temporelle de la température dans un four.

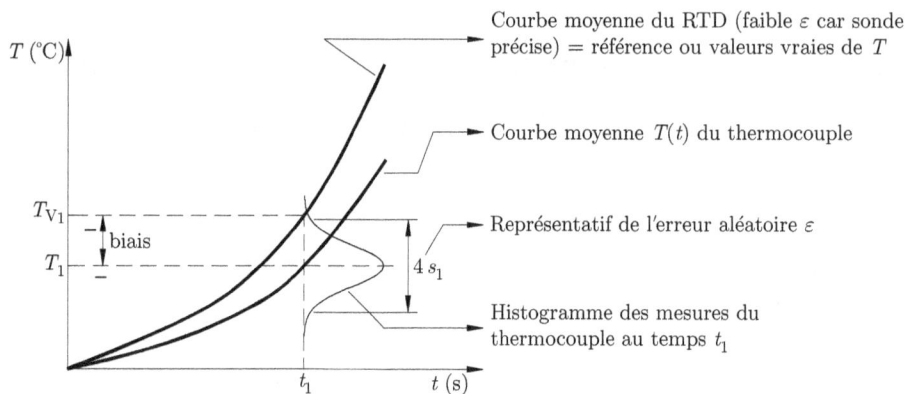

On s'intéresse à analyser les erreurs que l'on retrouve dans les mesures effectuées par un thermocouple qui est placé dans le four juste au voisinage de la sonde RTD. On répète ce processus $N$ fois et on compile des statistiques avec les mesures faites par les deux sondes. Le graphique de la figure 1.2 illustre les résultats obtenus. On observe par exemple qu'au temps $t_1$, le thermocouple donne une valeur moyenne $\overline{T_1}$ et un écart-type $s_1$; la sonde RTD qui fournit les valeurs vraies donne une valeur moyenne $\overline{T}_{V1}$.

## Exactitude, biais et précision

Les quatre schémas de la figure 1.3 illustrent bien la différence fondamentale que l'on établit entre l'exactitude, le biais et la précision. De façon générale, les mesures sont considérées comme étant <u>précises</u> si $s$ est petit et <u>non biaisées</u> si $(\overline{x} - x_V)$ est également petit. De plus, les mesures sont <u>exactes</u> si l'écart-type $s$ est petit *et* si le biais est faible.

Finalement, rappelons que l'erreur aléatoire suit une distribution gaussienne. On sait que pour une telle distribution, 68% des observations se situent dans l'intervalle $\mu \pm \sigma$, 95% dans l'intervalle $\mu \pm 2\sigma$ et 99.7% dans l'intervalle $\mu \pm 3\sigma$. Ici, $\mu$ et $\sigma^2$, représentant respectivement l'espérance mathématique et la variance de la *population*, ne sont pas connues. Nous connaissons seulement leurs *estimateurs* respectifs $\overline{x}$ et $s^2$. Ces estimateurs peuvent être considérés comme étant non-biaisés s'ils sont calculés à partir d'échantillons de taille suffisamment grande (disons $N > 100$). Pour que l'échantillon soit significatif, il doit être composé de $N$ réalisations indépendantes; cela veut dire que l'on doit effectuer $N$ fois la même mesure dans $N$ expériences différentes. Dans ces conditions, on peut baser notre raisonnement sur une distribution normale. Si $N$ est petit, nous n'obtenons pas une bonne estimation de $\mu$ et de $\sigma$ et on doit raisonner à partir d'une loi de Student.

**Figure 1.3**    Différences entre la précision, le biais et l'exactitude.

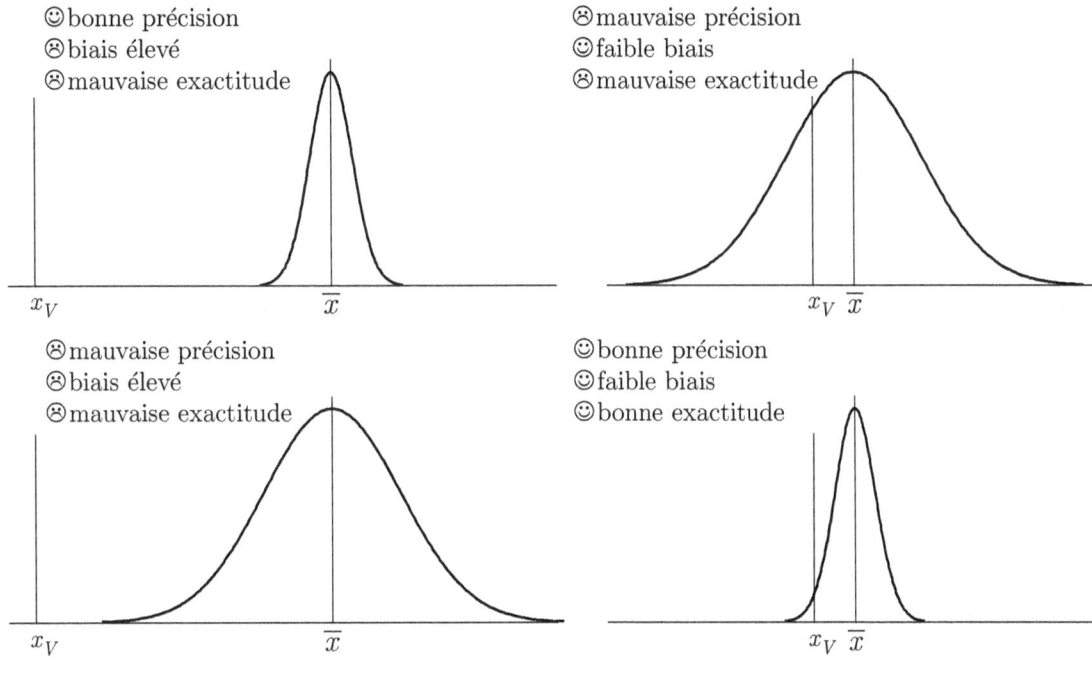

☺bonne précision
☹biais élevé
☹mauvaise exactitude

☹mauvaise précision
☺faible biais
☹mauvaise exactitude

☹mauvaise précision
☹biais élevé
☹mauvaise exactitude

☺bonne précision
☺faible biais
☺bonne exactitude

Il est pertinent de faire ici un rappel de quelques définitions :

❑ Espérance mathématique de la <u>population</u>

$$\mu = \lim_{N\to\infty} \frac{1}{N} \sum_{i=1}^{N} x_i \quad \text{pour une distribution discrète de probabilités } p(x) \quad (1.1)$$

$$\text{ou } \mu = \int_{-\infty}^{\infty} x\, p(x)\, dx \quad \text{pour une distribution continue de probabilités } p(x) \quad (1.2)$$

❑ Écart-type de la <u>population</u>

$$\sigma = \lim_{N\to\infty} \sqrt{\frac{1}{N} \sum_{i=1}^{N} (x_i - \mu)^2} \quad \text{(distribution discrète)} \quad (1.3)$$

❑ Moyenne d'un <u>échantillon</u> de valeurs discrètes

$$\overline{x} = \frac{1}{N} \sum_{i=1}^{N} x_i \quad (1.4)$$

❑ Écart-type d'un <u>échantillon</u> de valeurs discrètes

$$s = \sqrt{\frac{1}{N-1} \sum_{i=1}^{N} (x_i - \overline{x})^2} \quad (1.5)$$

Si $N$ est élevé, la moyenne de l'échantillon tend vers l'espérance mathématique de la population ($\overline{x} \rightarrow \mu$) et l'écart-type de l'échantillon tend vers celui de la population ($s \rightarrow \sigma$). Si $N$ est petit, on retrouve une erreur de biais sur l'estimation de $\overline{x}$ par rapport à $\mu$. Le facteur $N-1$ est alors utilisé à la place de $N$ dans l'équation déterminant $s$, de façon à compenser le biais résultant de l'utilisation de $\overline{x}$ à la place de $\mu$ dans cette équation; on majore ainsi la valeur de $s$ pour tenir compte du fait qu'on l'estime à l'aide d'un échantillon fini. Il persiste malgré tout une erreur de biais sur l'estimation de $s$ par rapport à $\sigma$. C'est pourquoi on doit avoir recours à une loi de Student lorsque $N$ est trop petit.

---

**Exemple**

Un expérimentateur utilise un capteur de pression différentielle dont on lui a dit que la plage de précision était de $\pm 2\%$, pour une différence de pression de 20 Pa. Afin de vérifier cette affirmation, il étalonne le capteur en effectuant 100 mesures de la tension $v$ donnée par le capteur lorsque la pression différentielle est $\Delta p = 20$ Pa (il contrôle cette pression de façon très précise). À partir de l'échantillon de 100 mesures, il calcule $\overline{v} = 5$ V et $s = 0.2$ V. Il prétend que le capteur n'est pas aussi précis qu'on le lui avait certifié. Afin de bien comprendre pourquoi, regardons de plus près les données. Une précision de $\pm 2\%$ serait obtenue en considérant l'intervalle $\overline{v} \pm s/2$ (en fait, $n\, s/\overline{v} = 0.02 \Rightarrow n = 1/2$). Si on considère une distribution gaussienne, cet intervalle comprend seulement 38% des observations. On a donc plus d'une chance sur deux d'effectuer une mesure qui ne soit pas incluse dans la plage de précision annoncée. Ceci est évidemment inacceptable. Un intervalle de $\pm s/2$ est donc trop mince pour être considéré comme plage de précision. Si on veut effectuer des mesures se situant dans la plage de précision avec une probabilité de 95%, on doit dire que la précision de ce capteur de pression est de $\pm 8\%$ ($2\, s/\overline{v} = 0.08$).

---

Lorsque la taille $N$ d'un échantillon est élevée, on peut décrire une observation discrète $x$ comme suit : $x \pm z_P \sigma$ avec une probabilité $P$ d'inclure $\mu$ dans cet intervalle (d'après la loi normale : $z_P = 1 \rightarrow P = 68\%$, $z_P = 2 \rightarrow P = 95\%$ et $z_P = 3 \rightarrow P = 99.7\%$). Cela signifie par exemple qu'une mesure discrète doit se situer dans l'intervalle $x \pm 3\sigma$ avec une probabilité de 99.7%.

Lorsque la taille $N$ est petite, on doit utiliser dans un sens plus strict la notation des estimateurs et la loi de Student. Une observation discrète est alors décrite par : $x \pm t_{\nu,P}\, s$. De façon générale, la description complète d'une mesure discrète comporte trois éléments :

- ❑ $x \rightarrow$ la mesure proprement dite
- ❑ $\pm t_{\nu,P} s \rightarrow$ la précision ($\nu = N-1$ et si N est élevé, $t_{\nu,P} \rightarrow z_P$)
- ❑ $P \rightarrow$ la probabilité que cette mesure soit incluse dans l'intervalle $x \pm t_{\nu,P} s$

> **Exemple**
>
> Reprenons les données de l'exemple précédent ($\overline{v} = 5$ et $s = 0.2$) avec un échantillon de 5 mesures au lieu de 100. La loi de Student doit être appliquée avec $t_{4,95} = 2.776$. La précision relative est donnée par $\pm t_{\nu,P} s/\overline{v} = \pm 0.11$. On obtient donc une précision de $\pm 11\%$ avec une probabilité de 95% qu'une mesure discrète soit incluse dans cet intervalle. Si on compare au résultat obtenu dans l'exemple précédent avec 100 mesures (précision de $\pm 8\%$), on constate que l'incertitude s'accroît lorsque la taille de l'échantillon diminue. Ceci est dû au fait que l'on commet une erreur de biais sur l'estimation de $\sigma$ et que la loi de Student majore la valeur de $s$ en conséquence.

### Écart-type des moyennes

Supposons que l'on mesure $N$ fois une variable $x$ dans des conditions d'opération fixes et que l'on calcule la valeur moyenne de cet échantillon ($\overline{x}$). Si on répète cette procédure $M$ fois, on obtiendra $M$ valeurs moyennes, chacune correspondant à un échantillon ($\overline{x}_1, \overline{x}_2, \overline{x}_3, \ldots, \overline{x}_M$). Si $M$ est grand, les valeurs moyennes seront distribuées suivant une gaussienne, et ce, peu importe la fonction de densité de probabilité propre à la variable mesurée. Ceci est une conséquence du *théorème central limite*.

Imaginons que la taille de chacun des échantillons soit petite ($N$ petit) et que l'écart-type de chacun de ces échantillons soit élevé ($s_x$ élevé). Dans ce cas, les valeurs moyennes calculées pour ces échantillons seront dispersées et l'écart-type des $\overline{x}_i$ sera élevé ($s_{\overline{x}}$ élevé). Ce problème est inhérent aux échantillons de taille finie. Considérant que $s_{\overline{x}}$ dépend en quelque sorte de $N$ et de $s_{x_i}$, on peut estimer l'écart-type de la distribution des valeurs moyennes à partir d'un seul échantillon :

$$s_{\overline{x}} = \frac{s_x}{\sqrt{N}} \quad . \tag{1.6}$$

À partir de cette définition et d'un seul échantillon, on peut considérer que la valeur moyenne *vraie*, $\overline{x}_V$, doit être incluse avec une probabilité de $P$ % dans un intervalle :

$$\overline{x} \pm t_{\nu,P}\, s_{\overline{x}} \quad . \tag{1.7}$$

## 1.2.2  Propagation des erreurs et des incertitudes

Considérons maintenant un processus de mesure de la variable $x$. L'intervalle de précision de l'estimateur de la valeur vraie sera défini de façon plus large, de telle sorte que l'on puisse prendre en compte le processus de mesure complet et non seulement l'échantillon statistique. On note ainsi l'intervalle incluant la valeur moyenne vraie $x_V$ avec une probabilité de $P\%$ comme suit :

$$\overline{x} \pm u_x \quad (P\%) \ . \tag{1.8}$$

$\rightarrow$ L'analyse des incertitudes est la méthode utilisée pour quantifier le terme $u_x$.

## Sources d'erreurs

Considérons un processus de mesure comme étant composé des trois étapes suivantes :

    1- Étalonnage

    2- Acquisition des données

    3- Traitement des données

Chacune de ces étapes constitue une source d'erreur potentielle. Il est donc important d'établir la liste la plus complète possible des types d'erreurs qui peuvent intervenir dans la mesure. Chaque élément d'une telle liste est appelé erreur élémentaire. De plus, chaque erreur élémentaire peut être identifiée comme faisant partie de la catégorie des erreurs de biais ou des erreurs aléatoires.

## Propagation des erreurs élémentaires

Tel que décrit précédemment, on mesure $x$ avec un instrument sujet à plusieurs types d'erreurs élémentaires (linéarité, répétabilité, hystérésis, etc.) notées $e_i$. On estime l'incertitude sur $x$ due à $K$ erreurs élémentaires comme suit :

$$u_x = \pm \sqrt{e_1^2 + e_2^2 + \ldots + e_K^2} \ . \tag{1.9}$$

Sachant que $e_i$ peut être une incertitude reliée au biais ou à la précision, on écrit de façon plus détaillée :

Biais : $\qquad\qquad B_x = \pm \sqrt{e_{1_B}^2 + e_{2_B}^2 + \ldots + e_{K_B}^2} \tag{1.10}$

Précision : $\qquad\qquad P_x = \pm \sqrt{e_{1_P}^2 + e_{2_P}^2 + \ldots + e_{K_P}^2} \tag{1.11}$

Incertitude finale : $\quad u_x = \pm \sqrt{B_x^2 + (t_{\nu,P} P_x)^2} \quad (P\%) \ . \tag{1.12}$

## Propagation des incertitudes dans le calcul d'un résultat

Considérons un résultat (*e.g.* rendement d'une machine, etc.) obtenu à partir de la mesure de plusieurs quantités physiques (*e.g.* débit, pression, etc.). On cherche à obtenir le meilleur estimateur de $R_V$, la valeur vraie à partir de $\overline{R}$, la valeur moyenne du résultat. Il est nécessaire d'étudier la façon suivant laquelle l'incertitude reliée à chacune des quantités physiques se propage dans le calcul du résultat final.

Dans un premier temps, nous développons la procédure pour une fonction de deux variables. Soit le résultat $R = f(x, y)$, où $x$ et $y$, deux variables indépendantes, représentent les deux quantités physiques nécessaires au calcul de $R$. Si $x$ et $y$ sont deux variables indépendantes, on aura $\overline{R} = R(\overline{x}, \overline{y})$. Considérons de plus qu'une analyse de la propagation des erreurs élémentaires nous a conduit à déterminer les erreurs de biais et de précision associées aux variables $x$ et $y$. On a ainsi quantifié les erreurs $B_x, P_x, B_y$ et $P_y$.

Rappelons que l'on cherche à obtenir le meilleur estimateur de $\overline{R}$; développons ainsi $R$ en série de Taylor autour de $R(\overline{x}, \overline{y})$, ce qui nous permet de déterminer comment la fonction $R$ s'écarte de $\overline{R}$ :

$$R(x_i, y_i) = R(\mu_x, \mu_y) + \left.\frac{\partial R}{\partial x}\right|_{\mu_x,\mu_y} (x_i - \mu_x) + \left.\frac{\partial R}{\partial y}\right|_{\mu_x,\mu_y} (y_i - \mu_y) + \mathcal{O}(2) \quad , \qquad (1.13)$$

où $x_i$ et $y_i$ sont des échantillons de mesure ($i = 1$ à $N$). En se limitant au premier ordre et en utilisant la notation

$$\epsilon_{R_i} = R(x_i, y_i) - R(\mu_x, \mu_y), \ \epsilon_{x_i} = x_i - \mu_x, \ \epsilon_{y_i} = y_i - \mu_y, \ \theta_x = \left.\frac{\partial R}{\partial x}\right|_{\mu_x,\mu_y} \text{ et } \theta_y = \left.\frac{\partial R}{\partial y}\right|_{\mu_x,\mu_y} ,$$

on obtient :

$$\epsilon_{R_i} = \theta_x \epsilon_{x_i} + \theta_y \epsilon_{y_i} \quad . \qquad (1.14)$$

En élevant au carré et en faisant la sommation de 1 à $N$, on peut écrire :

$$\sum_{i=1}^{N} \epsilon_{R_i}{}^2 = \sum_{i=1}^{N} (\theta_x \epsilon_{x_i})^2 + \sum_{i=1}^{N} (\theta_y \epsilon_{y_i})^2 + 2 \sum_{i=1}^{N} (\theta_x \theta_y \epsilon_{x_i} \epsilon_{y_i}) \quad . \qquad (1.15)$$

En utilisant la notation de la variance (et de la covariance) et en rappelant que les variables sont indépendantes ($\sigma_{xy} \equiv 0$), on écrit :

$$\sigma_R{}^2 = \theta_x{}^2 \sigma_x{}^2 + \theta_y{}^2 \sigma_y{}^2 \quad . \qquad (1.16)$$

On peut généraliser le développement précédent à $L$ variables :

$$\sigma_R{}^2 = \sum_{j=1}^{L} \left(\theta_{x_j}{}^2 \sigma_{x_j}{}^2\right) \quad . \qquad (1.17)$$

Généralement, on traite la propagation des erreurs de biais et de précision en utilisant le raisonnement que l'on vient de développer. Ainsi, on obtient :

$$B_R{}^2 = \sum_{j=1}^{L} \left(\theta_{x_j} B_{x_j}\right)^2 \quad \text{et} \quad P_R{}^2 = \sum_{j=1}^{L} \left(\theta_{x_j} P_{x_j}\right)^2 \quad , \tag{1.18}$$

et l'incertitude finale sur $\overline{R}$ s'écrit :

$$u_R = \pm\sqrt{B_R{}^2 + (t_{\nu,P} P_R)^2} \quad (P\%) \quad . \tag{1.19}$$

Pour les cas particuliers où la taille $N$ des échantillons des variables $x_j$ diffère d'un échantillon à l'autre, il faut calculer la valeur de $\nu$ (les degrés de liberté de l'estimateur $t$ de la loi de Student) avec la formule de Welch-Satterthwaite :

$$\nu_R = \frac{\left[\sum_{j=1}^{L} \left(\theta_j P_{x_j}\right)^2\right]^2}{\sum_{j=1}^{L} \left[\left(\theta_j P_{x_j}\right)^4 / \nu_{x_j}\right]} = \frac{P_R{}^4}{\sum_{j=1}^{L} \left[\left(\theta_j P_{x_j}\right)^4 / \nu_{x_j}\right]} \quad . \tag{1.20}$$

Notons finalement que si $N$ est le même pour toutes les variables, on peut développer la relation exprimant $u_R$ de la manière suivante :

$$u_R = \pm\sqrt{\sum_{j=1}^{L} \left(\theta_{x_j} u_{x_j}\right)^2} \quad . \tag{1.21}$$

### 1.2.3 Incertitudes reliées à un calcul de régression

Comme nous le verrons dans le Chapitre 2, le processus d'étalonnage d'un instrument de mesure conduit habituellement à la détermination d'une courbe de régression représentant la relation *entrée/sortie* de l'appareil en question. Lors de l'étalonnage, la courbe de régression est calculée à partir d'un ensemble de $N$ points $(x_i, y_i)$, où $x_i$ représente le signal de sortie du capteur et $y_i$ la quantité physique que l'on cherche à mesurer avec le capteur (température, pression, force, etc.). La courbe de régression est dénommée $y_e$ où l'indice $e$ signifie qu'il s'agit d'une valeur *estimée* de la quantité physique à mesurer.

Prenons l'exemple d'une régression linéaire s'écrivant sous la forme $y_e = a_0 + a_1 x$. Les valeurs de l'ordonnée à l'origine $(a_0)$ et de la pente $(a_1)$ sont obtenues par un calcul de régression des moindres carrés effectué sur l'ensemble des $N$ mesures de $x$ et de $y$. Une fois l'étalonnage réalisé et les paramètres de régression établis, on utilise l'instrument pour effectuer des mesures. Ainsi, pour une tension de sortie mesurée $x_m$, on utilise la courbe de régression pour calculer la valeur estimée $y_{e_m}$ correspondant à cette mesure. On cherche maintenant à établir l'incertitude $u_{y_{e_m}}$ associée au calcul de $y_{e_m}$ pour une valeur de $x_m$ mesurée. Les travaux spécialisés dans le domaine [7] indiquent que cette incertitude s'exprime de la manière suivante :

$$u_{y_{e_m}}^2 = \overbrace{u_{\text{rég}_m}^2}^{I} + \overbrace{\left(\frac{\partial y_e}{\partial x_m}\right)^2 u_{x_m}^2}^{II} + \overbrace{2\left(\frac{\partial y_e}{\partial x_m}\right)\sum_{i=1}^{N}\left(\frac{\partial y_{e_m}}{\partial x_i}\right)B_{x_m x_i}}^{III} \qquad (1.22)$$

Le terme $I$ de l'expression (1.22) représente l'incertitude associée aux $N$ paires de points $(x_i, y_i)$ utilisés pour calculer les paramètres de la courbe de régression résultant de l'étalonnage de l'instrument. Cette erreur de régression s'écrit, pour un point $j$ de l'ensemble de $N$ points :

$$u_{\text{rég}_j}^2 = \sum_{i=1}^{N}\left[\left(\frac{\partial y_{e_j}}{\partial x_i}\right)^2 u_{x_i}^2\right] + \sum_{i=1}^{N}\left[\left(\frac{\partial y_{e_j}}{\partial y_i}\right)^2 u_{y_i}^2\right] \qquad (1.23)$$
$$+2\sum_{i=1}^{N-1}\sum_{k=i+1}^{N}\left[\left(\frac{\partial y_{e_j}}{\partial x_i}\right)\left(\frac{\partial y_{e_j}}{\partial x_k}\right)B_{x_i x_k} + \left(\frac{\partial y_{e_j}}{\partial y_i}\right)\left(\frac{\partial y_{e_j}}{\partial y_k}\right)B_{y_i y_k}\right].$$

Les termes $u_{x_i}^2 = (B_{x_i}^2 + t_{\nu,P}^2 P_{x_i}^2)$ et $u_{y_i}^2 = (B_{y_i}^2 + t_{\nu,P}^2 P_{y_i}^2)$ représentent respectivement les incertitudes sur les mesures de $x$ et de $y$ des points d'étalonnage de l'instrument. Le terme $B_{x_i x_k}$ représente l'incertitude systématique croisée induite par le fait d'utiliser le même système de mesure pour les valeurs de $x_i$ et de $x_k$. Pour simplifier, on représente habituellement le terme de biais croisé de la manière suivante : $B_{x_i x_k} = B_{x_i}B_{x_k}$ (lorsque toutes les mesures $x_i$ et $x_k$ sont affectées par le même biais, on obtient simplement $B_{x_i x_k} = B_x^2$). Le même raisonnement s'applique au terme $B_{y_i y_k}$. Parfois, lorsque $x_i$ et $y_k$ sont des quantités physiques similaires (par exemple, deux pressions mesurées par le même appareil) il est nécessaire d'ajouter un troisième terme à la deuxième ligne de l'équation (1.23) afin de représenter une erreur systématique croisée supplémentaire. Cette situation est plutôt rare, mais lorsque c'est le cas, on considère un biais croisé de type $B_{x_i y_k}$.

Ayant calculé l'erreur de régression avec la relation (1.23) pour les $N$ points $j$ de la courbe de régression, il est possible d'évaluer, pour le point de mesure $x_m$, le terme $u_{\text{rég}_m}^2$ (terme $I$) de l'expression (1.22). Il reste ensuite à évaluer les deux autres termes de l'équation (1.22). Le terme $II$ représente l'incertitude reliée à la mesure de $x_m$, avec $u_{x_m}^2 = B_{x_m}^2 + t_{\nu,P}^2 P_{x_m}^2$. Le terme $III$ représente l'incertitude systématique croisée induite par le fait d'utiliser le même système de mesure pour les valeurs de $x_i$ et $x_m$. Suivant la même démarche que précédemment, on considère $B_{x_m x_i} = B_{x_m} B_{x_i}$ et, lorsque toutes les mesures $x_i$ et $x_m$ sont affectées par le même biais, $B_{x_m x_i} = B_x^2$. Parfois, lorsque $x_m$ et $y_i$ sont des quantités physiques similaires, il est nécessaire d'ajouter un quatrième terme dans l'équation (1.22) afin de représenter une erreur systématique croisée supplémentaire (avec un terme $B_{x_m y_i}$).

On constate que l'expression (1.23) contient deux dérivées partielles particulières. En effet, les deux dérivées expriment la sensibilité des paramètres de régression aux variations de chacun des points $x_i$ et $y_i$ lorsque l'on évalue le résultat au joint $j$. Cette sensibilité se traduit par l'estimation des dérivées partielles locales (au point $j$) de $y_e$ par rapport à $x_i$ et $y_i$. L'idée consiste à prendre en compte l'influence des variations en $x$ et en $y$ de chaque point sur le résultat obtenu par régression à un point donné. Ainsi, pour chacun des points $N$ points $(x_i, y_i, y_{e_i})$, on doit écrire les dérivées en les approximant par des formules de différences finies :

$$\frac{\partial y_{e_j}}{\partial x_i} \simeq \frac{\Delta y_{e_j}}{\Delta x_i} = \frac{y_{e_j}(x_1, x_2, \dots x_i + \Delta x_i, \dots x_N) - y_{e_j}(x_1, x_2, \dots x_i, \dots x_N)}{\Delta x_i} \tag{1.24}$$

$$\frac{\partial y_{e_j}}{\partial y_i} \simeq \frac{\Delta y_{e_j}}{\Delta y_i} = \frac{y_{e_j}(y_1, y_2, \dots y_i + \Delta y_i, \dots y_N) - y_{e_j}(y_1, y_2, \dots y_i, \dots y_N)}{\Delta y_i} \tag{1.25}$$

Notons que la dérivée partielle selon $x_i$ est calculée avec les $y_i$ originaux et, de façon analogue, celle selon $y_i$ est calculée avec les $x_i$ originaux. Les termes $\Delta x_i$ et $\Delta y_i$ sont respectivement dénommés incréments en $x$ et en $y$. Le premier terme du numérateur des expressions (1.24) et (1.25) représente la valeur de $y_{e_j} + \Delta y_{e_j}$ calculée au point $j$ en imposant les incréments $\Delta x_i$ ou $\Delta y_i$ selon la dérivée en question. Le second terme du même numérateur représente la valeur de $y_{e_j}$ donnée par la courbe de régression originale. En faisant la différence de ces deux termes, on obtient les variations $\Delta y_{e_j}$ associées aux incréments $\Delta x_i$ et $\Delta y_i$. Il est important de noter que pour évaluer les dérivées à un point $j$ donné, $2N + 1$ régressions doivent être calculées (deux à chacun des points avec incréments et une avec les points originaux). Précisons enfin que le choix de la valeur des incréments à utiliser est relativement arbitraire, pourvu que ces incréments soient petits par rapport à l'étendue de la plage de données. L'expérience montre qu'un incrément inférieur à 1/1000 de la plage de données donne des résultats indépendants de la valeur imposée.

## Exemple

Considérons un processus d'étalonnage d'une cellule de charge impliquant un calcul de régression linéaire de type $y_e = a_0 + a_1 x$. Les points expérimentaux $(x_i, y_i)$, avec $x$ en [V] et $y$ en [N], obtenus lors de l'étalonnage sont listés dans le tableau suivant :

| $x_i$ | 0.48 | 0.68 | 0.77 | 0.91 | 1.06 | 1.27 | 1.52 | 1.77 | 1.13 | 1.77 | 2.55 |
|-------|------|------|------|------|------|------|------|------|------|------|------|
| $y_i$ | 0.921 | 1.228 | 1.365 | 1.601 | 1.847 | 2.175 | 2.484 | 2.909 | 1.840 | 2.830 | 4.020 |

| $x_i$ | 3.14 | 3.74 | 4.76 | 5.40 | 5.88 | 6.25 | 6.56 | 7.20 | 7.80 | 8.54 | 9.20 |
|-------|------|------|------|------|------|------|------|------|------|------|------|
| $y_i$ | 4.950 | 5.800 | 7.300 | 8.230 | 9.100 | 9.600 | 10.120 | 11.050 | 11.900 | 13.150 | 14.200 |

Tous les points sont affectés par des incertitudes de biais et de précision ($t_{v,P} = 2$) identiques, soit : $B_x = 0.15$ V, $P_x = 0.13$ V, $B_y = 0.15$ N, $P_y = 0.13$ N, $B_{x_i x_k} = B_x^2$, $B_{y_i y_k} = B_y^2$ et $B_{x_i y_k} = 0$. Les erreurs de régression $u_{\text{rég}}$ calculées selon l'expression (1.23) sont illustrées sur le graphique de la figure 1.4.

**Figure 1.4**    Distribution de l'erreur de régression.

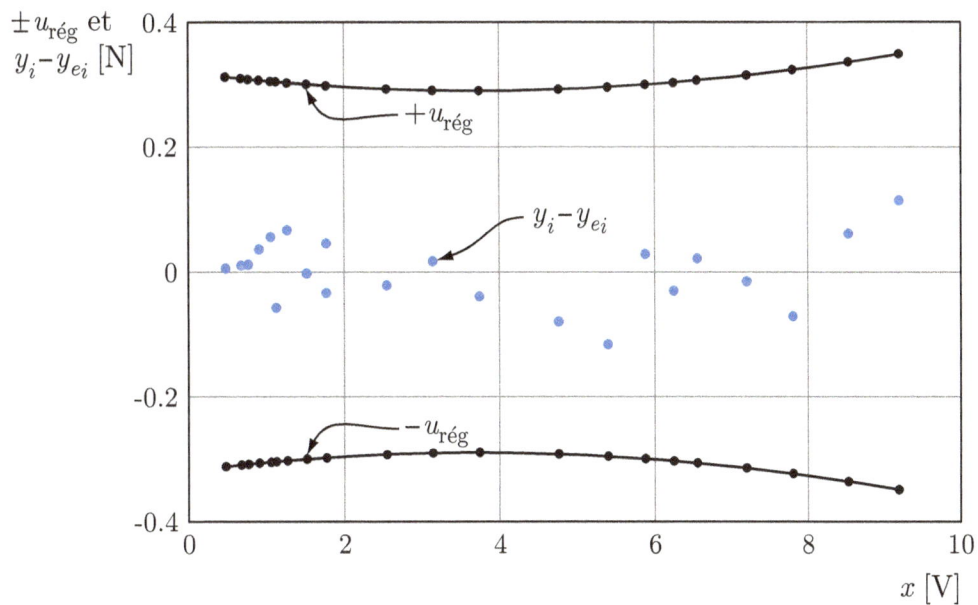

**Figure 1.5**    Étalonnage de la cellule de charge.

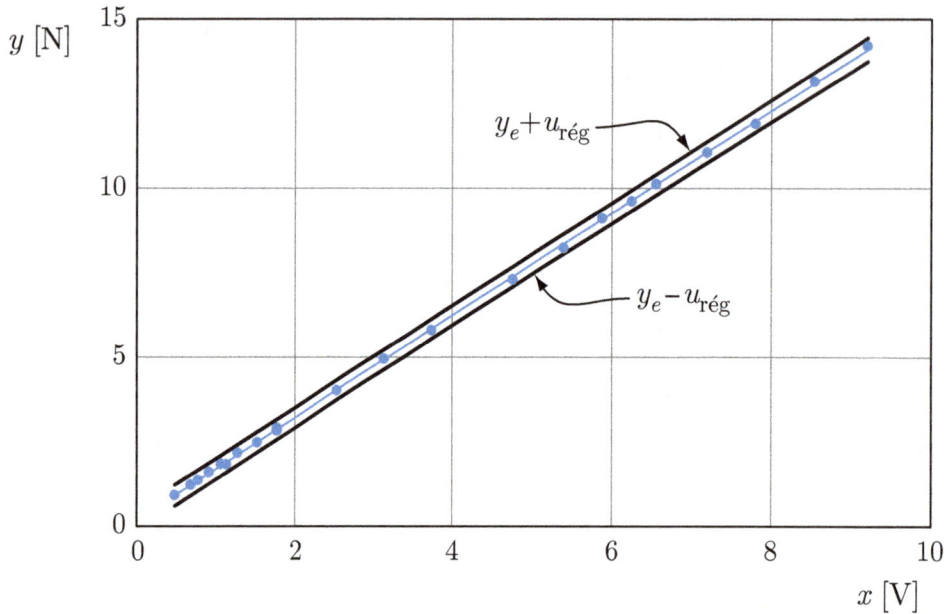

La figure 1.5 illustre le graphique des points d'étalonnage et de la droite de régression ($y_e$) obtenue par la méthode des moindres carrés. Deux courbes délimitant les bornes supérieures ($y_e + u_{\text{rég}}$) et inférieures ($y_e - u_{\text{rég}}$) de la plage d'incertitudes sont également illustrées.

**Exemple**

On cherche à déterminer l'incertitude sur la mesure de l'énergie cinétique moyenne d'un cylindre plein en rotation selon son axe principal. Afin de simplifier la situation, on suppose que le cylindre est constitué d'un matériau homogène d'une densité uniforme. De plus, on suppose que la tige servant d'axe de rotation au cylindre a une masse négligeable. Les paramètres du problème sont les suivants: diamètre $d = 0.0254$ m, longueur $l = 0.1524$ m, masse $m = 0.60694$ kg, vitesse de rotation moyenne $\overline{\omega} = 60\pi$ rad/s (1800 RPM).

**Figure 1.6**  Schéma du cylindre en rotation.

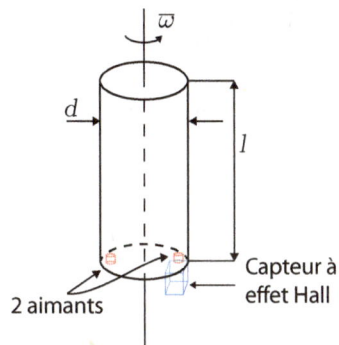

L'énergie cinétique de rotation est donnée par l'équation suivante :

$$\overline{E} = \frac{1}{2} J \,\overline{\omega}^2 \;,$$

où $J$ représente le moment d'inertie du cylindre. Dans le cas d'un cylindre de densité constante tournant autour de son axe principal, le moment d'inertie est défini comme $J = m\, d^2/8$. Ceci permet de réécrire l'équation de l'énergie cinétique moyenne de la manière suivante :

$$\overline{E} = \frac{1}{16} m\, d^2\, \overline{\omega}^2 \;.$$

Dans ces conditions et avec les paramètres énumérés précédemment, on trouve pour l'énergie cinétique du cylindre en rotation $\overline{E} = 0.869$ joules.

## Calcul des incertitudes

L'incertitude sur l'énergie cinétique moyenne de rotation est déterminée par l'équation suivante :

$$u_{\overline{E}}^2 = \sum_{j=1}^{L} \left( \theta_{x_j}\, u_{x_j} \right)^2 \quad , \quad L = 3 \;,$$

avec les termes de sensibilité $\theta_{x_j}$ qui s'écrivent :

$$\theta_{x_1} = \theta_d = \frac{\partial \overline{E}}{\partial d} = \frac{1}{8}\, m\, d\, \overline{\omega}^2$$

$$\theta_{x_2} = \theta_m = \frac{\partial \overline{E}}{\partial m} = \frac{1}{16} d^2\, \overline{\omega}^2$$

$$\theta_{x_3} = \theta_{\overline{\omega}} = \frac{\partial \overline{E}}{\partial \overline{\omega}} = \frac{1}{8}\, m\, d^2\, \overline{\omega}$$

En introduisant ces termes de sensibilité dans l'équation de $u_{\overline{E}}^2$, on obtient :

$$u_{\overline{E}}^2 = \left(\frac{1}{8} m\, d\, \overline{\omega}^2\, u_d\right)^2 + \left(\frac{1}{16} d^2\, \overline{\omega}^2\, u_m\right)^2 + \left(\frac{1}{8} m\, d^2\, \overline{\omega}\, u_{\overline{\omega}}\right)^2$$

On divise cette relation par $\overline{E}^2$ afin d'obtenir l'erreur relative qui, après quelques manipulations, s'écrit :

$$\frac{u_{\overline{E}}^2}{\overline{E}^2} = 4\left(\frac{u_d}{d}\right)^2 + \left(\frac{u_m}{m}\right)^2 + 4\left(\frac{u_{\overline{\omega}}}{\overline{\omega}}\right)^2$$

L'incertitude sur chaque variable ($u_{x_j}$) est déterminée en combinant leurs erreurs élémentaires de biais et de précision à l'aide des équations (1.10) à (1.12). On considère une précision de 95% et un nombre d'échantillons suffisamment élevé pour employer $t_{\nu,P} = 2$.

## Somme des erreurs élémentaires de biais et de précision

### Diamètre

Mesuré avec un pied à coulisse.

Erreur élémentaire de biais :

- $e_{1_B}$ : $\pm 5 \times 10^{-6}\,$m (moitié de la plus petite division sur le pied à coulisse).

Erreur élémentaire de précision :

- $e_{1_P}$ : $\pm 4 \times 10^{-5}\,$m (variation du diamètre du cylindre due au procédé de fabrication).

On néglige la possible dilatation thermique du matériel constituant le cylindre. On trouve l'incertitude sur le diamètre du cylindre en combinant les erreurs élémentaires :

$$B_d = \pm\sqrt{e_{1_B}^2} = \pm 5 \times 10^{-6}\ \text{m}$$

$$P_d = \pm\sqrt{e_{1_P}^2} = \pm 4 \times 10^{-5}\ \text{m}$$

$$u_d = \pm\sqrt{B_d^2 + (t_{\nu,P} P_d)^2} = \pm 8.02 \times 10^{-5}\ \text{m}$$

### Masse

Mesurée avec une cellule de charge qui a été préalablement étalonnée avec des masses certifiées. La cellule de charge est branchée à une carte d'acquisition de données et on considère des tensions moyennes (par exemple $N = 1000$ valeurs échantillonnées à 200 Hz). La relation d'étalonnage est la suivante :

$$m = K\,(\overline{v} - \overline{v}_0)$$

Dans cette dernière équation, $K$ [kg/V] est la sensibilité statique de la cellule de charge, $v$ [V] est la tension donnée par la cellule de charge et $v_0$ [V] est la tension à zéro. L'étalonnage permet de déterminer la valeur de $K = 0.22$ kg/V par régression des moindres carrés. L'incertitude sur la masse est calculée de la façon suivante :

$$u_m^2 = u_{\text{rég}}^2 + \left(\theta_v u_{\bar{v}}\right)^2 + \left(\theta_{v_0} u_{\bar{v}_0}\right)^2$$

En utilisant la procédure décrite précédemment, on obtient pour la présente régression :

$$u_{\text{rég}}^2 = 1 \times 10^{-6} \ \text{kg}^2$$

Ensuite, on trouve les sensibilités :

$$\theta_v = \frac{\partial m}{\partial v} = K \quad \text{et} \quad \theta_{v_0} = \frac{\partial m}{\partial v_0} = -K$$

On obtient alors :

$$u_m^2 = u_{\text{rég}}^2 + K^2 \left(u_{\bar{v}}^2 + u_{\bar{v}_0}^2\right)$$

Les incertitudes sur les mesures de tensions $\bar{v}$ et $\bar{v}_0$ sont calculées comme précédemment en combinant les erreurs élémentaires de biais et de précision.

Erreur élémentaire de biais :

- $(e_{1B})_v$ et $(e_{1B})_{v_0}$ : $\pm 1.22 \times 10^{-3}$ V (moitié de la résolution de la carte d'acquisition de données).

Erreurs élémentaires de précision :

- $(e_{1P})_{\bar{v}}$ : $\pm \sigma_{\bar{v}} = 5 \times 10^{-3}$ V (écart-type des moyennes basé sur un échantillon de taille $N$ lors de la mesure de la masse : $\sigma_{\bar{v}} = \sigma_v / \sqrt{N}$).

- $(e_{1P})_{\bar{v}_0}$ : $\pm \sigma_{\bar{v}_0} = 1 \times 10^{-3}$ V (écart-type des moyennes basé sur un échantillon de taille $N$ lors de la mesure de la masse : $\sigma_{\bar{v}_0} = \sigma_{v_0} / \sqrt{N}$).

- $(e_{2P})_v$ et $(e_{2P})_{v_0}$ : $\pm 2 \times 10^{-3}$ V (niveau de bruit sur la carte d'acquisition de données, à considérer **seulement si** on ne dispose pas de $\sigma_{\bar{v}}$ et de $\sigma_{\bar{v}_0}$. Dans ce cas, il faudra multiplier ce terme par $1/\sqrt{N}$ si on s'intéresse à l'incertitude des valeurs moyennes).

En combinant ces erreurs élémentaires de la manière décrite précédemment, on obtient :

$$u_{\bar{v}}^2 = 1.015 \times 10^{-4} \ \text{V}^2 \quad \text{et} \quad u_{\bar{v}_0}^2 = 5.49 \times 10^{-6} \ \text{V}^2$$

Finalement, avec $K = 0.22$ kg/V et $u_{\text{rég}}^2 = 1 \times 10^{-6}$ kg$^2$ déjà calculées, on obtient l'incertitude sur la mesure de la masse :

$$u_m^2 = 6.18 \times 10^{-6} \, \text{kg}^2 \quad \Rightarrow \quad u_m = \pm 2.49 \times 10^{-3} \ \text{kg}$$

## Vitesse de rotation

Mesurée par un capteur à effet Hall. Deux aimants de densité identique à celle du cylindre sont insérés dans le bout de celui-ci. On mesure le signal du capteur à effet Hall à l'aide d'une carte d'acquisition de données.

Les paramètres d'acquisition de données sont les suivants :

- Durée de l'acquisition ou temps d'observation : 1 s
- Fréquence d'échantillonnage $f_{\text{éch.}} = 30$ kHz
- Mode de calcul : compte des fronts montants
- 1 s à 30 tours/s $\rightarrow$ 60 fronts

L'erreur élémentaire de biais s'exprime comme $e_{1_B}$ : $\pm 1/4$ tour/s, soit $\pm \pi/2$ rad/s. En ne considérant que cette erreur élémentaire, l'erreur sur la vitesse se résume à :

$$u_{\overline{\omega}} = \pm \pi/2 \text{ rad/s}.$$

## Calcul de l'incertitude sur $\overline{E}$

Tel que déjà démontré, l'incertitude relative sur l'énergie cinétique moyenne de rotation du cylindre est donnée par l'équation :

$$\frac{u_{\overline{E}}}{\overline{E}} = \pm \sqrt{\left[ 4 \left( \frac{u_d}{d} \right)^2 + \left( \frac{u_m}{m} \right)^2 + 4 \left( \frac{u_{\overline{\omega}}}{\overline{\omega}} \right)^2 \right]}$$

En introduisant les différentes valeurs des quantités calculées précédemment, on obtient finalement :

$$\frac{u_{\overline{E}}}{\overline{E}} = \pm 0.018$$

Ce dernier calcul indique une incertitude relative de $\pm 1.8$ % sur l'énergie cinétique moyenne de rotation du cylindre. On trouve également pour la valeur absolue :

$$\overline{E} = 0.869 \pm 0.016 \text{ joules},$$

ou bien encore :

$$\overline{E} = 0.87 \pm 0.02 \text{ joules},$$

ce qui permet de n'exprimer l'incertitude qu'avec un seul chiffre significatif. On remarque ici que l'analyse d'incertitudes sert non seulement à connaître l'intervalle dans lequel la valeur vraie devrait se retrouver, mais elle sert aussi à afficher le résultat final en utilisant un nombre de chiffres significatifs approprié.

# 2 | Étalonnages et calculs de régression

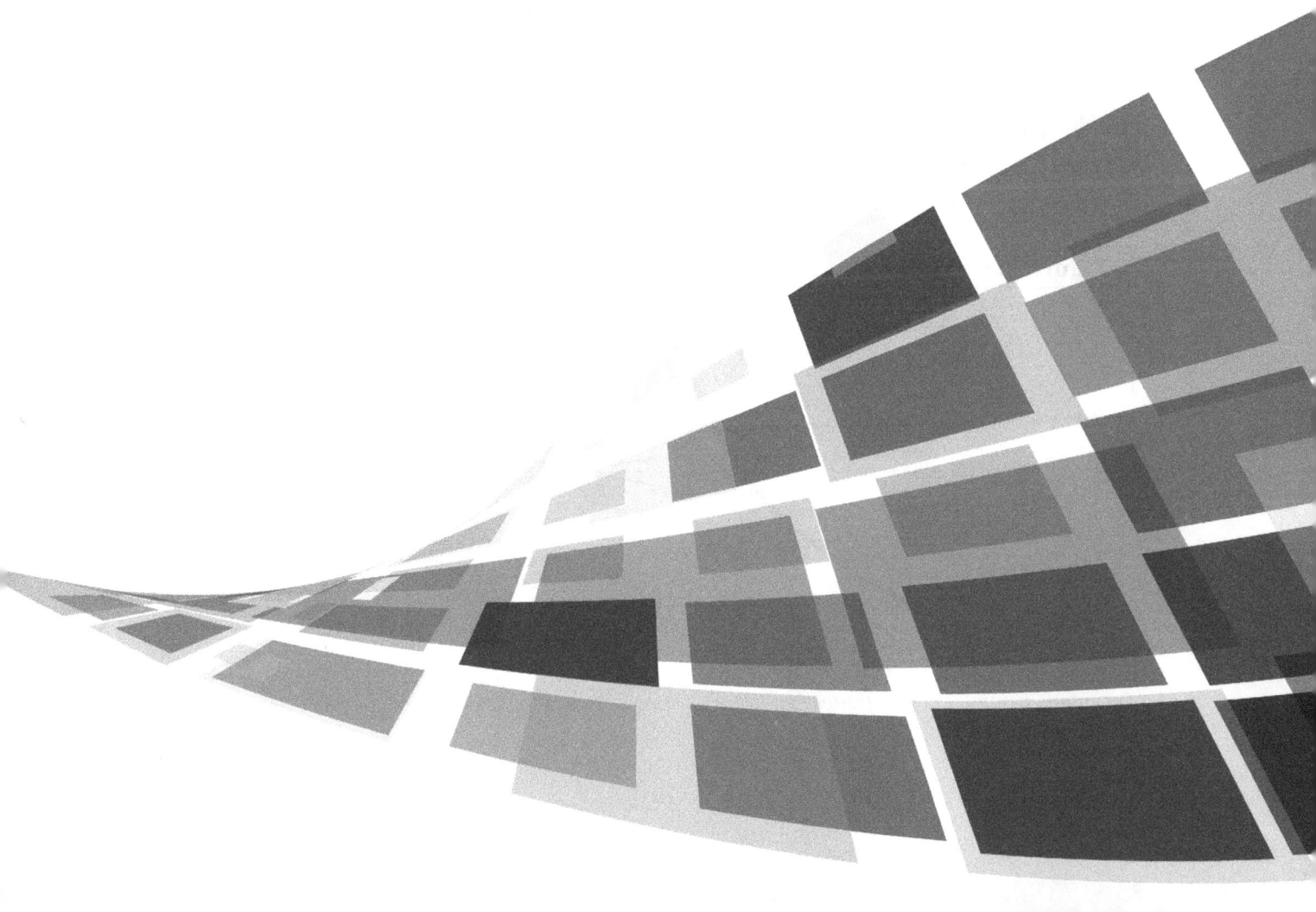

Dans le chapitre précédent, nous mentionnons que l'erreur systématique peut être minimisée si les étalonnages sont effectués adéquatement. Il est donc primordial d'introduire ici deux catégories : les étalonnages statiques et les étalonnages dynamiques. Le choix des étalonnages est fait en considérant l'instrument de mesure utilisé, la quantité physique à mesurer ainsi que les différents paramètres qui sont susceptibles d'évoluer pendant l'expérience. Un étalonnage permet généralement de représenter la relation entrée/sortie de l'instrument par une fonction de régression déterminée à l'aide des données mesurées. C'est pourquoi une section de ce chapitre est spécifiquement dédiée aux calculs de régression.

## 2.1 Étalonnage statique

Certaines applications nécessitent seulement la mesure de quantités qui sont constantes ou qui évoluent lentement dans le temps. On doit donc connaître les caractéristiques statiques des instruments utilisés. En effet, la plupart des instruments de mesure sont simultanément sensibles aux variations de plusieurs paramètres physiques (pression, température, vitesse, vibrations…). Toutes les caractéristiques statiques d'un instrument de mesure sont obtenues par un procédé dénommé *étalonnage statique*. De façon générale, un étalonnage statique est effectué en gardant tous les paramètres d'entrée de l'expérience constants sauf un. On doit alors faire varier ce paramètre d'entrée sur un intervalle de valeurs constantes[1], obtenant ainsi des valeurs de sortie qui varient aussi sur un intervalle de valeurs constantes. La relation *entrée/sortie* développée de cette façon constitue un étalonnage statique; celui-ci est valide tant que les autres paramètres d'entrée restent constants.On peut répéter cette procédure en variant à tour de rôle chacun des paramètres d'entrée; on développe alors une famille de relations *entrée/sortie*. L'étalonnage complet, menant à la connaissance globale des caractéristiques statiques de l'instrument, est réalisé en superposant de façon adéquate tous les effets individuels.

**Figure 2.1** Incertitudes et étalonnage.

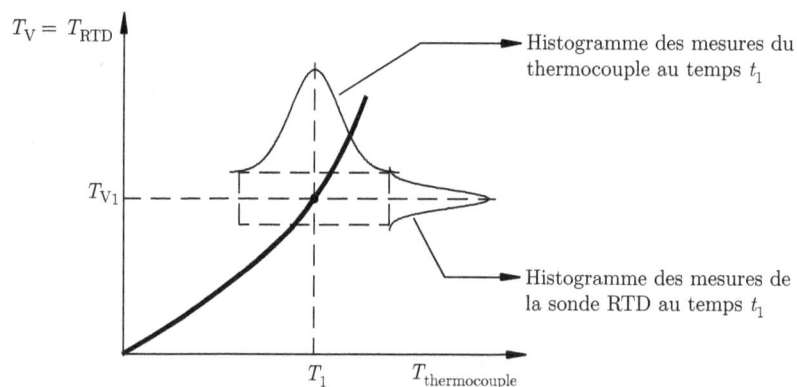

[1]On entend par *valeurs constantes* des valeurs stationnaires ou stables au niveau temporel.

Cet étalonnage nous permet donc de connaître les caractéristiques statiques de l'instrument de mesure employé. Parmi les caractéristiques d'intérêt, on note les suivantes :

## Précision et exactitude

Nous avons déjà discuté de ces deux caractéristiques au chapitre 1. Nous avons alors simplifié l'approche en considérant une incertitude sur un seul paramètre de mesure. Dans l'exemple de l'étalonnage du thermocouple (section 1.2), nous considérons que $T_V$ est mesurée de façon très précise (avec une sonde RTD prise comme référence) et on évalue la précision et l'exactitude des mesures $T$ obtenues par le thermocouple. Dans la réalité, il y aura aussi une incertitude dans la mesure de $T_V$ et on devra considérer une distribution de probabilité des couples $(T, T_V)$ telle qu'illustrée sur la figure 2.1.

Mentionnons enfin qu'il est possible de considérer une autre approche lorsque l'on dispose d'une loi d'étalonnage connue. Prenons comme exemple le cas d'une sonde anémométrique à fil chaud que l'on utilise pour mesurer la vitesse instantanée en un point d'un écoulement d'air. Ce type de sonde donne un signal de sortie $v$ (en volt) qui suit une loi de type $v^2 = A + B\,U^N$, où $A$, $B$ et $N$ sont des constants définies par étalonnage et $U$ représente la vitesse de l'écoulement. Dans ce cas, on peut utiliser les couples $(U, v)$ pour calculer une régression des moindres carrés sur l'équation d'étalonnage. Le coefficient de régression obtenu nous donne alors une indication de la précision et du biais de l'étalonnage.

## Sensibilité statique $K$

Si on définit $x_i$ comme étant le signal d'entrée et $v_o$ le signal de sortie d'un instrument, on calcule la sensibilité en faisant le rapport $K = \Delta v_o / \Delta x_i$; il s'agit donc de la pente de la courbe d'étalonnage $v_o$ vs $x_i$.

## Facteurs de dérives

On peut parler de deux types de dérives : la dérive de zéro et la dérive de sensibilité. La figure 2.2 illustre ces deux caractéristiques.

## Linéarité

Plusieurs instruments possèdent des plages d'utilisation linéaire. Ceux-ci ont donc une sensibilité constante sur une certaine gamme de $v_o$ ou $x_i$. La connaissance d'une plage linéaire propre à un instrument peut s'avérer utile pour des questions de simplicité d'utilisation de la loi d'étalonnage ($v_o = K\,x_i + b$). On doit cependant bien connaître cette plage de façon à ne pas excéder ses limites d'utilisation.

**Figure 2.2** Illustration des deux types de dérive d'un étalonnage.

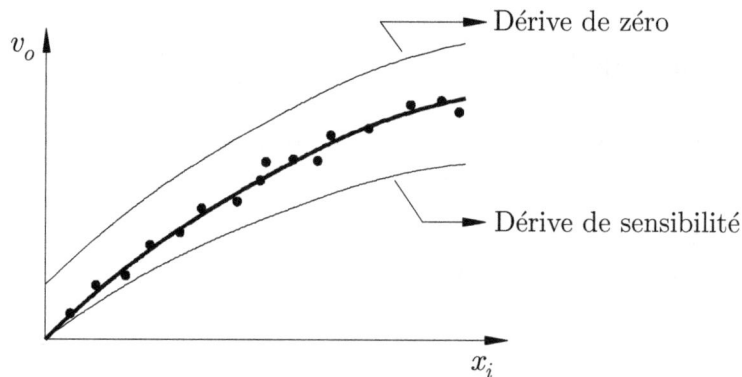

Considérons le cas d'un capteur de pression qui est étalonné à température constante de 20 °C. Si on utilise ce capteur à une température de 30 °C, il est fort possible qu'une erreur de biais soit introduite dans les mesures. En effet, dans bien des cas, une variation de température constitue un facteur de dérive non négligeable. On doit donc effectuer l'étalonnage de telle sorte que l'on puisse identifier les dérives. Signalons cependant que plusieurs instruments de mesure sont « compensés en température » (capteurs de pression, ponts de jauges de déformations montés en compensation de température…).

## Seuil (« treshold »), résolution et hystérésis

Le seuil est la limite inférieure $x_{i\,min}$ d'utilisation d'un instrument de mesure. Sous la valeur de $x_{i\,min}$, aucune valeur de $v_o$ n'est détectée. La résolution est définie par la plus petite variation $\Delta x_{i\,min}$ détectable. Une variation inférieure à $\Delta x_{i\,min}$ ne produit aucune variation de $v_o$ ($\Delta v_o = 0$ si $\Delta x_i < \Delta x_{i\,min}$). L'étalonnage doit nous permettre d'identifier le seuil et la résolution (lorsqu'ils sont inconnus ou lorsque l'on doute des valeurs connues…). L'étalonnage doit aussi être fait de façon à déterminer si l'instrument est sujet au phénomène d'hystérésis.

## Limite supérieure d'opération (« span »)

Ce paramètre, ainsi que plusieurs autres, est normalement spécifié par le fabricant. Dans le cas où l'on ne connaît pas cette limite, on doit la déterminer par l'étalonnage et s'assurer de ne pas l'excéder lors des utilisations subséquentes.

## 2.2  Étalonnage dynamique

Lorsqu'on effectue un étalonnage dynamique, on cherche à déterminer la réponse en fréquence d'un instrument de mesure. Selon l'ordre du système étudié, cette réponse sera caractérisée par différents paramètres tels que la constante de temps, la fréquence de coupure, la fréquence naturelle, le coefficient d'amortissement, la phase, etc. Le concept d'étalonnage dynamique fait appel à des notions mathématiques permettant de décrire les phénomènes variant dans le temps. On considère ainsi les phénomènes périodiques, impulsionnels, ceux évoluant suivant un échelon ou, de manière plus générale, tout phénomène démontrant des fluctuations temporelles aléatoires. Les outils mathématiques d'usage dans ce domaine sont les *transformées de Laplace* et les *transformées de Fourier*. Un bref rappel de ces notions mathématiques est présenté dans ce qui suit.

### Rappel sur les transformées de Laplace

Soit $x(t)$ une fonction définie pour $t > 0$. La transformée de Laplace de $x(t)$, notée $L\{x(t)\}$, s'écrit :

$$\mathcal{L}\{x(t)\} = X(s) = \int_0^\infty e^{-st}\, x(t)\, dt \ \ .$$    (2.1)

### Quelques propriétés

Linéarité

$$\mathcal{L}\{c_1\, x_1(t) + c_2\, x_2(t)\} = c_1\, \mathcal{L}\{x_1(t)\} + c_2\, \mathcal{L}\{x_2(t)\} = c_1\, X_1(s) + c_2\, X_2(s)$$    (2.2)

Deuxième propriété de linéarité

$$\mathcal{L}\{x(t)\} = X(s) \quad \text{et} \quad y(t) = \begin{cases} x(t-a) & t > a \\ 0 & t < a \end{cases}$$    (2.3)

$$\text{alors} \quad \mathcal{L}\{y(t)\} = e^{-as}\, X(s)$$    (2.4)

Translation

$$\mathcal{L}\{x(t)\} = X(s) \implies \mathcal{L}\{e^{at}\, x(t)\} = X(s-a)$$    (2.5)

Dérivées

$$\mathcal{L}\left\{ \frac{d\, x(t)}{dt} \right\} = s\, X(s) - x(0)$$    (2.6)

Transformée inverse

$$\mathcal{L}\{x(t)\} = X(s) \;\Rightarrow\; x(t) = \mathcal{L}^{-1}\{X(s)\} \tag{2.7}$$

Convolution

$$\text{si} \quad x(t) = \mathcal{L}^{-1}\{X(s)\} \quad \text{et} \quad y(t) = \mathcal{L}^{-1}\{Y(s)\} \tag{2.8}$$

$$\text{alors} \quad \mathcal{L}^{-1}\{X(s)\,Y(s)\} = \int_0^t x(u)\,y(t-u)\,du = x * y \tag{2.9}$$

$\rightarrow$ commutativité : $x * y = y * x$

En utilisant les informations du tableau 2.1 et les différentes propriétés énoncées précédemment, on peut résoudre toutes les transformées de Laplace ou transformées inverses traitées dans le présent ouvrage.

---

**Exemple**

Déterminons la transformée de Laplace de la fonction $x(t) = e^{-t}\cos 2t$.

Puisque $\mathcal{L}\{\cos 2t\} = \dfrac{s}{s^2 + 4}$ et $\mathcal{L}\{e^{at}\,x(t)\} = X(s-a)$ (ici $a = -1$).

$$\Rightarrow \quad X(s) = \frac{s+1}{(s+1)^2 + 4} \ .$$

---

**Tableau 2.1**
**Transformées de Laplace de quelques fonctions élémentaires.**

| x(t) | X(s) |
|------|------|
| 1 | $1/s$ $(s > 0)$ |
| $t$ | $1/s^2$ $(s > 0)$ |
| $t^n$ pour $n = 0, 1, 2, \dots$ | $n!/(s^{n+1})$ $(s > 0)$ |
| $e^{at}$ | $1/(s-a)$ |
| $\sin at$ | $a/(s^2 + a^2)$ $(s > 0)$ |
| $\cos at$ | $s/(s^2 + a^2)$ $(s > 0)$ |
| échelon $\mathcal{U}(t-a) = \begin{cases} 0 & t < a \\ 1 & t > a \end{cases}$ | $e^{-as}/s$ |
| impulsion unitaire $\delta(t)$ (ou fonction de Dirac) | 1 |
| $\delta(t-a)$ | $e^{-as}$ |

> **Exemple**
>
> Calculons la transformée inverse de la fonction $X(s) = 1/[s^2 (s+1)^2]$.
>
> On a : $\mathcal{L}^{-1}\left\{\dfrac{1}{s^2}\right\} = t$ et $\mathcal{L}^{-1}\left\{\dfrac{1}{(s+1)^2}\right\} = t\,e^{-t}$ (par translation).
>
> $\underline{\text{Convolution}} \Rightarrow \mathcal{L}^{-1}\left\{\dfrac{1}{s^2(s+1)^2}\right\} = \displaystyle\int_0^t u\,e^{-u}\,(t-u)\,du$
>
> $$= \int_0^t (ut - u^2)\,e^{-u}\,du$$
>
> $$= (ut - u^2)(-e^{-u}) - (t - 2u)(e^{-u}) + (-2)(-e^{-u})\Big|_0^t$$
>
> $$\Rightarrow \quad \mathcal{L}^{-1}\left\{\dfrac{1}{s^2(s+1)^2}\right\} = t\,e^{-t} + 2\,e^{-t} + t - 2 \ .$$

## Rappel sur les transformées de Fourier

Soit $x(t)$ une fonction définie pour $-\infty < t < \infty$. La transformée de Fourier de $x(t)$, notée $\mathcal{F}\{x(t)\}$, s'écrit :

$$\mathcal{F}\{x(t)\} = \int_{-\infty}^{\infty} x(\tau)\,e^{-j2\pi f\tau}\,d\tau = X(f) \tag{2.10}$$

$$= \int_{-\infty}^{\infty} x(\tau)\,[\cos(2\pi f\tau) - j\,\sin(2\pi f\tau)]\,d\tau \ . \tag{2.11}$$

**Quelques propriétés**

Théorème de l'intégrale de Fourier et transformée inverse

On peut représenter la fonction $x(t)$ à l'aide de l'intégrale de Fourier qui s'écrit comme suit :

$$x(t) = \int_0^{\infty} [A(\omega)\,\cos(\omega t) + B(\omega)\,\sin(\omega t)]\,d\omega \ , \tag{2.12}$$

avec :

$$A(\omega) = \frac{1}{\pi}\int_{-\infty}^{\infty} x(\tau)\,\cos(\omega\tau)\,d\tau \ , \tag{2.13}$$

$$B(\omega) = \frac{1}{\pi}\int_{-\infty}^{\infty} x(\tau)\,\sin(\omega\tau)\,d\tau \ . \tag{2.14}$$

On peut aussi écrire trois autres formes de l'intégrale de Fourier :

$$\rightarrow \quad x(t) = \frac{1}{\pi}\int_{\omega=0}^{\infty}\int_{\tau=-\infty}^{\infty} x(\tau)\,\cos[\omega(t-\tau)]\,d\tau\,d\omega \ , \tag{2.15}$$

$$\rightarrow \quad x(t) = \frac{1}{2\pi} \int_{-\infty}^{\infty} \int_{-\infty}^{\infty} x(\tau)\, e^{j\omega(t-\tau)}\, d\tau\, d\omega \quad , \tag{2.16}$$

$$\rightarrow \quad x(t) = \frac{1}{2\pi} \int_{-\infty}^{\infty} e^{j\omega t}\, d\omega \int_{-\infty}^{\infty} x(\tau)\, e^{-j\omega\tau}\, d\tau \quad . \tag{2.17}$$

En notant que $\omega = 2\pi f$ et $d\omega = 2\pi\, df$, on peut écrire :

$$x(t) = \int_{-\infty}^{\infty} e^{j2\pi ft}\, df \int_{-\infty}^{\infty} x(\tau)\, e^{-j2\pi f\tau}\, d\tau \quad . \tag{2.18}$$

On reconnaît dans la deuxième intégrale la transformée de Fourier de $x(t)$ que l'on note $X(f)$; on peut donc finalement écrire :

$$x(t) = \int_{-\infty}^{\infty} X(f)\, e^{j2\pi ft}\, df \quad . \tag{2.19}$$

Cette dernière intégrale est appelée transformée de Fourier *inverse* de $x(t)$; on la note $\mathcal{F}^{-1}\{X(f)\}$.

### Fonctions impaires

Dans le cas des fonctions $x(t)$ impaires, le calcul de la transformée de Fourier se résume au calcul d'une transformée en *sinus* :

$$X_s(f) = \int_0^{\infty} x(\tau)\, \sin(2\pi f\tau)\, d\tau \quad . \tag{2.20}$$

On obtient alors $X(f) = -2\,j\,X_s(f)$. Notons que $X_s(f)$ est une fonction impaire, car $X_s(-f) = -X_s(f)$. De la même façon, on calcule la transformée inverse :

$$x(t) = 4 \int_0^{\infty} X_s(f)\, \sin(2\pi ft)\, df \quad . \tag{2.21}$$

### Fonctions paires

Dans le cas des fonctions $x(t)$ paires, on fait une opération similaire et on obtient la transformée en *cosinus* :

$$X_c(f) = \int_0^{\infty} x(\tau)\, \cos(2\pi f\tau)\, d\tau \quad . \tag{2.22}$$

On obtient alors $X(f) = 2\,X_c(f)$. Notons que $X_c(f)$ est une fonction paire, car $X_c(-f) = X_c(f)$. Comme précédemment, on calcule la transformée inverse :

$$x(t) = 4 \int_0^{\infty} X_c(f)\, \cos(2\pi ft)\, df \quad . \tag{2.23}$$

## Convolution

Considérons l'intégrale de convolution :

$$\int_{-\infty}^{\infty} x(u)\, y(t-u)\, du = x * y \quad . \tag{2.24}$$

On peut démontrer que

$$\mathcal{F}\{x(t) * y(t)\} = \mathcal{F}\{x\}\, \mathcal{F}\{y\} = X(f)\, Y(f) \quad . \tag{2.25}$$

Cela signifie que la transformée de Fourier de l'intégrale de convolution est égale au produit des transformées de Fourier. On peut aussi démontrer que

$$\mathcal{F}\{x(t)\, y(t)\} = X(f) * Y(f) = \int_{-\infty}^{\infty} X(u)\, Y(f-u)\, du \quad . \tag{2.26}$$

Cela signifie que la transformée de Fourier d'un produit est égale à la convolution en fréquence.

## Notation complexe

D'après la définition de la transformée de Fourier, on constate que $X(f)$ est un nombre complexe ; soit

$$X(f) = X_R(f) - j\, X_I(f) \quad , \tag{2.27}$$

avec les parties réelle et imaginaire définies par :

$$X_R(f) = \int_{-\infty}^{\infty} x(\tau)\, \cos(2\pi f \tau)\, d\tau \;, \quad X_I(f) = \int_{-\infty}^{\infty} x(\tau)\, \sin(2\pi f \tau)\, d\tau \;. \tag{2.28}$$

On peut aussi noter $X(f)$ sous sa forme polaire :

$$X(f) = |X(f)|\, e^{-j\phi(f)} \quad \text{avec} \tag{2.29}$$

$$|X(f)| = \sqrt{X_R{}^2(f) + X_I{}^2(f)} \;\; \text{et} \;\; \phi(f) = \tan^{-1}\left[\frac{X_I(f)}{X_R(f)}\right] \quad . \tag{2.30}$$

## Cas des fonctions uniquement définies pour $t > 0$

Considérons une fonction $x(t)$ qui est définie seulement pour des valeurs positives de $t$. Sa transformée de Fourier est alors calculée en intégrant seulement de 0 à $+\infty$ :

$$X(f) = \int_{0}^{\infty} x(\tau)\, e^{-j2\pi f \tau}\, d\tau \quad . \tag{2.31}$$

33

Considérant les définitions de $X_c(f)$ et de $X_s(f)$ données précédemment, on peut écrire:

$$X(f) = X_c(f) - j\, X_s(f) \quad . \tag{2.32}$$

Ainsi, dans le cas de fonctions définies seulement pour des valeurs positives de $t$, la partie réelle $X_R(f) = X_c(f)$ et la partie imaginaire $X_I(f) = X_s(f)$.

### Identité de *Parseval*

Considérons des fonctions $x(t)$ et $y(t)$ qui sont des fonctions complexes. L'identité de Parseval sous sa forme générale s'écrit:

$$\int_{-\infty}^{\infty} x(t)\, y^*(t)\, dt = \int_{-\infty}^{\infty} X(f)\, Y^*(f)\, df \quad , \tag{2.33}$$

où la notation $(\ \ )^*$ signifie le complexe conjugué (on remplace $-j$ par $j$). Pour le cas particulier où $y(t) = x(t)$, on obtient:

$$\int_{-\infty}^{\infty} |x(t)|^2\, dt = \int_{-\infty}^{\infty} |X(f)|^2\, df \quad , \tag{2.34}$$

sachant qu'une fonction multipliée par son complexe conjugué donne le carré de son module $(\ \ )(\ \ )^* = |\ \ |^2$. Comme nous le verrons plus loin, cette dernière relation est très importante en traitement des données.

### Relation entre les transformées de Fourier et de Laplace

Pour des fonctions définies pour des valeurs positives de $\tau$, on peut vérifier que $X(f) = X(s)$ si $s = j\,\omega$.

### Transformée de Fourier de dérivées de fonctions

La transformée de Fourier de la dérivée d'ordre $n$ d'une fonction $x(t)$ est calculée comme suit:

$$\mathcal{F}\left\{\frac{d^n x(t)}{dt^n}\right\} = j^n\, (2\pi f)^n\, X(f) \quad . \tag{2.35}$$

En utilisant les informations du tableau 2.2 et les différentes propriétés énoncées précédemment, on peut résoudre toutes les transformées de Fourier ou transformées inverses traitées dans le présent ouvrage.

**Tableau 2.2**
**Transformées de Fourier de quelques fonctions élémentaires.**

| x(t) | X(f) |
|---|---|
| 1 | $\delta(f)$ |
| $\delta(t)$ | 1 |
| $e^{j2\pi f_0 t}$ | $\delta(f - f_0)$ |
| $e^{-j2\pi f_0 t}$ | $\delta(f + f_0)$ |
| $\cos(2\pi f_0 t)$ | $1/2[\delta(f + f_0) + \delta(f - f_0)]$ |
| $\sin(2\pi f_0 t)$ | $j/2[\delta(f + f_0) - \delta(f - f_0)]$ |
| $1/a$ pour $-a/2 \leq t \leq a/2$ | $\sin(\pi f a)/(\pi f a)$ |
| $e^{-\pi t^2}$ | $e^{-\pi f^2}$ |

## Exemple

Calculons la transformée de Fourier de la fonction de type fenêtre rectangulaire de largeur $a$, centrée sur 0 et de hauteur $1/a$ :

Soit : $x(t) = \begin{cases} 1/a & \text{pour } -a/2 \leq t \leq a/2 \\ 0 & \text{ailleurs} \end{cases}$

La transformée de Fourier s'écrit :

$$X(f) = \frac{1}{a} \int_{-a/2}^{a/2} e^{-j2\pi ft} dt = \frac{-1}{a} \frac{e^{-j2\pi ft}}{j2\pi f} \Big|_{-a/2}^{a/2} = \frac{-1}{\pi f a} \frac{e^{-j\pi fa} - e^{j\pi fa}}{2j} .$$

En ayant recours à l'identité d'Euler, on reconnaît que le terme de droite représente $-\sin(\pi fa)$. On obtient finalement :

$$X(f) = \frac{\sin(\pi fa)}{\pi fa} .$$

Cette transformée de Fourier fait partie de la liste des relations inscrites dans le tableau 2.2. Nous verrons plus loin, dans le présent ouvrage, que la transformée de Fourier de la fenêtre rectangulaire est d'une grande importance. On peut obtenir un autre résultat tout aussi important en considérant le cas particulier de la fenêtre rectangulaire dont la largeur tend vers zéro. La fonction $x(t)$ présente dans ce cas une largeur $a$ tendant vers zéro et une hauteur $1/a$ tendant vers l'infini; ceci correspond formellement à la définition de la fonction de Dirac :

$$\lim_{a \to 0} x(t) = \delta(t) .$$

En appliquant la règle de l'Hospital, la transformée de Fourier s'écrit :

$$\lim_{a \to 0} X(f) = \lim_{a \to 0} \frac{\sin(\pi f a)}{\pi f a} = 1 \, .$$

On obtient alors un résultat fondamental pour comprendre des phénomènes variés que l'on rencontre dans plusieurs domaines tels que le traitement de signal, l'électronique, la dynamique des systèmes (vibrations, acoustique, contrôle), la turbulence et plusieurs autres :

$$\mathcal{F}\{\delta(t)\} = 1 \, .$$

On peut aussi démontrer, par transformée inverse, de la fenêtre rectangulaire de largeur infiniment mince dans le domaine des fréquences que :

$$\mathcal{F}^{-1}\{\delta(f)\} = 1 \quad \text{ou} \quad \mathcal{F}\{1\} = \delta(f) \, .$$

La transformée de Laplace peut être utilisée pour définir la fonction de transfert d'un système, ou encore pour déterminer sa réponse à diverses formes d'excitation, telles que l'échelon ou le sinus. Dans le cas de l'excitation sinusoïdale, on peut obtenir la réponse en fréquence du système en isolant sa réponse stationnaire à partir de la réponse globale obtenue par transformée de Laplace.

Cependant, il est plus simple de déterminer la réponse en fréquence d'un système par transformée de Fourier. Ainsi, selon l'application, on utilisera l'une ou l'autre des transformées. La section 2.2.1 traite de ces questions.

## 2.2.1 Fonction de transfert et réponse en fréquence d'un système linéaire à coefficients constants

Considérons un système de mesure, pour lequel il existe une relation dynamique entre l'entrée $x$ et la sortie $y$, telle que :

$$a_0 y + a_1 \frac{dy}{dt} + a_2 \frac{d^2 y}{dt^2} + \ldots + a_n \frac{d^n y}{dt^n} = b_0 x + b_1 \frac{dx}{dt} + b_2 \frac{d^2 x}{dt^2} + \ldots + b_n \frac{d^n x}{dt^n} \, .$$

Soulignons que $x$ et $y$ représentent des quantités instantanées qui sont toutes deux des *fonctions du temps*.

### Instrument d'ordre zéro

Dans ce cas, on considère : $a_1 = a_2 = \dots = a_n = 0$ et $b_1 = b_2 = \dots = b_n = 0$. Cela signifie que $y = K\,x$, où $K = b_0/a_0$ représente la *sensibilité statique*.

### Instrument du premier ordre

Dans ce cas, on considère : $a_2 = \dots = a_n = 0$ et $b_1 = b_2 = \dots = b_n = 0$. Cela signifie que $y + \tau\,dy/dt = K\,x$, où $K = b_0/a_0$ représente la *sensibilité statique* et $\tau = a_1/a_0$ définit la *constante de temps*.

Fonction de transfert d'un système du premier ordre :

$$y + \tau \frac{dy}{dt} = K\,x \ , \tag{2.36}$$

$$\mathcal{L}\{\ \} \ \text{avec} \ y(0) = 0 \quad \Rightarrow \quad Y(s) + \tau\,s\,Y(s) = K\,X(s) \tag{2.37}$$

$$\Rightarrow Y(s) = \frac{K}{\tau\,s + 1}\,X(s) \tag{2.38}$$

$$\Rightarrow H(s) = \frac{K}{\tau\,s + 1} \ . \tag{2.39}$$

La fonction de transfert que l'on note $H(s)$ sert à établir une relation entre $Y(s)$ et $X(s)$.

Réponse d'un système du premier ordre à un signal d'entrée de type fonction échelon :

$$x(t) = x_S \ \text{pour} \ t > 0 \quad \Rightarrow \quad X(s) = \frac{x_S}{s} \quad \Rightarrow \quad Y(s) = \frac{K\,x_S}{\tau}\,\frac{1}{s(s + \frac{1}{\tau})} \tag{2.40}$$

$$\Rightarrow \quad y(t) = K\,x_S\left(1 - e^{-t/\tau}\right) \Rightarrow \quad \frac{y(t)}{K\,x_S} = \left(1 - e^{-t/\tau}\right) \ . \tag{2.41}$$

Réponse d'un système du premier ordre à un signal d'entrée sinusoïdal :

$$x(t) = x_A \sin \omega t \quad \text{avec} \ \omega = 2\pi f \ , \tag{2.42}$$

$$\Rightarrow \quad X(s) = x_A\,\frac{\omega}{s^2 + \omega^2} \quad \Rightarrow \quad Y(s) = K\,x_A\,\omega\,\frac{1}{(\tau\,s + 1)\,(s^2 + \omega^2)} \ . \tag{2.43}$$

$\rightarrow$ On cherche $A$, $B$ et $C$ tels que :

$$\frac{A}{\tau\,s + 1} + \frac{B\,s + C}{s^2 + \omega^2} = \frac{1}{(\tau\,s + 1)\,(s^2 + \omega^2)} \ . \tag{2.44}$$

Après quelques manipulations, on trouve :

$$A = \frac{\tau^2}{1 + (\omega\tau)^2} \quad , \quad B = \frac{-\tau}{1 + (\omega\tau)^2} \quad \text{et} \quad C = \frac{1}{1 + (\omega\tau)^2} \ . \tag{2.45}$$

On obtient donc pour $Y(s)$ l'expression suivante :

$$Y(s) = \frac{K\, x_A\, \omega}{1 + (\omega\tau)^2} \left[ \tau \, \frac{1}{s + 1/\tau} - \frac{\tau\, s}{s^2 + \omega^2} + \frac{1}{s^2 + \omega^2} \right] \ . \tag{2.46}$$

La transformée inverse $\mathcal{L}^{-1}\{\ \}$ de cette expression donne :

$$y(t) = \frac{K\, x_A}{1 + (\omega\tau)^2} \left[ \omega\tau\, e^{-t/\tau} + \sin\omega t - \omega\tau\, \cos\omega t \right] \ , \tag{2.47}$$

ou, après manipulation :

$$y(t) = \frac{K\, x_A}{1 + (\omega\tau)^2} \left[ \omega\tau\, e^{-t/\tau} + \sqrt{1 + (\omega\tau)^2}\, \sin\left(\omega t - \tan^{-1}(\omega\tau)\right) \right] \ . \tag{2.48}$$

La réponse $y(t)$ du système peut finalement s'écrire :

$$y(t) = \underbrace{A\, e^{-t/\tau}}_{\text{réponse transitoire}} + \underbrace{B\, \sin(\omega t - \phi)}_{\text{réponse stationnaire}} \ , \tag{2.49}$$

$$\text{avec} \ : A = \frac{K\, x_A\, \omega\tau}{1 + (\omega\tau)^2} \quad B = \frac{K\, x_A}{\sqrt{1 + (\omega\tau)^2}} \quad \phi = \tan^{-1}(\omega\tau) \ . \tag{2.50}$$

La constante $B$ représente l'amplitude de la réponse stationnaire et $\phi$ le déphasage.

Remarques :

1. Après un certain temps ($t \gg 1/\tau$), le terme transitoire $e^{-t/\tau}$ tend vers 0 et il n'y a plus que la réponse stationnaire.

2. Pour un temps $t$ donné, plus la constante de temps $\tau$ du système est petite, moins la réponse transitoire prend d'importance et plus le déphasage est faible.

3. Plus la fréquence du signal d'entrée est faible devant $1/\tau$, plus le déphasage est faible.

| Figure 2.3 | Réponses de différents systèmes dynamiques du premier ordre (pour plusieurs valeurs de $\tau$) exposés au signal d'entrée $X(t) = \sin 4t$ (ici $\omega = 4$ rad/s); ligne pointillée = entrée $X(t)$; ligne pleine = sortie $Y(t)$ (totale et partie transitoire). |
|---|---|

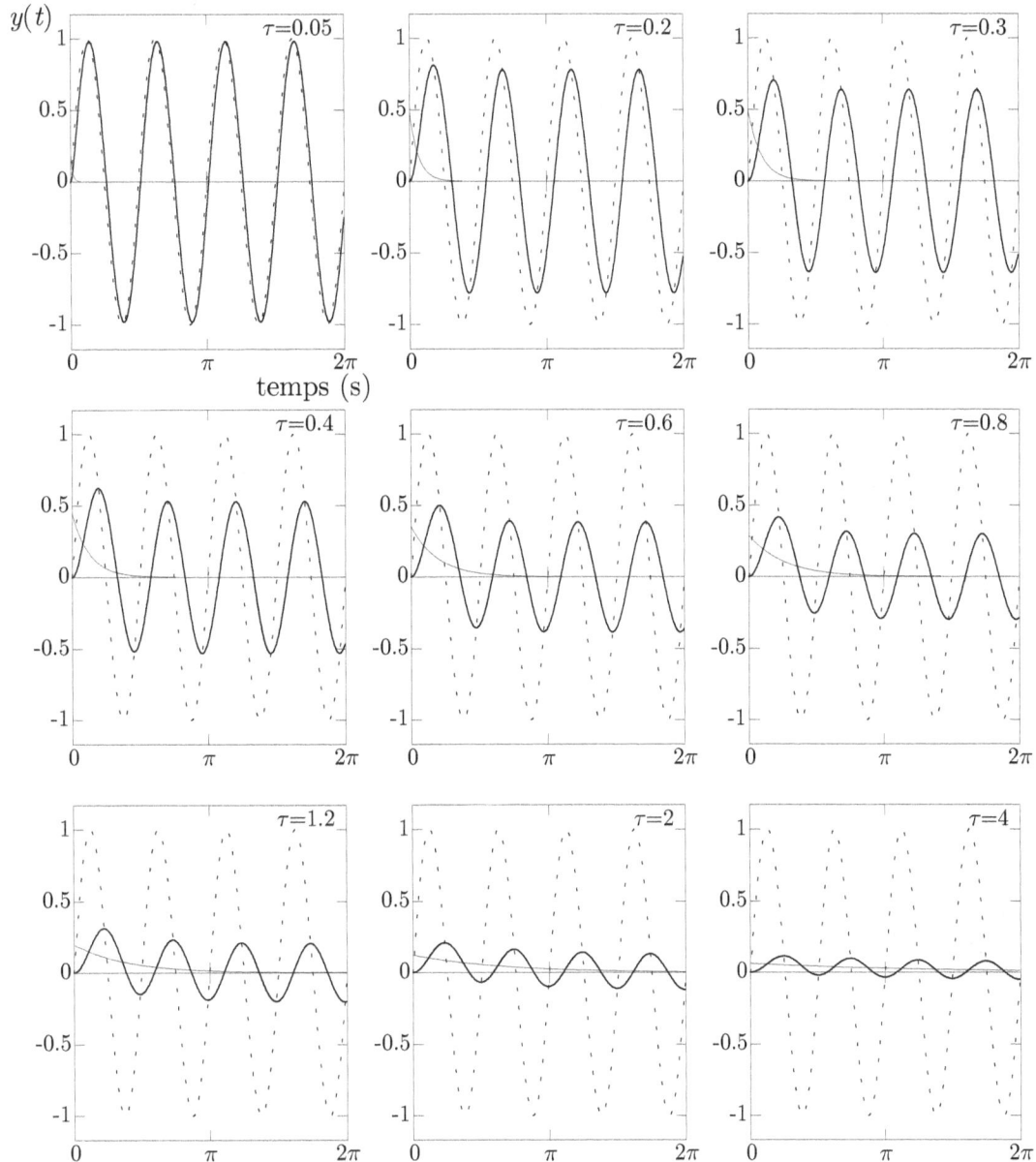

La figure 2.3 illustre les réponses de différents systèmes du premier ordre. Les cas illustrés par ces figures sont obtenus avec les valeurs de $\tau$ indiquées dans le tableau 2.3 (on y indique aussi les valeurs de $B$ et de $\phi$ obtenues avec $\omega = 4$ rad/s et $K\,x_A = 1$).

Réponse stationnaire et réponse en fréquence d'un système du premier ordre :

Considérons la réponse *stationnaire* d'un système que l'on soumet à un signal d'entrée sinusoïdal de fréquence $\omega$. L'ensemble des réponses, pour $\omega = 0 \to \infty$, est appelé *réponse*

**Tableau 2.3**
**Réponses de différents systèmes linéaires du premier ordre.**

| $\omega$ | $\tau$ | $B$ | $\phi$ |
|---|---|---|---|
| 4 | 0.05 | 0.981 | 11.3° |
| 4 | 0.2 | 0.781 | 38.7° |
| 4 | 0.3 | 0.640 | 50.2° |
| 4 | 0.4 | 0.530 | 58° |
| 4 | 0.6 | 0.385 | 67.4° |
| 4 | 0.8 | 0.298 | 72.6° |
| 4 | 1.2 | 0.204 | 78.2° |
| 4 | 2 | 0.124 | 82.9° |
| 4 | 4 | 0.062 | 86.4° |

*en fréquence* de ce système. Pour un système donné ($\tau$ est fixé), la réponse stationnaire $B \sin(\omega t - \phi)$ est fonction de $\omega$ seulement (car $B$ et $\phi$ sont également des fonctions de $\omega$ seulement). Pour un système donné, la réponse en fréquence (figure 2.4) est donc une fonction de $\omega$. On définit :

$$M(\omega) = \frac{B}{K\,x_A} = \frac{1}{\sqrt{1 + (\omega\tau)^2}} = \text{Gain} \quad , \tag{2.51}$$

$$\phi(\omega) = \tan^{-1}(\omega\tau) = \text{Phase} \quad . \tag{2.52}$$

La figure 2.4 illustre la réponse en fréquence d'un système du premier ordre. On y voit les évolutions du gain et de la phase en fonction du produit $\omega\tau$.

Fonction de transfert et convolution :

La fonction de transfert a déjà été définie par :

$$H(s) = \frac{Y(s)}{X(s)} \tag{2.53}$$

On peut donc écrire : $y(t) = \mathcal{L}^{-1}\{Y(s)\} = \mathcal{L}^{-1}\{H(s)X(s)\}$. Le théorème de convolution nous permet ainsi d'écrire :

$$y(t) = \mathcal{L}^{-1}\{H(s)\,X(s)\} = h(t) * x(t) = \int_0^t h(u)\,x(t-u)\,du \tag{2.54}$$

$$\text{et} \quad H(s) = \mathcal{L}\{h(t)\} \quad \text{ou} \quad h(t) = \mathcal{L}^{-1}\{H(s)\} \tag{2.55}$$

La fonction $h(t)$ est la transformée de Laplace inverse de la fonction de transfert. On l'appelle la *fonction de pondération* ou la fonction *réponse à une impulsion uni-taire* ou seulement *réponse impulsionnelle*. Cette dernière appellation provient du fait que si l'entrée est une impulsion unitaire ($x(t) = \delta(t)$), alors la sortie est directement égale à la fonction de transfert ($y(t) = h(t)$ car $Y(s) = H(s)$ puisque $X(s) = 1$).

**Figure 2.4**    Réponse en fréquence (gain et phase) d'un système du premier ordre.

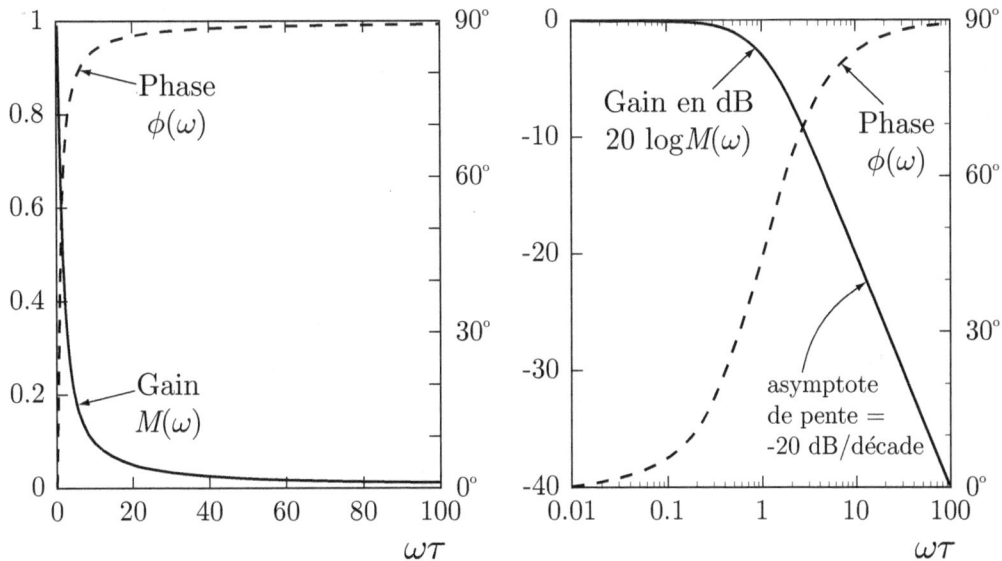

On considère généralement trois cas :

1. $x(t) \longrightarrow \boxed{h(t)} \longrightarrow y(t) = ?$    $\Rightarrow$ convolution.

2. $x(t) \longrightarrow \boxed{h(t) = ?} \longrightarrow y(t)$    $\Rightarrow$ identification de processus.

3. $x(t) = ? \longrightarrow \boxed{h(t)} \longrightarrow y(t)$    $\Rightarrow$ déconvolution.

**Réponse en fréquence d'un système physiquement réalisable ($t > 0$) :**

Soit :         $x(t) \longrightarrow \boxed{h(\tau)} \longrightarrow y(t)$

Pour une entrée arbitraire, on peut exprimer la sortie correspondante $y(t)$ du système par l'intégrale de convolution suivante :

$$y(t) = \int_0^\infty h(\tau)\, x(t - \tau)\, d\tau \tag{2.56}$$

Cela signifie que $y(t)$ est obtenu à partir d'une somme linéaire ($\int$) pondérée ($h(\tau)$) de l'entière histoire temporelle (($t-\tau$) pour $\tau = 0 \to \infty$) de l'entrée $x(t)$. C'est pourquoi $h(\tau)$ est appelée fonction de pondération. D'après la définition de l'intégrale de convolution (2.25), on peut écrire :

$$y(t) = \mathcal{F}^{-1}\{H(f)\, X(f)\} \tag{2.57}$$

Lorsque $x(t)$ est une impulsion unitaire, le système est excité de façon égale (en amplitude) simultanément pour toutes les fréquences. Ceci est dû au fait que $X(f) = 1$. Dans ce cas, $Y(f) = H(f)$ et $y(t) = h(\tau)$. C'est pourquoi on appelle aussi $h(\tau)$ la réponse impulsionnelle. La réponse en fréquence est définie par la transformée de Fourier de la réponse impulsionnelle[2] :

$$H(f) = \mathcal{F}\{h(\tau)\} = \int_0^\infty h(\tau)\, e^{-j2\pi f\tau}\, d\tau \tag{2.58}$$

Notons que cette définition de la réponse en fréquence est équivalente à celle donnée précédemment avec $M(\omega)$ et $\phi(\omega)$. Rappelons que $M(\omega)$ et $\phi(\omega)$ étaient définis à partir de la réponse stationnaire d'un système excité par une fonction sinusoïdale. Soulignons qu'il est plus commode de définir une réponse en fréquence par transformée de Fourier.

### Réponse en fréquence d'un système du premier ordre :

On considère :

$$y(t) \;+\; \tau\frac{dy(t)}{dt} = K\, x(t) \tag{2.59}$$

Pour une entrée égale à l'impulsion unitaire, $x(t) = \delta(t)$, on a $X(f) = 1$ et $Y(f) = H(f)$. On peut donc écrire :

$$H(f) \;+\; j2\pi f\tau\, H(f) = K \tag{2.60}$$

$$\Rightarrow\; H(f) = \frac{K}{1 + j2\pi f\tau} = \frac{K\,(1 - j2\pi f\tau)}{1 + (2\pi f\tau)^2} \tag{2.61}$$

L'amplification ou le gain est défini par $|H(f)|$, le module de la réponse en fréquence :

$$|H(f)| = \frac{K}{\sqrt{1 + (2\pi f\tau)^2}} = \frac{K}{\sqrt{1 + (\omega\tau)^2}} \tag{2.62}$$

La phase est définie par :

$$\phi(f) = \tan^{-1}\left(\frac{2\pi f\tau}{1}\right) = \tan^{-1}(\omega\tau) \tag{2.63}$$

---

[2] On intègre de 0 à $\infty$ et non de $-\infty$ à $\infty$ car $h(\tau) = 0$ pour $\tau < 0$ (système physiquement réalisable).

Ces résultats sont équivalents aux fonctions $M(\omega)/K$ et $\phi(\omega)$ trouvées précédemment (voir la figure 2.4).

Remarque : On obtient le même résultat en considérant la fonction de transfert $H(s) = K/(1 + \tau s)$ et en remplaçant $s$ par $j\omega$ (opération à faire pour passer de la transformée de Laplace à la transformée de Fourier).

Réponse en fréquence d'un système du second ordre :

Ce type de système s'applique par exemple aux capteurs de pression, aux accéléromètres... On utilise l'équation reliant l'entrée $x(t)$ à la sortie $y(t)$ de la forme suivante :

$$a_0\, y(t) \;+\; a_1\, \frac{dy(t)}{dt} \;+\; a_2\, \frac{d^2 y(t)}{dt^2} = b_0\, x(t) \tag{2.64}$$

Comme précédemment, on trouve la réponse en fréquence en excitant le système de manière homogène pour toutes les fréquences avec $x(t) = \delta(t)$ l'impulsion unitaire (car $X(f) = 1$). On obtient donc $H(f) = Y(f)$ et on peut écrire :

$$a_0\, H(f) \;+\; a_1 j 2\pi f\, H(f) \;+\; a_2 j^2 4\pi^2 f^2\, H(f) = b_0 \tag{2.65}$$

$$\Rightarrow\; H(f) = \frac{b_0/a_0}{1 - (a_2/a_0)\, 4\pi^2 f^2 + (a_1/a_0)\, j 2\pi f} \tag{2.66}$$

$$= \frac{(b_0/a_0)\, (1 - (a_2/a_0)\, 4\pi^2 f^2 - (a_1/a_0)\, j 2\pi f)}{(1 - (a_2/a_0)\, 4\pi^2 f^2)^2 + ((a_1/a_0)\, 2\pi f)^2} \tag{2.67}$$

Le gain est alors

$$|H(f)| = \frac{b_0/a_0}{\sqrt{(1 - (a_2/a_0)\, 4\pi^2 f^2)^2 + ((a_1/a_0)\, 2\pi f)^2}} \tag{2.68}$$

et la phase :

$$\phi(f) = \tan^{-1}\left( \frac{(a_1/a_0)\, 2\pi f}{1 - (a_2/a_0)\, 4\pi^2 f^2} \right) \tag{2.69}$$

**Exemple**

Un exemple classique de système du second ordre est le système masse-ressort-amortisseur :

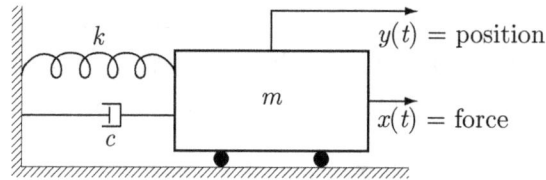

On considère le cas où $x(t)$ est une force excitatrice. L'analyse des forces dans la direction du mouvement conduit à l'équation suivante :

$$k\,y(t) \;+\; c\,\frac{dy(t)}{dt} \;+\; m\,\frac{d^2y(t)}{dt^2} \;=\; x(t)$$

D'après le développement précédent et considérant $a_0/b_0 = k$, $a_1/b_0 = c$ et $a_2/b_0 = m$, on obtient la réponse en fréquence dont le gain est :

$$|H(f)| = \frac{1/k}{\sqrt{\left(1 - (m/k)\,4\pi^2 f^2\right)^2 + \left((c/k)\,2\pi f\right)^2}}$$

Posons :

$$2\pi f_n = \sqrt{\frac{k}{m}} \quad \text{et} \quad \zeta = \frac{c}{2\sqrt{km}}$$

$$\Rightarrow \; 4\pi^2 \frac{m}{k} = \frac{1}{f_n^2} \quad \text{et} \quad \frac{c\pi}{k} = \frac{\zeta}{f_n}$$

Les paramètres que l'on vient d'introduire sont appelés $\zeta$ = rapport d'amortissement et $f_n$ = fréquence naturelle du système. On peut alors écrire le gain sous la forme :

$$|H(f)| = \frac{1/k}{\sqrt{\left(1 - (f/f_n)^2\right)^2 + \left(2\zeta f/f_n\right)^2}}$$

Le gain est maximum lorsque le dénominateur est minimum. On minimise le dénominateur en dérivant celui-ci par rapport à $f$. On trouve alors la fréquence pour laquelle le gain est maximum. Cette fréquence est la fréquence de résonnance notée $f_r$. On obtient ainsi pour $f_r$ :

$$\frac{f_r}{f_n} = \sqrt{1 - 2\zeta^2}$$

D'autre part, la phase de la réponse en fréquence s'écrit :

$$\phi(f) = \tan^{-1}\left(\frac{(c/k)\,2\pi f}{1 - (m/k)\,4\pi^2 f^2}\right) = \tan^{-1}\left(\frac{2\zeta\,f/f_n}{1 - (f/f_n)^2}\right)$$

Les courbes de la figure 2.5 montrent la réponse en fréquence (gain et phase) de plusieurs systèmes du deuxième ordre (différentes valeurs du coefficient d'amortissement $\zeta$).

**Figure 2.5** Réponse en fréquence (gain et phase) d'un système du second ordre pour différentes valeurs du coefficient d'amortissement ($\zeta$).

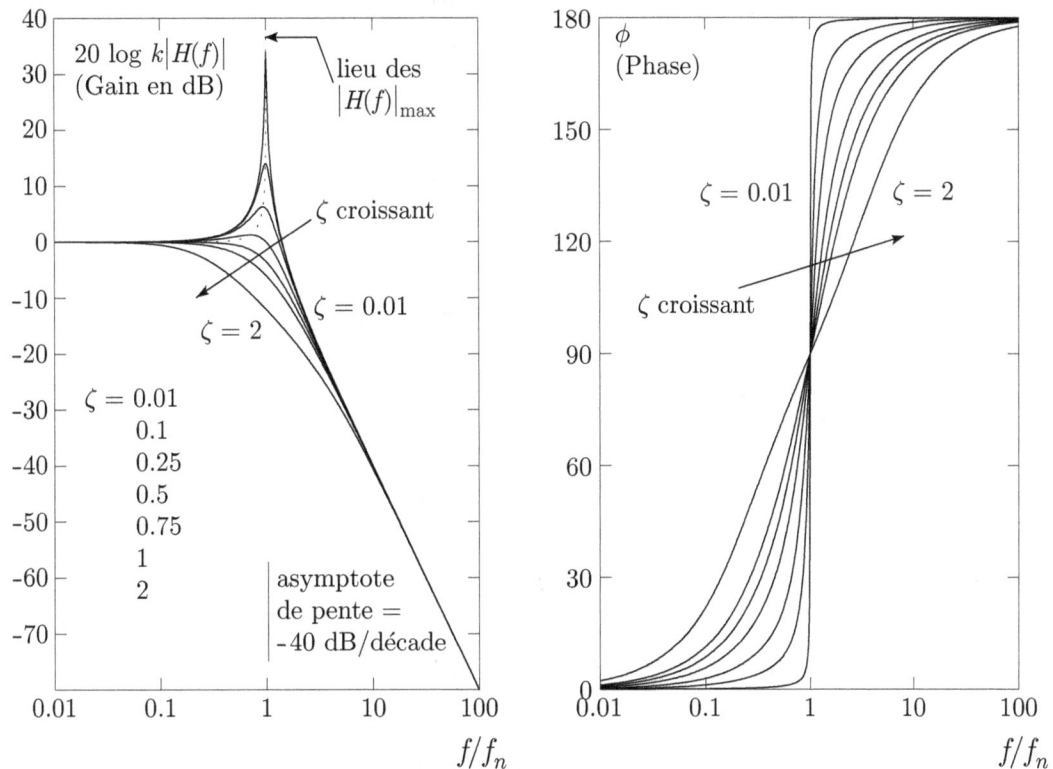

Fonction de transfert d'un système du second ordre:

Considérons l'équation générale reliant l'entrée et la sortie:

$$a_0\, y(t) \,+\, a_1\, \frac{dy(t)}{dt} \,+\, \ldots \,+\, a_n\, \frac{d^n y(t)}{dt^n} = b_0\, x(t) \,+\, b_1\, \frac{dx(t)}{dt} \,+\, \ldots \,+\, b_n\, \frac{d^n x(t)}{dt^n} \quad (2.70)$$

$$\Rightarrow \quad \sum_{j=0}^{n} a_j\, \frac{d^j y}{dt^j} = \sum_{j=0}^{m} b_j\, \frac{d^j x}{dt^j} \quad (2.71)$$

$$\Rightarrow \quad Y(s) \sum_{j=0}^{n} a_j\, s^j = X(s) \sum_{j=0}^{m} b_j\, s^j \;+\; \text{termes } (t=0) \quad (2.72)$$

Si tous les termes $(t=0)$ sont nuls, on peut écrire:

$$H(s) = \sum_{j=0}^{m} b_j\, s^j \Big/ \sum_{j=0}^{n} a_j\, s^j \quad (2.73)$$

Dans le cas du système masse-ressort-amortisseur, l'équation reliant l'entrée à la sortie est :

$$k\,y(t) \;+\; c\,\frac{dy(t)}{dt} \;+\; m\,\frac{d^2y(t)}{dt^2} \;=\; x(t) \tag{2.74}$$

On obtient donc la fonction de transfert :

$$H(s) = \frac{1}{k \;+\; cs \;+\; m\,s^2} \tag{2.75}$$

### Réponse d'un système du second ordre à un échelon unitaire :

On considère toujours le système masse-ressort-amortisseur qui est excité par une force ($x(t)$ est une force) ; la fonction de transfert est :

$$H(s) = \frac{1}{k \;+\; cs \;+\; m\,s^2} = \frac{1}{m}\,\frac{1}{\omega_n^2 \;+\; 2\zeta\omega_n s \;+\; s^2} \tag{2.76}$$

avec $\omega_n^2 = k/m$ et $2\zeta\omega_n = c/m$.

Pour $x(t)$ = échelon unitaire, on a $X(s) = 1/s$ ; la réponse est donc obtenue par :

$$y(t) = \mathcal{L}^{-1}\{Y(s)\} = \frac{1}{m}\,\mathcal{L}^{-1}\left\{\frac{1}{s(\omega_n^2 \;+\; 2\zeta\omega_n s \;+\; s^2)}\right\} \tag{2.77}$$

Suivant les valeurs du rapport d'amortissement $\zeta$, on obtient :

→ pour $0 \leq \zeta < 1$ (système sous-amorti)

$$y(t) = \frac{1}{k}\left[1 \;-\; e^{-\zeta\omega_n t}\,\frac{\omega_n}{\omega_d}\,\sin(\omega_d t + \phi)\right] \tag{2.78}$$

$$\text{avec} \qquad \phi = \cos^{-1}\zeta \quad \text{et} \quad \omega_d = \omega_n\sqrt{1 - \zeta^2} \tag{2.79}$$

→ pour $\zeta = 1$ (amortissement critique)

$$y(t) = \frac{1}{k}\left[1 \;-\; (1 + \omega_n t)\,e^{-\omega_n t}\right] \tag{2.80}$$

→ pour $\zeta > 1$ (système sur-amorti)

$$y(t) = \frac{1}{k}\left[1 \;+\; \frac{A}{2\omega_d^*}\,e^{Bt} \;-\; \frac{B}{2\omega_d^*}\,e^{At}\right] \tag{2.81}$$

$$\text{avec} \quad \omega_d^* = \omega_n\sqrt{\zeta^2 - 1} \quad A = -(\zeta\omega_n + \omega_d^*) \quad B = -(\zeta\omega_n - \omega_d^*) \tag{2.82}$$

Les courbes de la figure 2.6 représentent la réponse $y(t)$ de ce système du deuxième ordre lorsqu'il est soumis à un échelon unitaire, pour $k = 1$, $\omega_n = 1$ et différentes valeurs du facteur d'amortissement $\zeta$.

**Figure 2.6**    Réponse d'un système du second ordre (avec $k = 1$ et $\omega_n = 1$), pour différentes valeurs du coefficient d'amortissement ($\zeta$), soumis à un échelon unitaire.

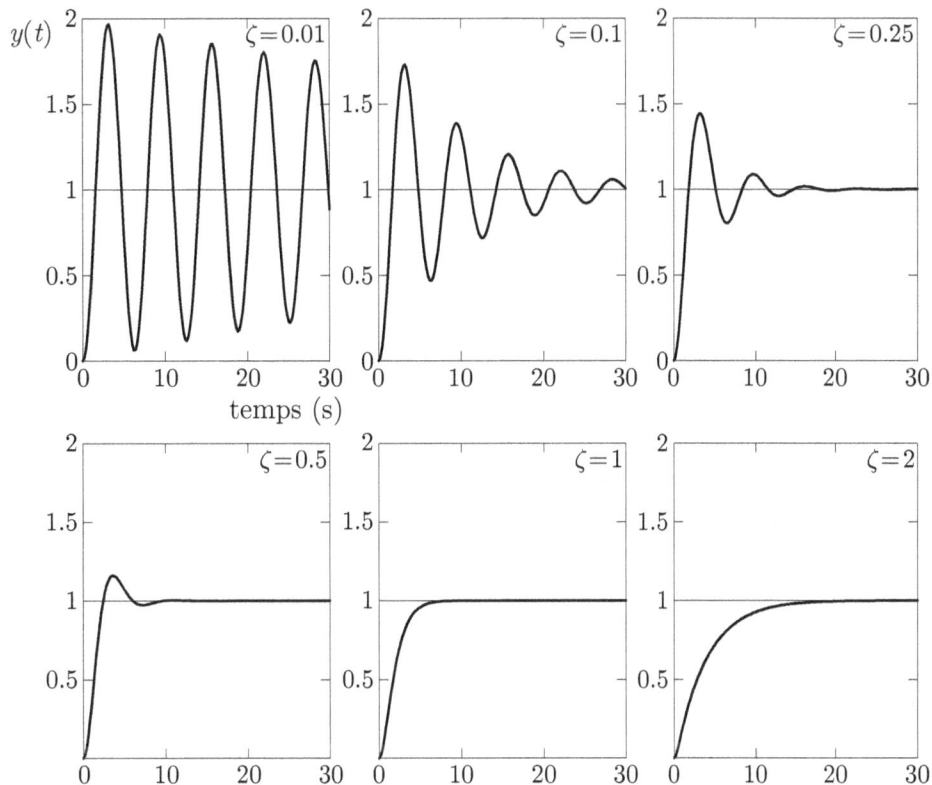

Pour un système du deuxième ordre sous-amorti ($\zeta < 1$), soumis à une entrée de type échelon unitaire, on peut définir plusieurs paramètres à l'aide de la figure 2.7.

On considère habituellement les caractéristiques suivantes :

1. Constante de temps $\tau = 1/(\zeta \omega_n)$ ($\tau = 6.67$ *sec* dans le cas présent). La constante de temps correspond au temps pour lequel l'enveloppe exponentielle de la réponse transitoire atteint 63.2% de la réponse stationnaire (pour $t = \tau$, $1 - e^{-1} = 0.632$).

2. Dépassement = différence maximum entre la réponse transitoire et la réponse stationnaire.

3. Temps de retard $T_r$ = temps que prend le système pour atteindre 50% de la réponse stationnaire.

| **Figure 2.7** | Réponse d'un système du second ordre, pour un coefficient d'amortissement ($\zeta = 0.15$), soumis à un échelon unitaire. |
|---|---|

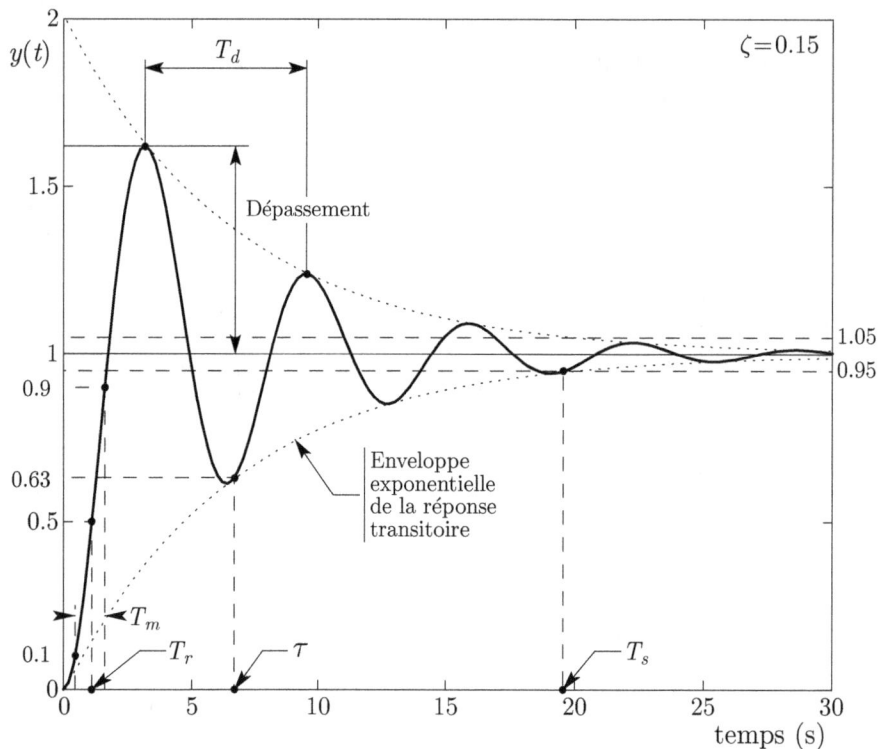

4. Temps de mise en route $T_m$ = temps que prend le système pour que sa réponse passe de 10% à 90% de la réponse stationnaire.

5. Temps de stabilisation $T_s$ = temps que prend le système pour que sa réponse atteigne et demeure dans un intervalle de ±5% (ou autre) autour de la réponse

Lorsque l'on utilise de façon dynamique un instrument se comportant comme un système du deuxième ordre, il est très pertinent de bien connaître les valeurs de ces différents paramètres.

## 2.2.2 Réalisation d'un étalonnage dynamique

Plusieurs problèmes de mesure sont reliés à des quantités ou phénomènes qui varient rapidement dans le temps (fluctuations, impulsions, explosions, chocs, vibrations...). Dans ce cas, nous nous intéressons aux relations dynamiques existant entre les signaux d'entrée et de sortie de l'instrument. On doit donc déterminer les caractéristiques dynamiques des instruments, telles que la constante de temps, la fréquence de coupure établissant la bande passante, la fonction de transfert, la réponse en fréquence (gain et phase), le dépassement... Considérons le cas de l'instrument du premier ordre soumis à un signal d'entrée de type fonction échelon; comme nous avons fait le développement à la section précédente, nous savons que la réponse aura la forme suivante :

$$y = K\,x_S\left[1 - e^{-t/\tau}\right] \tag{2.83}$$

Les courbes de la figure 2.8 représentent cette équation pour deux valeurs de $\tau$ différentes.

**Figure 2.8**  Réponse de deux système du premier ordre à une excitation de type échelon.

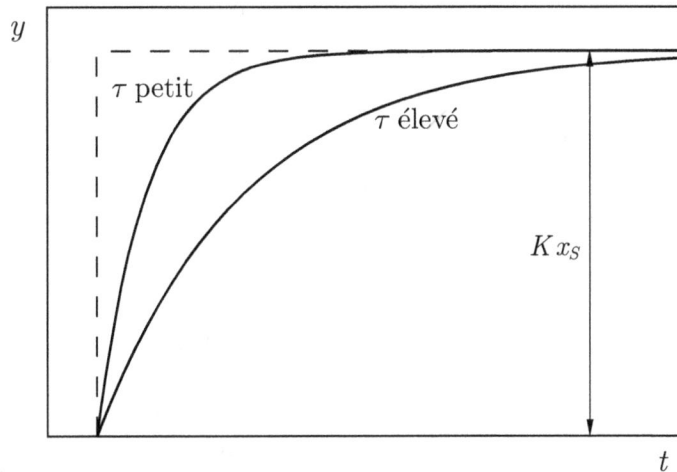

On peut également tracer $y/(Kx_S)$ vs $t/\tau$; on obtient alors une courbe universelle (figure 2.9) qui s'applique à tous les instruments du premier ordre soumis à un signal d'entrée de type échelon.

**Figure 2.9**  Réponse universelle d'un système du premier ordre à un échelon.

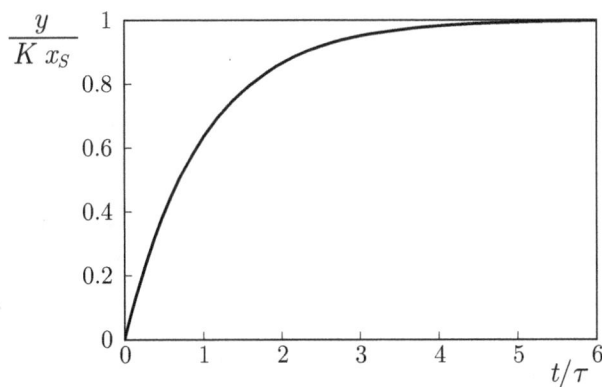

| $t/\tau$ | $y/(K\,x_S)$ |
|---|---|
| 0 | 0.000 |
| 1 | 0.632 |
| 2 | 0.865 |
| 3 | 0.950 |
| 4 | 0.982 |
| $\infty$ | 1.000 |

## Détermination de la constante de temps d'un système du premier ordre :

Pour un instrument donné, le temps de réponse à un échelon dépend du seuil que l'on décide d'imposer en termes de pourcentage de la valeur finale à atteindre. Autrement dit, si l'on désire connaître le temps de réponse à 95% par exemple, il faut mesurer le temps $t$ nécessaire pour atteindre le niveau $y/K\, x_S = 95\%$. Ayant obtenu ce temps $t$ et sachant que pour ce pourcentage le rapport $t/\tau = 3$, on peut déterminer la valeur de $\tau$, la constante de temps de l'instrument en question.

En procédant de cette façon, on obtient seulement une estimation de $\tau$ qui est relativement grossière. On peut faire une analogie avec le fait de tracer une droite avec deux points au lieu de faire une régression linéaire sur beaucoup plus de points. Une façon de procéder qui est plus élégante consiste à considérer tout le signal (toutes les valeurs de $y\,/\,K\,x_S$ au lieu de seulement celle correspondant à $y/(K\,x_S) = 0.95...$) et à faire une régression des moindres carrés sur l'équation

$$\frac{y}{x_S} = K\left[1 - e^{-t/\tau}\right]\ ,\tag{2.84}$$

avec $K$ et $\tau$ comme paramètres de la régression. On obtient ainsi une constante de temps des moindres carrés qui est plus précise.

## Détermination de la réponse en fréquence d'un système du premier ordre :

Pour déterminer la réponse en fréquence de l'instrument, on peut par exemple le soumettre à un signal d'entrée sinusoïdal de fréquence connue. On doit tracer le gain, $20\log(y/Kx)$ en fonction de $\log f$. Dans le cas d'un instrument du premier ordre, on sait que pour $2\pi f = 1/\tau$ on a $|H(f)|/K = 1/\sqrt{2}$ ; en décibel, cela correspond à $20\log(1/\sqrt{2}) = -3$ dB. Ainsi, lorsque $f = 1/(2\pi\tau)$, on observe une atténuation de $-3$ dB par rapport au niveau correspondant à $f = 0$. Cette fréquence particulière est dénommée fréquence de coupure. On la note $f_c$ et elle s'exprime de la manière suivante :

$$f_c = \frac{1}{2\pi\tau}\ .\tag{2.85}$$

De part et d'autre de $f_c$, il existe deux asymptotes : une à basse fréquence dont la pente est nulle et une à haute fréquence dont la pente est de $-20$ dB/décade (voir le graphique présenté précédemment). Si les mesures ne suivent pas ces asymptotes, cela signifie que l'instrument considéré n'est pas un instrument du premier ordre. Si on a tracé le graphique du gain de la réponse en fréquence et que l'on ne connaît pas la valeur de $f_c$, on peut en déterminer la valeur comme suit : il s'agit de trouver le point correspondant soit à une atténuation de $-3$ dB ou soit à l'intersection du prolongement des deux asymptotes.

## 2.3 Calculs de régression

Le problème général consiste à trouver une approximation de type $y_e = F(x)$ pour un ensemble de $N$ points discrets $(x_i, y_i)$. On appelle $F(x)$ la fonction estimée, d'où la notation $y_e$. Ce problème consiste à minimiser une certaine fonction de l'écart $d_i = y_{e_i} - y_i$ ou, en d'autres termes, à faire une régression suivant un certain critère (moindres carrés...) sur les points $(x_i, y_i)$ avec une fonction $F(x)$.

La différence $d_i = y_{e_i} - y_i$ est appelée erreur, écart ou résidu ($d_i$ peut être $> 0$, $< 0$ ou $= 0$). La figure 2.10 schématise le problème que nous venons de définir.

**Figure 2.10**  Courbe de régression (estimation $y_e$) sur un nuage de points $(x_i, y_i)$.

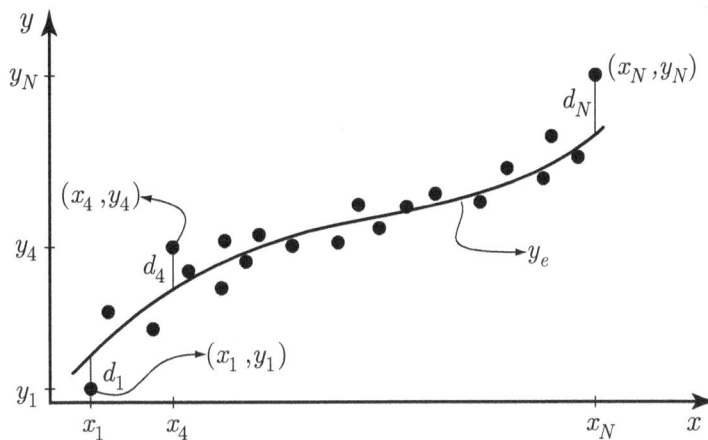

Plusieurs fonctions telles que $\sum d_i^2$ ou $\sum |d_i|$ peuvent être utilisées pour obtenir une certaine qualité d'ajustement de la courbe $y_e$ aux données $(x_i, y_i)$. Le cas le plus classique concerne la régression de type moindres carrés.

Soit un vecteur $\mathbf{d} = (d_1, d_2, \ldots, d_N)$. La norme d'un vecteur est généralement définie par :

$$\|\mathbf{d}\| = \sqrt{d_1^2 + d_2^2 + \ldots + d_N^2} = \sqrt{\sum_{i=1}^{N} d_i^2} \ . \tag{2.86}$$

Cette définition de $\|\mathbf{d}\|$ est aussi appelée la *norme euclidienne*. Une régression dans le sens d'une minimisation de la norme euclidienne est appelée une régression des moindres carrés[3]. Nous nous limitons dans le cadre du cours à ce type de régression.

---

[3]Les autres normes les plus courantes sont : la norme de Laplace $\sum |d_i|$, la norme du minimax de Laplace-Tchebychef max $|d_i|$ et la norme des carrés pondérés de Legendre $\sum d_i^2 \omega_i$ ($\omega_i \geq 0$).

## 2.3.1 Fonctions impliquant la résolution d'un système linéaire

Dans cette section, nous nous intéressons aux fonctions dans lesquelles les paramètres $(a_0, a_1, \ldots, a_n)$ apparaissent sous forme linéaire. Ces modèles linéaires incluent :

Les polynômes simples :

$$y_{e_i} = a_0 + a_1 x_i + a_2 x_i^2 + \ldots + a_n x_i^n \quad . \tag{2.87}$$

Les polynômes de Legendres :

$$y_{e_i} = a_0 P_0(x_i) + a_1 P_1(x_i) + a_2 P_2(x_i) + \ldots + a_n P_n(x_i) \quad . \tag{2.88}$$

Les polynômes de Bessel :

$$y_{e_i} = a_0 J_0(\alpha_0, x_i) + a_1 J_1(\alpha_1, x_i) + a_2 J_2(\alpha_2, x_i) + \ldots + a_n J_n(\alpha_n, x_i) \quad , \tag{2.89}$$

où les coefficients $\alpha_0$, $\alpha_1$, ..., $\alpha_n$ sont connus.

Les formes de Fourier :

$$y_{e_i} = a_0 + a_1 \sin(\omega x_i) + a_2 \sin(2\omega x_i) + \ldots + a_n \sin(n\omega x_i) \quad , \tag{2.90}$$

où la fréquence $\omega$ est connue.

Les formes exponentielles :

$$y_{e_i} = a_0 + a_1 e^{\alpha_1 x_i} + a_2 e^{\alpha_2 x_i} + \ldots + a_n e^{\alpha_n x_i} \quad , \tag{2.91}$$

où les coefficients $\alpha_0$, $\alpha_1$, ..., $\alpha_n$ sont connus.

Comme nous le verrons, les régressions effectuées sur ce type de fonction impliquent la résolution d'un système d'équations linéaires. Pour illustrer la méthode, nous allons considérer dans cette section seulement des polynômes simples.

À partir de $N$ points $(x_i, y_i)$, on cherche à définir une régression de type $y_{e_i} = a_0 + a_1 x_i + a_2 x_i^2 + \ldots + a_n x_i^n$ telle que $\sum d_i^2 = \sum (y_{e_i} - y_i)^2$ soit minimale (moindres carrés).

On peut écrire la fonction estimée comme :

$$y_{e_i} = \sum_{k=0}^{n} a_k \, x_i^k \quad . \tag{2.92}$$

Le problème revient à déterminer les coefficients $a_k$ qui minimisent $Q$ qui est défini par le carré de la norme euclidienne :

$$Q = \sum_{i=1}^{N} d_i{}^2 = \sum_{i=1}^{N} \left( y_i - \sum_{k=0}^{n} a_k \, x_i{}^k \right)^2 \; . \tag{2.93}$$

On minimise $Q$ en faisant $\partial Q/\partial a_j = 0$ ($j = 0, 1, 2, \dots, n$). En dérivant ainsi par rapport à chacun des coefficients $a_j$, on obtient $n+1$ équations qui, après quelques manipulations, s'écrivent :

$$\sum_{k=0}^{n} a_k \left( \sum_{i=1}^{N} x_i{}^{j+k} \right) = \sum_{i=1}^{N} y_i \, x_i{}^j \quad (j = 0 \to n) \; . \tag{2.94}$$

Ces $n+1$ équations sont appelées *équations normales*; elles forment un système linéaire :

| | $k = 0$ | $k = 1$ | $\dots$ | $k = n$ | |
|---|---|---|---|---|---|
| $j = 0$ | $a_0 \sum_{i=1}^{N} x_i{}^0$ $+$ | $a_1 \sum_{i=1}^{N} x_i{}^1$ $+$ | $\dots$ $+$ | $a_n \sum_{i=1}^{N} x_i{}^n$ $=$ | $\sum_{i=1}^{N} y_i x_i{}^0$ |
| $j = 1$ | $a_0 \sum_{i=1}^{N} x_i{}^1$ $+$ | $a_1 \sum_{i=1}^{N} x_i{}^2$ $+$ | $\dots$ $+$ | $a_n \sum_{i=1}^{N} x_i{}^{n+1}$ $=$ | $\sum_{i=1}^{N} y_i x_i{}^1$ |
| $\vdots$ | $\vdots$ | $\vdots$ | | $\vdots$ | $\vdots$ |
| $j = n$ | $a_0 \sum_{i=1}^{N} x_i{}^n$ $+$ | $a_1 \sum_{i=1}^{N} x_i{}^{n+1}$ $+$ | $\dots$ $+$ | $a_n \sum_{i=1}^{N} x_i{}^{2n}$ $=$ | $\sum_{i=1}^{N} y_i x_i{}^n$ |

Ce système linéaire peut se mettre sous la forme matricielle $\mathbf{B} \times \mathbf{A} = \mathbf{C}$ où $\mathbf{A} = [[a]]$ est un vecteur colonne formé des coefficients du polynôme recherché.

$$
\begin{array}{cccc}
\mathbf{B} & \times & \mathbf{A} & = & \mathbf{C}
\end{array}
$$

$$
\begin{pmatrix}
\sum_{i=1}^{N} x_i{}^0 & \sum_{i=1}^{N} x_i{}^1 & \dots & \sum_{i=1}^{N} x_i{}^n \\
\sum_{i=1}^{N} x_i{}^1 & \sum_{i=1}^{N} x_i{}^2 & \dots & \sum_{i=1}^{N} x_i{}^{n+1} \\
\vdots & \vdots & & \vdots \\
\sum_{i=1}^{N} x_i{}^n & \sum_{i=1}^{N} x_i{}^{n+1} & \dots & \sum_{i=1}^{N} x_i{}^{2n}
\end{pmatrix}
\times
\begin{pmatrix}
a_0 \\
a_1 \\
\vdots \\
a_n
\end{pmatrix}
=
\begin{pmatrix}
\sum_{i=1}^{N} y_i x_i{}^0 \\
\sum_{i=1}^{N} y_i x_i{}^1 \\
\vdots \\
\sum_{i=1}^{N} y_i x_i{}^n
\end{pmatrix}
$$

Les matrices $\mathbf{B}$ et $\mathbf{C}$ sont construites à l'aide d'une matrice $\boldsymbol{\xi}$ définie par $\boldsymbol{\xi} = [\{x\}^0 \ \vdots \{x\}^1 \ \vdots \ \ldots \vdots \{x\}^n]$ où $\{x\}$ représente un vecteur colonne dont les éléments sont $x_1, x_2, \ldots, x_N$. De cette façon, on constate que l'on peut construire les matrices $\mathbf{B}$ et $\mathbf{C}$ par les produits matriciels :

$$\mathbf{B} = \boldsymbol{\xi}^T \times \boldsymbol{\xi} \quad \mathbf{C} = \boldsymbol{\xi}^T \times \mathbf{Y} \quad , \tag{2.95}$$

où $\boldsymbol{\xi}^T$ représente la matrice $\boldsymbol{\xi}$ transposée et $\mathbf{Y} = [\{y\}]$ est un vecteur colonne compose des éléments $y_1; y_2, \ldots, y_N$.

Le système s'écrit finalement :

$$\mathbf{B} \times \mathbf{A} = \mathbf{C} \quad \text{avec} \quad \mathbf{B} = \boldsymbol{\xi}^T \times \boldsymbol{\xi} \quad \text{et} \quad \mathbf{C} = \boldsymbol{\xi}^T \times \mathbf{Y} \quad . \tag{2.96}$$

Si $\mathbf{B}$ est une matrice non-singulière, alors sa matrice inverse $\mathbf{B}^{-1}$ existe. Les coefficients $a_0, a_1, \ldots, a_n$ du polynôme de régression sont trouvés par :

$$\mathbf{A} = \mathbf{B}^{-1} \times \mathbf{C} \quad . \tag{2.97}$$

En fait, plusieurs algorithmes sont destinés à résoudre de tels systèmes; on peut citer par exemple ceux utilisant les méthodes d'élimination de Gauss (de loin la plus répandue), de Gauss-Jordan, de substitution ou itérative.

**Note :**

- Lorsque $n + 1 > N$, on a un système sous-déterminé qui a une infinité de solutions (c'est le cas de la droite passant par un point).

- Lorsque $n + 1 = N$, on a un système qui fournira une solution unique (c'est le cas de la droite passant par deux points).

- Lorsque $n + 1 < N$, on a un système sur-déterminé et on obtient une solution pour le vecteur $\mathbf{A}$ qui produit un vecteur $y_e$ qui approche $y$ dans le sens des moindres carrés.

## 2.3.2 Fonctions impliquant la résolution d'un système non linéaire

La méthode décrite dans cette section concerne tous les types de régression; elle sert en particulier à effectuer des calculs de régression sur des fonctions impliquant la résolution de systèmes non linéaires ($y_e = a_0 + a_1 x^{a_2}$, $y_e = a_0(1 - e^{-a_1 x})$, ...). Soulignons que la méthode demeure tout aussi valable dans le cas des fonctions de régression menant à la résolution de systèmes linéaires. La méthode exposée ici constitue donc une procédure générale de calcul de régression; elle est basée sur la méthode de résolution de système d'équations non linéaires de *Newton-Raphson*.

Comme dans la section précédente, nous considérons une régression des moindres carrés; on doit ainsi déterminer les coefficients de la fonction $y_e$ de telle sorte que $Q = \sum d_i^2 = \sum (y_{e_i} - y_i)^2$ soit minimale. Comme précédemment, on minimise $Q$ en faisant $\partial Q/\partial a_j = 0$ pour $j = 0, 1, 2, \ldots, n$. En effectuant cette opération, on obtient $n+1$ équations :

$$\sum_{i=1}^{N}(y_{e_i} - y_i)(\frac{\partial y_e}{\partial a_j})_i = F_j(\boldsymbol{x}, \mathbf{A}) = 0 \qquad (j = 0, 1, 2, \ldots, n) \tag{2.98}$$

où $\boldsymbol{x} = \{x_1, x_2, \ldots, x_N\}$ représente le vecteur des points $x_i$ et $\mathbf{A} = \{a_0, a_1, \ldots, a_n\}$ représente le vecteur des coefficients $a_j$.

---

**Exemple**

Considérons la fonction $y_e = a_0\, e^{a_1 x}$; les dérivées partielles sont :

$$\frac{\partial y_e}{\partial a_0} = e^{a_1 x} \qquad \frac{\partial y_e}{\partial a_1} = a_0 x\, e^{a_1 x}$$

On a donc 2 équations qui constituent un système non linéaire :

$$F_0(\boldsymbol{x}, a_0, a_1) = \sum_{i=1}^{N}(y_{e_i} - y_i)\, e^{a_1 x_i} = 0$$

$$F_1(\boldsymbol{x}, a_0, a_1) = \sum_{i=1}^{N}(y_{e_i} - y_i)a_0 x_i\, e^{a_1 x_i} = 0$$

---

Pour simplifier la notation, nous allons considérer le vecteur $\mathbf{F}(\boldsymbol{x}, \mathbf{A}) = \{F_0(\boldsymbol{x}, \mathrm{A}), F_1(\boldsymbol{x}, \mathbf{A}), \ldots, F_n(\boldsymbol{x}, \mathbf{A})\}$. Admettons que l'on sache que la solution soit près de $\mathbf{A}$ (appelons ce vecteur l'estimé initial). Développons $\mathbf{F}(\boldsymbol{x}, \mathbf{A})$ en série de Taylor autour de $\mathbf{A}$ :

$$\mathbf{F}(\boldsymbol{x}, \mathbf{A} + \boldsymbol{\delta}\mathbf{A}) = \mathbf{F}(\boldsymbol{x}, \mathbf{A}) + \sum_{k=0}^{n} \frac{\partial \mathbf{F}}{\partial a_k} \delta a_k + O(\boldsymbol{\delta}\mathbf{A}^2) \ . \tag{2.99}$$

Le terme $\partial F_j/\partial a_k$ est la composante $jk$ d'une matrice $\mathbf{J}$ de $n+1$ lignes par $n+1$ colonnes; cette matrice $\mathbf{J}$ est appelée la matrice *Jacobienne* de $\mathbf{F}$ (on note ses composantes $J_{jk}$). Les $n+1$ termes $\sum_{k=0}^{n} J_{jk}\, \delta a_k$ $(j = 0, 1, \ldots, n)$ peuvent alors s'écrire comme le produit matriciel $\mathbf{J} \times \delta \mathbf{A}$.

$$
\mathbf{J} \qquad \times \qquad \boldsymbol{\delta}\mathbf{A} \qquad = \qquad \sum_{k=0}^{n} \frac{\partial \mathbf{F}}{\partial a_k} \delta a_k
$$

$$
\begin{pmatrix}
\frac{\partial F_0}{\partial a_0} & \frac{\partial F_0}{\partial a_1} & \cdots & \frac{\partial F_0}{\partial a_n} \\[2mm]
\frac{\partial F_1}{\partial a_0} & \frac{\partial F_1}{\partial a_1} & \cdots & \frac{\partial F_1}{\partial a_n} \\[2mm]
\vdots & \vdots & \vdots & \vdots \\[2mm]
\frac{\partial F_n}{\partial a_0} & \frac{\partial F_n}{\partial a_1} & \cdots & \frac{\partial F_n}{\partial a_n}
\end{pmatrix}
\times
\begin{pmatrix}
\delta a_0 \\[2mm]
\delta a_1 \\[2mm]
\vdots \\[2mm]
\delta a_n
\end{pmatrix}
=
\begin{pmatrix}
\sum_{k=0}^{n} \frac{\partial F_0}{\partial a_k} \delta a_k \\[2mm]
\sum_{k=0}^{n} \frac{\partial F_1}{\partial a_k} \delta a_k \\[2mm]
\vdots \\[2mm]
\sum_{k=0}^{n} \frac{\partial F_n}{\partial a_k} \delta a_k
\end{pmatrix}
$$

Comme nous l'avons supposé au départ, la solution se trouve au voisinage de $\mathbf{A}$ (à une distance $\boldsymbol{\delta}\mathbf{A}$); on peut alors considérer $\mathbf{F}(\boldsymbol{x}, \mathbf{A} + \boldsymbol{\delta}\mathbf{A}) = 0$. Si on est au voisinage de la solution, on peut aussi *linéariser* (c'est-à-dire négliger les termes $O(\boldsymbol{\delta}\mathbf{A}^2)$ et plus). On obtient donc un système linéaire de $n + 1$ équations qui doit nous fournir le vecteur $\boldsymbol{\delta}\mathbf{A} = \{\delta a_0, \delta a_1, ..., \delta a_n\}$ :

$$
\mathbf{J} \times \boldsymbol{\delta}\mathbf{A} = -\mathbf{F}(\boldsymbol{x}, \mathbf{A}) \ . \tag{2.100}
$$

Ayant résolu ce système linéaire par les méthodes standards, on s'approche de la solution par itération en ajustant les valeurs du vecteur $\mathbf{A}$ :

$$
\mathbf{A}_{nouveau} = \mathbf{A}_{précédent} + \boldsymbol{\delta}\mathbf{A} \ . \tag{2.101}
$$

On arrête l'itération lorsque Max $|\boldsymbol{\delta}\mathbf{A}| < \epsilon$ où $\epsilon$ est une tolérance que l'on doit établir.

### Mise en œuvre de la méthode dans le cadre d'un calcul de régression

On sait que l'on a $n + 1$ fonctions

$$
F_j(\boldsymbol{x}, \mathbf{A}) = \sum_{i=1}^{N} (y_{e_i} - y_i)\left(\frac{\partial y_e}{\partial a_j}\right)_i = 0 \ . \tag{2.102}
$$

Les composantes de la matrice Jacobienne sont donc définies par

$$
J_{jk} = \frac{\partial F_j}{\partial a_k} = \sum_{i=1}^{N} (y_{e_i} - y_i)\left(\frac{\partial^2 y_e}{\partial a_k \partial a_j}\right)_i + \sum_{i=1}^{N} \left(\frac{\partial y_e}{\partial a_j}\right)_i \left(\frac{\partial y_e}{\partial a_k}\right)_i \ . \tag{2.103}
$$

Dans la plupart des applications, on négligera le terme dépendant de la dérivée seconde. Cela est dû au fait que celui-ci est facteur de $(y_{e_i} - y_i)$ qui est en fait défini comme une erreur aléatoire. Son signe ($< 0$ et $> 0$) étant distribué de façon quasi-gaussienne (provenant du caractère aléatoire de l'erreur), on réalise qu'une fois la sommation effectuée, l'ordre de grandeur du terme résultant devrait être négligeable devant l'autre terme. On retient ainsi l'approximation suivante :

$$
J_{jk} \simeq \sum_{i=1}^{N} \left(\frac{\partial y_e}{\partial a_j}\right)_i \left(\frac{\partial y_e}{\partial a_k}\right)_i \ . \tag{2.104}
$$

La matrice Jacobienne **J** aura donc la forme

$$\begin{pmatrix} \sum_{i=1}^{N} \left(\frac{\partial y_e}{\partial a_0}\right)_i \left(\frac{\partial y_e}{\partial a_0}\right)_i & \sum_{i=1}^{N} \left(\frac{\partial y_e}{\partial a_0}\right)_i \left(\frac{\partial y_e}{\partial a_1}\right)_i & \cdots & \sum_{i=1}^{N} \left(\frac{\partial y_e}{\partial a_0}\right)_i \left(\frac{\partial y_e}{\partial a_n}\right)_i \\ \sum_{i=1}^{N} \left(\frac{\partial y_e}{\partial a_1}\right)_i \left(\frac{\partial y_e}{\partial a_0}\right)_i & \sum_{i=1}^{N} \left(\frac{\partial y_e}{\partial a_1}\right)_i \left(\frac{\partial y_e}{\partial a_1}\right)_i & \cdots & \sum_{i=1}^{N} \left(\frac{\partial y_e}{\partial a_1}\right)_i \left(\frac{\partial y_e}{\partial a_n}\right)_i \\ \vdots & \vdots & & \vdots \\ \sum_{i=1}^{N} \left(\frac{\partial y_e}{\partial a_n}\right)_i \left(\frac{\partial y_e}{\partial a_0}\right)_i & \sum_{i=1}^{N} \left(\frac{\partial y_e}{\partial a_n}\right)_i \left(\frac{\partial y_e}{\partial a_1}\right)_i & \cdots & \sum_{i=1}^{N} \left(\frac{\partial y_e}{\partial a_n}\right)_i \left(\frac{\partial y_e}{\partial a_n}\right)_i \end{pmatrix}$$

La matrice Jacobienne peut être construite à partir d'une matrice intermédiaire $\Delta$ de $N$ lignes par $n+1$ colonnes; cette matrice est définie par $\Delta = [\{\frac{\partial y_e}{\partial a_0}\} \vdots \{\frac{\partial y_e}{\partial a_1}\} \vdots \ldots \vdots \{\frac{\partial y_e}{\partial a_n}\}]$ où $\{\frac{\partial y_e}{\partial a_j}\}$ représente une colonne dont les éléments sont $\left(\frac{\partial y_e}{\partial a_j}\right)_1, \left(\frac{\partial y_e}{\partial a_j}\right)_2, \ldots, \left(\frac{\partial y_e}{\partial a_j}\right)_N$. On construit alors la matrice Jacobienne par le produit matriciel suivant :

$$\mathbf{J} = \Delta^T \times \Delta \ . \tag{2.105}$$

De la même façon, en définissant un vecteur colonne $D = [\{d\}]$ composé des éléments $d_1$, $d_2, \ldots, d_N$ $(d = y_e - y)$, on peut construire $\mathbf{F}(x, \mathbf{A})$ :

$$\mathbf{F} = \Delta^T \times \mathbf{D} \ . \tag{2.106}$$

Le système linéaire s'écrit finalement :

$$\mathbf{J} \times \delta\mathbf{A} = -\mathbf{F} \tag{2.107}$$

Si **J** est une matrice non-singulière, alors sa matrice inverse $\mathbf{J}^{-1}$ existe. Les coefficients $\delta a_0, \delta a_1, \ldots \delta a_n$ correspondant à la solution de ce système linéaire sont trouvés par :

$$\delta\mathbf{A} = \mathbf{J}^{-1} \times -\mathbf{F} \ . \tag{2.108}$$

<u>Résumé de la procédure de calcul</u>

1. Estimation initiale de $\mathbf{A} = \{a_0, a_1, \ldots, a_n\}$.

2. Calcul des matrices $\Delta$ et **D**.

3. Calcul des matrices $\mathbf{J} = \Delta^T \times \Delta$ et $F = \Delta^T \times \mathbf{D}$.

4. Résolution du système linéaire → calcul de $\mathbf{J}^{-1}$.

5. Calcul de $\delta\mathbf{A} = \mathbf{J}^{-1} \times -\mathbf{F}$.

6. Ajustement de l'estimation précédente de $\mathbf{A}$: $\mathbf{A}_{nouveau} = \mathbf{A}_{précédent} + \boldsymbol{\delta}\mathbf{A}$

7. $\max |\boldsymbol{\delta}\mathbf{A}| < \epsilon$ ? oui $\rightarrow$ étape 8; non $\rightarrow$ étape 2 avec $\mathbf{A}_{nouveau}$

8. Sortie des valeurs finales de $\mathbf{A}$

---

### Exemple

Utilisons le même exemple que précédemment, $y_e = a_0 e^{a_1 x}$ avec les dérivées partielles qui sont :

$$\frac{\partial y_e}{\partial a_0} = e^{a_1 x} \qquad \frac{\partial y_e}{\partial a_1} = a_0 x\, e^{a_1 x}$$

La matrice $\boldsymbol{\Delta}$ ($N$ lignes par $n + 1 = 2$ colonnes) et le vecteur colonne $\mathbf{D}$ ($N$ éléments) sont définis comme suit :

$$
\begin{array}{cc}
\boldsymbol{\Delta} & \mathbf{D} \\[4pt]
\begin{pmatrix}
e^{a_1 x_1} & a_0 x_1\, e^{a_1 x_1} \\
e^{a_1 x_2} & a_0 x_2\, e^{a_1 x_2} \\
\vdots & \vdots \\
e^{a_1 x_N} & a_0 x_N\, e^{a_1 x_N}
\end{pmatrix}
&
\begin{pmatrix}
a_0\, e^{a_1 x_1} - y_1 \\
a_0\, e^{a_1 x_2} - y_2 \\
\vdots \\
a_0\, e^{a_1 x_N} - y_N
\end{pmatrix}
\end{array}
$$

Rappelons que l'on travaille avec une première estimation de $a_0$ et $a_1$; les matrices $\boldsymbol{\Delta}$ et $\mathbf{D}$ contiennent donc des valeurs numériques définies. On est alors en mesure de déterminer les valeurs des éléments des matrices $\mathbf{J}$ et $\mathbf{F}$ :

$$\mathbf{J} = \boldsymbol{\Delta}^T \times \boldsymbol{\Delta} \qquad \mathbf{F} = \boldsymbol{\Delta}^T \times \mathbf{D}$$

Si la matrice Jacobienne est non-singulière, on peut calculer sa matrice inverse $\mathbf{J}^{-1}$ et ainsi calculer le vecteur des coefficients $\boldsymbol{\delta}\mathbf{A} = \mathbf{J}^{-1} \times -\mathbf{F}$. On ajuste ensuite la valeur de chacun des coefficients comme suit :

$$a_0 = a_{0_{précédent}} + \delta a_0 \qquad a_1 = a_{1_{précédent}} + \delta a_1$$

On poursuit ainsi le processus itératif en reprenant le calcul des matrices $\boldsymbol{\Delta}$ et $\mathbf{D}$ avec les nouvelles valeurs de $a_0$ et $a_1$ et ce, tant que $\max |a_0, a_1| > \epsilon$.

---

Soulignons que cette méthode est très efficace si l'estimation initiale est suffisamment près de la solution. Dans ce cas, la linéarisation que l'on a effectué est valide et la convergence est assurée. Mentionnons enfin que si le système à résoudre est linéaire (cas des régressions polynomiales), le calcul converge directement, sans itération et ce, peu importe les valeurs initiales servant de première estimation.

### 2.3.3 Coefficients de corrélation et de régression

#### Coefficient de corrélation

Le coefficient de corrélation défini par

$$r_{xy} = \frac{s_{xy}}{s_x s_y} = \frac{\sum_{i=1}^{N}(x_i - \overline{x})(y_i - \overline{y})}{\sqrt{\sum_{i=1}^{N}(x_i - \overline{x})^2 \sum_{i=1}^{N}(y_i - \overline{y})^2}} \quad , \tag{2.109}$$

représente le degré de *linéarité* d'un ensemble de points. Rappelons que $s_{xy}$ représente la covariance entre les distributions $x$ et $y$ alors que $s_x$ et $s_y$ représentent les écarts-types respectifs de ces distributions.

Il est important de bien réaliser que ce coefficient est indépendant du type de régression considéré; Il est uniquement fonction du *nuage de points*, ou en d'autres termes, de la distribution des $N$ points $(x_i, y_i)$. Pour un ensemble de points donné, peu importe la courbe de régression considérée, la valeur de $r_{xy}$ restera la même.

#### Coefficient de régression

Considérons une régression quelconque ($y_e = mx$, $y_e = a_0 + a_1 x + a_2 x^2 + a_3 x^3$, $y_e = A + Bx^C$, $y_e = Ae^{Bx}$ ...). Le coefficient de corrélation linéaire établi entre les distributions $y_e$ et $y$ est défini par:

$$r_{y_e y} = \frac{s_{y_e y}}{s_{y_e} s_y} = \frac{\sum_{i=1}^{N}(y_{e_i} - \overline{y_e})(y_i - \overline{y})}{\sqrt{\sum_{i=1}^{N}(y_{e_i} - \overline{y_e})^2 \sum_{i=1}^{N}(y_i - \overline{y})^2}} \quad . \tag{2.110}$$

Le coefficient $r_{y_e y}$ est appelé coefficient de *régression généralisé*; il représente le niveau ou la mesure *d'ajustement* de la courbe de régression (quelconque) $y_e$ aux points $(x_i, y_i)$. Notons que l'ajustement est parfait dans le cas où $y_e = y$; on obtient alors sur le graphique $y_e$ vs $y$, une droite parfaite de pente 1 et d'ordonnée à l'origine 0.

Contrairement au coefficient de corrélation, le coefficient de régression généralisé est fonction non seulement de la distribution des points, mais aussi du type de régression considéré. Ainsi, pour un ensemble de points donné, la valeur de $r_{y_e y}$ dépend de l'équation de régression utilisée.

#### Cas de la régression polynomiale

Dans le cas où $y_e = a_0 + a_1 x + a_2 x^2 + ... + a_n x^n$, on peut définir d'une autre façon la *mesure d'ajustement* de la courbe de régression. Cette *mesure* est obtenue en définissant un autre coefficient à partir de la relation triviale:

$$y_i - \overline{y} = (y_i - y_{e_i}) + (y_{e_i} - \overline{y}) \quad . \tag{2.111}$$

De cette expression valide pour chacun des points, on obtient en élevant au carré et en faisant la sommation sur tous les points $i$, l'équation suivante :

$$\sum_{i=1}^{N}(y_i - \overline{y})^2 = \sum_{i=1}^{N}(y_i - y_{e_i})^2 + \sum_{i=1}^{N}(y_{e_i} - \overline{y})^2 \quad . \tag{2.112}$$

Cette équation n'est évidemment valable que pour une régression de type polynomiale pour laquelle on peut vérifier que

$$\sum_{i=1}^{N}(y_i - y_{e_i})(y_{e_i} - \overline{y}) = 0 \quad . \tag{2.113}$$

On utilise généralement la nomenclature suivante :

- *Écart total*

$$\sum_{i=1}^{N}(y_i - \overline{y})^2 \quad . \tag{2.114}$$

- *Écart inexpliqué* ou *résiduel* ou *aléatoire* représentant en fait ce qu'on minimise ($\sum d_i^2$)

$$\sum_{i=1}^{N}(y_i - y_{e_i})^2 \quad . \tag{2.115}$$

- *Écart expliqué*

$$\sum_{i=1}^{N}(y_{e_i} - \overline{y})^2 \quad . \tag{2.116}$$

En manipulant l'équation que nous avons obtenue, on peut écrire le coefficientde régression suivant :

$$r^2 = \frac{\sum_{i=1}^{N}(y_{e_i} - \overline{y})^2}{\sum_{i=1}^{N}(y_i - \overline{y})^2} = 1 - \frac{\sum_{i=1}^{N}(y_i - y_{e_i})^2}{\sum_{i=1}^{N}(y_i - \overline{y})^2} \quad . \tag{2.117}$$

Comme tous les termes impliqués sont positifs ($\sum (\ )^2 > 0$), le dernier terme de droite doit être $\leq 1$ (en d'autres termes, l'écart résiduel doit évidemment être inférieur à l'écart total). Cela implique aussi $r^2 \leq 1$.

Dans le cas d'une régression polynomiale, on sait que $\overline{y} = \overline{y_e}$; on peut donc écrire le coefficient $r$ sous la forme :

$$r = \sqrt{\frac{\sum_{i=1}^{N}(y_{e_i} - \overline{y_e})^2}{\sum_{i=1}^{N}(y_i - \overline{y})^2}} = \frac{s_{y_e}}{s_y} \quad . \tag{2.118}$$

Finalement, mentionnons que l'on peut démontrer que

$$r = \frac{s_{y_e}}{s_y} = \frac{s_{y_e y}}{s_{y_e} \, s_y} = r_{y_e y} \quad .$$

(2.119)

Le coefficient $r$ représente donc bel et bien un coefficient de régression pour les fonctions polynomiales.

## Cas de la régression linéaire

La régression linéaire, pour laquelle $y_e = a_0 + a_1 x$, constitue un cas particulier de la régression polynomiale. On retrouve donc ici aussi $r = r_{y_e y}$. Dans le cas de la régression linéaire, on peut de plus démontrer que $r_{xy} = r = r_{y_e y}$. Ainsi pour ce cas particulier, le coefficient de corrélation linéaire peut servir de coefficient de régression.

## Cas de la régression de type $y_e = mx$

Il s'agit d'un type de régression utilisé pour certains étalonnages (capteurs de pression par exemple…). Dans ce cas, $r_{xy} \neq r \neq r_{y_e y}$. Le seul coefficient valable pour apprécier le degré d'ajustement de la courbe de régression est $r_{y_e y}$.

# 3 | Introduction à l'électronique

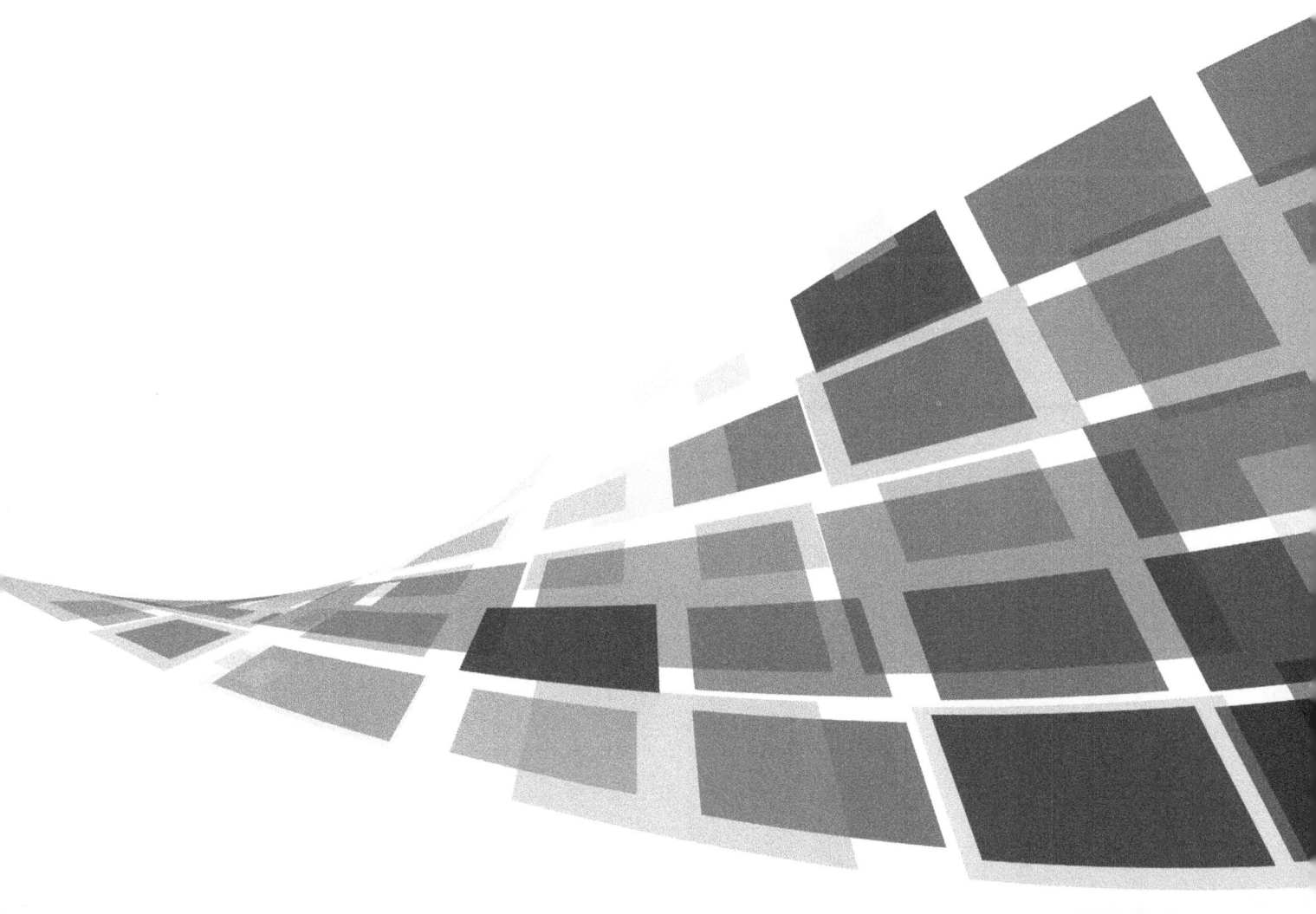

# 3.1 L'électronique et le génie mécanique

Il y a quelques années, les champs d'expertise des ingénieurs électriques et mécaniques étaient bien distincts. Aujourd'hui, l'optimisation des procédés de fabrication, la modernisation des chaînes de production et plusieurs autres tâches obligent l'ingénieur mécanicien à concevoir des systèmes intégrant des capteurs, des circuits d'interface et des composantes électroniques diverses. Par exemple, les dispositifs pneumatiques font appel aux électro-distributeurs pilotés par des automates programmables industriels. L'entraînement à vitesse variable des charges mécaniques est désormais dévolu à un ensemble entraînement électronique (« drive »)/moteur électrique. Les automobiles sont de plus en plus équipées de capteurs et d'actionneurs qui permettent d'augmenter la puissance par unité de poids tout en minimisant les effets néfastes sur l'environnement. Avec son bagage de connaissances, l'ingénieur en mécanique devient la référence lorsqu'il faut décider du niveau d'intégration des technologies de l'électronique dans les systèmes mécaniques. Sa polyvalence facilite son intégration dans les équipes de travail multidisciplinaires. Cette évolution des technologies de commande permet d'augmenter l'adaptabilité, la performance et le coût des procédés de fabrication. Pour effectuer un choix éclairé, l'ingénieur doit connaître la technologie des capteurs et des actionneurs électromécaniques qu'il utilise. Il doit bien comprendre les spécifications et les limites opératoires, particulièrement lorsque les équipements sont requis pour préserver la santé et la sécurité des travailleurs. Des connaissances minimales en transport de signal, en amplification et filtrage guide l'ingénieur dans la localisation des équipements et des machines sur le plancher d'une usine. La figure 3.1 présente un système électromécanique.

| **Figure 3.1** | Éléments d'un système mécanique moderne : système mécatronique flexible incluant de l'instrumentation spécialisée associée aux technologies de pointe en informatique. |
|---|---|

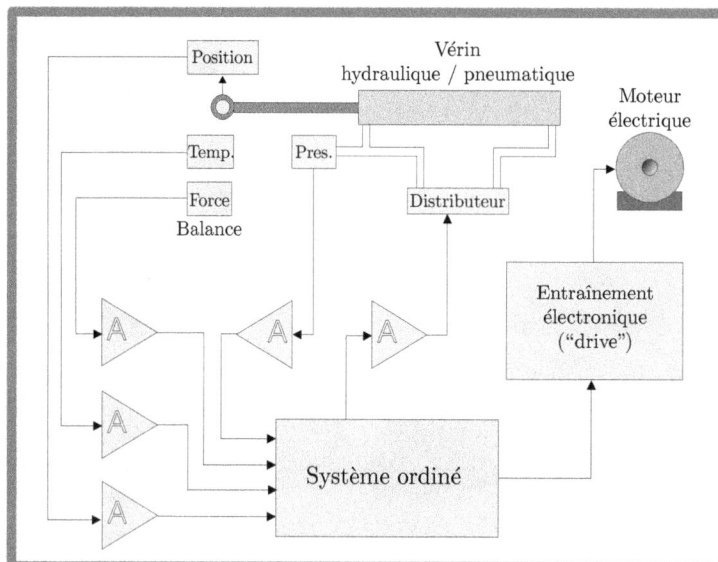

## 3.2  Notions de base

### 3.2.1  Source de tension

Une source de tension est un dipôle électrique capable de maintenir une différence de potentiel électrique (la tension électrique) constante peu importe la nature de la charge à laquelle elle est raccordée. Le graphique de la figure 3.2 présente les caractéristiques $v - i$ d'une telle source. Lorsque la tension est constante, *i.e.* indépendante du temps, il s'agit d'une source de tension continue. La batterie d'une automobile en est un bon exemple. Lorsque la tension varie en fonction du temps, nous parlons d'une source à tension alternative. Une prise électrique raccordée au réseau de distribution de l'électricité (Hydro-Québec) est un bon exemple d'une source de tension alternative. La figure 3.3 illustre les symboles utilisés pour représenter une source de tension. En pratique, il n'existe pas de source de tension idéale, capable de débiter un courant infini sans problème (puissance infinie). Une source réelle possède une impédance interne (figure 3.2) qui provoque une chute de tension en fonction du courant débité. La source de tension est dite quasi idéale lorsque l'impédance de la charge est largement supérieure à l'impédance interne de la source. Par exemple, une batterie d'automobile est une source parfaite lorsqu'elle est utilisée pour alimenter un récepteur radio (variation de tension négligeable). Par ailleurs, lorsque le démarreur de la voiture est activé, la tension aux bornes de la batterie peut varier de plusieurs volts et, dans ce cas, le type de pile et sa capacité sont des facteurs déterminants. Le tableau 3.1 présente quelques dipôles électriques considérés comme sources de tension.

**Figure 3.2**  Diagramme $v - i$ de quelques sources de tension.

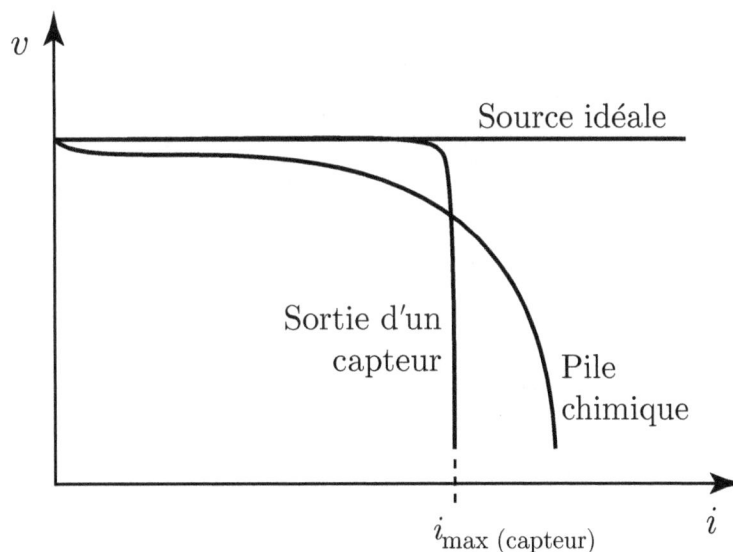

**Figure 3.3**   Représentation schématique des sources de tension.

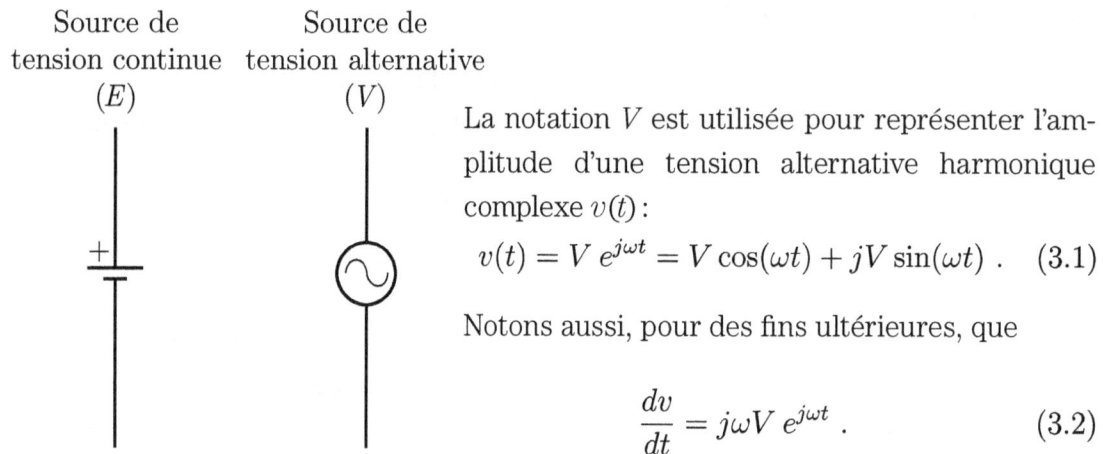

Source de
tension continue
$(E)$

Source de
tension alternative
$(V)$

La notation $V$ est utilisée pour représenter l'amplitude d'une tension alternative harmonique complexe $v(t)$ :

$$v(t) = V\,e^{j\omega t} = V\cos(\omega t) + jV\sin(\omega t)\ . \quad (3.1)$$

Notons aussi, pour des fins ultérieures, que

$$\frac{dv}{dt} = j\omega V\,e^{j\omega t}\ . \quad (3.2)$$

Lorsque l'on utilise un capteur possédant un signal de sortie en tension proportionnelle à une grandeur mécanique, nous considérons que cette source est idéale jusqu'à la valeur de courant nominal spécifiée par le fabricant.

Un poste de soudure de type GMAW[1] impose une caractéristique de type source de tension aux bornes de l'arc. La puissance de soudage est fonction du niveau de la source et du débit du câble de soudage.

**Tableau 3.1**
**Quelques sources de tension typiques**

| | |
|---|---|
| Pile chimique | CC |
| Génératrice à courant continu | CC |
| Pile à combustible | CC |
| Jonction thermocouple | CC |
| Machine synchrone (alternateur) | CA |

## 3.2.2  Source de courant

Le courant électrique est une mesure du débit des électrons à travers un matériau conducteur. Une source de courant est un dipôle électrique capable d'imposer un courant dans une charge peu importe sa nature. Le graphique de la figure 3.4 présente les caractéristiques $v - i$ d'une telle source.

---

[1]« Gas Metal Arc Welding » aussi dénommé « MIG Welding » (« Metal Inert Gas Welding »)

**Figure 3.4**   Diagramme $v - i$ de quelques sources de courant.

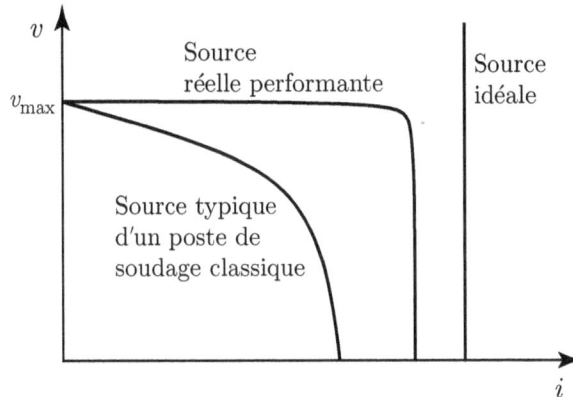

La figure 3.5 illustre les symboles utilisés pour représenter une source de courant. Lorsque le courant est constant et indépendant du temps, il s'agit d'une source de courant continu. Il n'existe pas de source de courant dans la nature. Les sources utilisées en électronique et en électrotechnique sont synthétisées à partir de sources de tension et de composantes électroniques. La figure 3.6 présente le schéma de principe d'une source de courant variable utilisée dans les capteurs. Il est impossible de concevoir une source de courant idéale, capable d'imposer une tension infinie dans une impédance infinie. La source de courant continue impose le courant aussi longtemps que la tension maximale de la source de tension utilisée pour la réaliser n'est pas atteinte.

**Figure 3.5**   Représentation schématique d'une source de courant.

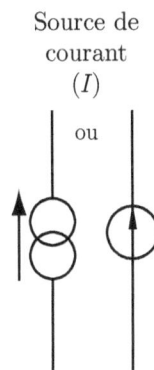

Les postes de soudure à la baguette et de type GTAW[2] reproduisent les caractéristiques d'une source de courant continu ou alternatif aux bornes de l'arc. Les capteurs ayant une sortie en courant fonction de la grandeur mécanique mesurée sont largement utilisés dans le monde industriel pour le transport de signaux sur de grandes distances

---

[2] « Gas Tungsten Arc Welding » aussi dénommé « TIG Welding » (« Tungsten Inert Gas Welding »).

(standard 4-20 mA). Le courant est une grandeur conservatrice. En l'absence de fuites, le courant qui entre dans un équipement doit obligatoirement en sortir. Cette affirmation est mise à profit dans les prises électriques différentielles utilisées dans les salles de bain. Ces prises intègrent un dispositif électronique qui mesure et amplifie la différence entre le courant entrant et le courant sortant. Aussitôt que la mesure différentielle n'est plus nulle, ceci indique que le courant circule par un autre chemin, qu'il y a une fuite (par exemple à travers le corps humain). Un disjoncteur intégré à la prise coupe l'alimentation électrique et élimine le danger d'électrocution.

**Figure 3.6**   Source de courant synthétisée.

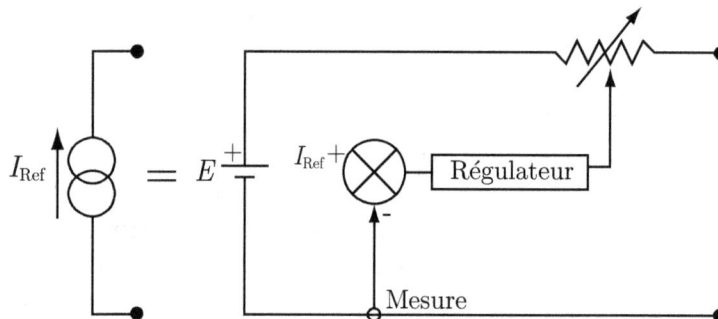

## 3.2.3  Conduction et résistance électrique

### Le phénomène de conduction électrique

Pour transporter l'énergie électrique, nous utilisons des câbles en cuivre ou en aluminium. Ces matériaux font partie de la famille des conducteurs.

Les atomes ont des électrons qui gravitent sur plusieurs orbites (figure 3.7). Les électrons des couches près du noyau servent à créer des liens avec les atomes voisins et il faut une très grande énergie pour les dissocier de l'atome. Ces électrons font partie de la bande de valence (figure 3.8). Sous l'effet d'un champ électrique résultant de l'application d'une tension ou sous l'effet d'une élévation de température, les électrons sur les orbites externes sont facilement soustraits de l'attraction du noyau et peuvent circuler dans le métal en sautant d'un atome à l'autre (figure 3.9). Ces électrons font partie d'une bande énergétique appelée bande de conduction. Les électrons en perpétuel mouvement voyagent à une vitesse inter-atomique de plus de 1000 km/s. Ces électrons libres de circulation sont en très grande quantité dans les bons matériaux conducteurs. Lorsqu'il y a beaucoup d'électrons, il y a beaucoup de collisions qui produisent de la chaleur. Plus la température du conducteur est élevée plus il y a d'électrons disponibles pour la conduction, plus il y a de collisions. Un bon conducteur est un élément atomique possédant un nombre minimal d'électrons dans la bande de conduction pour la circulation, mais pas trop élevé pour ne pas offrir une trop grande probabilité de collisions.

**Figure 3.7**  Schéma illustrant les orbites des électrons dans des conducteurs.

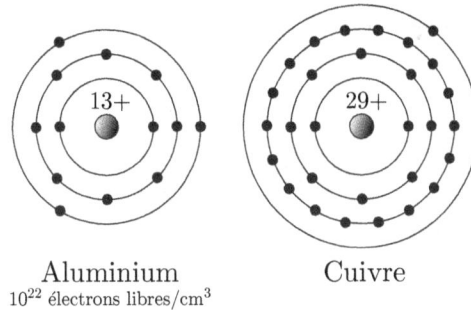

Aluminium
$10^{22}$ électrons libres/cm$^3$

Cuivre

## Le phénomène d'isolation électrique

Les isolants sont des matériaux dont la bande de conduction est vide, n'offrant ainsi aucune possibilité de circulation. Les semi-conducteurs sont des matériaux qui possèdent peu d'électrons dans la bande de conduction. Les niveaux énergétiques des bandes de valence et de conduction sont proches. Une augmentation de la température apporte suffisamment d'énergie pour provoquer la migration d'électrons depuis la bande de valence vers la bande de conduction.

**Figure 3.8**  Représentation simplifiée de la structure atomique des solides en termes de niveaux d'énergie associés aux bandes de valence et de conduction.

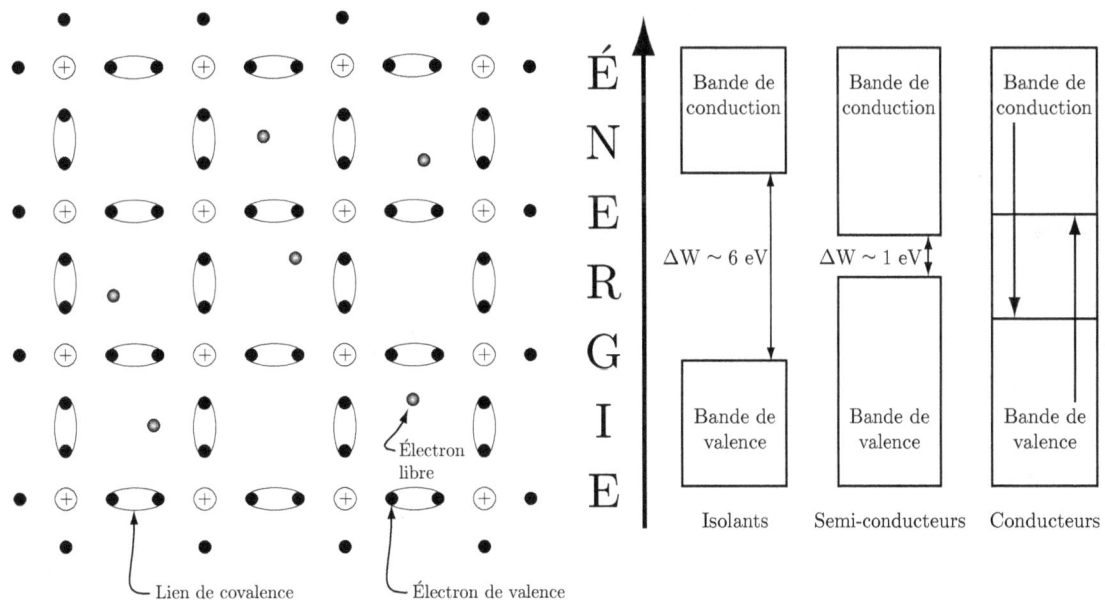

**Figure 3.9**    Schéma de circulation du courant électronique dans un conducteur.

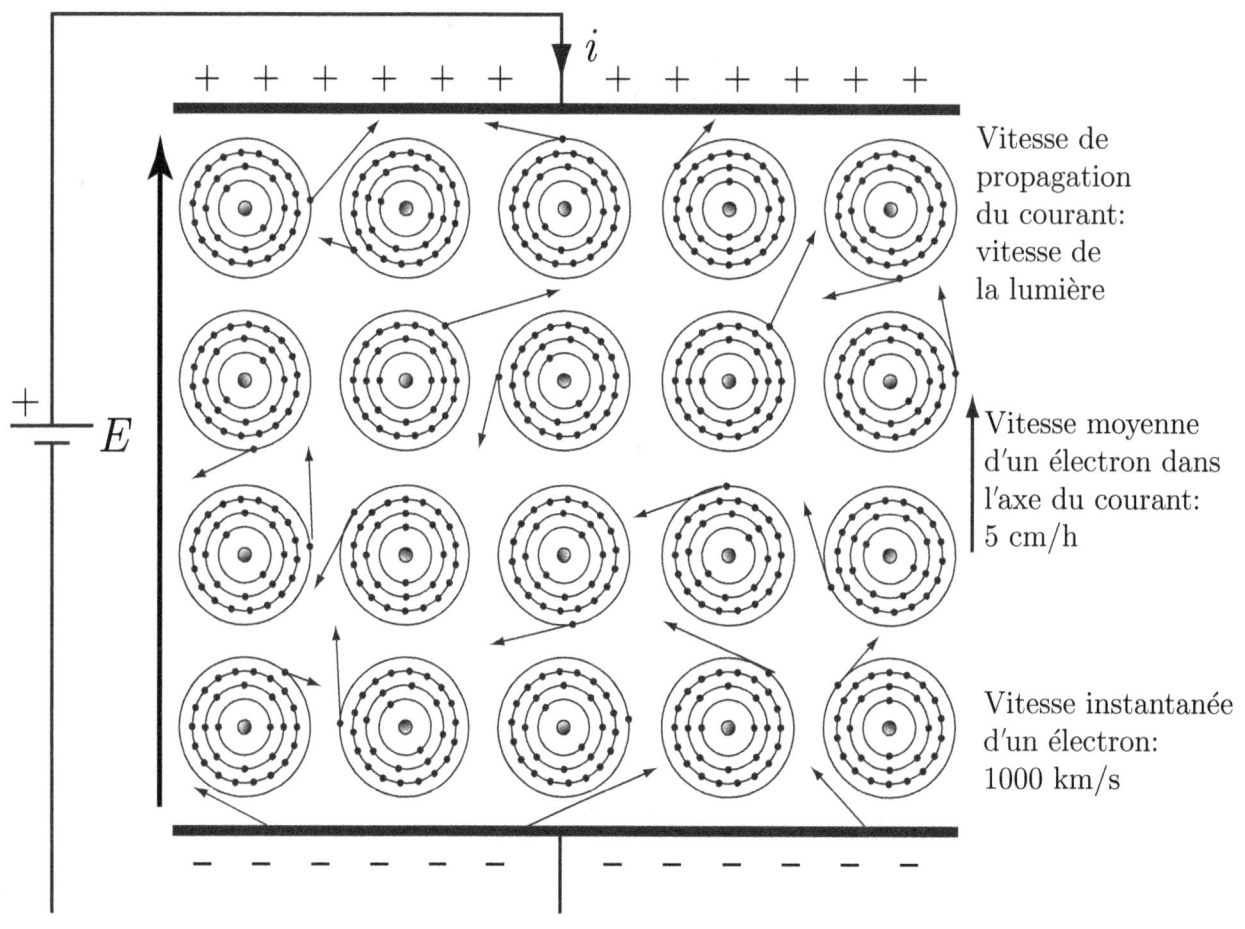

## Le phénomène de résistance électrique

La résistance électrique est une mesure de la difficulté à faire circuler un courant aux bornes d'un conducteur, d'une charge ohmique (figure 3.10). La convention sur le sens du courant est à l'inverse du déplacement des électrons.

La figure 3.11 présente le symbole de la résistance et l'équation qui établit sa valeur en fonction des dimensions géométriques du conducteur. La résistivité électrique ($\rho_e$) est un paramètre intrinsèque d'un matériau et le tableau 3.2 fournit quelques valeurs utiles.

**Tableau 3.2**
**Propriétés de quelques conducteurs (unités du coefficient $\alpha$, ppm = $10^{-6}\Omega/\Omega$).**

| Matériau [symbole] et composition | Prop. électriques | | | Prop. thermiques et mécaniques | | |
|---|---|---|---|---|---|---|
| | résistivité élect. $\rho_e$ | | coef. $\alpha$ à à 0 °C | masse vol. $\rho$ | conduct. therm. $k$ | temp de fusion $T_f$ |
| | à 0 °C | à 20 °C | | | | |
| | nΩm | nΩm | ppm/°C | kg/m³ | W/(m °C) | °C |
| Aluminium [Al] | 24 | 27 | 4 500 | 2 703 | 237 | 660 |
| Argent [Ag] | 15 | 16 | 4 110 | 10 500 | 429 | 962 |
| Constantan* 54%Cu, 45%Ni, 1%Mn | 500 | 500 | ±30 | 8 900 | 23 | 1 190 |
| Cuivre [Cu] | 15 | 17 | 4 300 | 8 960 | 401 | 1 083 |
| Fer [Fe] | 88 | 101 | 6 500 | 7 870 | 80 | 1 535 |
| Graphite/Carbone [C] | 8 000 à 30 000 | | $\simeq -30$ | $\simeq 2\,500$ | $\simeq 5$ | 3 600 |
| Manganin* 84%Cu, 4%Ni, 12%Mn | 482 | 482 | ±15 | 8 410 | 20 | 1 020 |
| Nichrome 80%Ni, 20%Cr | 1 080 | 1 082 | 110 | 8 400 | 11 | 1 400 |
| Nickel [Ni] | 60 | 69 | 6 800 | 8 900 | 91 | 1 453 |
| Or [Au] | 20 | 22 | 4 000 | 19 300 | 318 | 1 064 |
| Platine [Pt] | 98 | 106 | 3 927 | 21 450 | 72 | 1 772 |
| Tungstène* [W] | 49 | 54 | 4 800 | 19 300 | 173 | 3 410 |

* Les propriétés varient selon le traitement thermique du matériau en question.

La relation tension courant aux bornes d'un élément résistif est donnée par la *loi d'Ohm*.

$$v_R(t) = R\, i_R(t) \quad . \tag{3.3}$$

De façon générale, le rapport $v/i$ propre à un circuit quelconque définit l'impédance $Z$ du circuit. On peut alors généraliser la loi d'Ohm en utilisant la notation d'impédance. Dans le cas de la résistance, on écrit donc :

$$v_R = Z_R\, i_R \text{ , avec } Z_R = R \quad . \tag{3.4}$$

| **Figure 3.10** | Schéma illustrant un circuit électrique de base et la circulation du courant dans un conducteur. |

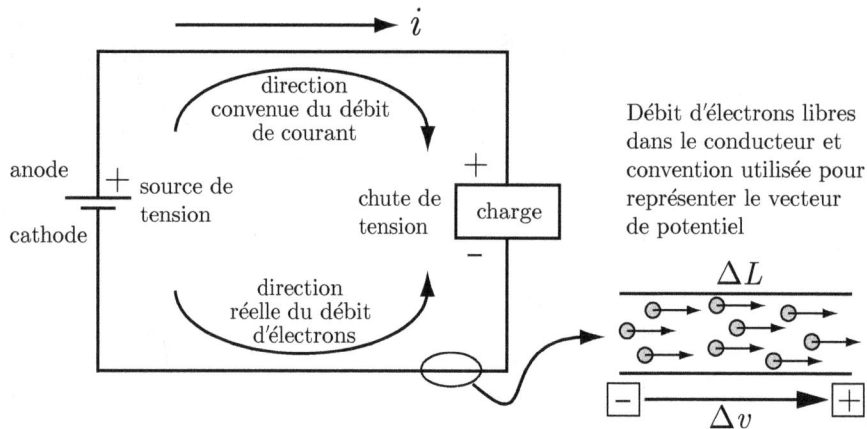

| **Figure 3.11** | Représentation schématique d'une résistance et relation exprimant la résistance electrique d'un conducteur de longueur $l$, de section $A_c$ et de résistivité électrique $\rho_e$. |

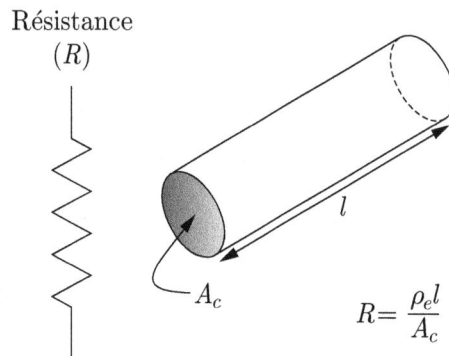

La résistivité est un paramètre qui est fonction de la température. Cette propriété est mise à profit pour la réalisation de sondes de température (par exemple, les sondes RTD en platine). Dans le cas des conducteurs, il est à noter que la résistivité, c'est-à-dire la difficulté de faire circuler un courant, croît avec la température. La variation de résistance avec la température s'exprime, au premier ordre, par la relation suivante :

$$R = R_0\left[1 + \alpha(T - T_0)\right] \quad . \tag{3.5}$$

Pour les semi-conducteurs, la résistivité diminue en fonction de la température (sonde thermistance). Si on abaisse considérablement la température de certains conducteurs, tous les électrons dans la bande de conduction migrent vers la bande de valence et deviennent des isolants.

Il existe des matériaux qui sont parfaitement conducteurs. Ils sont appelés supraconducteurs. Malheureusement, cette propriété apparaît à de très faibles températures, lorsque l'agitation électronique est très faible. Les supraconducteurs sont utilisés pour la construction de bobines qui produisent de très forts champs magnétiques dans des appareils médicaux (scanner). Ces bobines sont refroidies par de l'azote liquide. Nous sommes à la recherche de matériaux supraconducteurs à la température de la pièce. La découverte de tels matériaux serait une révolution pour le monde de l'électrotechnique.

Les résistances utilisées dans les montages électroniques standards sont des résistances dites à basse température (moins de 155 °C). En général, la valeur de la résistance est indiquée par un code à quatre bandes de couleur : les deux premières bandes indiquent les deux premiers chiffres, la troisième bande indique le nombre de zéros et la quatrième la précision (or ±5% et argent ±10%). La figure 3.12 illustre un exemple de codage par bandes de couleur.

| Couleur | noir | brun | rouge | orange | jaune | vert | bleu | violet | gris | blanc |
|---------|------|------|-------|--------|-------|------|------|--------|------|-------|
| Chiffre | 0 | 1 | 2 | 3 | 4 | 5 | 6 | 7 | 8 | 9 |

**Figure 3.12**    Codage de la valeur d'une résistance électrique par bandes de couleur.

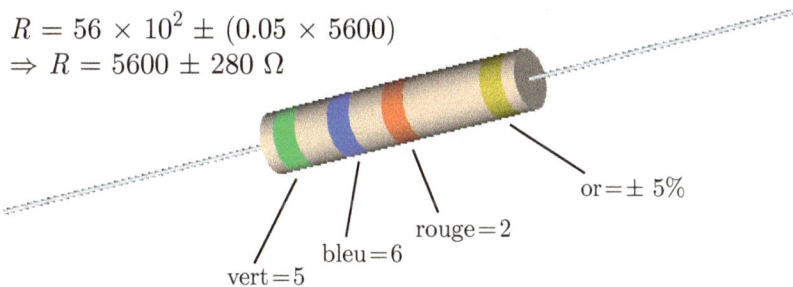

$$R = 56 \times 10^2 \pm (0.05 \times 5600)$$
$$\Rightarrow R = 5600 \pm 280 \ \Omega$$

or = ± 5%

rouge = 2

bleu = 6

vert = 5

Notons enfin que la puissance électrique (en watt) est le produit de la tension et du courant. L'énergie (en joule) débitée par la source est l'intégrale de la puissance par rapport au temps.

$$W = \int vi \, dt \ . \tag{3.6}$$

Dans le cas d'une chute de tension à travers une résistance ($v = Ri$), on obtient :

$$W = \int Ri^2 \, dt \ . \tag{3.7}$$

Cette énergie est alors dissipée sous forme de chaleur. Ce phénomène est dénommé *effet Joule*.

## 3.2.4 Le condensateur

Considérons le schéma présenté à la figure 3.13 illustrant deux plaques métalliques parallèles. Lorsque l'on ferme l'interrupteur (initialement ouvert), on applique une source de tension continue aux bornes du dispositif. Un courant circule alors pendant un court instant, des électrons quittant la plaque de polarité positive pour se retrouver sur la plaque de polarité négative (sens inverse du courant). Un champ électrique se développe ainsi entre les deux plaques. L'intégrale du courant permet de calculer la charge $Q$ déplacée sur les plaques. Le rapport entre la charge déplacée et la tension appliquée définit la capacitance $C$ et s'exprime en farad.

$$C = Q/E \tag{3.8}$$

**Figure 3.13**  Schéma de chargement initial d'un condensateur lorsqu'une source de tension est soudainement imposée.

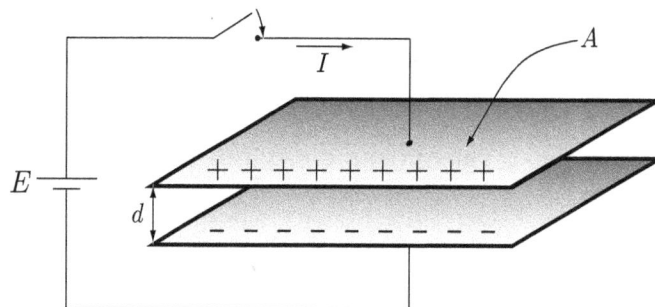

Le dispositif ainsi formé est appelé *condensateur* et le symbole utilisé en électronique est illustré à la figure 3.14.

**Figure 3.14**  Représentation schématique d'un condensateur.

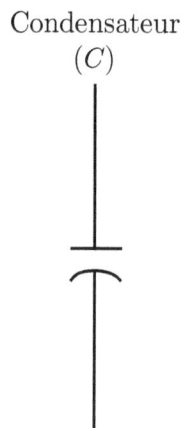

Condensateur
$(C)$

Pour deux plaques parallèles dont la largeur et la profondeur sont dix fois supérieures à la distance qui les sépare, la capacitance s'exprime par :

$$C = \epsilon_r \epsilon_0 A / d \quad , \tag{3.9}$$

où $A$ est l'aire d'une plaque, $d$ est la distance entre les plaques, $\epsilon_r$ est la permittivité relative du matériau se trouvant entre les deux plaques (par rapport au vide, ce qui implique $\epsilon_r \equiv 1$ pour le vide) et $\epsilon_0$ est la permittivité du vide ($8.8542 \times 10^{-12}$ farad/m).

La capacitance varie de façon inversement proportionnelle à la distance $d$. Cette propriété est utilisée dans les capteurs de proximité capacitifs. Par exemple, ce type de capteur est utilisé pour mesurer l'épaisseur d'une couche de peinture sans altérer le fini de surface.

L'énergie stockée dans un condensateur est :

$$W = \frac{1}{2} Q\, E = \frac{1}{2} C\, E^2 \quad . \tag{3.10}$$

Lorsqu'on insère un matériau isolant entre les deux plaques (matériau diélectrique), les orbites des électrons du diélectrique sont déformées sous l'influence du champ électrique. Cette déformation fait apparaître des dipôles atomiques et provoque un déplacement additionnel de charge. L'ajout de l'isolant augmente la valeur du condensateur. Le tableau 3.3 présente les principaux matériaux utilisés dans la conception des condensateurs.

La présence d'un milieu non-conducteur entre les deux plaques rend impossible la circulation d'un courant continu. Le condensateur est utilisé dans les circuits à tension variable. L'équation du courant instantané en fonction de la tension instantanée est :

$$i_C(t) = C\, \frac{d\, v_C(t)}{dt} \quad . \tag{3.11}$$

Cette équation indique qu'un condensateur s'oppose à une variation brusque de la tension à ses bornes. Lorsqu'un condensateur de grande capacité est mis en court-circuit, le courant peut atteindre plusieurs milliers d'ampères. Le condensateur se comporte comme une inertie de tension. Durant un court instant, le dispositif réagit comme une source de tension. Cette propriété est utilisée pour filtrer les signaux de tension bruités.

Lorsque la source d'alimentation est de type harmonique (tension sinusoïdale pure de fréquence $\omega$, soit $v_C = V_C\, e^{j\omega t}$), la relation exprimant le courant s'écrit :

$$i_C = j\omega\, C\, V_C\, e^{j\omega t} = j\omega\, C\, v_C \quad . \tag{3.12}$$

Avec $Z_C$ représentant l'impédance capacitive, la relation tension-courant s'écrit :

$$v_C = \frac{1}{j\omega C}\, i_C = Z_C\, i_C \ , \text{ avec } \ Z_C = \frac{1}{j\omega C} \quad . \tag{3.13}$$

**Tableau 3.3**
**Propriétés de différents types de condensateurs utilisés en électronique**

| Type | Gamme | Tension maximum (volts) | Précision | Stabilité en température | Fuites | Remarques |
|------|-------|-------------------------|-----------|--------------------------|--------|-----------|
| Mica | 1 pF - 0.01 $\mu$F | 100 - 600 | Bonne | Bonne | Faibles | Excellent, bon aux RF |
| Céramique | 10 pF - 1 $\mu$F | 50 - 30 000 | Mauvaise | Mauvaise | Modérées | Petite taille, faible coût, très populaire |
| Polyester | 0.001 $\mu$F - 50 $\mu$F | 50 - 600 | Bonne | Mauvaise | Faibles | Faible coût, populaire |
| Polypropylène | 100 pF - 50 $\mu$F | 100 - 800 | Excellente | Bonne | Très faibles | Bonne qualité, faible absorption diélectrique |
| Tantalum | 0.1 $\mu$F - 500 $\mu$F | 6 - 100 | Mauvaise | Mauvaise | Modérées | Capacitance élevée, coût élevée, petite taille |
| Électrolytique | 0.1 $\mu$F - 1.6 F | 3 - 600 | Très mauvaise | Très mauvaise | Très grande | Courte durée de vie, faible coût, capacitance élevée |

### 3.2.5 L'inductance

Lorsqu'un conducteur est parcouru par un courant électrique, un champ magnétique $H$ apparaît dans l'espace entourant le conducteur. Considérons une courbe fermée de longueur $l_T$, faisant le tour d'un fil conducteur. Selon la loi d'Ampère, le courant circulant dans le fil est égal à l'intégrale de contour fermé du champ magnétique effectuée sur une courbe quelconque autour du fil :

$$i_L = \oint H\, dl \quad . \tag{3.14}$$

Cette loi exprime le fait que le champ magnétique est une quantité conservative. Lorsque le conducteur forme dans l'air une bobine toroïdale de $N$ spires, de section $A$ et de petit diamètre devant la longueur $l_T$, on obtient, en négligeant les effets de bouts :

$$\oint H dl = H\, l_T = N\, i_L \;\; \Rightarrow \;\; H = \frac{N\, i_L}{l_T} \;\; . \tag{3.15}$$

**Figure 3.15**   Représentation schématique d'une bobine toroïdale.

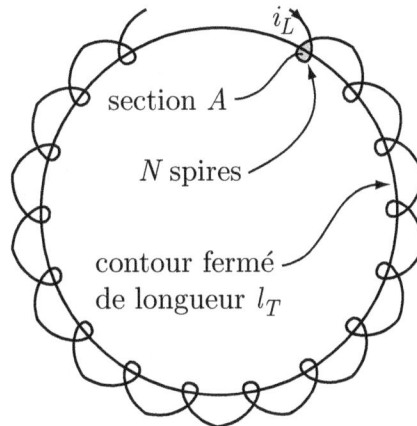

L'induction magnétique est définie par $B = \mu_0\, \mu_r\, H$, où $\mu_0$ représente la perméabilité magnétique du vide ($4\pi \times 10^{-7}$ henry/m) et $\mu_r$ représente la perméabilité relative du matériau se trouvant au centre des spires (par rapport au vide, ce qui implique $\mu_r \equiv 1$ pour le vide). Notons également que $\mu_r \simeq 1$ pour l'air, les gaz en général ainsi que pour les matériaux non magnétiques (*e.g.* cuivre, aluminium, etc.). Le flux magnétique traversant la section toroïdale est :

$$\phi = B\, A = \mu_0\, \mu_r\, N i_L \left( \frac{A}{l_T} \right) \;\; . \tag{3.16}$$

Le taux de changement de flux magnétique produit par unité de courant appliqué définit l'inductance $L$ et s'exprime en henry.

$$L = N \frac{d\phi}{di_L} \;\; . \tag{3.17}$$

Le symbole utilisé en électronique est illustré à la figure 3.16. Lorsque le milieu dans lequel se produit le champ magnétique présente un comportement linéaire (c'est le cas de l'air, des matériaux non magnétiques ou des matériaux magnétiques non saturés), on obtient $d\phi/di_L = \phi/i_L$ et la relation précédente s'écrit :

$$L = N \frac{\phi}{i_L} \;\; . \tag{3.18}$$

Dans ce qui suit, on ne considère que les conditions linéaires et la valeur de l'inductance sera calculée par la relation $L = N\phi/i_L$. En utilisant la relation exprimant $\phi$, l'équation définissant l'inductance peut s'écrire :

$$L = \mu_0\,\mu_r\,N^2\,\left(\frac{A}{l_T}\right)\quad. \tag{3.19}$$

La tension instantanée $v_L(t)$ induite aux bornes d'une bobine de $N$ spires est décrite par la loi de l'induction magnétique de Faraday :

$$v_L(t) = N\frac{d}{dt}\phi(t)\quad, \tag{3.20}$$

$$\text{avec } \phi(t) = \frac{L\,i_L(t)}{N} \Rightarrow v_L(t) = L\frac{d}{dt}i_L(t)\quad. \tag{3.21}$$

L'énergie emmagasinée dans le champ magnétique ($\forall$ représentant un volume) est exprimée par :

$$W = \frac{1}{2}B\,H\,\forall = \frac{1}{2}L\,i_L^2\quad. \tag{3.22}$$

**Figure 3.16**   Représentation schématique d'une inductance.

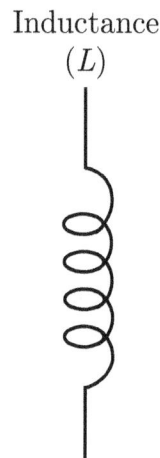

Il est important de noter que l'inductance emmagasine de l'énergie sous la forme d'un champ magnétique, alors que le condensateur emmagasine de l'énergie sous la forme d'un champ électrique.

Lorsqu'un noyau magnétique est introduit dans la bobine, la perméabilité est augmentée d'un facteur $\mu_r$, la perméabilité relative du matériau. La valeur de l'inductance croît. Cette propriété est utilisée pour réaliser des capteurs de proximité.

La tension moyenne aux bornes d'une inductance est toujours nulle. Pour maintenir une tension continue aux bornes d'une inductance, il faudrait utiliser une source capable de débiter un courant infini et une bobine en mesure de supporter ce courant. En effet, la tension étant définie par $v_L = L di_L/dt$, il faudrait que le courant augmente linéairement dans le temps pour obtenir une tension constante; donc après un certain temps, la valeur du courant deviendrait très élevée et devrait éventuellement tendre vers l'infini.

Lorsqu'une inductance idéale (résistance nulle) est parcourue par un courant continu à travers un court-circuit, celui-ci circule indéfiniment (figure 3.17). Si l'on tente d'interrompre brusquement ce courant en ouvrant l'interrupteur, l'équation $v_L = L di_L/dt$ indique que la bobine s'oppose au changement en développant une très grande tension ($v_L \to -\infty$). On observera alors la formation d'un arc électrique aux bornes des contacts de l'interrupteur. En réalité, l'énergie stockée doit être rendue et l'arc électrique est le lieu de cette restitution. L'inductance se comporte comme une inertie de courant. Durant un très court instant, l'inductance réagit comme une source de courant.

**Figure 3.17**   Schéma d'une inductance débitant un courant dans un interrupteur initialement fermé et que l'on ouvre subitement.

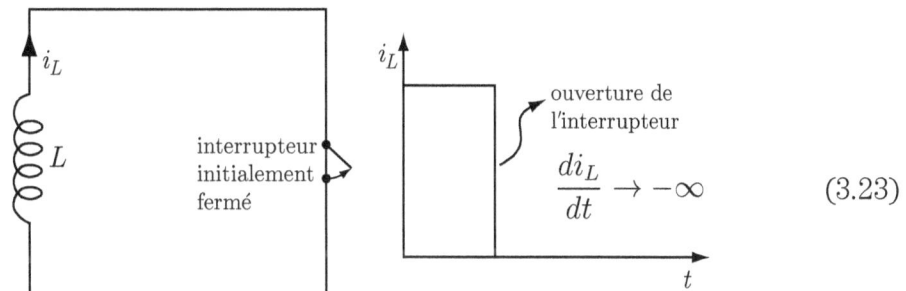

$$\frac{di_L}{dt} \to -\infty \qquad (3.23)$$

Lorsque le courant circulant dans l'inductance est de type harmonique (courant sinusoïdal pur de fréquence $\omega$, soit $i_L = I_L e^{j\omega t}$), la relation exprimant la tension s'écrit :

$$v_L = j\omega L I_L e^{j\omega t} = j\omega L i_L \quad . \qquad (3.24)$$

La relation tension-courant s'écrit donc :

$$v_L = j\omega L i_L = Z_L i_L \quad \text{avec} \quad Z_L = j\omega L \quad . \qquad (3.25)$$

Le terme $Z_L$ représente la réactance inductive.

L'inductance est très utilisée dans les circuits électroniques à haute fréquence, lorsque l'impédance résistive est négligeable devant la réactance. L'usage du condensateur est privilégié dans les circuits électroniques opérant à basse fréquence.

## 3.2.6 Combinaisons *RCL*

L'analyse présentée dans cette section est faite en considérant des tensions harmoniques $v = V\,e^{j\omega t}$. Le calcul des circuits composés d'impédances de type $R$, $L$ et $C$ fait ainsi appel à la résolution d'équations complexes dans lesquelles les impédances capacitives et inductives sont fonctions de la fréquence complexe $j\omega$. La combinaison $RC$ présentée à la figure 3.18 représente le schéma d'un filtre passe-bas du premier ordre. La figure 3.20 présente un filtre passe-bas du second ordre. Le comportement des systèmes électroniques du second ordre est similaire à la réponse d'un système mécanique de type masse-ressort-amortisseur (ex. suspension automobile). Plus l'ordre du filtre est élevé, plus la pente de l'atténuation (coupure) est élevée. Chaque ordre correspond à une coupure de -20 dB par décade (un facteur 10 en amplitude pour un facteur 10 sur l'échelle de fréquence). Un filtre passe-bas du second ordre atténue le signal au-delà de la fréquence de coupure d'un facteur de -40 dB/décade.

### Circuit à deux composantes en série

**Figure 3.18**    Circuit en série (2 composantes) : le filtre $RC$ du premier ordre.

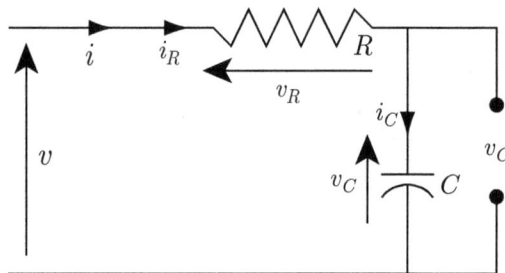

L'impédance équivalente de ce circuit est :

$$Z_{\text{éq.}} = \frac{v}{i} = Z_R + Z_C = \frac{1 + R\,C\,j\omega}{C\,j\omega}\;. \tag{3.26}$$

La tension aux bornes du condensateur s'exprime comme :

$$v_C = Z_C\,i_C = Z_C\frac{v}{Z_{\text{éq.}}} = \frac{Z_C}{Z_R + Z_C}\,v \;\;(\text{puisque}\;\; i = i_C = \frac{v}{Z_{\text{éq.}}})\;. \tag{3.27}$$

Notons que si on remplace le condensateur par une résistance $R_2$, on obtient un circuit très utile appelé *diviseur de tension*[3]. Le rapport entre la tension aux bornes du

---

[3] On obtient, pour le diviseur de tension, $v_{R_2} = vR_2/(R + R_2)$.

[4] La réponse en fréquence est une fonction (ou un vecteur) complexe comportant une partie réelle et une partie imaginaire; on peut aussi la définir sous sa forme polaire avec son module (ou gain) et sa phase : $H(\omega) = H_r - jH_i = |H(\omega)|e^{-j\phi(\omega)}$.

condensateur et la tension à l'entrée définit la réponse en fréquence $H(\omega)$ du circuit[4]. Elle s'écrit :

$$\frac{v_C}{v} = H(\omega) = \frac{1}{1 + R\,C\,j\omega} \ . \tag{3.28}$$

On écrit le gain de la réponse en fréquence :

$$|H(\omega)| = \frac{1}{\sqrt{1 + (R\,C\,\omega)^2}} \ . \tag{3.29}$$

On reconnaît ici l'équation d'un système dynamique du premier ordre. On appelle ce circuit un filtre $RC$ du premier ordre et la fréquence de coupure du filtre est $\omega_c = 1/(RC)$.

## Circuit à deux composantes en parallèle

**Figure 3.19**  Circuit en parallèle (2 composantes).

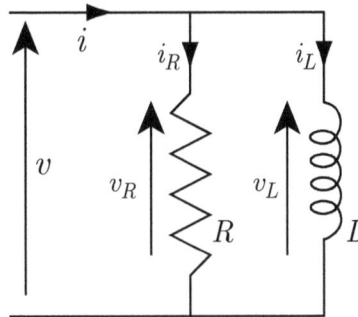

L'impédance équivalente de ce circuit est :

$$Z_{\text{éq.}} = \frac{v}{i} = \frac{Z_R\,Z_L}{Z_R + Z_L} = \frac{R\,L\,j\omega}{R + L\,j\omega} \ . \tag{3.30}$$

## Circuit combiné série/parallèle (3 composantes)

**Figure 3.20**  Circuit combiné série/parallèle (3 composantes).

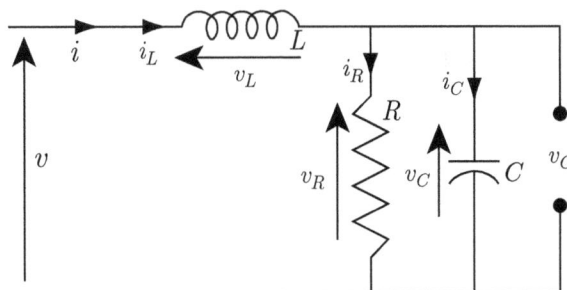

L'impédance équivalente de ce circuit est :

$$Z_{\text{éq.}} = \frac{v}{i} = Z_L + \frac{Z_R Z_C}{Z_R + Z_C} \quad . \tag{3.31}$$

La tension aux bornes du condensateur s'exprime comme :

$$v_C = Z_C i_C = R i_R \quad \Rightarrow \quad i_R = \frac{Z_C}{R} i_C \quad , \tag{3.32}$$

et la tension à l'entrée s'exprime comme :

$$v = Z_{\text{éq.}} i = Z_{\text{éq.}} (i_R + i_C) \quad . \tag{3.33}$$

La réponse en fréquence définie ici par le rapport entre la tension aux bornes du condensateur et la tension à l'entrée s'écrit comme suit :

$$\frac{v_C}{v} = H(\omega) = \frac{Z_C R}{Z_{\text{éq.}}(Z_C + R)} \quad . \tag{3.34}$$

Après quelques manipulations, on obtient finalement la réponse en fréquence de ce circuit :

$$H(\omega) = \frac{1}{-L\,C\,\omega^2 + \frac{L}{R}\,j\omega + 1} \quad . \tag{3.35}$$

Le gain de la réponse en fréquence s'écrit :

$$|H(\omega)| = \frac{1}{\sqrt{(1 - L\,C\,\omega^2)^2 + (\frac{L}{R}\,\omega)^2}} = \frac{1}{\sqrt{(1 - (\frac{\omega}{\omega_n})^2)^2 + (2\zeta\,\frac{\omega}{\omega_n})^2}} \quad . \tag{3.36}$$

En utilisant la notation de fréquence naturelle et de facteur d'amortissement

$$\omega_n = \frac{1}{\sqrt{L\,C}} \quad \text{et} \quad \zeta = \frac{1}{2R}\sqrt{\frac{L}{C}} \quad , \tag{3.37}$$

on obtient la réponse classique du système du second ordre dont le graphique est représenté sur la figure 3.21 :

$$|H(\omega)| = \frac{1}{\sqrt{(1 - (\frac{\omega}{\omega_n})^2)^2 + (2\zeta\,\frac{\omega}{\omega_n})^2}} \quad . \tag{3.38}$$

Introduction à l'électronique **3**

**Figure 3.21** Gain de la réponse en fréquence d'un filtre du deuxième ordre.

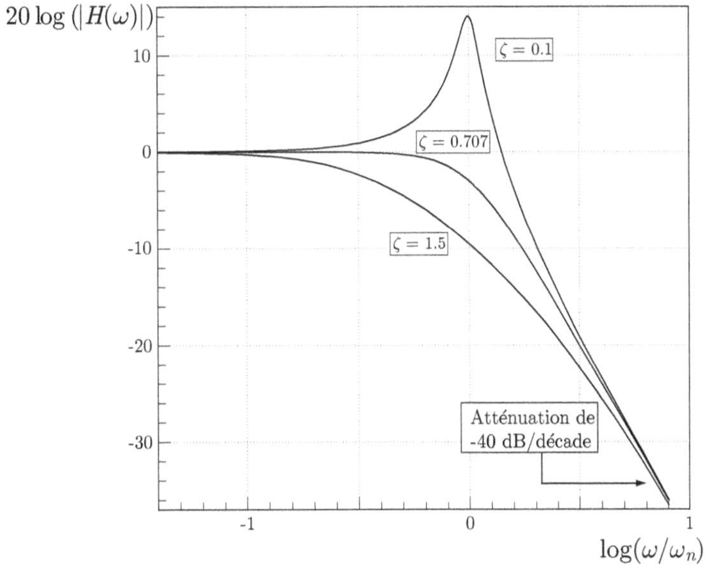

## 3.3 Amplificateur opérationnel et circuits de base

### Amplificateur opérationnel et ses deux règles d'or

Un amplificateur opérationnel est une composante électronique constituée de transistors, diodes, résistances et capacitances *miniaturisés* et assemblés sous la forme de ce qu'on appelle un *circuit intégré* ou une *puce électronique* (figure 3.22). Cette composante peut être utilisée pour réaliser différents circuits plus évolués, tels que les amplificateurs linéaires, les amplificateurs différentiels, les différenciateurs, les intégrateurs… Il s'agit d'ajouter au circuit intégré des composantes externes passives, telles que des résistances et des capacitances de façon à obtenir la fonction désirée.

**Figure 3.22** Représentation schématique de l'amplificateur opérationnel.

83

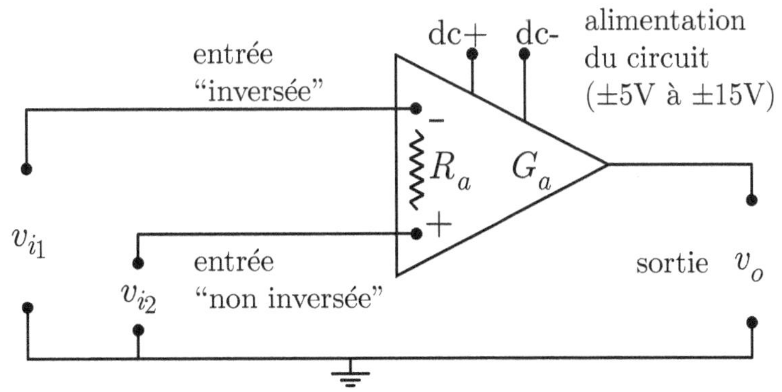

Les caractéristiques générales de l'amplificateur opérationnel sont les suivantes :

- une impédance d'entrée très élevée ($R_a > 10^7\ \Omega$);

- une impédance de sortie relativement faible ($R_o < 100\ \Omega$);

- un gain interne élevé ($G_a \simeq 10^5$ à $10^6$).

En circuit ouvert, la tension de sortie s'exprime comme :

$$v_o(t) = G_a \left( v_{i2}(t) - v_{i1}(t) \right) \quad . \tag{3.39}$$

L'amplificateur opérationnel en circuit ouvert est en quelque sorte un amplificateur différentiel. Cependant, la valeur trop élevée et la mauvaise stabilité de son gain interne font en sorte qu'on ne l'utilise jamais dans cette configuration. On réalise plutôt différents circuits pratiques en ajoutant à l'amplificateur opérationnel certaines composantes passives plus précises et plus stables. On utilise alors l'amplificateur opérationnel en configuration de boucle de rétroaction négative (« negative feedback »). On contrôle de cette façon le gain global du circuit que l'on appelle *gain de boucle fermée*.

Considérant les caractéristiques de cette composante, les électroniciens ont défini deux *règles d'or* qui s'appliquent à pratiquement tous les circuits utilisant l'amplificateur opérationnel monté en boucle de rétroaction négative (voir la figure 3.23 par exemple) :

1. Les entrées ne tirent pratiquement aucun courant (typiquement une fraction de picoampère). Ceci est dû à l'impédance d'entrée très élevée. Dans le cas *idéal*, on considère $i_a = 0$.

2. Pour un amplificateur opérationnel monté en boucle de rétroaction négative, la sortie fait tout ce qui est nécessaire pour maintenir une différence de tension pratiquement nulle à l'entrée (une fraction de mV). Ceci est dû au gain très élevé. Dans le cas *idéal*, on considère $v_a = 0$.

## Amplificateur linéaire *inverseur*

Dans ce circuit, la tension d'entrée $v_i$ est appliquée au port d'entrée négatif (entrée « inversée ») de l'amplificateur opérationnel à travers une résistance $R_1$. Le port positif (entrée « non inversée ») de l'amplificateur opérationnel est branché à la masse. La tension de sortie $v_o$ rétroagit sur le port d'entrée négatif de l'amplificateur opérationnel à travers la résistance de rétroaction $R_2$ (figure 3.23).

**Figure 3.23** Schéma de l'amplificateur linéaire inverseur.

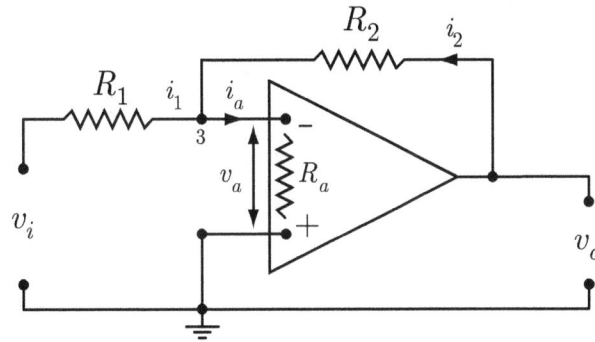

En appliquant la règle d'or #1 ($i_a \simeq 0$) à la somme des courants au point 3 on obtient :

$$i_1 + i_2 = i_a \simeq 0 \quad \Rightarrow \quad i_1 \simeq -i_2 \ . \tag{3.40}$$

La chute de tension à travers les résistances $R_1$ et $R_2$ s'exprime par :

$$R_1\, i_1 = v_i - v_a \quad \text{et} \quad R_2\, i_2 = v_o - v_a \ . \tag{3.41}$$

En appliquant la règle d'or #2 ($v_a \simeq 0$), on écrit le rapport $v_o/v_i$ comme ceci :

$$\Rightarrow \frac{v_o}{v_i} \simeq \frac{R_2\, i_2}{R_1\, i_1} \simeq \frac{-R_2\, i_1}{R_1\, i_1} \simeq -\frac{R_2}{R_1} \ . \tag{3.42}$$

La relation entrée/sortie idéale (on remplace $\simeq$ par $=$) s'écrit finalement :

$$v_o(t) = -\frac{R_2}{R_1}\, v_i(t) \ . \tag{3.43}$$

## Quelques circuits de base

**Figure 3.24** Quelques circuits de base réalisés avec les amplificateurs opérationnels.

Amplificateur linéaire *non inverseur*

$$v_o(t) = \frac{R_1 + R_2}{R_1} v_i(t)$$

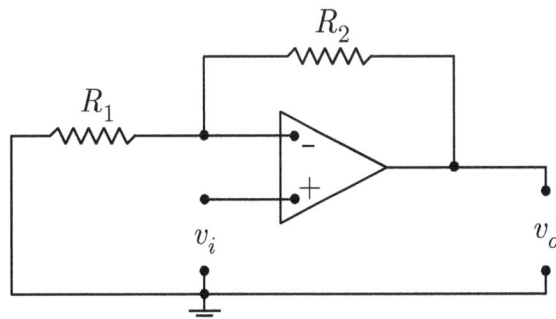

## Cas particulier avec $R_2 = 0$ et $R_1 \to \infty$ : le suiveur

$$v_o(t) = v_i(t)$$

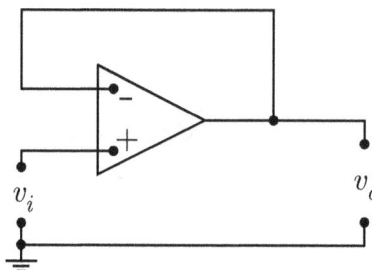

## Amplificateur *inverseur* généralisé

$$v_o(t) = -\frac{Z_2}{Z_1}v_i(t)$$

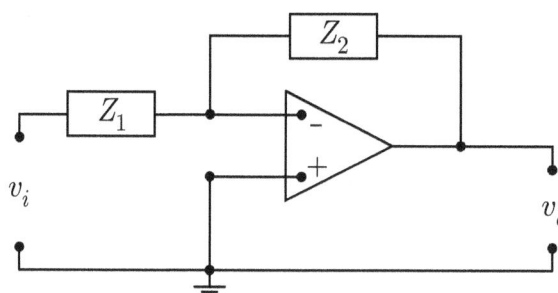

## Amplificateur linéaire *inverseur*

$$v_o(t) = -\frac{R_2}{R_1}v_i(t)$$

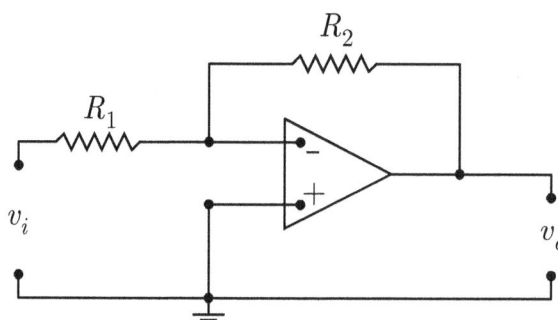

## Amplificateur différentiel

$$v_o(t) = \frac{R_2}{R_1}\left(v_{i2}(t) - v_{i1}(t)\right)$$

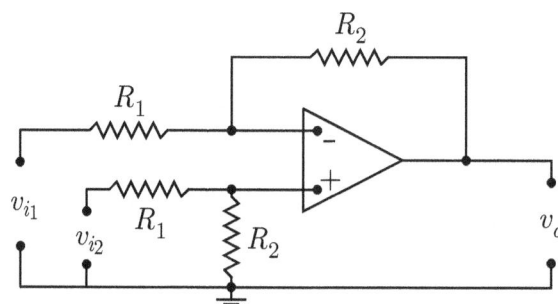

## Intégrateur

$$Z_1 = R \quad \text{et} \quad Z_2 = \frac{1}{C\,j\omega}$$

$$\Rightarrow V_o = -\frac{Z_2}{Z_1}\,V_i = -\frac{1}{R\,C\,j\omega}\,V_i$$

$$\Rightarrow v_o(t) = \frac{-1}{R\,C}\int v_i(t)dt$$

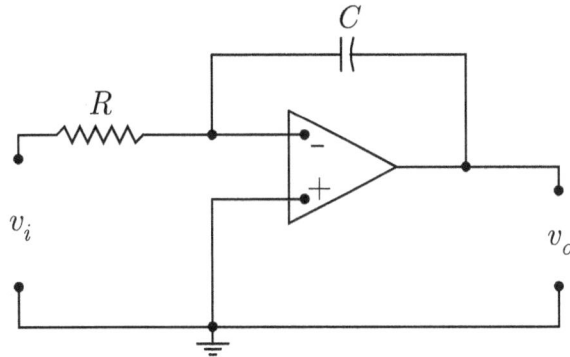

## Différenciateur

$$Z_1 = \frac{1}{C\,j\omega} \quad \text{et} \quad Z_2 = R$$

$$\Rightarrow V_o = -\frac{Z_2}{Z_1}\,V_i = -RCj\omega\,V_i$$

$$\Rightarrow v_o(t) = -RC\,\frac{dv_i}{dt}$$

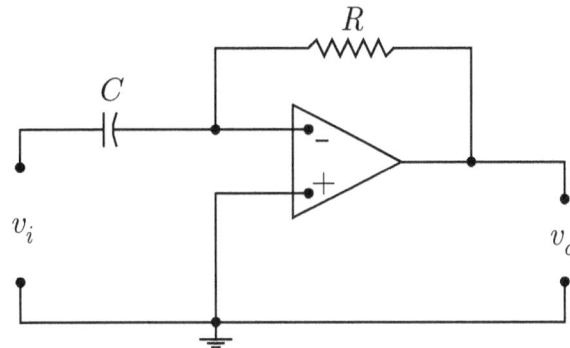

Notons enfin que l'amplificateur opérationnel établit de façon générale une relation fonctionnelle entre une entrée et une sortie: $v_o(t) = h\{v_i(t)\}$ où $h\{\ \}$ est une fonction. Comme toute composante de ce type, sa réponse en fréquence est finie et la gamme de tension en entrée et en sortie est limitée.

Tel que mentionné en début de section, les amplificateurs opérationnels jumelés à différentes composantes passives servent à concevoir une foule de circuits intégrés plus complexes. La figure 3.25 montre un exemple de circuit intégré à 16 broches de type à insertion par trous de passage (terminologie anglo-saxonne *through-hole mounting*). Il s'agit d'un amplificateur différentiel de précision utilisé dans le domaine de l'instrumentation (modèle AD524 fabriqué par la compagnie Analog Devices). Le boîtier du circuit est muni d'une marque identifiant la broche #1 ainsi que d'un ergot de positionnement en forme de demi-cercle permettant de l'orienter dans le bon sens. En disposant le circuit intégré avec l'ergot de positionnement situé vers le haut, la broche #1 se trouve en haut à gauche et les autres broches suivent successivement dans le sens anti-horaire. La forme des broches et leur espacement sont prévus pour faciliter la soudure sur une plaque de circuit imprimé avec trous de passage ou l'insertion directe sur une plaque de prototypage de circuits électroniques (terminologie anglo-saxonne *breadboard*). L'espace entre les broches d'une même rangée est normalisé à 2.54 mm (1/10ᵉ pouce, soit 10 trous par pouce). Les plaques de prototypage sont donc conçues selon la même norme.

**Figure 3.25** Exemple de *circuit intégré* ou *puce électronique* complexe : amplificateur différentiel d'instrumentation AD524 fabriqué par la compagnie Analog Devices.

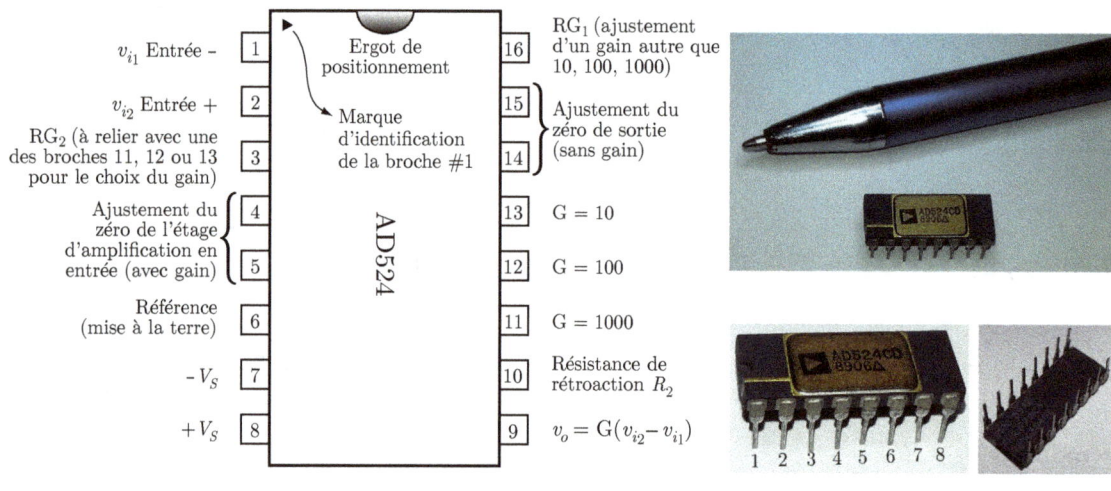

Le circuit AD524 est alimenté par une source bipolaire $-15$ V, 0 V et $+15$ V branchée aux broches #7, 6 et 8 respectivement. Il s'agit d'un amplificateur différentiel qui fournit une tension de sortie $v_0$ (broche #9) référencée au potentiel introduit par la broche #6 et proportionnelle à la différence des tensions d'entrée présentes aux broches #1 et 2. Le gain de l'amplificateur différentiel peut être fixé à G = 10, 100 ou 1000 en reliant l'une des broches #13 à 11 à la broche #3. On peut aussi fixer une valeur de gain différente des trois valeurs proposées (10, 100 ou 1000) en raccordant une résistance appropriée entre la broche #16 et la broche #3. L'ajustement des zéros du circuit peut être réalisé par l'ajout de potentiomètres reliés aux broches #4, 5, 8 et #14, 15, 7. La résistance de rétroaction $R_2$ de l'amplificateur différentiel (voir le schéma de la figure 3.24) est introduite en raccordant la sortie de la broche #9 à la broche #10 (une résistance interne de 20 kΩ est déjà introduite par la broche #10, mais on peut en ajouter une supplémentaire à l'externe).

La technologie à broches insérés par trous de passage illustrée sur la figure 3.25 a été introduite vers la fin des années 1950 et a vu son expansion dans les années 1970. Quoiqu'encore largement répandu, ce format fait graduellement place à celui de type montage en surface (terminologie anglo-saxonne *surface mounting*). Cette technologie a été déployée vers la fin des années 1980 pour répondre aux besoins de miniaturisation des équipements électroniques qui requiert l'utilisation de formats de circuits intégrés de plus en plus compacts et de complexité croissante. La taille de ces puces électroniques et la possibilité de les monter des deux côtés d'une plaque de circuit imprimé constituent des avantages intéressants. La figure 3.26 illustre ce type d'assemblage électronique.

| | |
|---|---|
| **Figure 3.26** | Exemple de *circuit intégré* ou *puce électronique* de type montage en surface : microcontrôleur ATxmega 32E5 fabriqué par la compagnie Atmel. |

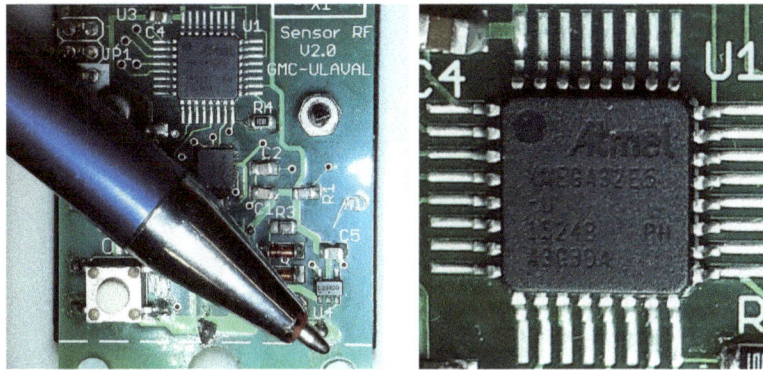

Le circuit intégré de la figure 3.26 comporte 4 ports de 8 broches disposés sur chacun des côtés du boîtier. Le circuit ATxmega 32E5 comporte donc un total de 32 broches. Une marque d'identification (un petit cercle encastré) identifie la broche #1 et les autres broches sont disposées successivement dans le sens anti-horaire. Notons enfin que les broches de ce type de circuit sont plus fines et plus rapprochées que celles du circuit AD524 de la figure 3.25. La densité des broches est plus élevée et suit des normes différentes de celle décrite au paragraphe précédent pour la technologie à insertion par trou de passage. Ceci n'est pas problématique, mail il faut savoir que les circuits de type montage en surface ne sont pas destinés à être utilisés avec les plaques de prototypage électronique.

# 4 | Acquisition de données

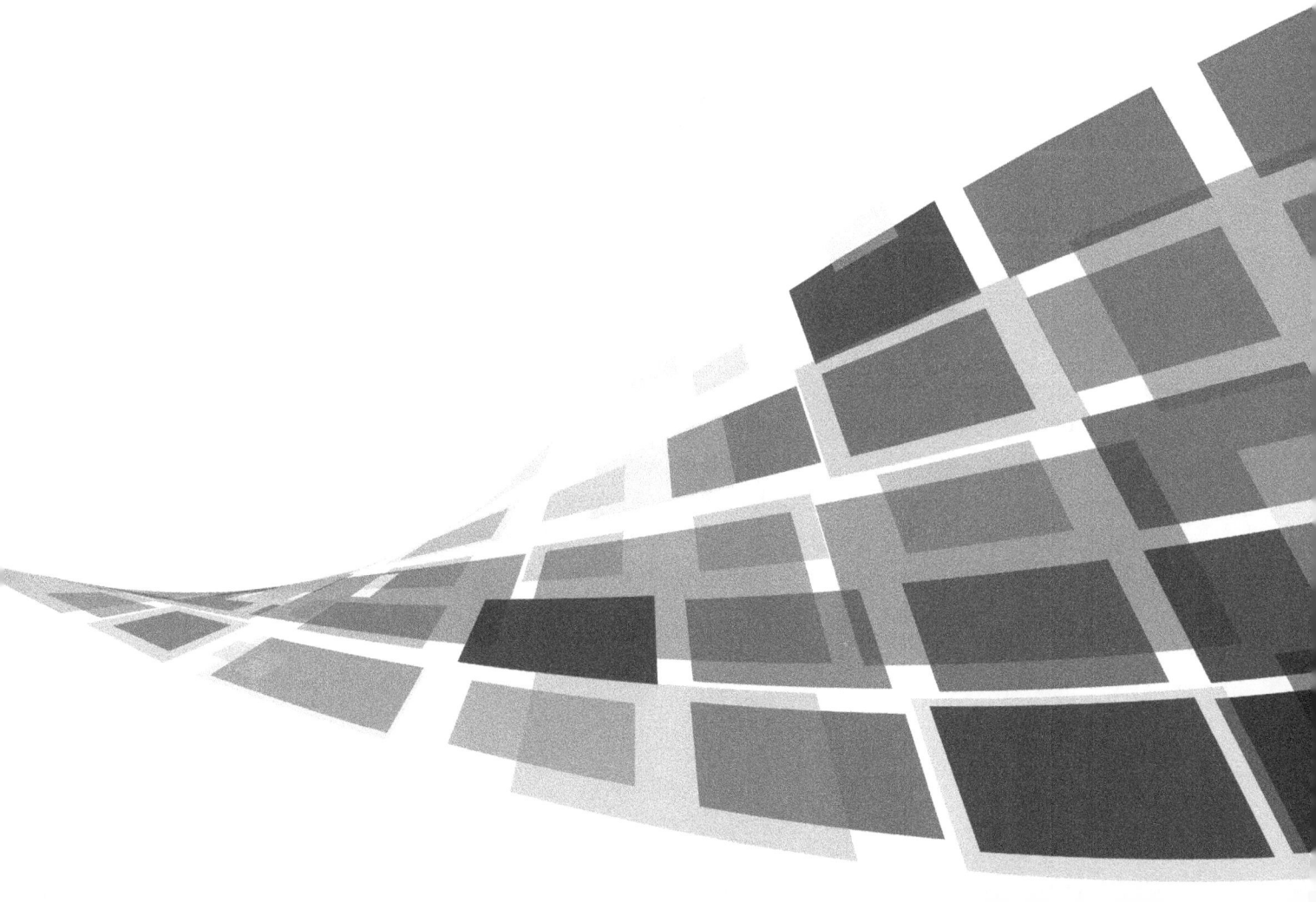

# 4.1 Généralités

Le concept de chaîne de mesure ou de chaîne d'acquisition de données pris dans un sens large, peut nous conduire à définir une classification qui comprendrait plusieurs catégories. Dans ce cours, nous nous limitons à considérer une seule des catégories possibles. Celle-ci est caractérisée par l'emploi de capteurs actifs, de convertisseurs analogique/numérique et d'un ordinateur.

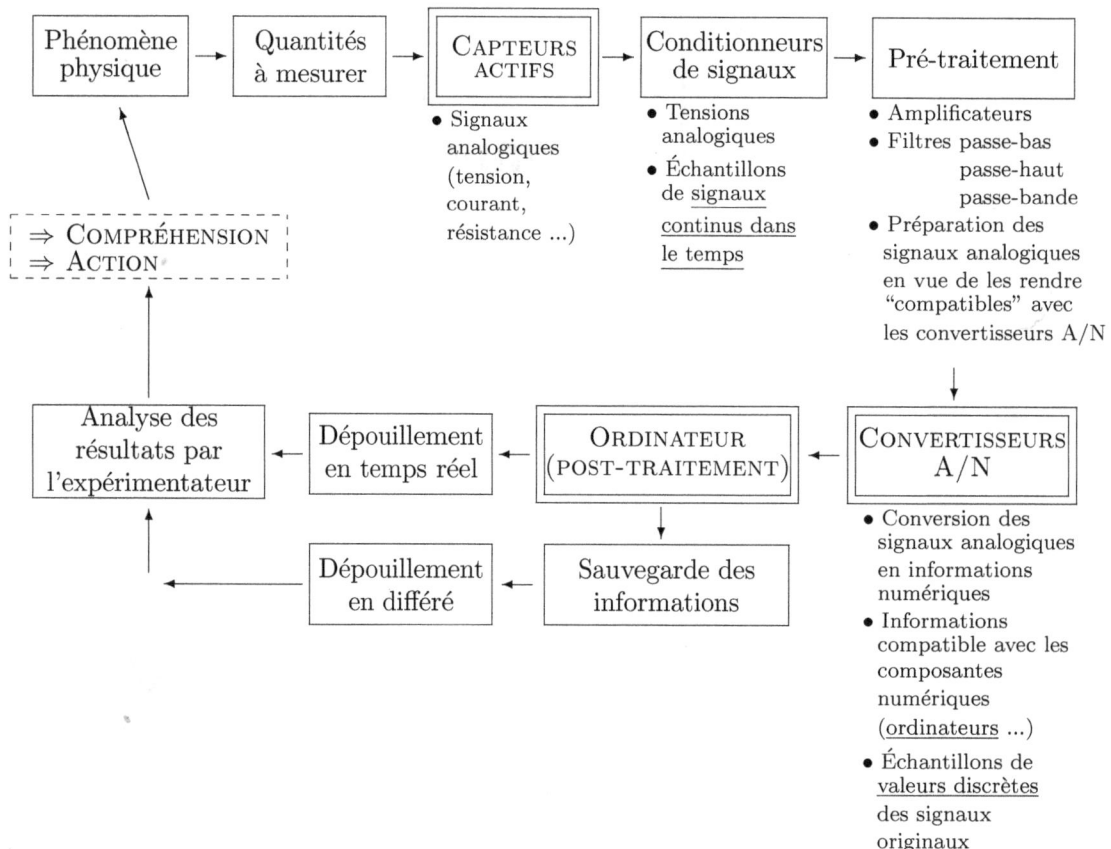

Ces trois caractéristiques définissent bien une chaîne de mesure qui est couramment employée. Les capteurs actifs, situés en début de chaîne, fournissent des signaux analogiques; les modules situés en milieu de chaîne convertissent les signaux en informations numériques; ces informations sont traitées et emmagasinées par un ordinateur situé en fin de chaîne. Dans cette catégorie de chaînes de mesure, nous considérons les trois options illustrées sur la figure 4.1.

**Figure 4.1** Schéma illustrant différentes options de chaîne de mesure.

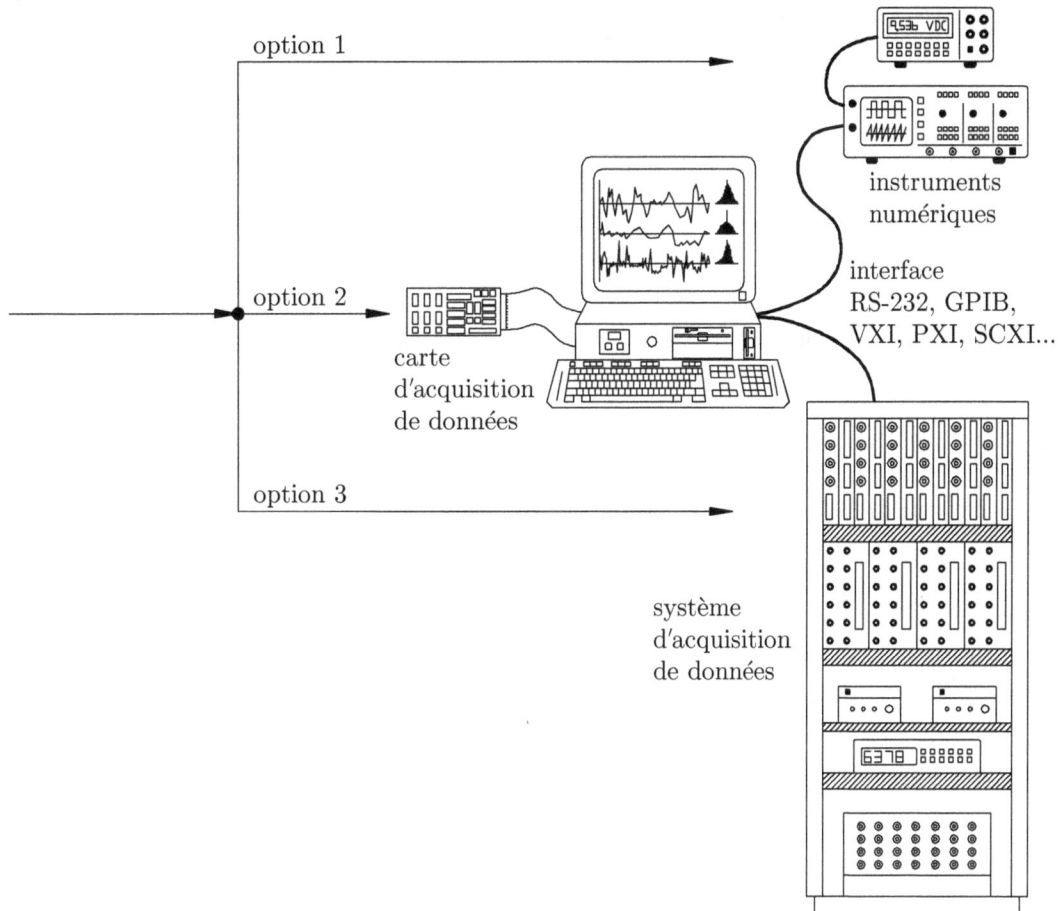

Nous terminons cette section en faisant une brève revue du vocabulaire utilisé en acquisition de données.

## Définition de quelques termes anglo-saxons

### BIT

(Binary unIT) Unité binaire (0 ou 1) utilisée pour coder des informations compatibles avec les composantes électroniques d'un *système numérique*. On peut ainsi coder des nombres ou des informations logiques. On peut considérer un bit comme étant un interrupteur « on/off » ou « tout ou rien » (1/0) pouvant transmettre des informations à une composante électronique. Il est possible de combiner des bits pour coder des nombres entiers plus grands que 1 ou 0. Une telle combinaison est appelée un mot (« word »). Si l'on code sur 2 bits, on pourra représenter les entiers 0, 1, 2 et 3 par les codes binaires 00, 01, 10 et 11 respectivement. Dans ces mots de 2 bits, le bit qui représente la valeur décimale 1 ($2^0$) se trouve à droite et on l'appelle le bit 0; le bit représentant la valeur décimale 2 ($2^1$) est donc celui de gauche et on l'appelle le bit 1. Ainsi, dans un mot de $M-$ bits, le bit de gauche appelé bit $M-1$ représente la valeur décimale $2^{M-1}$. Notons enfin que si l'on code sur $M-$ bits, on pourra représenter $2^M$ entiers différents.

## LSB

(Least Significant Bit) Bit le moins significatif; il s'agit du bit 0, d'après la définition donnée au paragraphe précédent.

## MSB

(Most Significant Bit) Bit le plus significatif; il s'agit du bit de gauche ou du bit $M-1$ sur un mot de $M-$ bits.

## BYTE

Mot de 8 bits traduit par OCTET. Un octet peut représenter 256 ($2^8$) entiers différents. L'octet est, entre autres, *l'unité de base* représentant un espace mémoire d'ordinateur.

## MUX

(Analog MUltipleXer) Abréviation couramment utilisée pour le mot multiplexeur analogique. Un multiplexeur est, de façon schématique, un interrupteur multiport qui permet de brancher plusieurs entrées analogiques à une sortie unique commune. Ces dispositifs comprennent généralement 8 ou 16 entrées qui sont branchées séquentiellement à la sortie à une fréquence déterminée par une horloge externe.

## A/D CONVERTER

(Analog/Digital Converter) Un convertisseur analogique/numérique sert à convertir l'amplitude d'un signal analogique en un nombre binaire. Les convertisseurs les plus couramment utilisés codent les données sur des mots de 12 bits (on retrouve aussi des convertisseurs qui codent sur 8, 10, 16 ou 32 bits). Notons que des mots de 12 bits et de 16 bits occuperont tous deux 2 octets (bytes) d'espace mémoire. La conversion sur 16 bits au lieu de 12 n'est donc pas pénalisante au niveau espace mémoire et donne l'avantage d'offrir une plus grande résolution (précision). La vitesse de conversion plus lente est son seul désavantage. De façon similaire, les convertisseurs qui codent sur 10 et 8 bits sont plus rapides mais offrent moins de résolution. Ce sera le type de convertisseur que l'on retrouvera sur les systèmes haute vitesse (fréquence d'échantillonnage > 50 MHz par exemple).

## S/H

(Sample/Hold) échantillonneur/bloqueur; il s'agit d'un dispositif servant à fixer une valeur de tension analogique que le convertisseur situé en aval devra coder sous forme numérique. Une horloge d'échantillonnage contrôle le module S/H de façon à ce que celui-ci puisse fournir les valeurs analogiques à convertir à un taux correspondant à la fréquence d'échantillonnage.

## SE/DIFF

(Single Ended/DIFFerential) Syntaxe se rapportant au référentiel choisi pour effectuer la mesure des signaux d'entrées analogiques : SE signifie un référentiel unique pour tous les signaux et DIFF signifie un référentiel propre à chaque signal.

## $E_{FSR}$

(Full Scale analog voltage Range) Il s'agit du voltage définissant le seuil maximum d'entrée analogique d'un convertisseur ou en d'autres termes, la gamme de conversion. Si la valeur de tension du signal d'entrée excède ce seuil, le convertisseur sature et les valeurs converties sont inutilisables.

## PGA

(Programmable Gain Amplifier) Amplificateurs à gain programmable; ces amplificateurs sont très utiles si on veut utiliser la pleine gamme des convertisseurs. Ils constituent une partie de ce qu'on appelle l'étage de pré-traitement du signal. Les amplificateurs ne sont pas obligatoirement programmables et inclus dans une carte d'acquisition; ils peuvent être externes et réglables manuellement. Il est cependant plus commode de les configurer par programmation.

## PIO

(Programmed Input/Output) Entrées/Sorties programmées; mode d'acquisition suivant lequel on sauvegarde une valeur convertie dans une variable de programmation (ou plusieurs valeurs converties dans une variable vectorielle ou matricielle). On peut par exemple vouloir tracer à l'écran les signaux convertis au fur et à mesure que l'acquisition s'effectue. Ce mode d'acquisition est relativement lent.

## DMA

(Direct Memory Access) Terme qui définit un mode d'acquisition qui permet un accès mémoire direct. Ce mode d'acquisition peut être jusqu'à 500 fois plus rapide que le mode PIO. Il consiste simplement à remplir une mémoire tampon à laquelle on peut accéder à un taux élevé.

## TRIGGER

Terme générique signifiant le déclenchement d'une action. Dans le contexte de ce chapitre, le terme « trigger input » indique l'utilisation une entrée numérique servant à déclencher l'acquisition de données. De la même façon, le terme « trigger level » correspond au niveau de tension définissant le seuil de déclenchement de l'acquisition de données.

<u>GPIB</u>

(General Purpose Interface Bus) En 1965, la compagnie Hewlett-Packard met sur le marché l'interface HPIB. Cette interface sert alors à connecter leur gamme d'instruments programmable à leurs ordinateurs. Étant donné son taux de transfert de données élevé (jusqu'à 1 *Mb/s,* comparé à 2 *kb/s* pour RS-232), l'interface HPIB gagne rapidement en popularité. On étend alors son champ d'application vers la communication inter-ordinateur et vers le contrôle d'unités périphériques. En 1975, l'industrie l'accepte comme un standard; l'association *IEEE* lui donne alors le numéro *IEEE* − 488. En 1978, la situation évolue et on définit le standard *ANSI* − *IEEE* − 488. L'interface porte désormais le nom de General Purpose Interface Bus ou GPIB.

<u>ALIASING</u>

Terme traduit par le mot recouvrement, aussi dénommé repliement (« folding »). Ce phénomène est discuté à la section 4.2 et à l'annexe C.

## 4.2 Échantillonnage et recouvrement

L'échantillonnage d'un signal analogique consiste à donner une représentation discrète d'un signal continu pouvant varier dans le temps. On emploie souvent le terme discrétisation à la place du terme échantillonnage.

---

**Exemple**

Prenons comme exemple $x(t)$, le signal sinusoïdal suivant d'amplitude $X$ :

$$\text{x}(t) = X \sin 2\pi f t \text{ avec } X = 10 \text{ et } f = 1 \text{ Hz},$$

$x(t)$ est un signal analogique $\Rightarrow$ il est continu dans le temps. Si on échantillonne en prenant une valeur discrète à chaque 0,1 seconde pendant $T = 1$ seconde, on obtient un ensemble de valeurs discrètes $= x(n\delta t)$

$$\text{avec} \quad n = 1 \rightarrow N \text{ où } n \text{ est un entier}$$
$$\delta t = 0.1$$
$$N = T/\delta t.$$

Dans ce cas, la fréquence d'échantillonnage, définie par $f_{\text{éch.}} = 1/\delta t$, est égale à 10 Hz. En échantillonnant un sinus de fréquence 1 Hz à une fréquence de 10 Hz, on obtient $N = 10$ valeurs discrètes par période. La figure suivante illustre cet exemple :

---

Dans ce cas, la fréquence d'échantillonnage, définie par $f_{\text{éch.}} = 1/\delta t$, est égale à 10 Hz. En échantillonnant un sinus de fréquence 1 Hz à une fréquence de 10 Hz, on obtient $N = 10$ valeurs discrètes par période. La figure suivante illustre cet exemple :

**Figure 4.2**   Échantillonnage d'un sinus.

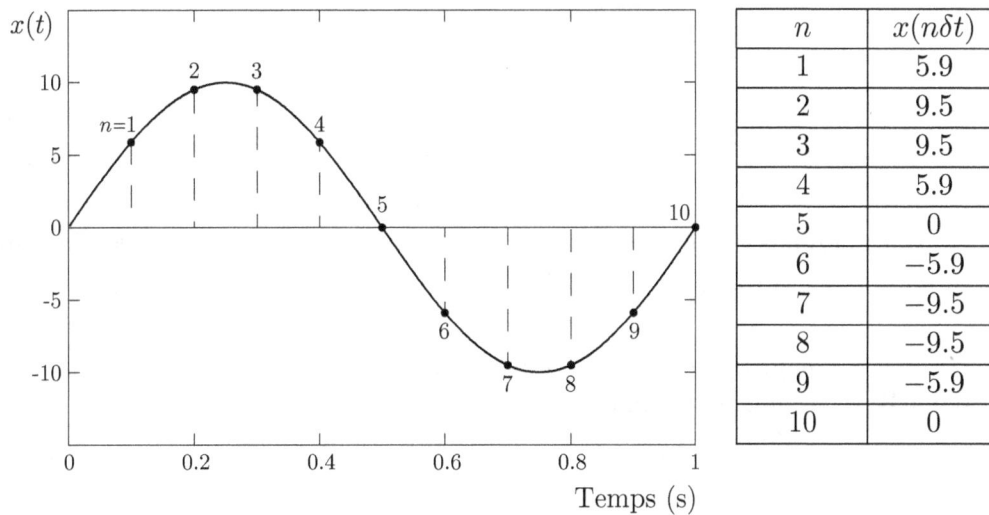

| $n$ | $x(n\delta t)$ |
|-----|----------------|
| 1   | 5.9            |
| 2   | 9.5            |
| 3   | 9.5            |
| 4   | 5.9            |
| 5   | 0              |
| 6   | −5.9           |
| 7   | −9.5           |
| 8   | −9.5           |
| 9   | −5.9           |
| 10  | 0              |

## Théorème d'échantillonnage et recouvrement spectral

La fréquence d'échantillonnage a un effet significatif sur la reconstruction dans le domaine temporel d'un signal analogique. La perception que l'on peut avoir d'un signal mal échantillonné peut être tout à fait fausse si l'on compare au signal original. Lorsque la fréquence d'échantillonnage diminue, la quantité d'informations par unité de temps servant à décrire le phénomène diminue.

Le théorème d'échantillonnage (aussi dénommé théorème de Shannon ou théorème de Nyquist-Shannon) stipule que pour reconstruire correctement le contenu en fréquence d'un signal analogique, la fréquence d'échantillonnage $f_{\text{éch.}}$ doit être plus de deux fois la fréquence la plus élevée $f_m$ contenue dans le signal.

$$f_{\text{éch.}} > 2 f_m \ . \tag{4.1}$$

Lorsqu'un signal est échantillonné à une fréquence inférieure à $2 f_m$, le contenu haute fréquence du signal analogique prend alors la « fausse identité » d'un signal à fréquence plus faible dans la série discrète résultant de l'échantillonnage. Considérons le signal de l'exemple précédent; il s'agit du sinus de fréquence $f_m = 1$ Hz. D'après le théorème d'échantillonnage, on devrait utiliser $f_{éch.} > 2$ Hz. Si on échantillonne à 1.2 Hz, on obtient une fausse représentation avec une série discrète de fréquence 0.2 Hz. Cette dernière fréquence est une manifestation du phénomène de recouvrement spectral et est appelée fréquence de repliement (« alias frequency »). Le recouvrement spectral est une conséquence inhérente au processus d'échantillonnage discret. À partir de la fréquence d'échantillonnage, on définit la fréquence de Nyquist de l'échantillonneur par :

$$f_N = f_{éch.}/2 \quad . \tag{4.2}$$

La fréquence de Nyquist représente ce qu'on appelle un point de repliement du phénomène de recouvrement. Tout le contenu en fréquence du signal analogique supérieur à $f_N$ apparaît dans la série discrète à des fréquences inférieures à $f_N$. De telles fréquences sont *repliées* et perçues comme des basses fréquences, tel qu'illustré par le diagramme de repliement de la figure 4.3.

| **Figure 4.3** | Diagramme de repliement; la fréquence du signal analogique est lue sur les axes inclinés et la fréquence restituée après échantillonnage est lue sur l'axe horizontal. |
|---|---|

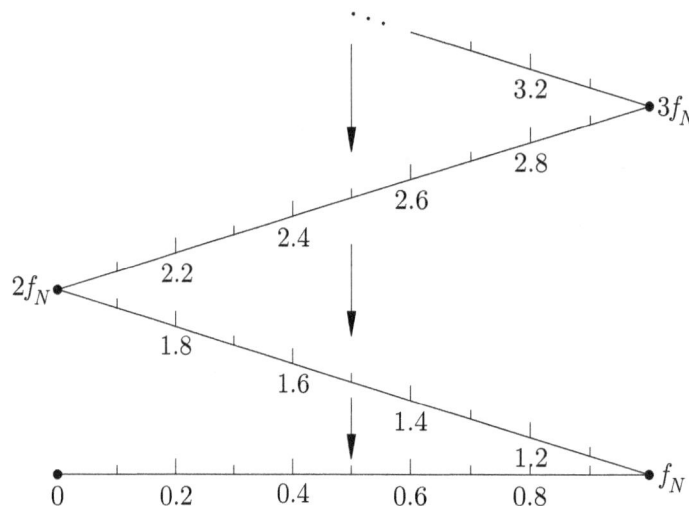

## 4.3 Conversion A/N

Une tension analogique donnée est convertie ou *codée* en valeur numérique à l'aide d'une composante que l'on appelle *convertisseur Analogique/Numérique*. Un convertisseur A/N possède un côté analogique et un côté numérique, chacun ayant ses propres spécifications (analogique $\rightarrow E_{FSR}...$, numérique $\rightarrow M -$ bits...). Une valeur numérique est généralement codée en *mot* de $M -$ bits en se déplaçant bit par bit de la droite vers la gauche :

$$
\begin{array}{ccccc}
\text{bit } M-1 & \cdots & \text{bit 2} & \text{bit 1} & \text{bit 0} \\
2^{M-1} & \cdots & 2^2 & 2^1 & 2^0 \\
2^{M-1} & \cdots & 4 & 2 & 1
\end{array}
$$

De droite à gauche, la valeur du mot de $M-$ bits est augmentée de 1, 2, 4 jusqu'à $2^{M-1}$ si la valeur du bit correspondant est de 1. Ce type de code est appelé code binaire droit (« straight binary code »). Rappelons que le MSB est le bit $M-1$ et le LSB est le bit 0. Prenons comme exemple l'octet 00101101; sa valeur décimale est $2^0 + 2^2 + 2^3 + 2^5 = 1+4+8+32 = 45$. Dans un octet, le MSB vaut 128 et le LSB vaut 1.

Les convertisseurs les plus utilisés codent sur 12 bits. On retrouve également de façon courante des convertisseurs de 8, 10 et 16 bits. Le convertisseur de 6 bits a aussi beaucoup été utilisé dans les premiers encodeurs d'images (caméras CCD, « scanners »). Un convertisseur de 12 bits permet de coder l'information numérique sur $2^{12} = 4096$ entiers. Le tableau 4.1 résume la situation.

**Tableau 4.1**
**Nombre d'entiers codés par des convertisseurs de différentes résolutions.**

| nombre de bits | 1 | 2 | 3 | 4 | 5 | 6 | 7 | 8 | 9 | 10 | 11 | 12 | 13 | 14 | 15 | 16 |
|---|---|---|---|---|---|---|---|---|---|---|---|---|---|---|---|---|
| nombre d'entiers codés | 2 | 4 | 8 | 16 | 32 | 64 | 128 | 256 | 512 | 1024 | 2048 | 4096 | 8192 | 16384 | 32768 | 65536 |
| | | | | | | √ | | √ | | √ | | √ | | | | √ |

Si on utilise par exemple l'option de tension unipolaire 0 à 10 V (côté analogique d'un convertisseur) sur un convertisseur de 12 bits, on pourra coder la gamme de 0 à 10 V sur 4096 valeurs discrètes. Si on choisit l'option bipolaire $\pm 5$ V, on conservera le MSB pour le signe ($0 = +$ et $1 = -$) et on codera de 0 à 5 V (en valeur absolue) sur 2048 valeurs (soit 11 bits), ce qui donne avec le signe 4096 valeurs pour $\pm 5$ V. Ce code est alors appelé code binaire à un complément.

### Résolution

La résolution $Q$ d'un convertisseur A/N est exprimée en volt/bit :

$$Q = E_{FSR}/2^M \quad . \tag{4.3}$$

En fait, il s'agit de la valeur en volt du LSB. Un convertisseur de 12 bits dont le seuil est de 10 V aura une résolution de $10/4096 \rightarrow Q = 2.44$ mV. Un convertisseur de 16 bits ayant le même seuil aura une résolution de 0.15 mV alors que celui de 8 bits aura $Q = 39$ mV. La résolution est parfois donnée en termes de gamme dynamique :

gamme dynamique (en dB) $= 20 \log Q/E_{FSR} = 20 \log 1/2^M$.

On dit généralement que la résolution d'un convertisseur 12 bits est de « une partie dans 4096 » ou de -72 dB (20 log 1/4096), ce qui est équivalent.

## Erreur de quantification

Considérons un convertisseur A/N codant sur 2 bits et fonctionnant en tension unipolaire entre 0 et 4 V. La figure 4.4 illustre la relation entrée analogique/sortie numérique associée à ce convertisseur. On constate en premier lieu que la résolution est $Q = 1$ V. La résolution étant toujours une grandeur finie et non nulle, il y aura possibilité d'erreur entre la valeur réelle de l'entrée analogique et la valeur numérique déterminée par le convertisseur A/N. Par exemple, une tension $v_i = 0.3$ V sera codée par 00 tout comme une tension de 0 V ou 0.49 V. On voit que la résolution limitée du convertisseur conduit à une imprécision dans le codage de l'information; l'erreur résultante est appelée *erreur de quantification* et on la note $e_Q$. La valeur de $e_Q$ est définie par:

$$e_Q = \pm Q/2 \ . \tag{4.4}$$

| **Figure 4.4** | Schéma illustrant le principe de quantification et de saturation associée à un convertisseur A/N codant sur 2 bits et dont la tension pleine échelle est $E_{FSR} = 4$ volts. Les petites flèches verticales représentent les erreurs de quantification. |
| --- | --- |

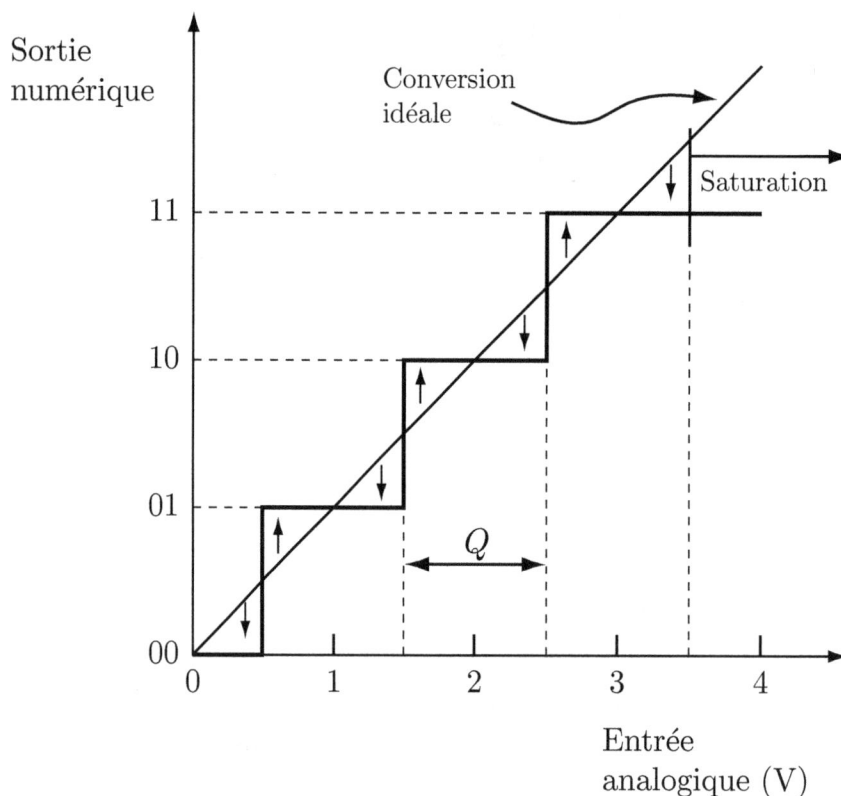

**Erreur de saturation**

Lorsque la valeur de la tension analogique $v_i$ excède le seuil $E_{FSR}$, le convertisseur ne peut plus coder correctement l'information et donne systématiquement sa valeur maximale; le convertisseur est alors saturé. Dans ce cas, si la tension analogique augmente, la valeur numérique demeure inchangée. La figure 4.4 illustre cette situation.

De plus, pour le convertisseur A/N correspondant à la figure 4.4, on note que l'erreur de quantification est supérieure à $Q/2$ pour la plage de tension analogique correspondant à $3.5$ V $< v_i \leq 4$ V. De façon générale cette plage de tension sur laquelle on observe une erreur de quantification supérieure à $Q/2$ est définie comme suit : $E_{FSR} - Q/2 < v_i \leq E_{FSR}$. Pour un convertisseur standard, cette plage sera très restreinte et aura relativement peu d'importance. Dans le cas du convertisseur A/N codant sur 12 bits dans la gamme 0-10 V, cette plage sera définie par $9.9988$ V $< v_i \leq 10$ V. Généralement, on cherchera à utiliser le convertisseur dans des conditions telles que les problèmes de saturation puissent être évités. On utilisera donc une amplification permettant d'éviter cette plage (voir la section 4.5).

**Erreur de conversion**

Un convertisseur est un circuit électronique qui peut être exposé à des problèmes d'hystérésis, de linéarité, de sensibilité, de zéro et de répétabilité. Ces problèmes peuvent apparaître de façon plus ou moins importante avec des variations de température par exemple. Ceux-ci sont à la source de la précision et du biais pouvant résulter en ce que l'on dénomme une erreur de conversion. Ce type d'erreur est fonction de la conception du convertisseur.

## 4.4 Composantes de base d'un système d'acquisition de données

Nous faisons ici une brève description des principales composantes que l'on retrouve généralement dans les systèmes d'acquisition de données. La figure 4.5 illustre un schéma typique de carte d'acquisition de données que l'on peut insérer dans un micro-ordinateur (toutes les valeurs numériques sont données à titre d'exemple). On y retrouve dans l'ordre habituel : le multiplexeur (*MUX*), l'amplificateur à gain programmable (*PGA*), le module échantillonneur/bloqueur (*S/H*) et enfin, le convertisseur A/N (*A/D*). Sur la plupart des cartes, on retrouve également des ports d'entrées/sorties numériques (*Digital I/O*) ainsi que des ports de sorties analogiques.

**Figure 4.5** Représentation schématique d'une carte d'acquisition de données.

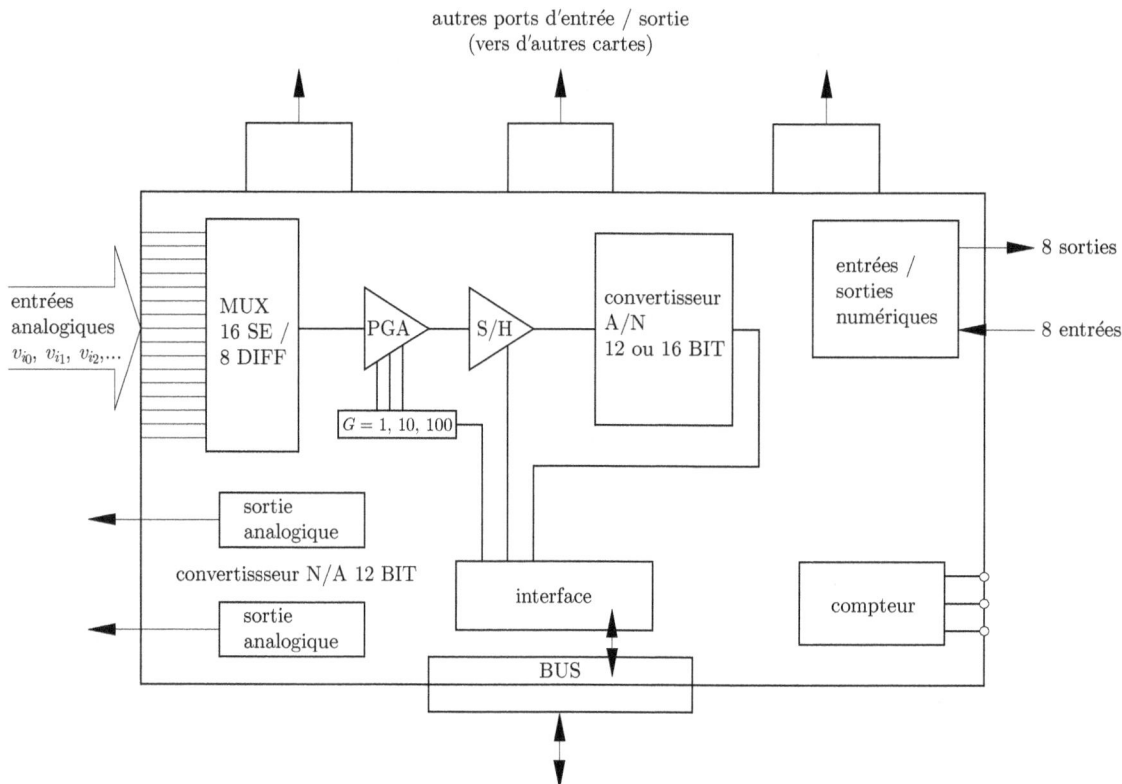

La pièce maîtresse d'un système d'acquisition de données est bien entendu le convertisseur analogique/numérique. Afin de comprendre les principes de fonctionnement des différents types de convertisseurs, il est utile de se référer au chapitre 3 qui traite des notions élémentaires relatives à l'amplificateur opérationnel; celui-ci est à la base de la conception des différents convertisseurs.

## Convertisseurs Numériques/Analogiques

L'avantage principal des cartes d'acquisition de données réside dans le fait qu'il soit possible d'effectuer des mesures *assistées* par ordinateur. Comme nous l'avons vu précédemment, cette tâche est principalement accomplie par le « groupe » MUX-PGA-S/HA/D (voir le schéma de la carte d'acquisition de données présenté précédemment). La plupart des cartes offrent cependant d'autres avantages qui permettent par exemple d'effectuer une « action » destinée à une tâche de contrôle ou de régulation. Ces actions sont en fait des tensions qui transitent par les ports de sorties analogiques (12 bits D/A) et les ports numériques (Digital I/O). Lorsque l'on désire imposer un certain niveau de tension analogique à l'aide d'un ordinateur, on doit se rappeler que celui-ci fonctionne sur une base numérique. On doit donc convertir des données numériques (par exemple des mots de 12 bits) en tensions analogiques. Cette opération est effectuée par un convertisseur N/A du même type que celui illustré sur la figure 4.6.

| **Figure 4.6** | Représentation schématique d'un convertisseur Numérique / Analogique. |
|---|---|

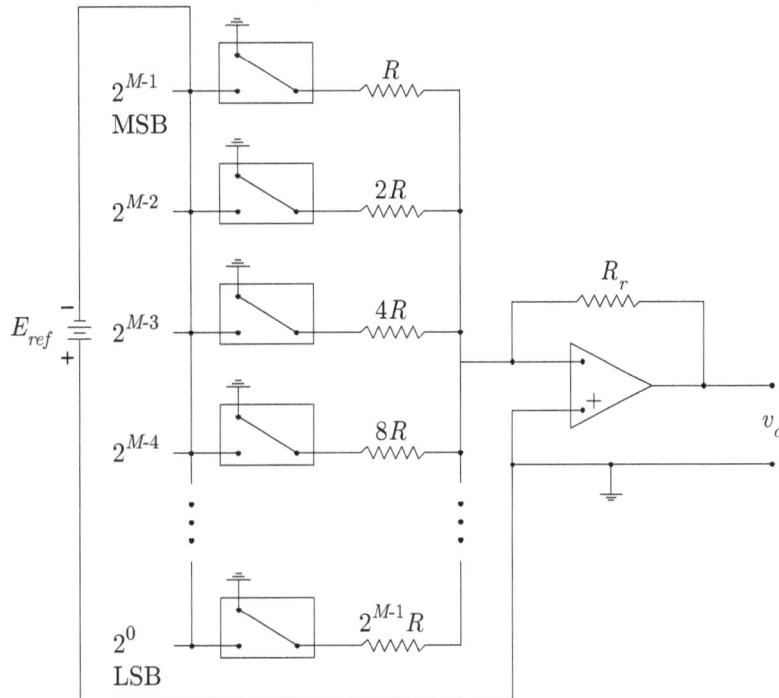

Dans la partie de droite du schéma, on remarque la présence d'un amplificateur linéaire de type inverseur; la tension de sortie est alors donnée par :

$$v_o = E_{ref} \frac{R_r}{R_{eq.}} \quad , \tag{4.5}$$

où $R_{eq.}$ = résistance équivalente du réseau de résistances en parallèle et $E_{ref}$ = tension d'entrée de l'amplificateur inverseur ($\rightarrow$ voir le schéma précédent). La résistance équivalente du réseau de résistances en parallèle est donnée par :

$$\frac{1}{R_{eq.}} = \sum_{m=1}^{M} \frac{c_{m-1}}{2^{M-m}R} \quad , \tag{4.6}$$

où $c_m = 0$ ou 1 dépendant de la valeur du bit ($c_m = 1 \rightarrow$ « interrupteur fermé », $c_m = 0 \rightarrow$ « interrupteur ouvert »). L'expression de $R_{eq.}$ permet donc d'écrire :

$$v_o = R_r \, E_{ref} \sum_{m=1}^{M} \frac{c_{m-1}}{2^{M-m}R} \quad . \tag{4.7}$$

Un convertisseur N/A est donc caractérisé par des spécifications numériques ($M$) et analogiques (valeurs des résistances et de $E_{ref}$). Les caractéristiques les plus communes sont : $M = 8$, 12, 16 et 18 bits et des tensions analogiques de 0 à 10 V ou $\pm 5$ V.

## Convertisseurs Analogiques / Numériques

Il existe trois principaux types de convertisseurs A/N : les convertisseurs à approximations successives (modèles les plus répandus), les convertisseurs à rampe et les convertisseurs parallèles, aussi appelés de type « flash ».

### Approximations successives

Ce convertisseur, illustré sur la figure 4.7, est principalement caractérisé par l'emploi d'un convertisseur N/A et d'un amplificateur différentiel (comparateur). La tension analogique à convertir est comparée à une autre tension analogique dont on connaît la valeur numérique. En fait, cette *tension de comparaison* provient du convertisseur N/A qui reçoit des valeurs numériques à convertir en provenance d'un registre.

**Figure 4.7**  Représentation schématique d'un convertisseur Analogique/Numérique de type approximations successives.

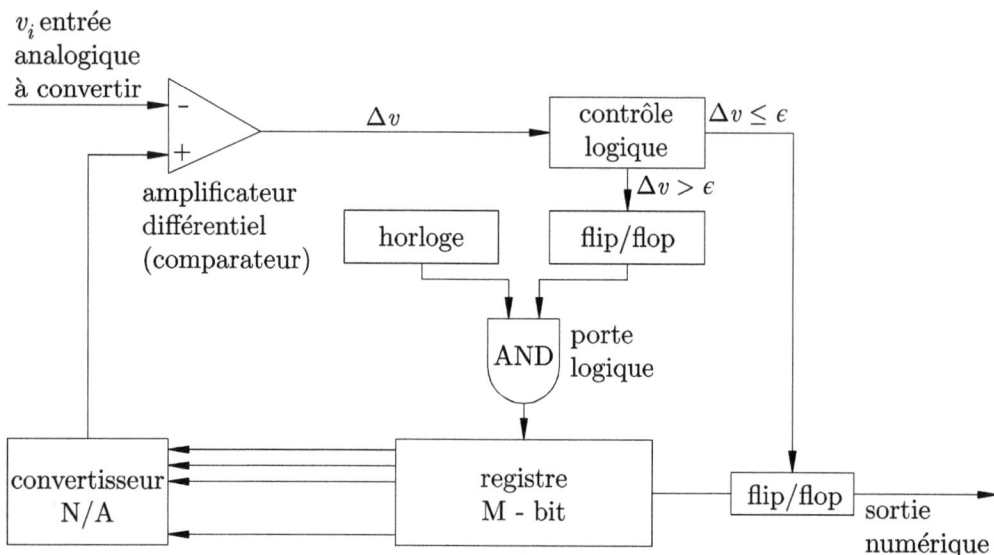

En analysant le schéma, on comprend que la façon la plus rapide d'effectuer la conversion est de procéder par approximations successives en fixant la valeur du MSB en premier. Une fois le MSB fixé, on fixe la valeur du bit suivant sur la droite et ainsi de suite jusqu'au LSB. On voit immédiatement la nécessité de garder la tension analogique à convertir à une valeur stable pendant l'opération. Cette tâche est assurée par le module échantillonneur/bloqueur.

Notons enfin que du point de vue de la vitesse de conversion, les limitations actuelles de ce type de convertisseur proviennent du comparateur et du convertisseur numérique analogique. Ces composantes analogiques possèdent des constantes de temps qui sont finies et on doit attendre l'établissement d'un régime permanent avant de poursuivre une opération.

---

### Exemple

Considérons un convertisseur 4 bits avec $E_{FSR} = 10$ V en option unipolaire. Selon ce que nous avons vu précédemment, la résolution de ce convertisseur est $Q = 0.625$ V. Prenons ici $\epsilon$, le seuil de comparaison, comme étant égal à $Q/2$, soit 0.3125 V. Le tableau 4.2 retrace les différentes étapes de la conversion par approximations successives pour 4 tensions analogiques différentes.

**Tableau 4.2**
**Exemple de conversion A/N par approximations successives.**

| Entrée / Sortie | Mot de 4 bits 3 2 1 0 | Tension analogique de comparaison | $\Delta v$ | $\Delta v \leq \epsilon$? si oui, bit testé = 1 | Décision |
|---|---|---|---|---|---|
| $v_i = 7$ V | 1 0 0 0 | 5 | −2 | O | bit 3 = 1 |
| | 1 1 0 0 | 7.5 | 0.5 | N | bit 2 = 0 |
| Sortie = | 1 0 1 0 | 6.25 | −0.75 | O | bit 1 = 1 |
| 1 0 1 1 | 1 0 1 1 | 6.875 | −0.125 | O | bit 0 = 1 |
| $v_i = 6.5$ V | 1 0 0 0 | 5 | −1.5 | O | bit 3 = 1 |
| | 1 1 0 0 | 7.5 | 1 | N | bit 2 = 0 |
| Sortie = | 1 0 1 0 | 6.25 | −0.25 | O | bit 1 = 1 |
| 1 0 1 0 | 1 0 1 1 | 6.875 | 0.375 | N | bit 0 = 0 |
| $v_i = 8.3$ V | 1 0 0 0 | 5 | −3.3 | O | bit 3 = 1 |
| | 1 1 0 0 | 7.5 | −0.8 | O | bit 2 = 1 |
| Sortie = | 1 1 1 0 | 8.75 | 0.45 | N | bit 1 = 0 |
| 1 1 0 1 | 1 1 0 1 | 8.125 | −0.175 | O | bit 0 = 1 |
| $v_i = 1.45$ V | 1 0 0 0 | 5 | 3.55 | N | bit 3 = 0 |
| | 0 1 0 0 | 2.5 | 1.05 | N | bit 2 = 0 |
| Sortie = | 0 0 1 0 | 1.25 | −0.2 | O | bit 1 = 1 |
| 0 0 1 0 | 0 0 1 1 | 1.875 | 0.425 | N | bit 0 = 0 |

### Rampe

Cet autre type de convertisseur est caractérisé par l'emploi d'un intégrateur (générateur de rampe) et d'un amplificateur différentiel. Lorsque l'interrupteur du générateur de rampe est en court-circuit, la rampe est mise à zéro. En ouvrant l'interrupteur (circuit ouvert), l'intégration commence et on compare alors la tension analogique à convertir avec la tension analogique de la rampe. Au même moment, le registre compte les valeurs numériques bit par bit en synchronisation avec l'horloge. La tension analogique de la rampe augmentant avec le temps, on cherche à déterminer à quel instant les deux tensions analogiques sont égales. Lorsque celles-ci sont effectivement égales, le registre est arrêté et fournit ainsi la valeur numérique correspondant à la tension analogique d'entrée.

| **Figure 4.8** | Représentation schématique d'un convertisseur Analogique/ Numérique de type rampe. |
|---|---|

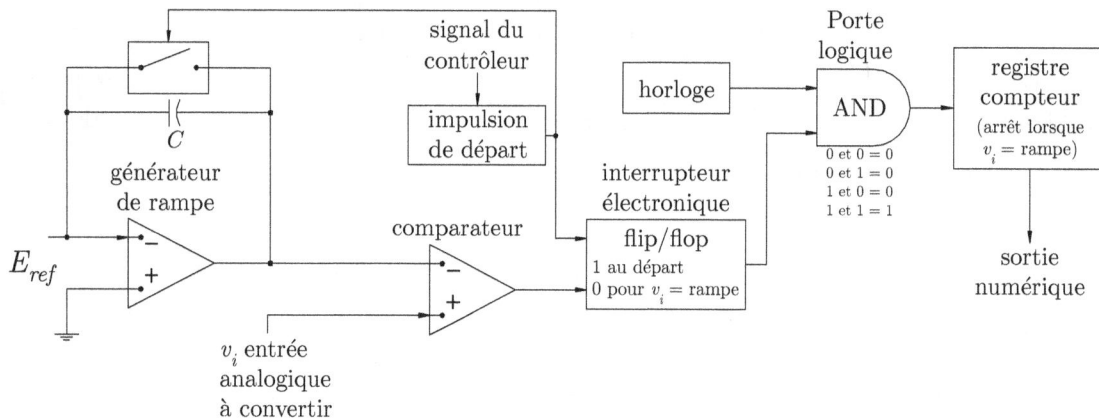

## « Flash »

Le convertisseur de type « Flash », aussi appelé convertisseur parallèle, est caractérisé par l'emploi d'un diviseur de tension et de plusieurs comparateurs (figure 4.9). Il est très simple à concevoir, mais son principe de fonctionnement requiert l'emploi de $2^M$ résistances en série, constituant un diviseur de tension, ainsi que de $2^M - 1$ comparateurs ($M$ représentant la résolution du convertisseur exprimée en bits).

La tension de référence d'un comparateur donné est supérieure à la tension de référence du comparateur situé directement au niveau précédent. Cette différence de tension est égale à la tension correspondant à la résolution (1 LSB).

Les convertisseurs parallèles sont les plus rapides (> GHz), mais aussi les plus coûteux, car le principe de fonctionnement nécessite l'emploi de nombreuses composantes. Leur résolution est généralement limitée à 8 bits ou moins. À titre d'exemple, un convertisseur « Flash » de 8 bits est composé de 256 résistances et de 255 comparateurs. Comme ils comportent un très grand nombre de composantes, ils seront aussi moins précis. Ce type de convertisseur est habituellement utilisé dans les oscilloscopes numériques ainsi que dans les numérisateurs de signaux transitoires (« transient digitizers »).

| | |
|---|---|
| **Figure 4.9** | Représentation schématique d'un convertisseur Analogique/Numérique de type «flash» ou parallèle codant sur 2 bits. Les relations booléennes appliquées au niveau du décodeur logique servent à obtenir les valeurs codées en sortie (la notation $\overline{C_1}$ signifie l'inversion logique de l'état de sortie du comparateur $C_1$). |

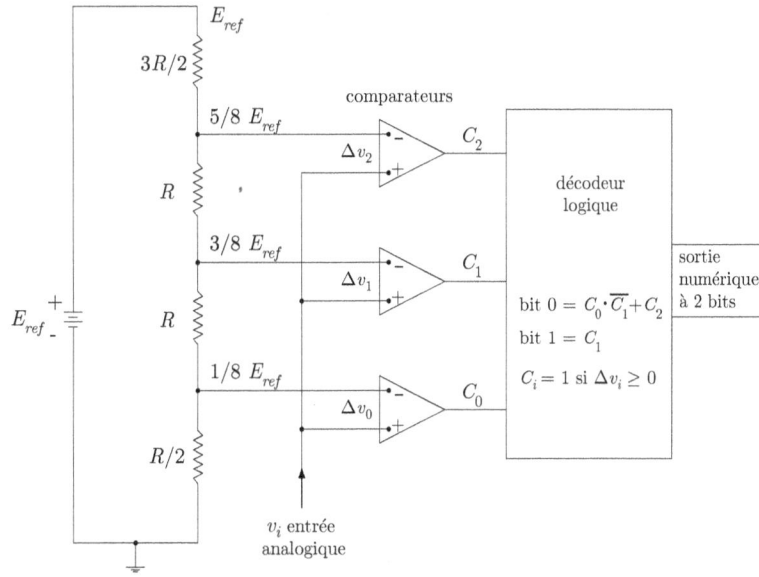

## Exemple

Considérons un convertisseur de type «flash» codant sur 2 bits avec une tension pleine échelle $E_{FSR} = 4$ V en option unipolaire et $E_{ref} = 4$ V. Selon ce que nous avons vu précédemment, la résolution de ce convertisseur est $Q = 1$ V. Le schéma de quantification de ce type de convertisseur est le même que celui illustré sur la figure 4.4. Les résultats obtenus avec ce convertisseur sont présentés dans le tableau 4.3. Les valeurs numériques sont déterminées en appliquant les relations booléennes inscrite sur la figure 4.9.

**Tableau 4.3**
**Exemple de conversion A/N de type «flash».**

| Gamme de tension d'entrée $v_i$ | État logique à la sortie du comparateur | | | Sortie numérique sur 2 bits |
|---|---|---|---|---|
| | $C_0$ | $C_1$ | $C_2$ | |
| 0.0 - 0.5 | 0 | 0 | 0 | 00 |
| 0.5 - 1.5 | 1 | 0 | 0 | 01 |
| 1.5 - 2.5 | 1 | 1 | 0 | 10 |
| 2.5 - 4.0 | 1 | 1 | 1 | 11 |

La consommation d'énergie (et la dissipation en chaleur) constitue un autre désavantage relié à l'utilisation des convertisseurs parallèles. Un convertisseur codant sur 8 bits et fonctionnant à une cadence de 1 GHz ($10^9$ conversions par seconde) consommera typiquement plus de 5 W. Il dissipera donc une quantité de chaleur considérable si l'on compare par exemple à un convertisseur à approximations successives codant lui aussi sur 8 bits (16 000 fois plus!). Le convertisseur à approximation successive dont il est question sera cependant 40 000 fois plus lent.

En résumé, l'avantage du convertisseur de type parallèle est sa très grande rapidité et ses faiblesses se situent au niveau de son coût élevé, de sa consommation d'énergie et de sa précision. Lorsque la fréquence d'échantillonnage n'est pas très élevée, on utilisera habituellement un convertisseur à approximation successive dont la précision est généralement supérieure.

## 4.5 Pré-traitement des signaux

Le pré-traitement d'un signal sert à s'assurer que la discrétisation et la conversion du signal s'effectuent correctement. Pour que la discrétisation soit bonne, il faut éviter les problèmes de fréquence de recouvrement. Pour que la conversion soit la plus précise possible, on doit s'assurer de la meilleure résolution possible tout en évitant la saturation du convertisseur. La figure 4.10 illustre les différentes étapes de pré-traitement d'un signal.

### Détermination de la fréquence des filtres

La question que l'on doit se poser est la suivante : comment éviter que le phénomène de recouvrement n'apparaisse lorsque l'on échantillonne un signal de contenu en fréquence inconnu? Pour répondre à cette question, considérons deux cas :

① Si la gamme de fréquences d'intérêt est limitée à une certaine fréquence maximum, le signal devrait être filtré en passe-bas à cette fréquence avant le processus d'échantillonnage. Évidemment, la fréquence d'échantillonnage devra être définie selon le théorème d'échantillonnage ($f_{éch.} > 2f_{filtre}$ puisque $f_{filtre} = f_m$).

② Si on n'a pu déterminer la fréquence maximum du signal ou si cette dernière est supérieure à la moitié de la fréquence d'échantillonnage maximum dont on dispose, alors la façon de faire les choses le plus proprement possible est la suivante : on doit utiliser la fréquence d'échantillonnage maximum dont on dispose et filtrer en passe-bas à une fréquence légèrement inférieure à $f_{éch.}/2$. Dans tous les cas, lorsque la fréquence d'échantillonnage est choisie, le signal doit être filtré en passe-bas à moins de $f_N = f_{\text{éch.}}/2$, afin d'éviter les problèmes de fréquences de recouvrement. Le filtre alors utilisé est appelé filtre anti-recouvrement ou filtre anti-repliement ou filtre « anti-aliasing ».

**Figure 4.10**  Illustration des différentes étapes d'acquisition d'un signal analogique.

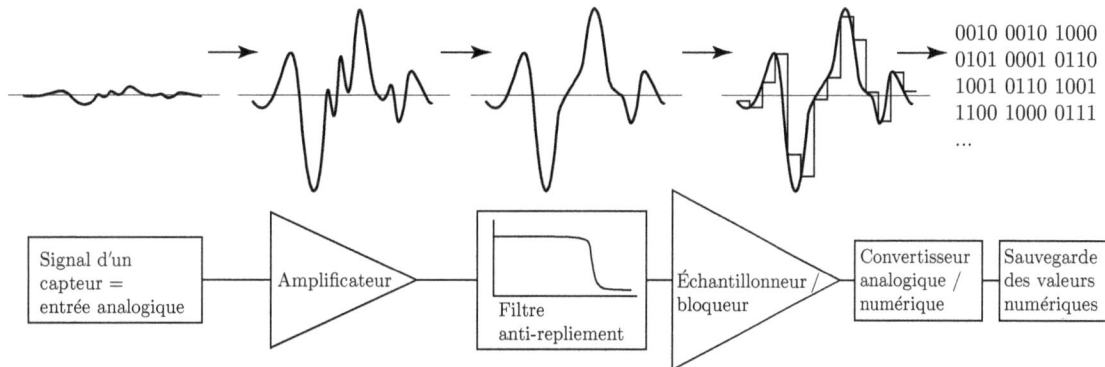

## Détermination du gain des amplificateurs

L'utilisation d'un oscilloscope permet d'observer facilement la dynamique d'un signal $x(t)$. Il permet de s'assurer qu'en utilisant un gain $G$, le produit $G\,x(t)$ soit toujours inférieur au seuil maximum $E_{FSR}$ du convertisseur. On a cependant intérêt à déterminer $G$ de façon à avoir $\{G\,x(t)\}_{max}$ le plus près possible de $E_{FSR}$. De cette façon, on obtiendra une meilleure résolution sur la conversion du signal analogique en valeurs numériques.

# 5 | Mesure de la température

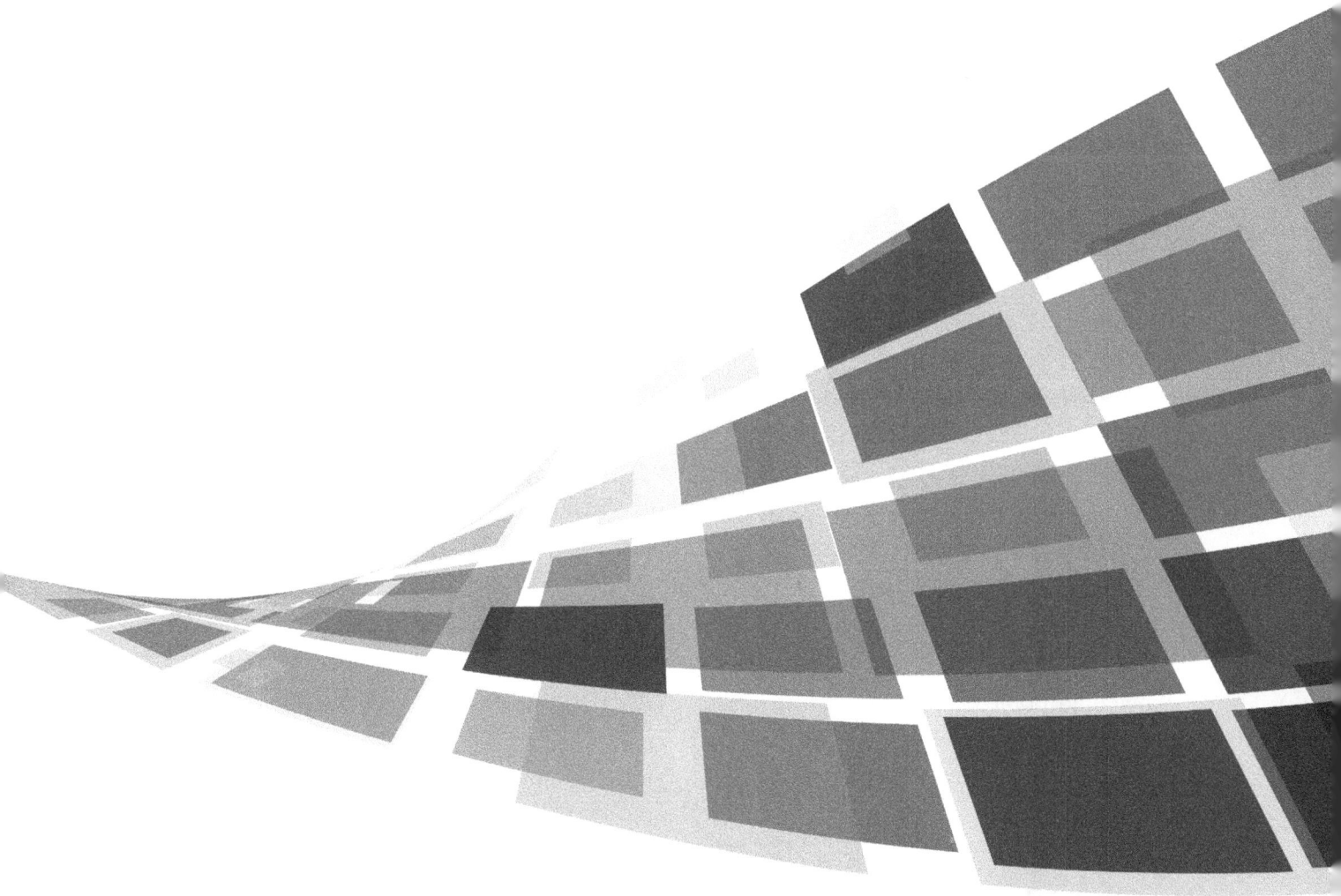

# 5.1 Généralités

Des caractéristiques physiques telles que la pression, le volume, la résistance électrique, le coefficient d'expansion, etc. sont toutes influencées par la température *via* la structure moléculaire fondamentale. Comme ces caractéristiques changent avec la température, on peut tirer parti de ces changements pour obtenir une technique de mesure de la température. Ce faisant, il faut évidemment avoir recours à un étalonnage de la technique que l'on vise à utiliser en comparant avec des standards établis. La définition actuelle de l'échelle de température est donnée par une norme appelée *ITS-90* (« International Temperature Scale of 1990 »). Celle-ci établit les points fixes (tableau 5.1) de références de température et fournit la procédure à suivre pour interpoler entre les points fixes.

**Tableau 5.1**
**Principaux points fixes de la norme ITS-90.**

| État de référence | Température | |
|---|---|---|
| | **K** | **°C** |
| Point triple de l'hydrogène | 13.8033 | −259.3467 |
| Équilibre liq./vap. de l'hydrogène à 1 atm | 20.3 | −252.87 |
| Point triple du néon | 24.5561 | −248.5939 |
| Point triple de l'oxygène | 54.3584 | −218.7916 |
| Point triple de l'argon | 83.8058 | −189.3442 |
| Point triple de l'eau | 273.16 | 0.01 |
| Équilibre sol./liq. du gallium à 1 atm | 302.9146 | 29.7646 |
| Équilibre sol./liq. de l'étain à 1 atm | 505.078 | 231.928 |
| Équilibre sol./liq. du zinc à 1 atm | 692.677 | 419.527 |
| Équilibre sol./liq. de l'argent à 1 atm | 1 234.93 | 961.78 |
| Équilibre sol./liq. de l'or à 1 atm | 1 337.33 | 1 064.18 |
| Équilibre sol./liq. du cuivre à 1 atm | 1 357.77 | 1 084.62 |

Pour des températures se situant entre 13.8033 K et 1 234.93 K, la norme établit que l'instrument standard d'interpolation est le thermomètre à variation de résistance électrique (RTD) en platine. La norme fournit également les équations d'interpolation donnant la température en fonction de la résistance. Au-dessus de 1 234.93 K, la température est définie en termes de rayonnement d'un corps noir (la norme ne spécifie pas l'instrument à utiliser pour interpoler).

Considérons le cas où l'on désire par exemple fabriquer un thermomètre de verre à bulbe de mercure utilisable dans la gamme -10 °C à 200 °C. On peut exposer le thermomètre au point triple de l'eau (référence à 0.01 °C) et à l'équilibre sol./liq. de l'étain à

1 atm (référence à 231.928 °C). Ayant marqué ces deux points de référence sur le verre, on doit ensuite interpoler pour établir l'échelle complète entre -10 °C et 200 °C. On effectue cette opération avec la sonde RTD en platine en suivant la norme *ITS-90*.

## Thermomètres basés sur l'expansion thermique

### Thermomètres bimétalliques

Il s'agit d'une méthode de mesure de température qui est largement utilisée. Cette technique est basée sur l'expansion thermique *différentielle* de deux métaux. Le thermomètre est constitué de deux pièces de métaux collées formant ainsi une bande bimétallique. Les coefficients d'expansion thermique des deux métaux étant différents, une variation de température résulte en une déformation différentielle de la bande. Par rapport à la température de collage, la bande subira une déformation dans un sens ou dans l'autre suivant une augmentation ou une diminution de température.

La bande bimétallique peut avoir des formes variées suivant l'application pour laquelle elle est destinée. La bande droite pouvant enclencher un interrupteur ainsi que la spirale reliée à une aiguille de lecture sont les formes les plus répandues.

### Expansion d'un liquide

Le thermomètre le plus commun basé sur le principe d'expansion d'un liquide est le thermomètre à bulbe de mercure ou d'alcool. Le liquide est contenu dans une structure de verre composée d'un bulbe et d'une colonne. Le bulbe sert de réservoir et contient assez de liquide pour couvrir la pleine échelle de température. La colonne est en fait un tube capillaire dans lequel le niveau de liquide sera fonction de la température.

Ce type de thermomètre sera étalonné selon une des trois procédures suivantes :

1. Immersion complète. Le thermomètre est complètement immergé dans l'environnement produisant la température d'étalonnage.

2. Immersion totale. Le thermomètre est immergé dans l'environnement produisant la température d'étalonnage jusqu'au niveau de liquide dans le capillaire.

3. Immersion partielle. Le thermomètre est immergé jusqu'à un niveau prédéterminé dans l'environnement produisant la température d'étalonnage.

On devra idéalement utiliser le thermomètre dans les mêmes conditions qu'il a été étalonné. La figure 5.1 illustre ces trois procédures.

**Figure 5.1**  Illustration des trois types d'immersion que l'on retrouve pour les thermomètres à bulbe de liquide.

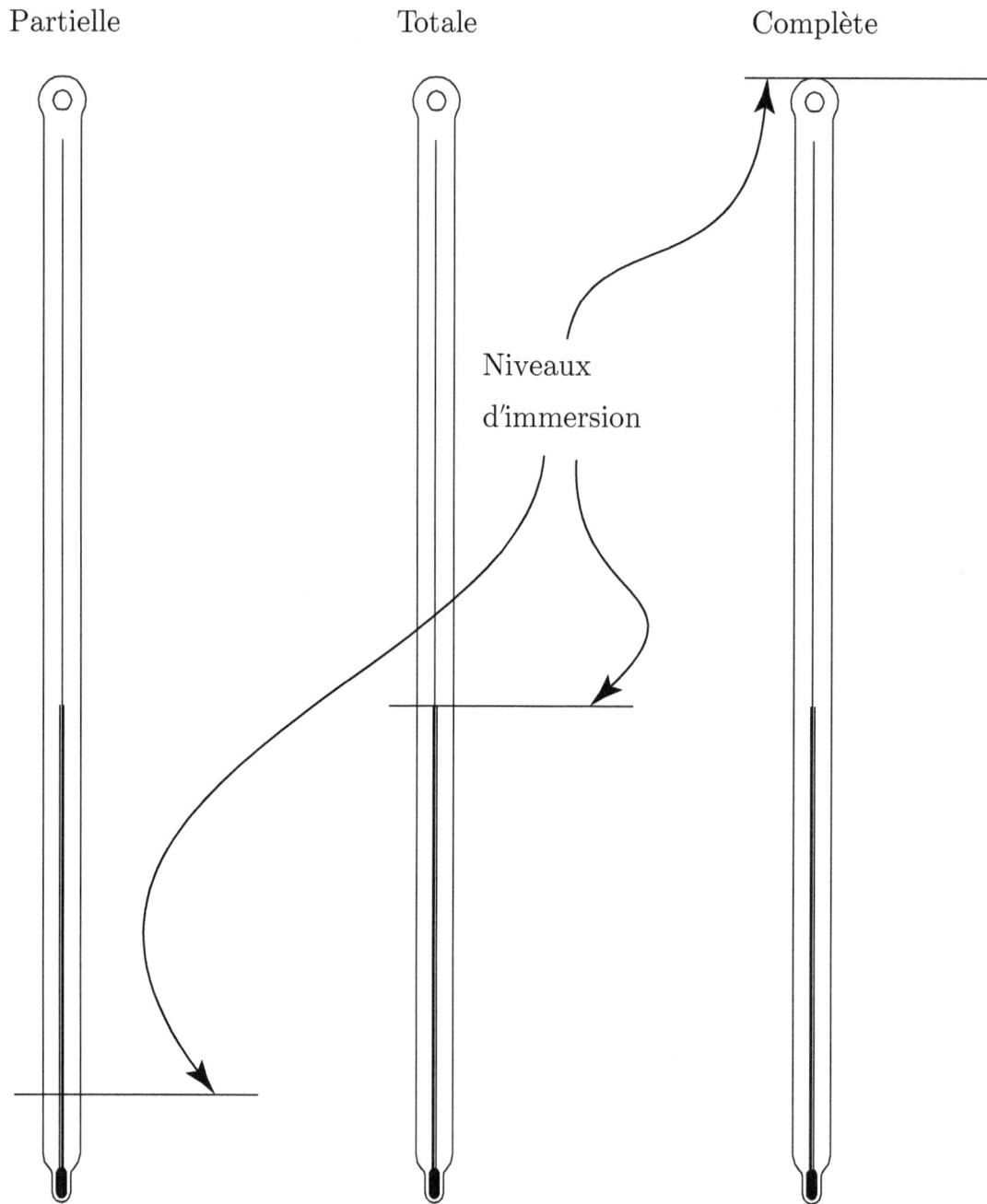

Trois types d'immersion

Partielle          Totale          Complète

Niveaux
d'immersion

## Comparaison des différentes techniques de mesure de température

Le tableau 5.2 montre qu'il existe une large gamme d'instruments de mesure de la température.

**Tableau 5.2**

**Gamme d'application des différentes techniques de mesure de la température.**

| Instrument | Gamme de température (°C) | Précision approx. (°C) | Réponse dynamique | Coût | Remarque |
|---|---|---|---|---|---|
| Thermomètre à bulbe d'alcool | −70 à 65 | ±0.5 | Mauvaise | Faible | Thermomètre bas de gamme |
| Thermomètre à bulbe de mercure | −40 à 300 | ±0.25 | Mauvaise | Variable | Précision de ±0.05 sur certains |
| Bande bimétallique | −70 à 550 | ±0.25 | Mauvaise | Faible | Largement utilisé pour faire du contrôle de T. de façon simple |
| RTD | −180 à 1 000 | ±0.0025 | Passable à bonne (selon la taille) | Variable (selon l'équipement de lecture) | **La plus précise des méthodes** |
| Thermistance | −70 à 250 | ±0.01 | Bonne (selon la taille) | Faible (l'équipement peut être cher) | Utile pour les circuits de compensation thermique |
| Thermocouple* | | | $= f(\phi)$ | | |
| type T | −200 à 350 | ±0.25 | Bonne | Faible | Bon à très basse T. |
| type J | 0 à 750 | ±0.5 | Bonne | Faible | Mauvais à basse T. |
| type K | −200 à 1 250 | ±0.5 | Bonne | Faible | Bon en milieu oxydant |
| type S | 0 à 1 450 | ±0.25 | Bonne | Élevé | Bon à haute T. résiste à l'oxydation |
| type G | 0 à 2 320 | ±2 | Bonne | Faible | Pour très haute T. |
| Thermomètre infrarouge | −15 à 3 300 | ±2 à ±10 | Mauvaise | Variable | Applications très diversifiées |
| Pyromètre optique | 650 et + | ±10 | Mauvaise | Moyen | Largement utilisé dans l'industrie |

\* types : T = cuivre/constantan, J = fer/constantan, K = chromel/alumel,
  S = platine-rhodium/platine, G = tungstène/tungstène-rhénium.

Le choix de l'instrument est généralement basé sur la gamme de température à mesurer, la précision visée, les conditions d'utilisation et le coût. Dans les prochaines sections, nous faisons l'étude plus détaillée des trois types de sondes suivants : les détecteurs à variation de résistance électrique (RTD), les thermistances et les thermocouples. Ces trois catégories de capteurs ont les caractéristiques décrites dans le tableau 5.3.

**Tableau 5.3**
**Caractéristiques de trois types de capteurs de température**
**(inspiré du *Temperature Handbook* de la compagnie Omega Engineering).**

| RTD | Thermistance | Thermocouple |
|---|---|---|
| $R$ ($\Omega$) vs $T$ | $R$ ($\Omega$) vs $T$ | $v$ (V) vs $T$ |
| $\oplus$ <br> • Le plus stable <br> • Le plus précis <br> • Bonne linéarité | $\oplus$ <br> • $\Delta R/\Delta T$ élevé <br> • $R$ absolue élevée <br> • $R$ peut être mesuré de façon stnadard <br> • Bonne réponse dynamique | $\oplus$ <br> • Auto-alimenté <br> • Simple <br> • Robuste <br> • Faible coût <br> • Large gamme de T. |
| $\ominus$ <br> • Coût assez élevé <br> • $\Delta R/\Delta T$ faible <br> • $R$ absolue faible <br> • Source de courant nécessaire | $\ominus$ <br> • Non-linéaire <br> • Gamme de T. limitée <br> • Source de courant nécessaire | $\ominus$ <br> • Non-linéaire <br> • $\Delta v/\Delta T$ faible <br> • $v$ absolue faible <br> • $T_{ref}$ requise <br> • Le moins stable |

## 5.2 Les détecteurs à variation de résistance électrique (RTD)

Les sondes de type RTD ont comme élément sensible un fil ou un film de métal dont la résistance électrique varie avec la température. En fait, il s'agit plus exactement de la *résistivité* du métal qui varie avec la température. Tel que mentionné à la section 3.2.3, ce changement de résistivité produit un changement de résistance électrique suivant la relation :

$$R = \frac{\rho_e\, l}{A_c} \quad , \quad \text{avec} \quad \rho_e = f(T) \quad . \tag{5.1}$$

116

L'élément sensible est monté sur un support isolant qui est par la suite scellé, de façon à prévenir toute variation de résistance électrique du fil due à des facteurs autres que les variations de température (corrosion...). On doit donc s'assurer que la variation de résistance électrique du fil dépend seulement de la variation de la résistivité du métal avec la température. Cela implique que l'élément ne doit subir aucune déformation (expansion thermique du support...) susceptible de faire varier $l$ ou $A_c$. La résistance électrique $R(T)$ peut s'exprimer à partir d'une expansion en série de Taylor centrée sur $T_0$, cette dernière étant une température de référence à laquelle la résistance est $R_0$. Dans le cas où seule la température fait varier la résistance, on obtient :

$$R = R_0 + (T - T_0) \left.\frac{\partial R}{\partial T}\right|_{T_0} + \frac{(T - T_0)^2}{2!} \left.\frac{\partial^2 R}{\partial T^2}\right|_{T_0} + \ldots + \frac{(T - T_0)^n}{n!} \left.\frac{\partial^n R}{\partial T^n}\right|_{T_0} + r_n(T) \ . \quad (5.2)$$

En notant

$$\alpha = \frac{1}{R_0} \left.\frac{\partial R}{\partial T}\right|_{T_0} \ , \quad \beta = \frac{1}{2! \, R_0} \left.\frac{\partial^2 R}{\partial T^2}\right|_{T_0} \ , \quad \ldots \quad (5.3)$$

la série de Taylor peut être récrite sous la forme d'un polynôme de degré $n$ (pour des applications particulières, certains utilisent jusqu'à $n = 20$...) :

$$R = R_0 \left[ 1 + \alpha(T - T_0) + \beta(T - T_0)^2 + \ldots \right] \ . \quad (5.4)$$

La figure 5.2 présente les évolutions de $R/R_0$ vs $T$ pour trois métaux communs, soit le platine, le nickel et le cuivre. Pour des variations de température relativement faibles[1] plusieurs se limitent à une loi d'étalonnage linéaire :

$$R = R_0 \left[ 1 + \alpha(T - T_0) \right] \ . \quad (5.5)$$

Si on choisit par exemple $T_0 = 0$ °C, on aura une loi de type :

$$R = R_0 \left[ 1 + \alpha \, T \right] \quad (\text{avec } R_0 = R \text{ à } 0\,°C) \ . \quad (5.6)$$

On constate que la résistance électrique du platine suit une évolution quasi-linéaire. En fait, l'approximation linéaire est précise à ±0.3% dans la gamme 0 à 200 °C et à ±1.2% dans la gamme 200 à 800 °C.

---

[1] Par exemple 0 à 100 °C.

| **Figure 5.2** | Évolution de la résistance électrique de certains métaux avec la température. |

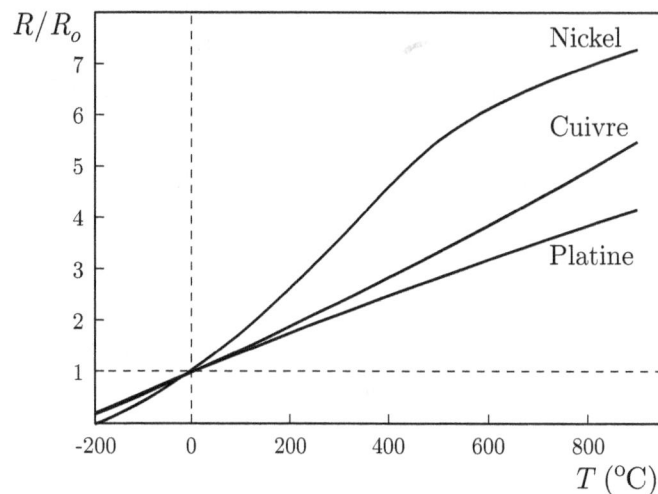

Le terme $\alpha$ des expressions précédentes représente le *coefficient de température* de la résistivité. Les unités du coefficient $\alpha$ sont $\Omega/(\Omega\ {}^\circ C)$. En approximation linéaire, on obtient l'expression :

$$\alpha = \frac{1}{R_0}\frac{\Delta R}{\Delta T}\ . \tag{5.7}$$

Soulignons que le produit $\alpha\,R_0$ représente la sensibilité statique de l'instrument. Le tableau 5.4 présente les valeurs des coefficients $\alpha$ de quelques métaux (voir aussi le tableau 3.2 où le coefficient $\alpha$ est exprimé en ppm/${}^\circ C$).

**Tableau 5.4**
**Coefficient $\alpha$ à 0 °C et résistivité de différents métaux.**

| **Métal** | $\alpha$ $\Omega/(\Omega\ {}^\circ C)$ | $\rho_e$ $n\Omega$ m | |
|---|---|---|---|
| | | **0 °C** | **20 °C** |
| Aluminium (Al) | 0.0045 | 24.3 | 26.7 |
| Cuivre (Cu) | 0.0043 | 15.4 | 16.9 |
| Fer (Fe) | 0.0065 | 87.9 | 101.0 |
| Nickel (Ni) | 0.0068 | 59.6 | 69.0 |
| Or (Au) | 0.0040 | 20.2 | 22.0 |
| Plomb (Pb) | 0.0042 | 188.7 | 206.0 |
| **Platine (Pt)** | **0.003927** | **97.7** | **106.0** |
| Tungstène (W) | 0.0048 | 48.8 | 54.0 |

Le métal idéal pour construire une sonde RTD doit: 1- être stable[2]; 2- avoir une résistivité qui varie le plus linéairement possible avec la température (utile pour interpoler); 3- avoir une valeur de résistivité relativement élevée (de façon à minimiser la longueur du fil). Selon ces critères on comprend pourquoi l'or, par exemple, n'est pas un élément sensible idéal; comme sa résistivité électrique est faible, la longueur de fil (donc le prix) devrait être relativement grande. Le cuivre possède également une faible résistivité; son faible prix et sa bonne linéarité (voir la courbe précédente) en font néanmoins une alternative économique. Notons cependant que l'on recommande de limiter l'utilisation des RTD en cuivre à des températures inférieures à 120 °C.

Les métaux les plus communs utilisés pour fabriquer les sondes RTD sont le nickel et le platine. Ceux-ci ont des valeurs de résistivité relativement élevées et possèdent une bonne linéarité sur différentes gammes de température (excellente linéarité pour le platine). Le métal le plus stable de ce tableau étant le platine, on comprend pourquoi les sondes RTD en platine sont utilisées comme standard d'interpolation dans la norme *ITS-90*.

Le platine dont les propriétés sont présentées dans le tableau 5.4 est appelé platine de type *classe de référence*. Il s'agit d'un platine ayant une pureté supérieure à 99.999%. La valeur du coefficient $\alpha$ pour la classe de référence est 0.003927 $\Omega/(\Omega°C)$. Il existe une autre catégorie de platine que l'on appelle la *classe IEC/DIN*. Il s'agit d'un platine pur que l'on a intentionnellement contaminé avec un faible pourcentage d'un autre métal (de l'iridium ou du rhodium par exemple) de façon à obtenir précisément une valeur du coefficient $\alpha$ égale à 0.00385 $\Omega/(\Omega$ °C). Au cours des dernières années, plusieurs comités internationaux ont adopté le platine de classe IEC/DIN comme standard. De plus, la sonde RTD standard reconnue possède une résistance nominale de 100 $\Omega$ à une température de 0 °C. La sonde de classe IEC/DIN aura donc une résistance de 138.5 $\Omega$ à une température de 100 °C, alors que celle de classe de référence aura une résistance de 139.27 $\Omega$. Quoique les sondes de classe de référence soient toujours disponibles sur le marché, il est utile de noter que les sondes de classe IEC/DIN sont actuellement les plus répandues.

## Mesure de la résistance des sondes RTD

Considérons une sonde RTD standard de classe IEC/DIN, dont la valeur de $\alpha$ est de 0.00385 $\Omega/(\Omega$ °C). La résistance électrique à 0 °C est de 100 $\Omega$. La sensibilité ($\alpha R_0$) sera donc de 0.385 $\Omega/°C$. On constate que la valeur de résistance absolue ainsi que la sensibilité de cette sonde RTD sont faibles. Il n'est donc pas adéquat de mesurer les valeurs de résistance avec une configuration standard impliquant un montage en série de la sonde RTD avec un ohmmètre. Afin d'illustrer la problématique, considérons par exemple deux

---

[2] Pour une température donnée, sa résistivité ne change pratiquement pas avec le temps.

fils reliant la sonde RTD et l'ohmmètre, chacun des fils possédant une impédance de 5 Ω. Si on utilise l'étalonnage du fabricant (qui effectuait ses mesures de résistance correctement), ces deux fils introduiront une erreur de mesure de $10/.385 = 26$ °C.

| **Figure 5.3** | Configuration de type Siemen avec sonde RTD à trois fils et pont de Wheatstone. |

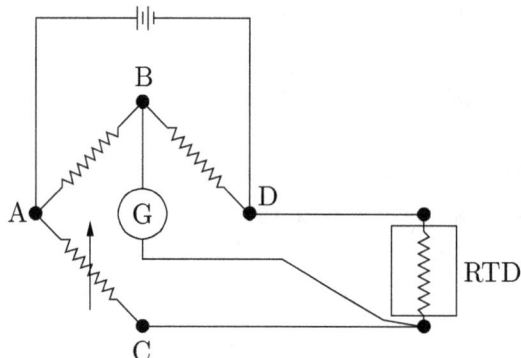

Il existe quatre méthodes classiques permettant d'éviter ce problème. Les trois premières font intervenir un pont de Wheatstone[3] tel qu'illustré sur les figures 5.3 à 5.5.

La quatrième méthode consiste à utiliser une option appelée mesure de résistance à quatre fils. Cette option est habituellement disponible sur les multimètres de haut de gamme. La figure 5.6 illustre de quelle façon on effectue la mesure. Le voltmètre mesure essentiellement la chute de tension aux bornes de la sonde RTD. L'impédance du voltmètre étant très élevée, il n'y a pour ainsi dire aucun courant circulant dans les fils reliant ce dernier à la sonde. Cette configuration permet donc d'éviter tout problème produit par la résistance des fils de liaison.

| **Figure 5.4** | Configuration avec sonde RTD à quatre fils et pont de Wheatstone. |

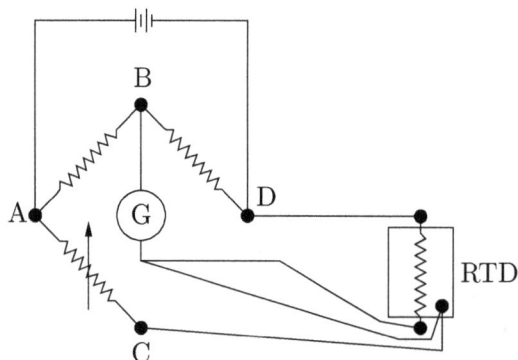

---

[3]Le fonctionnement détaillé du pont de Wheatstone sera vu au chapitre traitant de la mesure des déformations.

| Figure 5.5 | Configuration à potentiel flottant avec sonde RTD à quatre fils et pont de Wheatstone. |

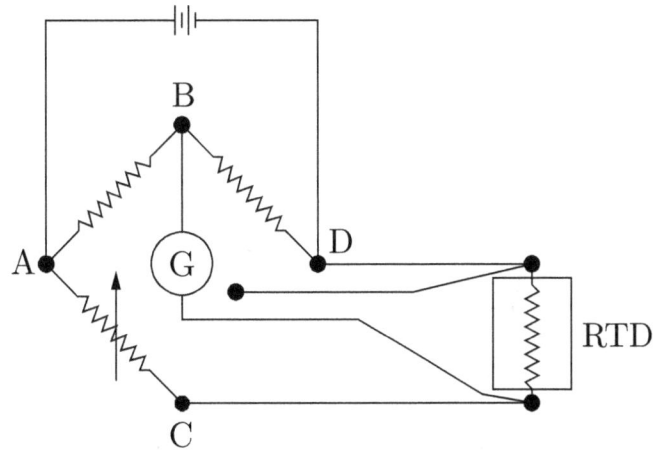

| Figure 5.6 | Configuration avec sonde RTD et multimètre configuré pour mesurer une résistance par la méthode *à quatre fils*. |

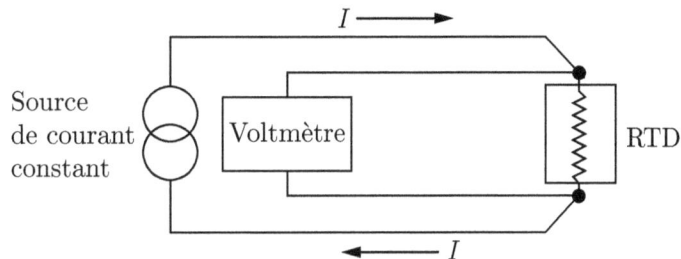

## 5.3  Les thermistances

La thermistance est un autre dispositif dont la résistance varie avec la température. Ce terme d'origine anglo-saxonne est un acronyme formé des mots « *Thermally sensitive Resistor = thermistor* » traduit par thermistance en français. On dit généralement que le thermocouple est l'élément le plus versatile, le RTD le plus stable et la thermistance de loin le plus sensible. Les thermistances sont faites de matériaux semi-conducteurs (type céramique) possédant une sensibilité[4] négative; c'est-à-dire que la résistance diminue avec une augmentation de température, tel qu'illustré sur la figure 5.7. La très haute sensibilité des thermistances est obtenue au détriment d'une perte de linéarité. En fait, la thermistance est un dispositif extrêmement non-linéaire.

[4] Il existe des composantes avec une sensibilité positive, mais ce n'est pas commun.

**Figure 5.7**
Évolution de la résistance d'une thermistance typique en fonction de la température ($\beta = 3\,988$ K, $R_0 = 10\,000\ \Omega$ pour $T_0 = 298.15$ K ou 25 °C); graphique du haut, plage d'utilisation complète ($-55$ à 155 °C); graphique du bas, zoom sur la plage s'étalant de 0 à 100 °C.

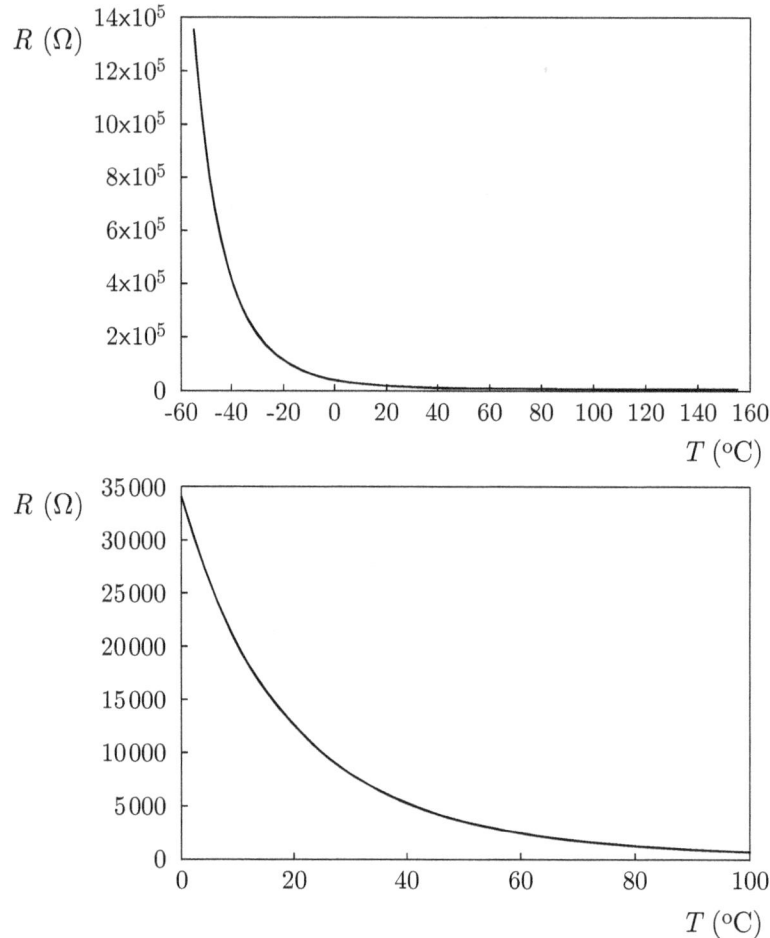

La relation exprimant la résistance d'une thermistance en fonction de la température est généralement de la forme suivante :

$$R = R_0\, e^{\beta\left(\frac{1}{T} - \frac{1}{T_0}\right)}\quad, \tag{5.8}$$

avec $\beta = 3500 \rightarrow 4600$ K (remarque importante : ici, les températures $T$ et $T_0$ doivent être exprimées en kelvin). À partir de l'équation (5.8), on peut écrire :

$$\beta\left(\frac{1}{T} - \frac{1}{T_0}\right) = \ln R - \ln R_0 \quad\Rightarrow\quad \frac{1}{T} = \frac{1}{T_0} - \frac{\ln R_0}{\beta} + \frac{\ln R}{\beta}\quad. \tag{5.9}$$

Finalement, en notant $\gamma = \ln R$, $a_0 = 1/T_0 - (\ln R_0)/\beta$ et $a_1 = 1/\beta$, on obtient :

$$\frac{1}{T} = a_0 + a_1\gamma\quad. \tag{5.10}$$

Cette expression possède seulement deux degrés de liberté, ce qui ne laisse pas beaucoup de latitude pour ajuster une courbe de régression sur un ensemble de points. C'est pourquoi l'expression suivante est beaucoup plus utilisée :

$$\frac{1}{T} = a_0 + a_1\gamma + a_3\gamma^3 \quad. \tag{5.11}$$

Il est utile de préciser que puisque la valeur de résistance absolue est élevée, on peut effectuer la mesure de résistance avec un ohmmètre en configuration standard.

### Lecture à l'aide d'un diviseur de tension

Si on utilise un système d'acquisition de données, on doit alors faire usage d'un circuit électronique permettant de mesurer une tension. Le diviseur de tension, brièvement présenté dans la section 3.2.6, est le circuit tout indiqué pour accomplir cette tâche. Ce circuit élémentaire implique deux résistances montées en série, la première étant une résistance de référence et la suivante étant constituée de la thermistance. Le circuit est illustré à la figure 5.8. En notant $E_i$ la tension d'alimentation du circuit et $R_c$ la résistance de référence du diviseur de tension, la tension de sortie $v_T$ prise aux bornes de la thermistance (de résistance $R$) s'exprime de la manière suivante :

$$v_T = \frac{E_i\,R}{R + R_c} \quad. \tag{5.12}$$

La figure 5.9 illustre la réponse obtenue pour une thermistance typique montée dans un circuit diviseur de tension. Dans cet exemple, la résistance de référence du circuit est fixée à $R_c = 10\ 000\ \Omega$, soit la même valeur que celle associée à $R_0$, la résistance de la thermistance observée à $T_0$. Cette valeur est choisie de manière à obtenir $v_T = E_i/2$ lorsque $T = T_0 = 25\ °C$.

Ainsi, en choisissant $R_c = 10\ 000\ \Omega$ et $E_i = 5$ V, on obtient $v_T = 2.5$ V lorsque $T = 25\ °C$. Par ailleurs, lorsque $T \to T_{min}$, le comportement de la thermistance impose $R \gg R_c$ et l'expression (5.12) permet d'écrire $v_T \to E_i$. À l'inverse, lorsque $T \to T_{max}$, on observe $R \ll R_c$ et l'expression (5.12) indique que $v_T \to 0$. Le pont diviseur constitue donc un circuit très utile ici, car on peut obtenir une variation de tension de sortie $v_T$ variant de $E_i$ à 0 pour $T_{min} < T < T_{max}$, tout en ayant $v_T = E_i/2$ pour $T = T_0$.

| Figure 5.8 | Illustration d'un diviseur de tension utilisé pour effectuer des mesures de température avec une thermistance et une carte d'acquisition de données. |
|---|---|

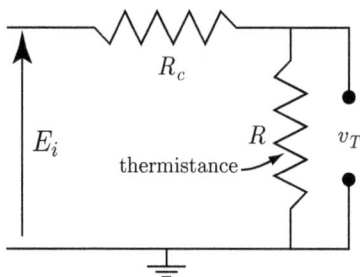

| Figure 5.9 | Réponse d'une thermistance typique montée dans un diviseur de tension : évolution de la tension de sortie $v_T$ en fonction de la température; caractéristiques de la thermistance : $\beta = 3\,988$ K, $R_0 = 10\,000\ \Omega$ pour $T_0 = 298.15$ K ou 25 °C; caractéristiques du diviseur de tension : résistance de référence $R_c = 10\,000\ \Omega$, tension d'alimentation $E_i = 5$ V; graphique du haut, plage d'utilisation complète (−55 à 155 °C); graphique du bas, zoom sur la plage s'étalant de 0 à 100 °C. |
|---|---|

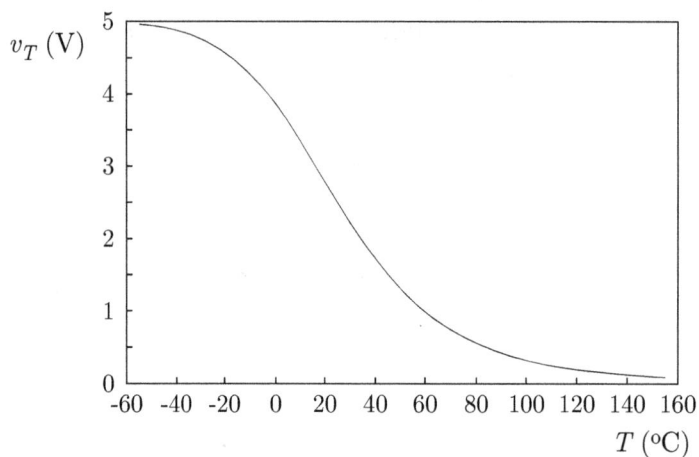

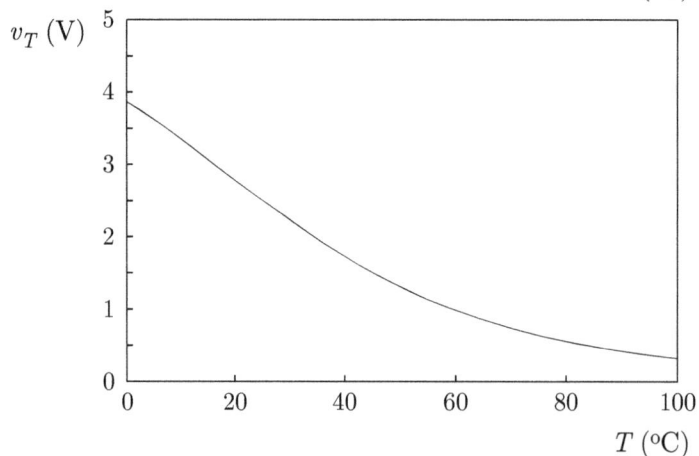

L'utilisation d'une relation d'étalonnage en forme de polynôme du quatrième degré (5.13) constitue un choix approprié pour représenter le type de comportement décrit au paragraphe précédent. Cette relation présente l'avantage de fournir la température directement en °C tout en étant facilement dérivable lorsque vient le temps d'effectuer une analyse d'incertitudes. Notons également que pour une plage de température très réduite autour de $T_0$ (voir le graphique du bas de la figure 5.9, entre 20 et 30 °C par exemple), la courbe d'étalonnage se réduit pratiquement à une droite et une relation linéaire peut alors être utilisée sans perte de précision appréciable.

$$T[°C] = a_0 + a_1\gamma + a_2\gamma^2 + a_3\gamma^3 + a_4\gamma^4 \quad , \text{ avec } \gamma = \ln R = \ln\left(\frac{v_T R_c}{E_i - v_T}\right) \quad . \quad (5.13)$$

## 5.4 Les thermocouples

Lorsque deux fils composés de métaux différents sont joints à leurs extrémités et que celles-ci sont exposées à des températures différentes, on observe une circulation de courant dans ce qu'on appelle un circuit *thermoélectrique*. Thomas Seebeck a fait cette découverte en 1821. Dans le cas où le circuit est ouvert, on observera une différence de potentiel à ses bornes. La figure 5.10 illustre un tel circuit.

**Figure 5.10**    Illustration de l'effet *Seebeck*.

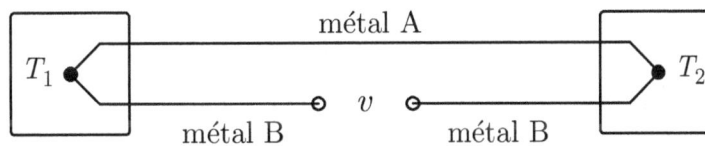

Le coefficient d'effet Seebeck est défini comme suit :

$$\alpha_{AB} = \left(\frac{\partial v}{\partial T}\right)_{\text{circuit ouvert}} \quad , \quad (5.14)$$

où les indices $A$ et $B$ représentent les deux matériaux constituant le thermocouple. Comme le coefficient d'effet Seebeck est défini par le taux de changement de la tension avec la température, il représente donc la sensibilité statique du thermocouple en circuit ouvert. L'évolution du coefficient d'effet Seebeck avec la température est illustré à la figure 5.11 pour différents types de thermocouple.

En plus de l'effet *Seebeck*, un circuit impliquant un thermocouple est influencé par deux autres phénomènes thermoélectriques : l'effet *Peltier* et l'effet *Thomson*.

| **Figure 5.11** | Évolution de la sensibilité statique de différents thermocouples, $\alpha_{AB}$ (coefficient d'effet Seebeck) en fonction de la température $T$. |
|---|---|

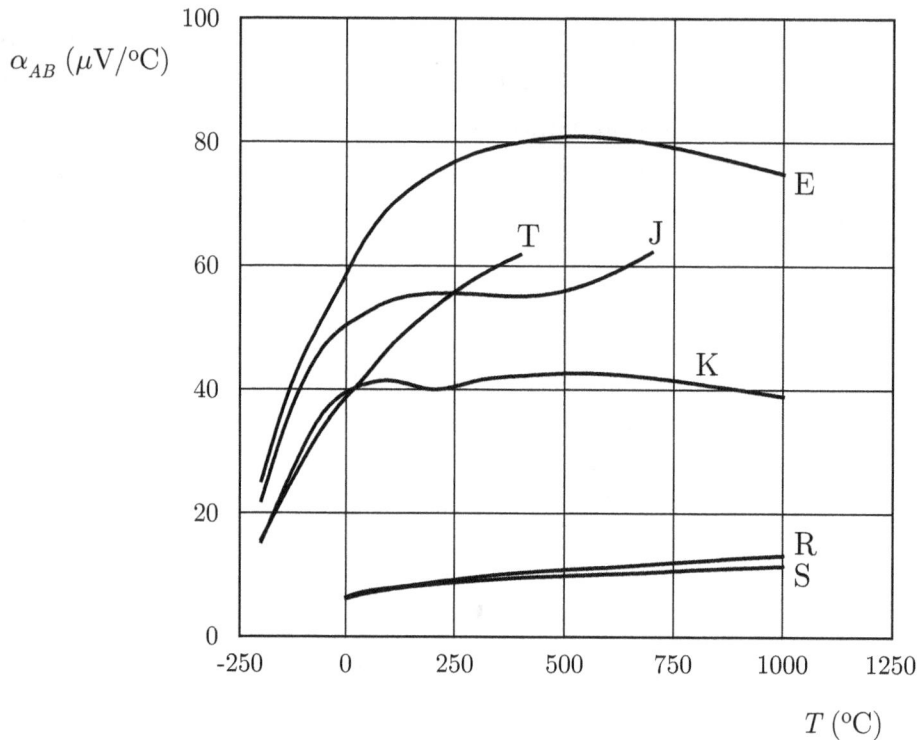

L'effet *Peltier* se produit quand un courant électrique traverse une jonction de thermocouple (jonction $AB$ entre deux métaux $A$ et $B$ par exemple). Il en résulte un transfert de chaleur $\dot{Q}_P = \pi_{AB}\, i$, où $\pi_{AB}$ est le coefficient d'effet *Peltier* pour la jonction $AB$. Notons que $\pi_{AB} = -\pi_{BA}$. En régime stationnaire, cet effet pourra être minimisé si le courant est maintenu à une très faible valeur[5]. Dans le cas d'une mesure instationnaire, il y aura transfert thermique entre la sonde et le milieu, produisant ainsi un courant par effet *Peltier*. Ce courant produira une différence de potentiel ($v = Ri$) qui introduira une erreur de biais sur la mesure.

L'effet *Thomson* est un autre type d'interaction thermoélectrique. Cet effet produit un transfert thermique entre un conducteur et le milieu environnant. Cette situation survient lorsqu'il y a un gradient de température le long d'un conducteur et qu'un courant circule dans ce dernier. Le transfert de chaleur dû à cet effet s'exprime comme suit : $\dot{Q}_T = \sigma\, i\, (T_1 - T_2)$, où $\sigma$ est le coefficient d'effet *Thomson*. S'il y a transfert de chaleur entre le milieu et le conducteur, il y aura induction d'un courant par effet *Thomson*.

---

[5] C'est le cas lorsque l'on mesure une tension avec un voltmètre dont l'impédance est très élevée.

Les effets *Peltier* et *Thomson* influençant le courant qui parcourt le circuit, ceux-ci produisent tous deux une tension électrique qui s'ajoute à la différence de potentiel due à l'effet *Seebeck*. Ceci affecte évidemment la précision de la technique. On pourra réduire ces effets en minimisant le courant circulant dans le circuit thermoélectrique.

Notons finalement que dans tous les cas, si un courant $i$ parcourt les conducteurs formant le circuit, on observera un transfert de chaleur par effet *Joule*, soit $\dot{Q}_J = R\, i^2$. Cet effet n'influencera la tension mesurée que si le transfert de chaleur influence la température à mesurer (ce qui sera généralement évité). À l'heure actuelle, on ne connaît pas de façon exacte et détaillée les lois de comportement réel des thermocouples[6]. On a donc recours à une forte dose d'empirisme et l'étalonnage constituera la seule approche acceptable. L'empirisme dont il est question se résume par quelques lois que l'on appelle les *lois des thermocouples*.

## Lois des thermocouples

### Loi de base

Un circuit thermoélectrique doit être composé d'au moins deux métaux différents et d'au moins deux jonctions.

### Loi tension *vs* température

La différence de potentiel produite par un circuit thermoélectrique dépend seulement de la différence de température des jonctions.

### Loi des métaux intermédiaires

Considérons un métal intermédiaire inséré dans un circuit thermoélectrique. La différence de potentiel nette ne sera pas modifiée si les deux jonctions introduites par le troisième métal sont à une même température. Cette loi est illustrée par le schéma de la figure 5.12.

### Loi des températures intermédiaires

Considérons un circuit thermoélectrique qui produit une différence de potentiel $v_1$ lorsque les jonctions sont à des températures $T_1$ et $T_2$; cette différence de potentiel devient $v_2$ lorsque les jonctions sont à $T_2$ et $T_3$. Si on expose les jonctions du même circuit à des températures $T_1$ et $T_3$, la différence de potentiel produite sera $v_3 = v_1 + v_2$. La figure 5.13 illustre cette loi.

---

[6] On dispose de quelques modèles théoriques qui s'approchent de la réalité dans certains cas, sans toutefois permettre une généralisation.

**Figure 5.12** Illustration de la loi des métaux intermédiaires.

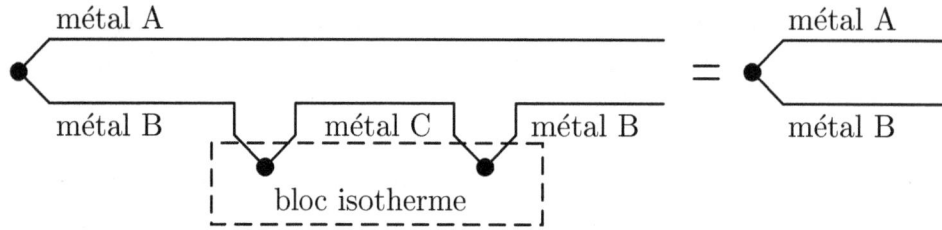

**Figure 5.13** Illustration de la loi des températures intermédiaires.

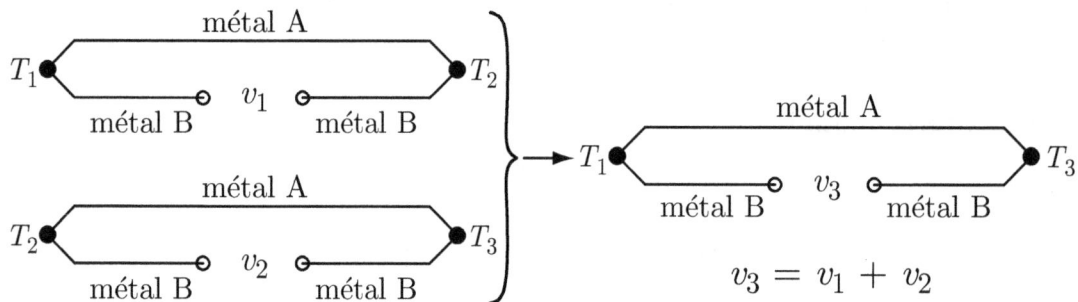

$$v_3 = v_1 + v_2$$

## Jonction froide ou jonction de référence

En vertu de la loi des métaux intermédiaires, les trois schémas de la figure 5.14 sont équivalents. Ces schémas servent à comprendre ce qui se passe lorsque l'on branche un thermocouple directement sur un multimètre dont les bornes d'entrée sont constituées du même métal et sont à la même température. Dans ces conditions et selon le schéma de la figure 5.14, les deux circuits de la figure 5.15 sont équivalents.

Notons ici que les bornes du multimètre correspondent à la jonction 2 du circuit thermoélectrique. De plus, les deux circuits précédents sont équivalents à celui illustré sur la figure 5.16.

On obtient ainsi une mesure de la tension $v$ qui est fonction de la différence de température $T_1 - T_2$. La relation $v = f(T_1 - T_2)$ n'est pas linéaire, phénomène qui se traduit par une sensibilité statique variant avec la température $T_1$ pour une valeur de $T_2$ donnée. La figure 5.11 illustre de quelle façon cette sensibilité statique varie avec la température.

**Figure 5.14** Trois schémas équivalents d'un branchement de thermocouple.

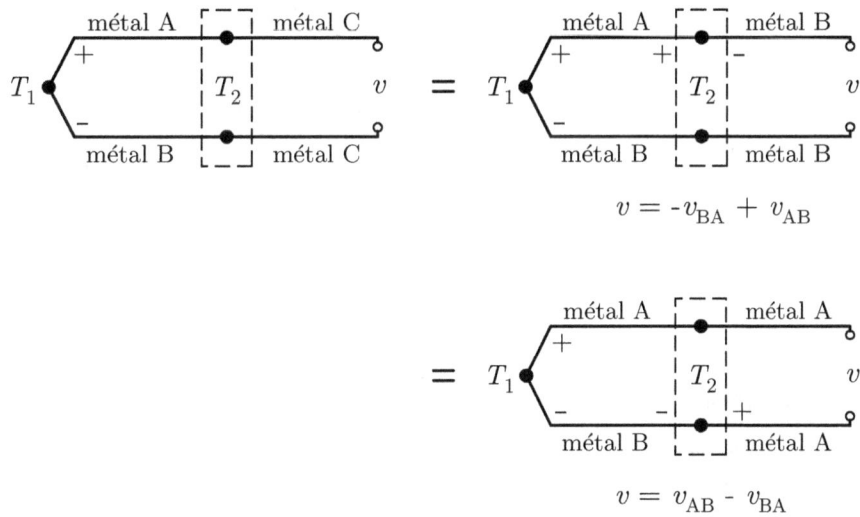

$$v = \text{-}v_{BA} + v_{AB}$$

$$v = v_{AB} - v_{BA}$$

**Figure 5.15** Deux schémas équivalents d'un branchement de thermocouple à un multimètre.

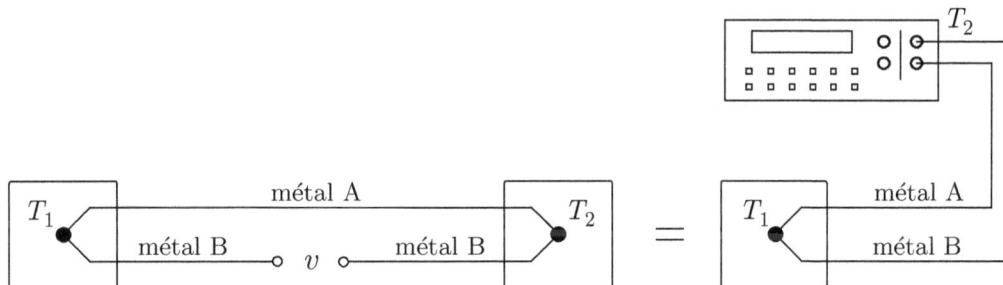

**Figure 5.16** Illustration d'un circuit de thermocouple avec une jonction de référence maintenue à une température $T_2$.

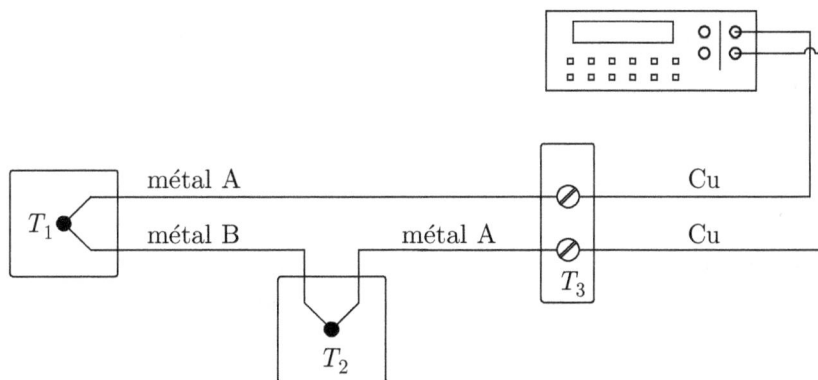

**Exemple**

Prenons comme exemple le circuit de la figure 5.16. Nous considérons ici le métal A comme étant du cuivre (Cu) et le métal B du constantan (Cu-Ni); il s'agit d'un thermocouple de type T. Pour ce thermocouple, les polarités seront les suivantes : borne positive Cu et borne négative Cu-Ni.

On cherche à déterminer la température $T_1$, sachant que l'on a mesuré les paramètres suivants :
$$T_2 = 20\ °C\ , v = 2.841\ mV\ .$$

Pour résoudre ce problème, nous aurons recours à la table du Bureau National des Standards et à la loi des températures intermédiaires. La table BNS est obtenue en utilisant une température de jonction froide $T_{ref} = 0\ °C$.

Selon la loi des températures intermédiaires, on peut ainsi écrire :

$$v(T_1 - T_{ref}) = v(T_1 - T_2) + v(T_2 - T_{ref})$$
$$T_{ref} = 0\ °C \Rightarrow v(T_1 - 0) = v(T_1 - T_2) + v(T_2 - 0)\ .$$

Selon la table BNS, on obtient $v(T_2 - 0) = 0.790$ mV, ce qui nous donne :

$$v(T_1 - 0) = 2.841\,mV + 0.790\,mV \ \Rightarrow\ v(T_1 - 0) = 3.631\,mV\ . \quad (5.15)$$

Finalement, nous obtenons $T_1$ avec la table BNS qui nous donne, pour la tension 3.631 mV, une température $T_1 = 86\ °C$.

L'exemple précédent illustre bien la nécessité de connaître précisément la température $T_2$. Cette température de référence est appelée *température de jonction froide*. Dans les installations de type laboratoire, on utilisera une jonction froide maintenue à une température fixe et ce, de façon précise. La technique la plus commune consiste à utiliser un bain de glace fondante. La figure 5.17 illustre schématiquement un tel montage.

Pour les travaux nécessitant une bonne précision, on devra utiliser de l'eau distillée de façon à éliminer les dérives de température de fusion causées par divers contaminants. On devra également bien isoler le contenant, de telle sorte que le taux de fusion de la glace soit minimum. Rappelons que les tables fournies par le Bureau National des Standards sont basées sur une température de jonction froide de 0 °C.

**Figure 5.17** Illustration d'un circuit de thermocouple de type K avec une jonction de référence maintenue dans la glace.

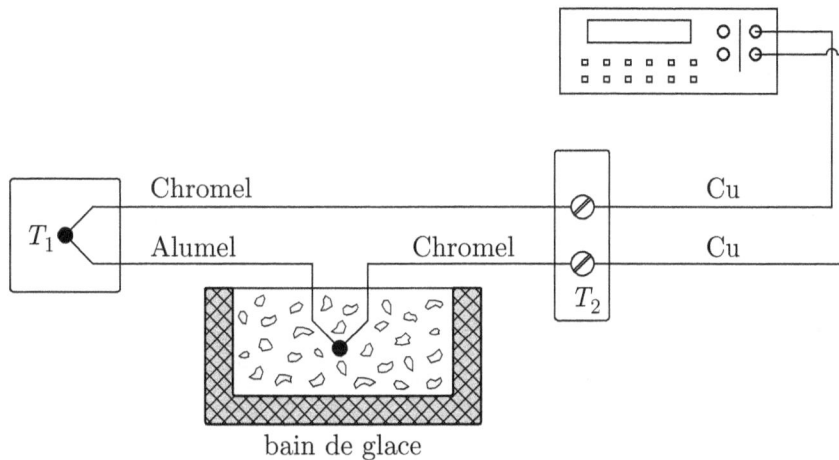

bain de glace

Si on cherche à mesurer des températures $T_1$ près de 0 °C, il faudra évidemment utiliser une autre température de référence (sinon on aura à mesurer des tensions autour de 0 mV). En fait, la température de référence peut être quelconque; l'important est que celle-ci soit stable et connue de façon précise.

## Code de couleur des principaux thermocouples

Les types de thermocouples sont identifiés par un code de couleur très pratique et facile à utiliser. La figure 5.18 présente le code utilisé en Amérique du Nord pour les thermocouples de type J, K, T et E. On retrouve dans cette figure la combinaison des alliages composant chacun des types de thermocouples ainsi que la polarité leur étant associée. Notons également que des informations relatives aux gammes de température d'utilisation sont données dans la colonne de droite.

Toutes les composantes d'assemblages de thermocouples (rallonges, connecteurs, boîtiers, poignées, etc.) respectent ce code de couleur (figure 5.19). Celui-ci est pratique, car il permet d'éviter de raccorder des thermocouples de types différents. Notons également qu'en vertu de ce code, tous les alliages de polarité négative adoptent la couleur rouge alors que ceux de polarité positive adoptent la couleur associée au type de thermocouple en question. Ceci permet d'éviter de raccorder les fils de polarités différentes appartenant à un même thermocouple. Il s'agit d'une erreur classique; une personne inexpérimentée branchant par exemple le fil rouge (borne -) d'une rallonge de type K sur la borne de chromel (+) d'un connecteur de type K commettrait un mauvais raccordement.

**Figure 5.18**    Code de couleur utilisé en Amérique du Nord pour les principaux thermocouples.

| Code ANSI | Combinaison d'alliages | | Code de couleur | Gamme de température d'utilisation |
|---|---|---|---|---|
| | borne + | borne – | | |
| **J** | Fer Fe (magnétique) | Constantan Cu-Ni (Cuivre-Nickel) | | usuelle: 0 à 750 °C maximale: -210 à 1200 °C |
| **K** | Chromel Ni-Cr (Nickel-Chrome) | Alumel Ni-Al (Nickel-Aluminium) (magnétique) | | usuelle: -200 à 1250 °C maximale: -270 à 1372 °C |
| **T** | Cuivre Cu | Constantan Cu-Ni (Cuivre-Nickel) | | usuelle: -250 à 350 °C maximale: -270 à 400 °C |
| **E** | Chromel Ni-Cr (Nickel-Chrome) | Constantan Cu-Ni (Cuivre-Nickel) | | usuelle: -200 à 900 °C maximale: -270 à 1000 °C |

**Figure 5.19**    Illustration de connecteurs standards de thermocouples de type E, J et K ainsi que d'un connecteur possédant deux bornes en cuivre.

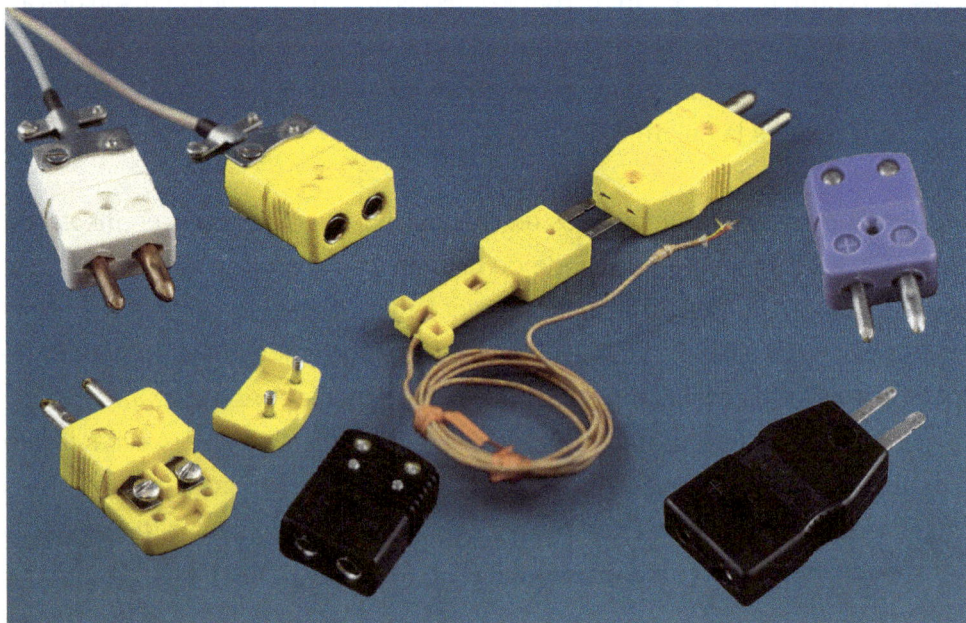

## Étalonnages du Bureau National des Standards

Les lois d'étalonnage reliant la tension thermoélectrique fournie par un thermocouple à la température sont de forme polynomiale. La tension $v$ et la température $T$ sont respectivement exprimées en micro-volt ($\mu$V) et en degré Celsius (°C) et la température de la jonction de référence est de 0 °C. Dans la plupart des cas, on utilise l'équation suivante :

$$v = \sum_{i=0}^{n} c_i\, T^i = c_0 + c_1\, T + c_2\, T^2 + \ldots + c_n\, T^n \ . \tag{5.16}$$

**Figure 5.20**  Étalonnage du Bureau National des Standards de différents thermocouples pour la gamme de température s'étendant de -50 °C à 200 °C.

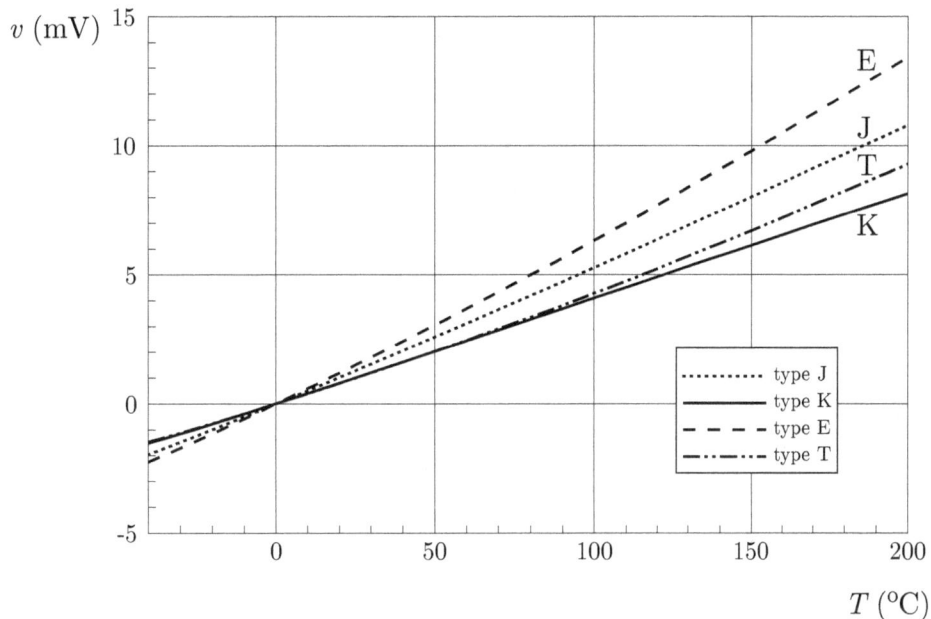

Pour le cas particulier du thermocouple de type K utilisé dans la gamme $0 \leq T \leq 1372$, on a recours à l'équation suivante :

$$v = \sum_{i=0}^{n} \left(c_i\, T^i\right) + \alpha_0 e^{\alpha_1 (T-126.9686)^2} = c_0 + c_1\, T + c_2\, T^2 + \ldots + c_n\, T^n + \alpha_0 e^{\alpha_1 (T-126.9686)^2} \ . \tag{5.17}$$

Les coefficients $c_i$ et $\alpha_i$ de ces lois sont établies par le Bureau National des Standards. Les valeurs des différents coefficients associés aux thermocouples de type J, K, E et T sont indiquées dans le tableau 5.5 et la figure 5.20 présente les courbes obtenues en utilisant ces lois d'étalonnage. Le tableau 5.6 présente les valeurs numériques utilisées pour tracer les courbes de la figure 5.20.

**Tableau 5.5**
**Coefficients des lois d'étalonnage des thermocouples.**

| Coef. | type J | type K | type E | type T |
|---|---|---|---|---|
| | $-210 \leq T \leq 760$ | $-270 \leq T \leq 0$ | $-270 \leq T \leq 0$ | $-270 \leq T \leq 0$ |
| $c_0$ | 0.0000000000E+00 | 0.0000000000E+00 | 0.0000000000E+00 | 0.0000000000E+00 |
| $c_1$ | 5.0381187815E+01 | 3.9450128025E+01 | 5.86655087080E+01 | 3.8748106364E+01 |
| $c_2$ | 3.0475836930E-02 | 2.3622373598E-02 | 4.54109771240E-02 | 4.4194434347E-02 |
| $c_3$ | -8.5681065720E-05 | -3.2858906784E-04 | -7.79980486860E-04 | 1.1844323105E-04 |
| $c_4$ | 1.3228195295E-07 | -4.9904828777E-06 | -2.58001608430E-05 | 2.0032973554E-05 |
| $c_5$ | -1.7052958337E-10 | -6.7509059173E-08 | -5.94525830570E-07 | 9.0138019559E-07 |
| $c_6$ | 2.0948090697E-13 | -5.7410327428E-10 | -9.32140586670E-09 | 2.2651156593E-08 |
| $c_7$ | -1.2538395336E-16 | -3.1088872894E-12 | -1.02876055340E-10 | 3.6071154205E-10 |
| $c_8$ | 1.5631725697E-20 | -1.0451609365E-14 | -8.03701236210E-13 | 3.8493939883E-12 |
| $c_9$ | | -1.9889266878E-17 | -4.39794973910E-15 | 2.8213521925E-14 |
| $c_{10}$ | | -1.6322697486E-20 | -1.64147763550E-17 | 1.4251159478E-16 |
| $c_{11}$ | | | -3.96736195160E-20 | 4.8768662286E-19 |
| $c_{12}$ | | | -5.58273287210E-23 | 1.0795539270E-21 |
| $c_{13}$ | | | -3.46578420130E-26 | 1.3945027062E-24 |
| $c_{14}$ | | | | 7.9795153927E-28 |
| | $760 \leq T \leq 1200$ | $0 \leq T \leq 1372$ | $0 \leq T \leq 400$ | $0 \leq T \leq 400$ |
| $c_0$ | 2.9645625681E+05 | -1.7600413686E+01 | 0.00000000000E+00 | 0.0000000000E+00 |
| $c_1$ | -1.4976127786E+03 | 3.8921204975E+01 | 5.86655087100E+01 | 3.8748106364E+01 |
| $c_2$ | 3.1787103924E+00 | 1.8558770032E-02 | 4.50322755820E-02 | 3.3292227880E-02 |
| $c_3$ | -3.1847686701E-03 | -9.9457592874E-05 | 2.89084072120E-05 | 2.0618243404E-04 |
| $c_4$ | 1.5720819004E-06 | 3.1840945719E-07 | -3.30568966520E-07 | -2.1882256846E-06 |
| $c_5$ | -3.0691369056E-10 | -5.6072844889E-10 | 6.50244032700E-10 | 1.0996880928E-08 |
| $c_6$ | | 5.6075059059E-13 | -1.91974955040E-13 | -3.0815758772E-11 |
| $c_7$ | | -3.2020720003E-16 | -1.25366004970E-15 | 4.5479135290E-14 |
| $c_8$ | | 9.7151147152E-20 | 2.14892175690E-18 | -2.7512901673E-17 |
| $c_9$ | | -1.2104721275E-23 | -1.43880417820E-21 | |
| $c_{10}$ | | | 3.59608994810E-25 | |
| $\alpha_0$ | | 1.1859760000E+02 | | |
| $\alpha_1$ | | -1.1834320000E-04 | | |

**Tableau 5.6**
**Tensions thermoélectriques (en mV) en fonction de la température.**

| Température (°C) | $v_J$ (mV) | $v_K$ (mV) | $v_E$ (mV) | $v_T$ (mV) | Température (°C) | $v_J$ (mV) | $v_K$ (mV) | $v_E$ (mV) | $v_T$ (mV) |
|---|---|---|---|---|---|---|---|---|---|
| -40 | -1.961 | -1.527 | -2.255 | -1.475 | 56 | 2.903 | 2.271 | 3.429 | 2.294 |
| -38 | -1.865 | -1.453 | -2.147 | -1.405 | 58 | 3.009 | 2.354 | 3.556 | 2.381 |
| -36 | -1.770 | -1.380 | -2.038 | -1.335 | 60 | 3.116 | 2.436 | 3.685 | 2.468 |
| -34 | -1.674 | -1.305 | -1.929 | -1.264 | 62 | 3.222 | 2.519 | 3.813 | 2.556 |
| -32 | -1.578 | -1.231 | -1.820 | -1.192 | 64 | 3.329 | 2.602 | 3.942 | 2.643 |
| -30 | -1.482 | -1.156 | -1.709 | -1.121 | 66 | 3.436 | 2.685 | 4.071 | 2.732 |
| -28 | -1.385 | -1.081 | -1.599 | -1.049 | 68 | 3.543 | 2.768 | 4.200 | 2.820 |
| -26 | -1.288 | -1.006 | -1.488 | -0.976 | 70 | 3.650 | 2.851 | 4.330 | 2.909 |
| -24 | -1.190 | -0.930 | -1.376 | -0.904 | 72 | 3.757 | 2.934 | 4.460 | 2.998 |
| -22 | -1.093 | -0.854 | -1.264 | -0.830 | 74 | 3.864 | 3.017 | 4.591 | 3.087 |
| -20 | -0.995 | -0.778 | -1.152 | -0.757 | 76 | 3.971 | 3.100 | 4.722 | 3.177 |
| -18 | -0.896 | -0.701 | -1.039 | -0.683 | 78 | 4.079 | 3.184 | 4.853 | 3.267 |
| -16 | -0.798 | -0.624 | -0.925 | -0.608 | 80 | 4.187 | 3.267 | 4.985 | 3.358 |
| -14 | -0.699 | -0.547 | -0.811 | -0.534 | 82 | 4.294 | 3.350 | 5.117 | 3.448 |
| -12 | -0.600 | -0.470 | -0.697 | -0.459 | 84 | 4.402 | 3.433 | 5.249 | 3.539 |
| -10 | -0.501 | -0.392 | -0.582 | -0.383 | 86 | 4.510 | 3.516 | 5.382 | 3.631 |
| -8 | -0.401 | -0.314 | -0.466 | -0.307 | 88 | 4.618 | 3.599 | 5.514 | 3.722 |
| -6 | -0.301 | -0.236 | -0.350 | -0.231 | 90 | 4.726 | 3.682 | 5.648 | 3.814 |
| -4 | -0.201 | -0.157 | -0.234 | -0.154 | 92 | 4.835 | 3.765 | 5.781 | 3.907 |
| -2 | -0.101 | -0.079 | -0.117 | -0.077 | 94 | 4.943 | 3.848 | 5.915 | 3.999 |
| 0 | 0.000 | 0.000 | 0.000 | 0.000 | 96 | 5.052 | 3.931 | 6.049 | 4.092 |
| 2 | 0.101 | 0.079 | 0.118 | 0.078 | 98 | 5.160 | 4.013 | 6.184 | 4.185 |
| 4 | 0.202 | 0.158 | 0.235 | 0.156 | 100 | 5.269 | 4.096 | 6.319 | 4.279 |
| 6 | 0.303 | 0.238 | 0.354 | 0.234 | 102 | 5.378 | 4.179 | 6.454 | 4.372 |
| 8 | 0.405 | 0.317 | 0.472 | 0.312 | 104 | 5.487 | 4.262 | 6.590 | 4.466 |
| 10 | 0.507 | 0.397 | 0.591 | 0.391 | 106 | 5.595 | 4.344 | 6.725 | 4.561 |
| 12 | 0.609 | 0.477 | 0.711 | 0.470 | 108 | 5.705 | 4.427 | 6.862 | 4.655 |
| 14 | 0.711 | 0.557 | 0.830 | 0.549 | 110 | 5.814 | 4.509 | 6.998 | 4.750 |
| 16 | 0.814 | 0.637 | 0.950 | 0.629 | 112 | 5.923 | 4.591 | 7.135 | 4.845 |
| 18 | 0.916 | 0.718 | 1.071 | 0.709 | 114 | 6.032 | 4.674 | 7.272 | 4.941 |
| 20 | 1.019 | 0.798 | 1.192 | 0.790 | 116 | 6.141 | 4.756 | 7.409 | 5.036 |
| 22 | 1.122 | 0.879 | 1.313 | 0.870 | 118 | 6.251 | 4.838 | 7.547 | 5.132 |
| 24 | 1.226 | 0.960 | 1.434 | 0.951 | 120 | 6.360 | 4.920 | 7.685 | 5.228 |
| 26 | 1.329 | 1.041 | 1.556 | 1.033 | 122 | 6.470 | 5.002 | 7.823 | 5.325 |
| 28 | 1.433 | 1.122 | 1.678 | 1.114 | 124 | 6.579 | 5.084 | 7.962 | 5.422 |
| 30 | 1.537 | 1.203 | 1.801 | 1.196 | 126 | 6.689 | 5.165 | 8.101 | 5.519 |
| 32 | 1.641 | 1.285 | 1.924 | 1.279 | 128 | 6.799 | 5.247 | 8.240 | 5.616 |
| 34 | 1.745 | 1.366 | 2.047 | 1.362 | 130 | 6.909 | 5.328 | 8.379 | 5.714 |
| 36 | 1.849 | 1.448 | 2.171 | 1.445 | 132 | 7.019 | 5.410 | 8.519 | 5.812 |
| 38 | 1.954 | 1.530 | 2.295 | 1.528 | 134 | 7.129 | 5.491 | 8.659 | 5.910 |
| 40 | 2.059 | 1.612 | 2.420 | 1.612 | 136 | 7.239 | 5.572 | 8.799 | 6.008 |
| 42 | 2.164 | 1.694 | 2.545 | 1.696 | 138 | 7.349 | 5.653 | 8.940 | 6.107 |
| 44 | 2.269 | 1.776 | 2.670 | 1.780 | 140 | 7.459 | 5.735 | 9.081 | 6.206 |
| 46 | 2.374 | 1.858 | 2.795 | 1.865 | 142 | 7.569 | 5.815 | 9.222 | 6.305 |
| 48 | 2.480 | 1.941 | 2.921 | 1.950 | 144 | 7.679 | 5.896 | 9.363 | 6.404 |
| 50 | 2.585 | 2.023 | 3.048 | 2.036 | 146 | 7.789 | 5.977 | 9.505 | 6.504 |
| 52 | 2.691 | 2.106 | 3.174 | 2.122 | 148 | 7.900 | 6.058 | 9.647 | 6.604 |
| 54 | 2.797 | 2.188 | 3.301 | 2.208 | 150 | 8.010 | 6.138 | 9.789 | 6.704 |

# 6 | Mesure de la pression

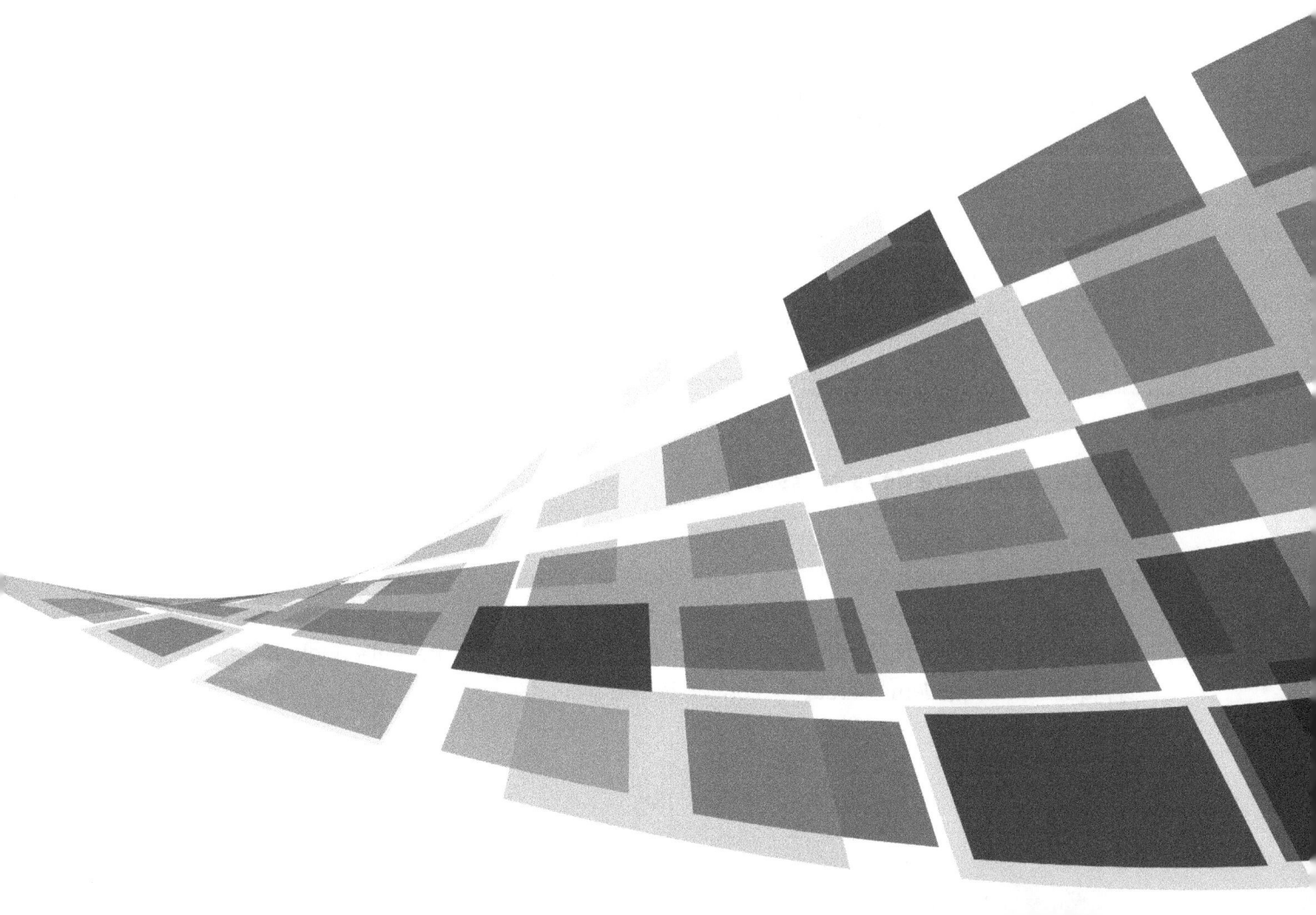

# 6.1 Concepts de base

La pression n'est pas une quantité fondamentale, mais plutôt une quantité dérivée d'une force et d'une surface, qui sont elles-mêmes dérivées des trois quantités fondamentales standards que sont la masse, la longueur et le temps. La pression est la force normale qu'exerce un médium, habituellement un fluide, sur une surface unitaire.

### Pression jauge – pression absolue

La pression absolue est définie par rapport au vide parfait ($p_{abs} = 0$). Il ne peut donc y avoir de pression absolue négative. La pression jauge quant à elle, est définie comme étant la pression relative par rapport à la pression atmosphérique ($p_{jauge} = p_{abs} - p_{atm}$). La pression jauge pourra être positive ou négative selon le cas où la pression absolue sera supérieure ou inférieure à la pression atmosphérique. Une pression jauge négative est appelée *vacuum*. La figure 6.1 illustre ce concept.

**Figure 6.1**    Schéma illustrant les conceptsde pression jauge et de pression absolue.

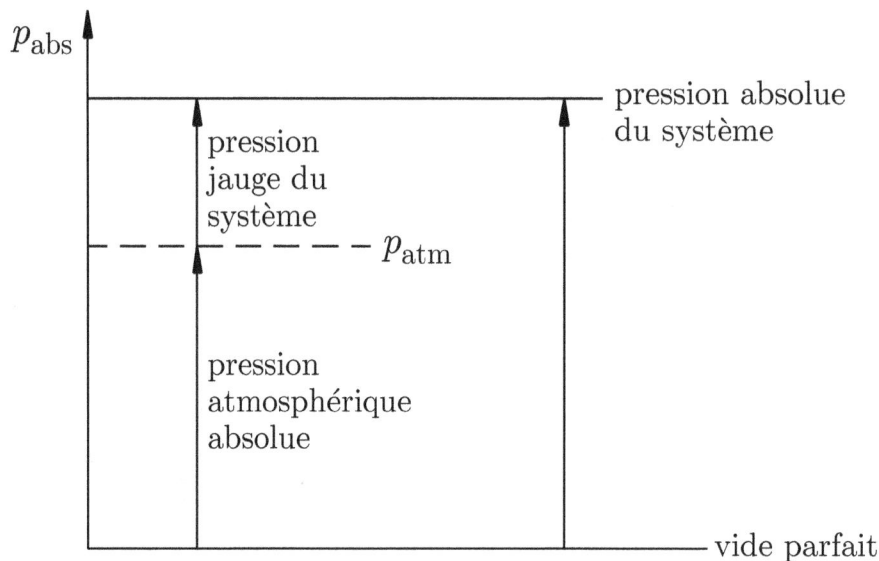

### Unités de mesure de la pression

Les unités courantes de mesure de la pression sont les suivantes : le pascal (Pa ou kPa pour 1000 Pa) en système SI et le psi (lbf/in$^2$) en système BG. Plusieurs autres unités sont également utilisées de façon courante : *e.g.* atmosphère (atm), bar, hauteur d'un liquide (mm $H_2O$, in $H_2O$, mm Hg, in Hg…), etc. Le tableau 6.1 présente quelques unités typiques ainsi que leur facteur de conversion en pascal.

**Tableau 6.1**
**Principales unités de mesure de la pression.**

| pascal | 1 Pa | $= 1\ \mathrm{N/m^2}$ |
|---|---|---|
| psi (lbf/in$^2$) | 1 psi | $= 6.8947572 \times 10^3\ \mathrm{Pa}$ |
| atmosphère | 1 atm | $= 1.01325 \times 10^5\ \mathrm{Pa}$ |
| bar | 1 bar | $= 1 \times 10^5\ \mathrm{Pa}$ |
| millibar | 1 mbar | $= 1 \times 10^2\ \mathrm{Pa}$ |
| millimètre d'eau (4 °C) | 1 mm H$_2$0 | $= 9.80638\ \mathrm{Pa}$ |
| pied d'eau (39.2 °F) | 1 ft H$_2$0 | $= 2.98898 \times 10^3\ \mathrm{Pa}$ |
| pouce d'eau (39.2 °F) | 1 in H$_2$0 | $= 2.49082 \times 10^2\ \mathrm{Pa}$ |
| millimètre de mercure (0 °C) | 1 mm Hg | $= 1.33322 \times 10^2\ \mathrm{Pa}$ |
| pouce de mercure (32 °F) | 1 in Hg | $= 3.386389 \times 10^3\ \mathrm{Pa}$ |

## Pression hydrostatique

La distribution de pression hydrostatique que l'on observe en changeant d'altitude, par exemple dans une piscine, dans l'océan ou dans l'atmosphère, est causée par le champ gravitationnel. Ceci est une conséquence de l'équation du mouvement. Considérons un fluide en l'absence de forces de cisaillement et en l'absence de forces volumiques extérieures autres que la force gravitationnelle (*e.g.* pas de champ magnétique pour un fluide sensible à ce phénomène...). Dans ce cas, l'équation du mouvement s'écrit :

$$- \nabla p - \gamma\, \vec{k} = \rho\, \vec{a} \ , \tag{6.1}$$

où le vecteur unitaire $\vec{k}$ est orienté verticalement (vers le haut) et $\gamma = \rho g$ représente le poids spécifique[1]. Pour un fluide au repos ($\vec{a} = 0$), cette équation devient :

$$\nabla p = -\gamma\, \vec{k} \quad \Rightarrow \quad \frac{dp}{dz} = -\gamma \ . \tag{6.2}$$

Cette relation est l'équation fondamentale de la statique des fluides. Elle signifie que la pression décroît lorsque l'on se déplace vers le haut dans un fluide au repos. Elle illustre la variation de la *pression hydrostatique* avec l'élévation. Cette équation est aussi valide pour un fluide dont le poids spécifique est constant, tel qu'un liquide, que pour un fluide dont la valeur de $\gamma$ varie avec l'élévation, tel l'air ou tout autre gaz.

---

[1] En considérant $g = 9.81\,\mathrm{m/s^2}$, et une température de 20 °C, on aura pour l'eau $\gamma = 9.8 \times 10^3\,\mathrm{N/m^3}$ et pour le mercure $\gamma = 133 \times 10^3\,\mathrm{N/m^3}$.

Considérons un liquide ($\rho = $ cte) et des changements d'élévation pour lesquels on négligera les variations de l'accélération gravitationnelle ($g = $ cte); on obtient par intégration :

$$p_2 - p_1 = -\gamma \left( z_2 - z_1 \right) \quad . \tag{6.3}$$

Le schéma suivant illustre une situation pour laquelle le point 1 est à la surface libre (soumis à $p_{\text{atm}}$) d'un liquide et le point 2 au fond d'un réservoir ouvert contenant ce liquide.

**Figure 6.2**     Illustration du concept de pression hydrostatique dans un réservoir ouvert.

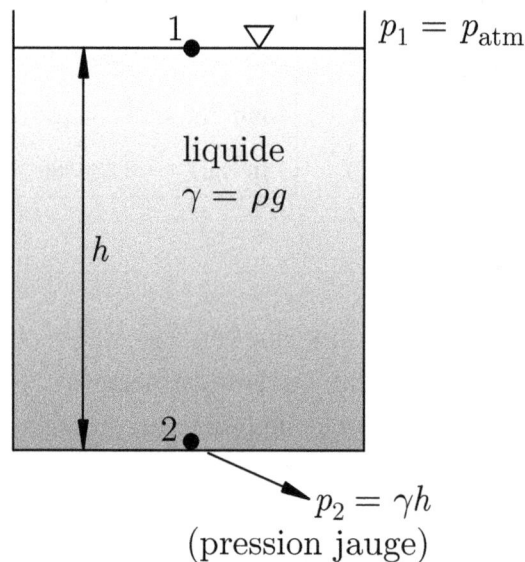

On obtient ainsi :

$$p_{2_{\text{abs}}} - p_{\text{atm}} = -\gamma \left( z_2 - z_1 \right) = \gamma(z_1 - z_2) \quad , \tag{6.4}$$

$$\Rightarrow \quad p_{2_{\text{abs}}} = \gamma h + p_{\text{atm}} \quad \text{ou} \quad p_2 = \gamma h \quad . \tag{6.5}$$

Notons que la pression $p_2$ est une pression jauge (puisque nous avons retranché la pression atmosphérique). Nous adopterons la convention habituelle qui consiste à travailler en pression jauge par défaut. Lorsque l'on travaillera en pression absolue, on ajoutera l'indice *abs*.

Considérons maintenant un réservoir fermé tel que celui illustré sur le schéma suivant. Ce réservoir contient une hauteur $h$ d'un liquide et un certain volume d'un gaz. En négligeant la densité $\gamma$ du gaz devant celle du liquide, on obtient :

$$p_2 = \gamma h + p_1 \quad . \tag{6.6}$$

| **Figure 6.3** | Illustration du concept de pression hydrostatique dans un réservoir fermé. |

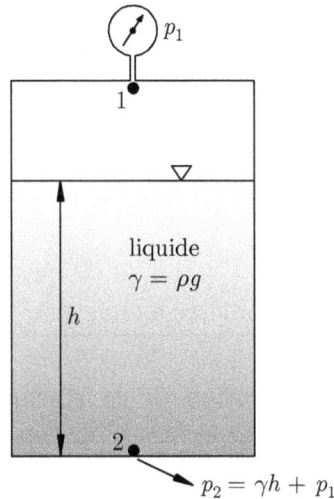

Notons que $p_2$ sera jauge si $p_1$ est jauge.

Notons également que si on ne néglige pas la densité $\gamma_g$ du gaz, on obtient pour $h_g$, une hauteur donnée de gaz :
$$p_2 = \gamma h + p_1 + \gamma_g h_g \;.$$

## Manomètres

Considérons le manomètre en U ci-contre dont les deux extrémités sont constituées de réservoirs fermés contenant un même gaz de densité $\gamma$.

| **Figure 6.4** | Principe de fonctionnement du manomètre en U. |

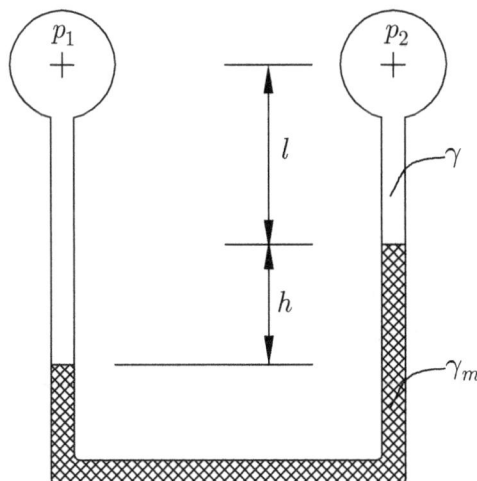

Le réservoir de gauche est à pression $p_1$ et celui de droite à pression $p_2$. Le tube en U contient un liquide manométrique de densité $\gamma_m$. En appliquant l'équation de la statique des fluides, on obtient :
$$p_1 + \gamma\,(h+l) = p_2 + \gamma l + \gamma_m h \;,$$

$$\Rightarrow p_1 - p_2 = (\gamma_m - \gamma)h \;.$$

## Baromètres

Le baromètre est un instrument servant à mesurer la pression atmosphérique. Une des applications pratiques les plus simples de l'équation fondamentale de la statique des fluides est le *baromètre à cuvette*. Cet instrument, dont le principe fut élaboré par

Torricelli[2], est composé d'un tube plongeant dans une cuvette remplie de mercure. On fabrique ce baromètre en remplissant un tube avec du mercure et en inversant celui-ci dans un réservoir alors qu'il est submergé. En ressortant le tube, tout en maintenant sa partie ouverte submergée, on produit un *vacuum* presque parfait dans la partie supérieure fermée du tube. Ceci est dû au fait que le mercure possède une pression de vapeur très faible à la température de la pièce ($p_v = 0.00016$ kPa pour le mercure *vs* $p_v = 2.338$ kPa pour l'eau à 20 °C). On obtient ainsi un instrument simple tel que celui illustré sur la figure 6.5.

**Figure 6.5**   Schéma illustrant le principe du baromètre à cuvette.

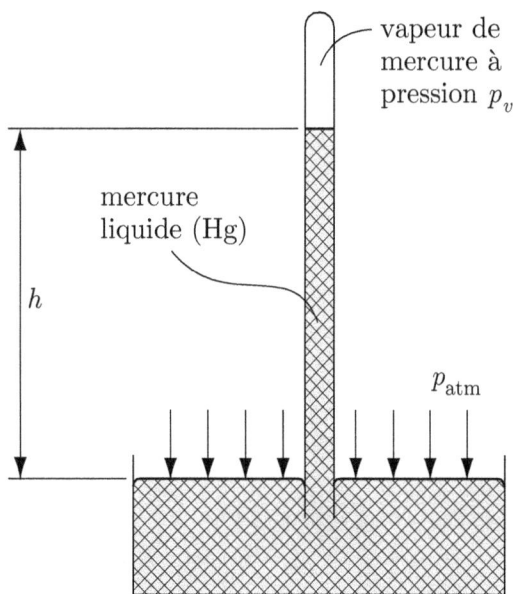

L'équation de la statique des fluides permet d'obtenir facilement une mesure de la pression atmosphérique :

$$p_{\text{atm}} = p_v + \gamma_{\text{Hg}}\, h \quad.$$

Soulignons aussi que la hauteur de mercure est telle que l'instrument possède des dimensions permettant de le déplacer et de le manipuler facilement. En effet on trouve :

$$h = \frac{p_{\text{atm}} - p_v}{\gamma_{\text{Hg}}} \quad.$$

Pour des conditions standards de pression atmosphérique (1 atm = 101.33 kPa), une température de 20 °C ($\rho_{Hg} = 13\,600$ kg/m$^3$) et une altitude correspondant au niveau de la mer ($g = 9.80665$ m/s$^2$), on obtient une hauteur de mercure $h = 760$ mm. Si le baromètre était formé d'une colonne d'eau, on obtiendrait une hauteur de plus de 10 m.

Soulignons que $p_v = f(T)$ et que $\gamma_{\text{Hg}} = f(T, z)$, où $T$ est la température et $z$ est l'altitude. Les mesures de pression atmosphérique précises seront donc corrigées pour les variations de température et d'altitude. Pour des mesures moins précises, on utilisera habituellement la relation $p_{\text{atm}} \simeq \gamma_{\text{Hg}}\, h$ avec $\gamma_{\text{Hg}} \simeq 133$ kN/m$^3$.

---

[2]Évangelista Torricelli (1608–1647) est le physicien italien à qui l'on doit l'expérience qui a conduit à l'invention du *baromètre à cuvette*.

Notons enfin qu'il existe d'autres types de baromètres. Le baromètre à siphon en est un exemple; composé d'un tube recourbé (tube de *Bourdon*) actionnant une aiguille, il est l'instrument typique d'usage domestique. Le baromètre à cadran en est un autre exemple; il est muni d'un flotteur qui fait tourner une aiguille sur un cadran.

## Étalonnage statique par la méthode du poids mort

La technique du *poids mort* est utilisée comme standard de laboratoire pour étalonner des capteurs de pression dans la gamme $70\ \text{Pa} \leq p \leq 70\ \text{MPa}$ ($7.1\ \text{mm H}_2\text{O} \leq p \leq 7\ 100\ \text{m H}_2\text{O}$). Le principe de base de cette technique consiste à imposer une pression suivant la définition fondamentale de cette quantité, soit une force par unité de surface. Un banc d'étalonnage par la méthode du poids mort est illustré sur la figure 6.6.

**Figure 6.6**    Mesure de la pression par la technique du poids mort.

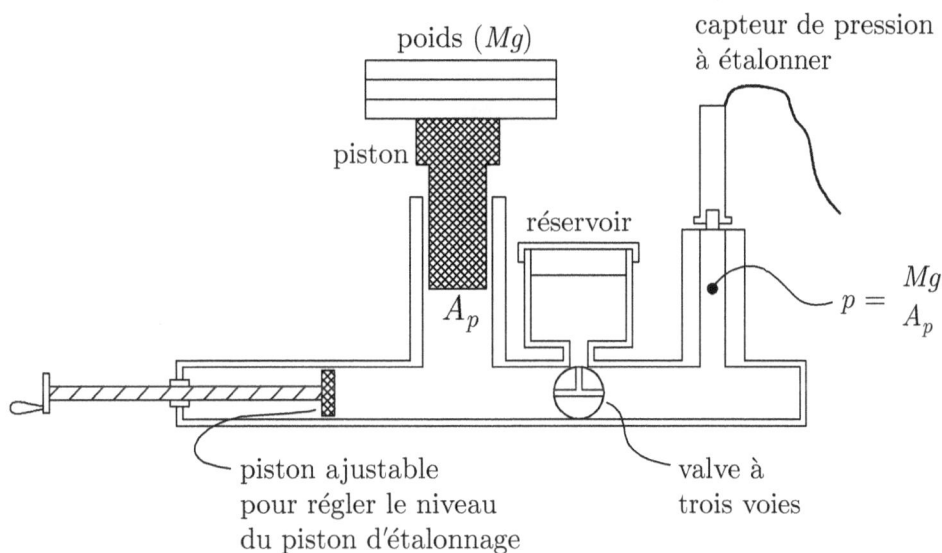

Ce banc d'étalonnage est constitué d'une chambre interne contenant un liquide (habituellement de l'huile), d'un piston mobile sur lequel on dispose les poids et d'un piston ajustable. Le piston ajustable sert à régler le niveau du piston mobile de façon à éviter que le piston mobile ne vienne en butée. La pression imposée au capteur à étalonner est:

$$p = \frac{M\,g}{A_\text{p}}\ , \tag{6.7}$$

où $M$ est le poids combiné des masses et du piston mobile, $g$ est l'accélération gravitationnelle et $A_\text{p}$ est la section effective du piston.

Pour faire des mesures de haute précision, on devra considérer les sources d'erreur suivantes :

- Incertitude sur les valeurs des masses.

- Incertitude sur la mesure de la section du piston → mauvaise valeur de $A_p$.

- Expansion thermique du piston → variations de $A_p$.

- Accélération gravitationnelle → dépend du lieu... il faut connaître $g$.

- Déformation élastique du piston mobile → variation de $A_p$ pour les masses importantes.

- Effet visqueux (frottement statique) → la pression résultant de la $\sum F$ normale à $A_p$ supporte la majeure partie de la masse; le cisaillement statique le long du piston peut avoir un effet partiel. On peut réduire cet effet en faisant tourner le piston à vitesse constante.

- Effet de flottaison → la masse occupe un volume d'air ($\forall$) dans lequel il y a une distribution de pression hydrostatique; flottaison ~ $\forall \gamma_{air} / \gamma_{masse}$.

## 6.2 Capteurs de pression

L'instrument de mesure que l'on dénomme *capteur de pression* est constitué des éléments suivants :

- Élément sensible primaire

  Il s'agit de l'élément qui est en contact avec le fluide et qui réagit aux variations de pression se produisant au sein de celui-ci.

- Élément sensible secondaire

  Celui-ci transforme la réaction de l'élément primaire en information électrique, optique ou mécanique.

- Conditionneur de signal

  Cet ensemble d'éléments sert à maintenir le niveau de précision et de répétabilité du capteur, sa linéarité ainsi que son insensibilité aux variations de divers paramètres extérieurs.

## Éléments sensibles primaires

Ces éléments sont habituellement « élastiques »; ils se déforment lorsqu'ils sont soumis à une différence de pression. La figure 6.7 présente les principaux éléments disponibles.

**Figure 6.7**  Illustration de différents types d'éléments sensibles primaires.

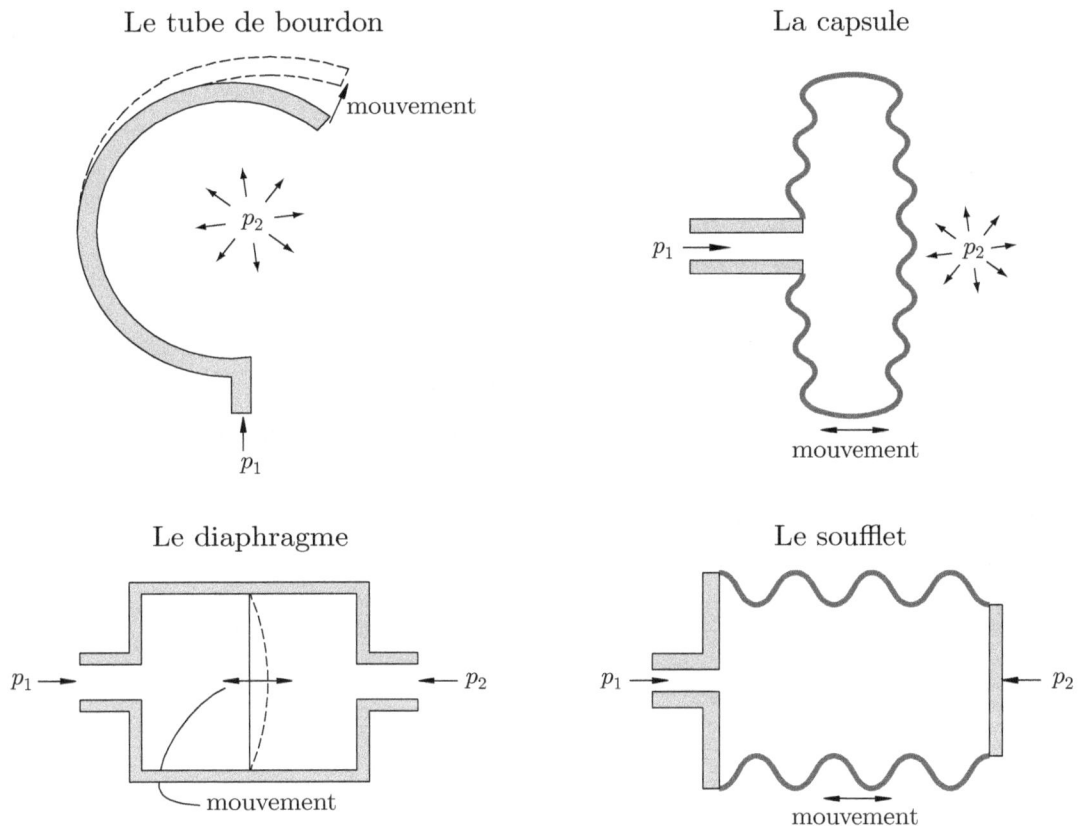

Le tube de bourdon

La capsule

Le diaphragme

Le soufflet

## Éléments sensibles secondaires

L'élément sensible secondaire sert à convertir le mouvement ou la déformation de l'élément primaire en signal électrique ou en déplacement mécanique d'un pointeur ou d'une aiguille sur un cadran. Le tube de bourdon est l'exemple typique d'élément primaire faisant appel à un élément secondaire de nature mécanique. Le capteur résultant de cette combinaison est très répandu dans les applications industrielles sujettes à des contrôles visuels du niveau de pression. Le schéma de la figure 6.8 illustre un tel capteur.

**Figure 6.8**     Tube de Bourdon avec élément secondaire mécanique.

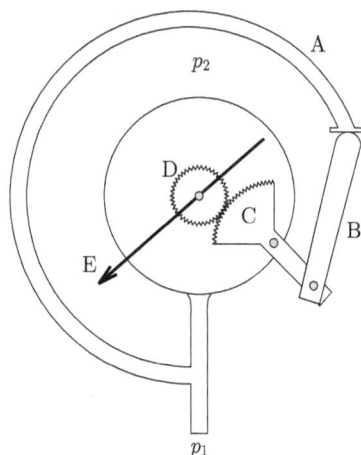

Pour ce type de capteur, le tube de Bourdon (A) est l'élément sensible primaire. Il se déforme sous l'effet d'une différence de pression $(p_1 - p_2)$. Cette déformation est transmise par le mécanisme (B – C – D) qui constitue l'élément secondaire. La lecture de pression est faite par l'intermédiaire d'un cadran et d'une aiguille (E) solidaire du pignon (D).

Dans le cadre du cours, nous nous intéressons davantage aux capteurs actifs; c'est pourquoi dans les paragraphes suivants, nous nous limiterons à la description des éléments secondaires convertissant le mouvement des éléments primaires en signaux électriques.

Soufflet ou capsule avec potentiomètre

**Figure 6.9**     Capteur de pression utilisant un soufflet et un potentiomètre.

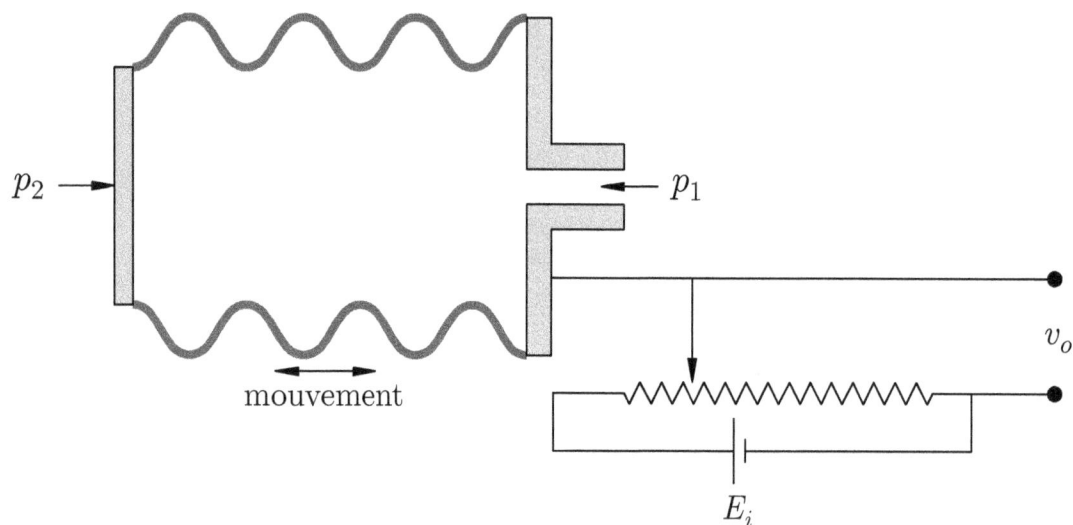

Le potentiomètre est précis et peu coûteux. Il peut cependant être désavantageux de l'utiliser dans les capteurs à basse pression, car il est sujet au frottement.

Soufflet ou capsule avec LVDT

Le *LVDT* (Linear Variable Differential Transformer qu'on retrouve aussi sous l'appellation Linear Variable Displacement Transformer) est précis mais il est cependant coûteux. Comme il n'est pas sujet au frottement, on l'utilise dans les capteurs de précision à basse pression.

**Figure 6.10**   Capteur de pression utilisant une capsule et un LVDT.

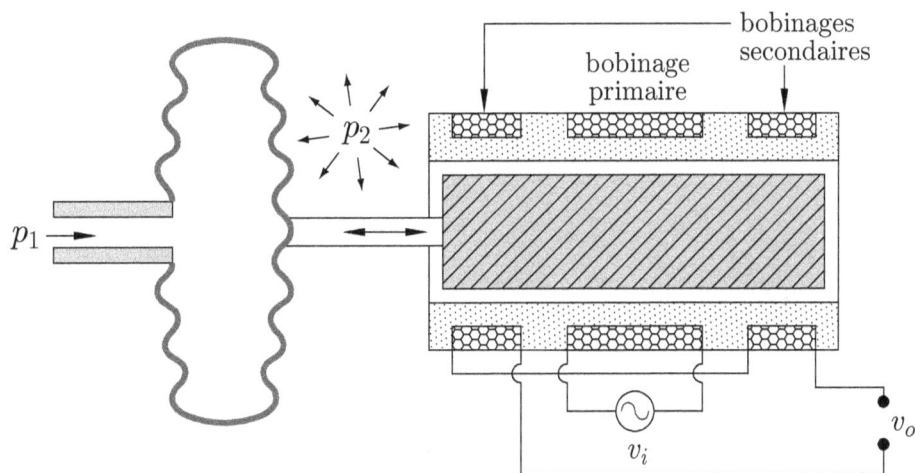

Diaphragme

Le diaphragme, autre élément secondaire très répandu, est une mince feuille de métal (surtout d'acier inoxydable) ou de silicone. La déformation du diaphragme peut être mesurée par divers éléments, tels que :

- un pont de jauges de déformation (jauges adaptées à la forme du diaphragme)

- des éléments piézorésistifs

- un élément capacitif

- un cristal piézoélectrique (sert à mesurer les fluctuations de pression)

## Conditionnement du signal et capteurs de pression

Un capteur de pression est constitué d'un élément sensible primaire auquel on a ajouté un élément sensible secondaire et un étage de conditionnement du signal. L'étape de conditionnement du signal est très importante. Elle permet d'améliorer grandement la réponse des éléments sensibles. La figure 6.11 illustre comment la tension de sortie d'un élément sensible secondaire peut être influencée par l'étage de conditionnement du signal.

| | |
|---|---|
| **Figure 6.11** | Illustration de l'effet du conditionnement du signal sur un capteur de pression. |

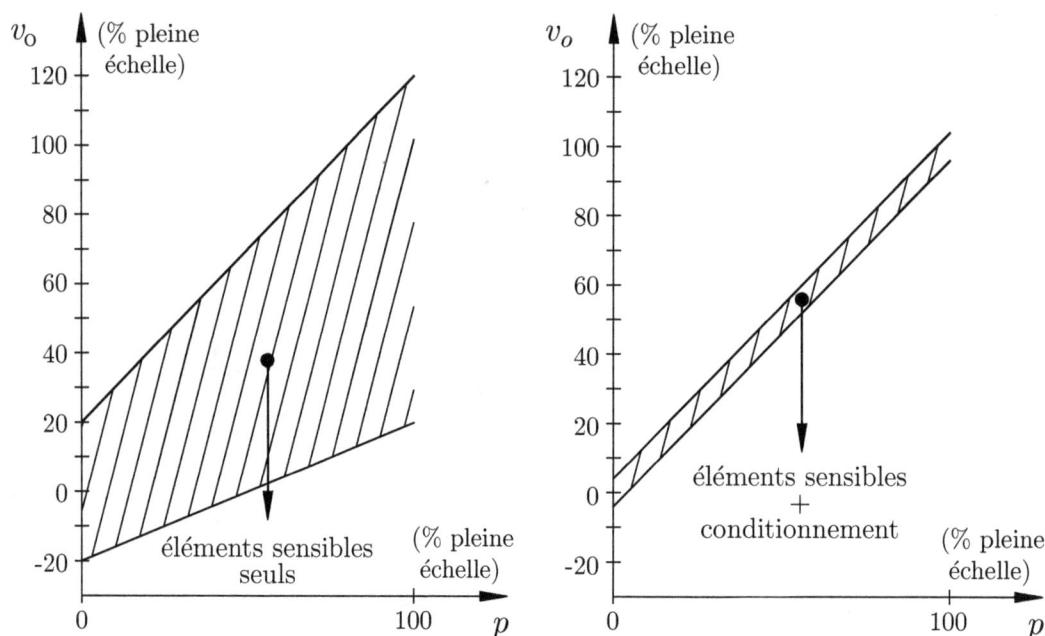

L'étage de conditionnement du signal sert à réduire l'effet de certains paramètres pouvant provoquer des dérives ou des erreurs. Le tableau 6.2 donne un exemple typique des ordres de grandeur des erreurs que l'on peut obtenir avec un capteur de pression sans conditionnement et avec conditionnement du signal.

**Tableau 6.2**
**Quantification des différentes erreurs avec et sans conditionnement du signal.**

| Erreur sans conditionnement | Paramètre en cause | Erreur avec conditionnement |
|:---:|:---:|:---:|
| ±50% | Sensibilité | ±1% |
| ±20% | Zéro | ±1% |
| ±0.5% | Non linéarité et hystérésis | ±0.5% |
| ±10% | Coef. thermique sur la sensibilité | ±0.5% |
| ±5% | Coef. thermique sur le zéro | ±0.5% |

La figure 6.12 présente un exemple d'utilisation de capteurs de pression dans le domaine de l'aérodynamique. Ces capteurs, munis d'une membrane de silicone, sont conçus pour fonctionner avec un gaz sec seulement (de l'air par exemple). Ils fournissent une mesure de pression différentielle dans la gamme de 0 à 2.49 kPa (0 à 10 po d'eau), ce qui permet, par exemple, de les utiliser avec un tube de Pitot pour mesurer la vitesse d'un écoulement d'air dans la gamme de 0 à environ 60 m/s. Notons enfin qu'ils sont compensés en température. La figure 6.13 présente des capteurs utilisés dans le domaine de l'hydrodynamique. Ils servent à mesurer une pression différentielle dans un écoulement d'eau. Notons qu'il faut prendre soin de bien purger ces capteurs afin d'éviter que des poches d'air ne viennent contaminer la qualité de la mesure (des robinets de purge sont prévus à cette fin).

**Figure 6.12**    Illustration de capteurs de pression utilisés en aérodynamique.

**Figure 6.13**    Illustration de capteurs de pression utilisés en hydrodynamique.

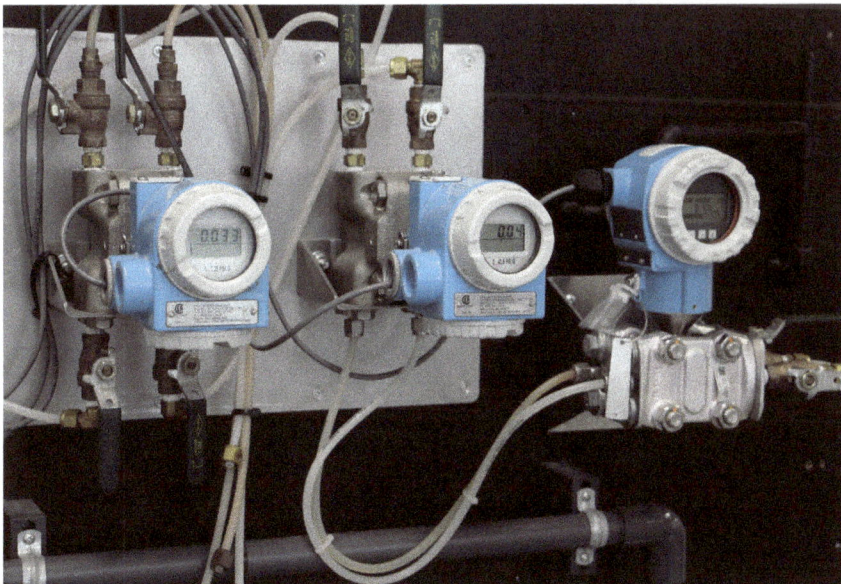

# 7 | Mesure du débit

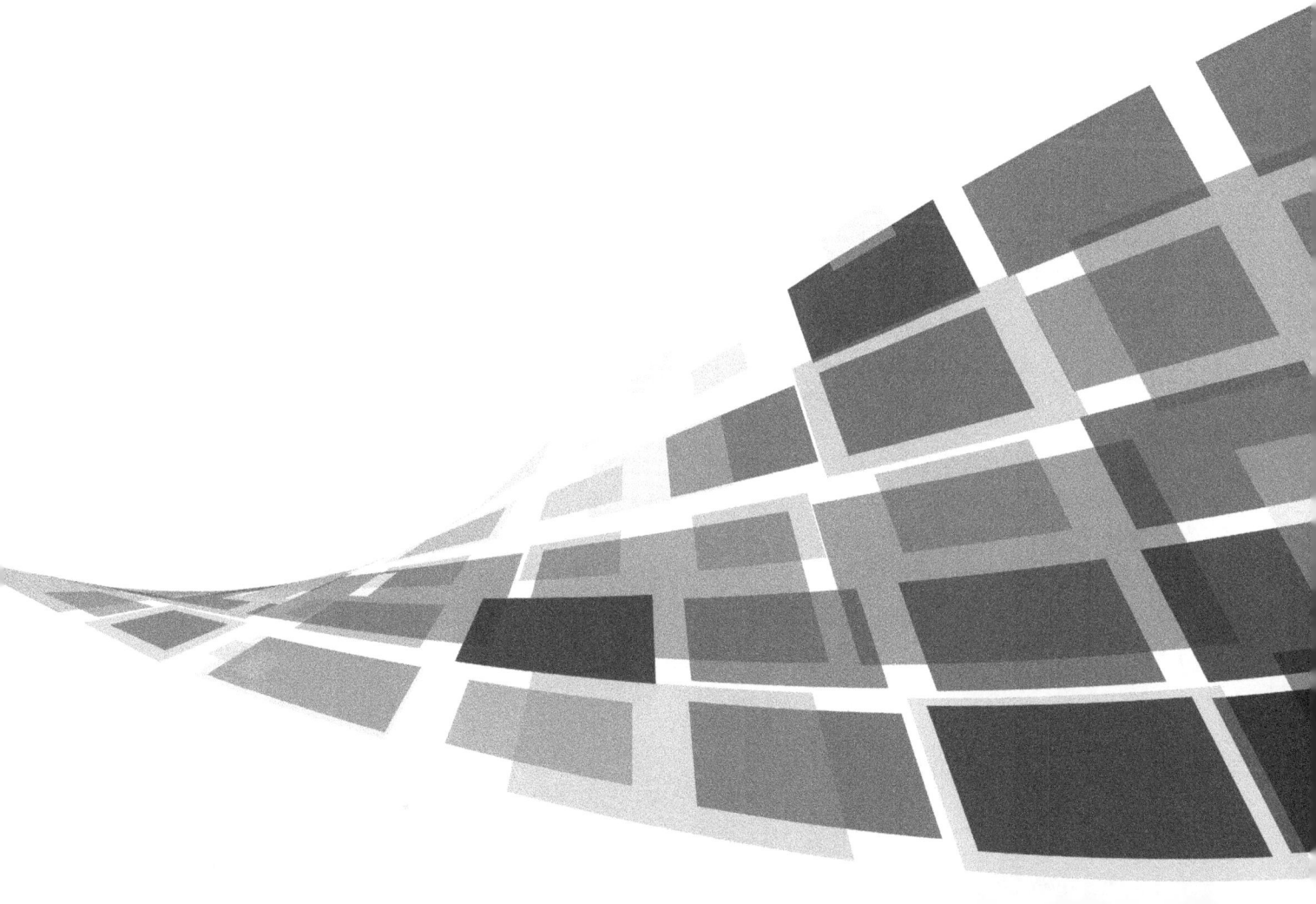

Plusieurs procédés industriels, problèmes d'ingénierie ou projets de recherche impliquent une mesure du débit. Cette mesure peut servir par exemple à effectuer le contrôle (asservissement, régulation, etc.) d'un procédé ou simplement à établir les conditions d'opération d'une expérience (recherche dans le domaine médical, en aéronautique, etc.). Elle peut servir à établir de manière précise les diverses composantes que l'on doit mélanger pour obtenir un produit dans l'industrie alimentaire, pharmaceutique ou chimique (peintures de différentes couleurs, résines, etc.). La mesure du débit est également requise dans les opérations commerciales impliquant la vente d'un liquide (essence et huile dans les réseaux de distribution de l'industrie pétrolière, eau potable domestique, boisson dans les usines d'embouteillage et les bars, etc.) ou d'un gaz (gaz carbonique, oxygène, etc.).

Le débit peut être exprimé de deux façons : l'écoulement d'un volume de fluide par unité de temps est appelé *débit volumique (Q)* alors que l'écoulement d'une certaine masse de fluide par unité de temps est appelé *débit massique (ṁ)*. Les unités SI de ces deux quantités sont respectivement le m³/s et le kg/s.

## 7.1 Conservation de la masse, débit massique et débit volumique

Pour définir l'équation de conservation de la masse, nous aurons recours aux concepts de *système* et de *volume de contrôle*. Un système est un ensemble de particules de fluide que l'on identifie à un instant $t_0$. La masse $M_{\text{sys}}$ de cet ensemble est donnée par :

$$M_{\text{sys}} = \int_{\text{sys}} \rho d\forall \ , \tag{7.1}$$

où $\rho$ est la masse volumique et $d\forall$ un élément de volume. L'équation de conservation de la masse pour un système s'écrit :

$$\frac{dM_{\text{sys}}}{dt} = 0 \ . \tag{7.2}$$

Cette équation exprime le fait que la masse de l'ensemble des particules de fluide composant le système demeure constante dans le temps. Pour que cette équation soit plus facilement utilisable, nous allons la transposer à un volume de contrôle fixe et indéformable. Le *théorème de transport de Reynolds*, qui sert à transposer les équations appliquées à un système vers un volume de contrôle, nous permet d'écrire :

$$\frac{d}{dt} \int_{\text{sys}} \rho \, d\forall = \frac{\partial}{\partial t} \int_{\text{vc}} \rho \, d\forall + \int_{\text{sc}} \rho \, \vec{U} \cdot \vec{n} \, dA = 0 \ . \tag{7.3}$$

Le premier terme de l'expression de droite représente le taux de changement dans le temps de la masse contenue dans le volume de contrôle. Le deuxième terme représente le flux massique à travers les surfaces de contrôle. Le vecteur unitaire $\vec{n}$ est perpendiculaire à la surface de contrôle et, par convention, pointe vers l'extérieur du volume de contrôle. La figure 7.1 illustre cette convention.

| **Figure 7.1** | Schéma représentant la relation entre le volume de contrôle et le système. |

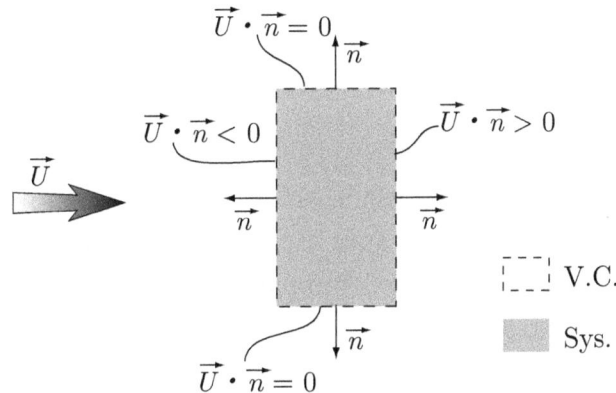

Le produit scalaire $\vec{U}\cdot\vec{n}$ sera donc négatif pour tout débit entrant dans le volume de contrôle alors qu'il sera positif pour tout débit en sortant. Ceci nous permet d'écrire :

$$\int_{sc} \rho\,\vec{U}\cdot\vec{n}\,dA = \sum \dot{m}_{\text{sort.}} - \sum \dot{m}_{\text{entr.}} \ . \tag{7.4}$$

De plus, en considérant $U_n$ le vecteur vitesse projeté suivant $\vec{n}$ ($U_n = \vec{U}\cdot\vec{n}$), on exprime le débit massique passant par une surface $A$ comme :

$$\dot{m}_A = \int_A \rho\,U_n\,dA \ . \tag{7.5}$$

Lorsque la densité du fluide est homogène sur la section $A$, on obtient :

$$\dot{m}_A = \rho \int_A U_n\,dA \quad \text{et} \quad Q = \frac{\dot{m}_A}{\rho} = \int_A U_n\,dA \ , \tag{7.6}$$

où $Q$ est le débit volumique.

## Écoulement stationnaire

Lorsque l'écoulement est stationnaire, l'équation de conservation de la masse écrite pour un volume de contrôle se simplifie. En effet, on a :

$$\frac{\partial}{\partial t}\int_{vc} \rho\,d\forall = 0 \quad \Rightarrow \quad \sum \dot{m}_{\text{sort.}} = \sum \dot{m}_{\text{entr.}} \ . \tag{7.7}$$

D'autre part, si le fluide est <u>incompressible</u> et <u>homogène</u> dans tout le volume de contrôle, on obtient :

$$\sum Q_{\text{sort.}} = \sum Q_{\text{entr.}} \quad . \tag{7.8}$$

**Vitesse moyenne**

Dans des conditions d'écoulement incompressible et à propriétés physiques homogènes ($\rho =$ cte sur toute la section $A$ considérée), on définit la vitesse moyenne $\overline{U}$ par :

$$\overline{U} = \frac{Q}{A} \quad \text{avec} \quad Q = \int_A U_n \, dA \quad . \tag{7.9}$$

**Nombre de Reynolds**

Dans la plupart des applications, on aura à calculer le nombre de Reynolds dans un tuyau ou une conduite. Ce nombre est défini par :

$$\text{Re} = \frac{\rho \, \overline{U} \, D}{\mu} = \frac{\overline{U} \, D}{\nu} \quad , \tag{7.10}$$

où $\mu$ représente la viscosité dynamique (en Pa·s) et $\nu$ la viscosité cinématique (en m²/s). Le nombre de Reynolds est d'une importance capitale en dynamique des fluides. Il est sans dimension et exprime le rapport entre les forces d'inertie et les forces dues à la viscosité. Ce nombre sert notamment à faire des analyses de similitude ainsi qu'à déterminer le régime laminaire ou turbulent d'un écoulement. Pour l'écoulement dans un tuyau par exemple, on observera un régime laminaire pour Re < 2100 alors que l'écoulement sera turbulent pour Re > 4000 (approximativement). Pour un écoulement incompressible et à propriétés physiques homogènes, on peut aussi écrire :

$$\text{Re} = \frac{4 \, Q}{\pi \, D \, \nu} \quad . \tag{7.11}$$

## 7.2  Classification des débitmètres

Suivant leur mode de fonctionnement, les débitmètres sont généralement classés en trois catégories : 1- débitmètres sensibles aux variations de quantité de mouvement, 2- débitmètres sensibles au variations de débit volumique et 3- débitmètres sensibles aux variations de débit massique. Le tableau 7.1 constitue un bon outil permettant d'effectuer une sélection préliminaire d'un type de débitmètre. Soulignons cependant que la liste des débitmètres présentée dans ce tableau n'est que partielle.

**Tableau 7.1**
**Classification des principaux débitmètres.**

| Type de débitmètre | Fluide | Précis· | Diamètre (mm) | Température (°C) | débit* (m³ ou kg /hr) | Perte de ch. | Sensib. instal. | Coût |
|---|---|---|---|---|---|---|---|---|
| **Quantité de mouvement** | | | | | | | | |
| Orifice | L – G | ++ | 50 à 1000 | -180 à 540 | $1$ à $3 \times 10^6$ (L) <br> $10$ à $4 \times 10^6$ (G) | ++++ | ++++ | + |
| Venturi | L – G | ++ | 50 à 1200 | -180 à 540 | 30 à 7000 (L) <br> 400 à $10^5$ (G) | ++ | ++ | +++ |
| Cible Traînée | L – G | + | 12 à 100 | -45 à 540 | $1$ à $5 \times 10^4$ (L) <br> 0.5 à 3000 (G) | ++++ | ++++ | ++ |
| Rotamètre | L – G | + | 15 à 150 | -200 à 350 | $10^{-3}$ à 1000 (L) <br> $10^{-4}$ à 2000 (G) | ++ | + | + |
| **Volumique** | | | | | | | | |
| Dépl. posit. | L – G | +++ | 4 à 1000 | -50 à 315 (L) <br> -50 à 120 (G) | 0.01 à 2000 (L) <br> 0.01 à 3000 (G) | ++++ | + | ++++ |
| Turbine | L – G | +++ | 5 à 600 | -200 à 260 | 0.01 à $10^4$ (L) <br> 0.01 à $10^5$ (G) | ++ | ++++ | + |
| ém. tourb. | L – G | ++ | 12 à 200 | -40 à 200 | 3 à 2000 (L) <br> 50 à $10^5$ (G) | +++ | ++++ | + |
| électroma. <br> Ultrason. | L <br> L – G | ++ <br> + | 2 à 3000 <br> 3 à 3000 (L) <br> 20 à 2000 (G) | -50 à 190 <br> -40 à 200 | $10^{-2}$ à $3 \times 10^5$ <br> $3$ à $3 \times 10^5$ (L) <br> $3$ à $10^6$ (G) | + <br> + | ++ <br> +++ | ++ <br> +++ |
| **Massique** | | | | | | | | |
| Thermique | G | + | 3 à 6 | 0 à 65 | $3 \times 10^{-4}$ à 0.03 | ++ | + | ++ |
| Coriolis | L | ++ | 1 à 150 | -75 à 245 | $5$ à $5 \times 10^5$ | ++ | ++ | ++++ |

\* Note : le débit est exprimé en m³/hr ou en kg/hr selon le type de débimètre décrit (volumique ou massique).

## Débitmètres à variation de quantité de mouvement

Dans la première catégorie, on retrouve les débitmètres basés sur un principe de variation de la quantité de mouvement. En effet, ces instruments sont sensibles aux variations de $\rho U^2$ (en écoulement uniforme, incompressible et homogène, on obtient $\dot{m}U = \rho\,QU = \rho AU^2$). Les débitmètres de type orifice (aussi dénommé diaphragme ou plaque orifice), tuyère, tube de Venturi, rotamètre et cible ou force de traînée (*target flowmeter* ou *drag force flowmeter*) sont les plus connus de cette catégorie. Les diaphragmes, tuyères et tubes de Venturi sont présentés en détail à la section 7.3.

**Figure 7.2**   Débitmètre à variation de quantité de mouvement : principe de base.

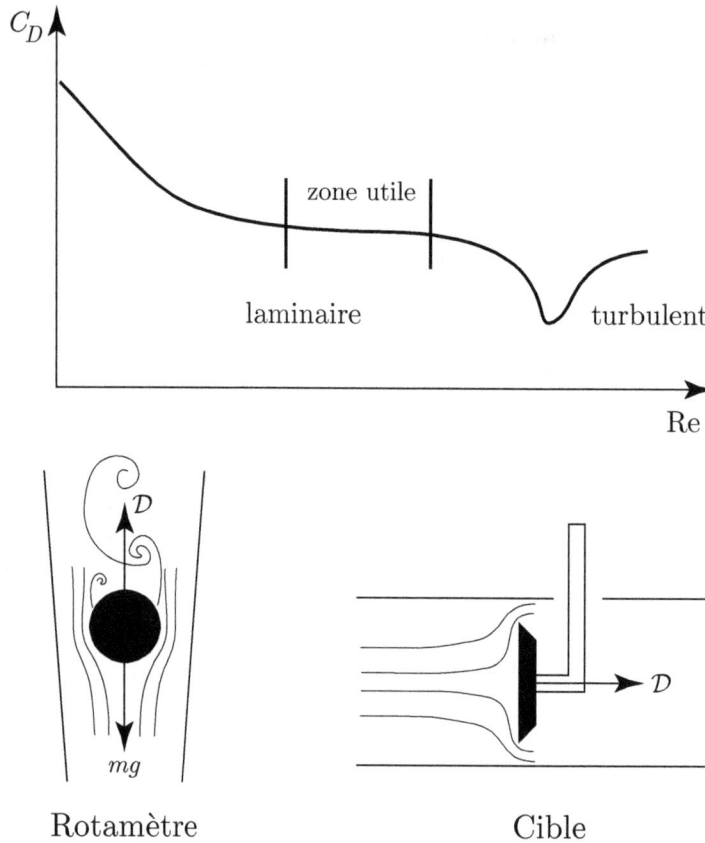

Rotamètre                    Cible

Le principe de fonctionnement des rotamètres et des débitmètres de type cible est présenté sur la figure 7.2. La figure 7.3 présente trois rotamètres d'usage courant dans l'industrie. Les rotamètres et les débitmètres de type cible fournissent un signal proportionnel à $\rho U^2$; en effet, ils exploitent le phénomène de traînée aérodynamique (ou hydrodynamique) d'un corps non profilé. Dans les deux cas, on utilise le dispositif dans un régime d'écoulement pour lequel on observe un coefficient de traînée $C_D$ constant. Rappelons que $C_D = \mathcal{F}(\mathrm{Re})$, mais que dans une certaine plage de nombre de Reynolds, on observe une valeur de $C_D$ constante. Ceci permet d'écrire, pour une cible de surface frontale $A_f$ :

$$C_D = \frac{\mathcal{D}}{\frac{1}{2}\rho U^2\, A_f} = \mathcal{F}(\mathrm{Re}) = cte \ \text{ sur une certaine plage} \tag{7.12}$$

$$\Rightarrow \mathcal{D} = cte \times \rho U^2 \ \ . \tag{7.13}$$

**Figure 7.3**    Exemples de rotamètres utilisés dans l'industrie.

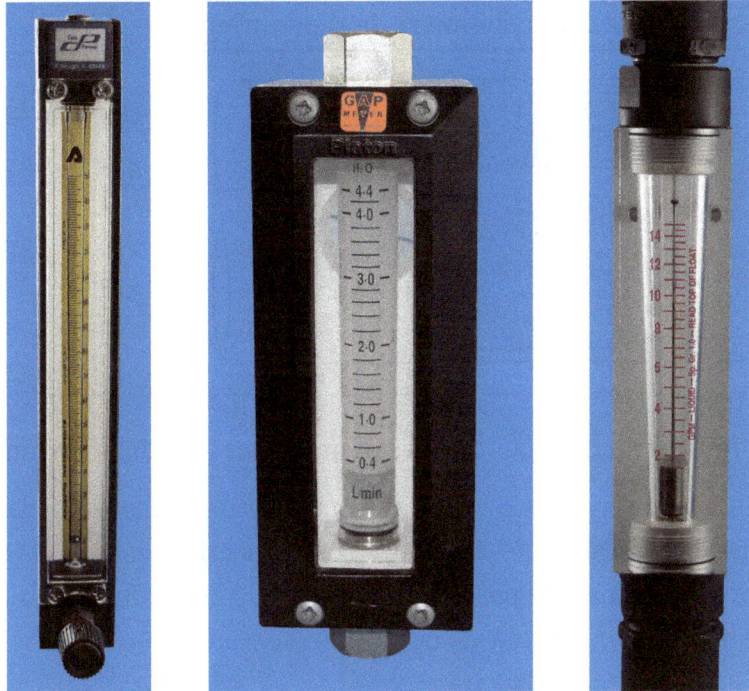

## Débitmètres à débit volumique

La deuxième catégorie regroupe les débitmètres sensibles au débit volumique. Ceux-ci sont donc sensibles soit directement à $Q$ (*e.g.* déplacement positif et turbine : mesure de $\Delta \forall$ et de $\Delta t$) ou à $U$ (émission tourbillonnaire, électromagnétique, ultrasonique).

### Débitmètre à déplacement positif

Ce débitmètre est basé sur un principe très simple qui consiste à transvider un volume de liquide d'un côté à l'autre du dispositif (figure 7.4).

**Figure 7.4**    Schéma d'un débitmètre à déplacement positif (engrenage ovale).

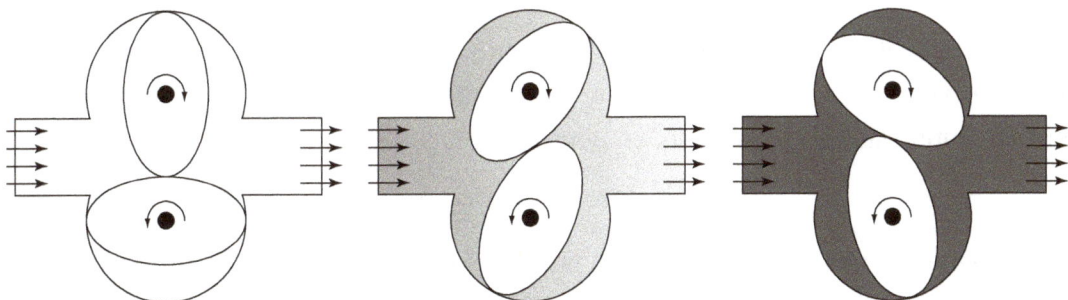

## Débitmètre de type turbine

**Figure 7.5**    Schéma d'un débitmètre de type turbine.

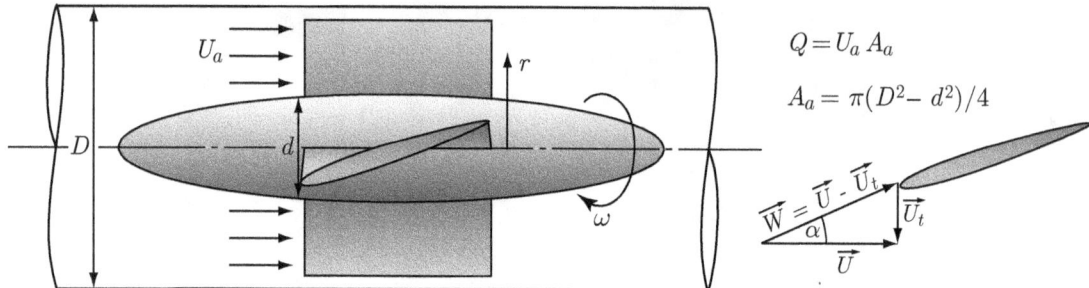

Dans le cas du débitmètre de type turbine, on utilise les notations suivantes :

- $A_a$ est la section interne de la conduite située juste en amont du plan défini par le passage du bord d'attaque des pales; cette section est de forme annulaire, puisqu'elle est circonscrite par la paroi interne de la conduite de diamètre $D$ et le moyeu de diamètre $d$ du rotor de la turbine; $A_a = \pi(D^2 - d^2)/4$;

- $\alpha$ est l'angle d'incidence du bord d'attaque des pales par rapport à la direction axiale;

- $\vec{U}$ est le vecteur de vitesse absolue de l'écoulement à la section $A_a$ (vitesse purement axiale $U_a$ dans le cas présent);

- $\vec{U}_t$ est le vecteur de vitesse tangentielle des pales de la turbine;

- $\vec{W} = \vec{U} - \vec{U}_t$ est le vecteur de vitesse relative de l'écoulement par rapport aux pales de la turbine.

Le schéma de la figure 7.5 illustre la relation graphique entre ces trois vecteurs. À une position radiale $r$ donnée, la vitesse tangentielle des pales est $|\vec{U}_t| = \omega\, r$. De plus, par construction géométrique, on peut écrire :

$$\tan(\alpha) = \frac{|\vec{U}_t|}{|\vec{U}|} = \frac{\omega\, r}{U_a} \Rightarrow U_a = \frac{r}{\tan(\alpha)}\, \omega \ . \tag{7.14}$$

On constate tout d'abord que le rapport $r/\tan(\alpha)$ doit être constant; les pales doivent donc être vrillées afin de respecter cette contrainte. De plus, en considérant un écoulement incompressible et homogène, on peut écrire :

$$Q = A_a\, U_a = cte \times \omega \ . \tag{7.15}$$

Il s'agit bien d'un débitmètre volumique puisque le débit est directement proportionnel à la vitesse de rotation. La figure 7.6 montre un exemple d'un tel débitmètre.

**Figure 7.6**    Illustration d'un débitmètre de type turbine.

### Débitmètre à aubes et à hélice

Un autre débitmètre volumique est le débitmètre à aube (figure 7.7). Les aubes sont immergées dans une petite portion de l'écoulement, afin de minimiser les pertes de charge, et sont donc entraînées en rotation par le fluide. La disposition de ce type de débitmètre dans le circuit est cependant critique, car l'écoulement doit être de la même nature que celui ayant servi à l'étalonnage (développé, axisymétrique, etc.).

**Figure 7.7**    Illustration d'un débitmètre à aubes installé sur une conduite (mesure d'un débit d'eau) et d'un anémomètre à hélice (mesure d'une vitesse ou d'un débit d'air selon l'application).

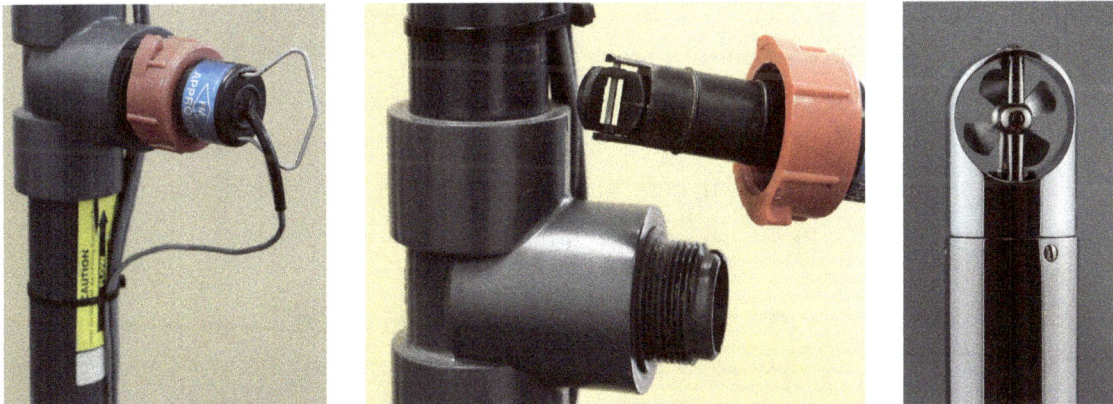

### Débitmètre à émission tourbillonnaire

Un autre appareil faisant partie de la catégorie des débitmètres sensibles au débit volumique est le débitmètre à émission tourbillonnaire (*vortex shedding flowmeter*). Ce type de débitmètre est basé sur le principe de détachement de tourbillons provenant d'un corps non-profilé (*bluff body*) exposé à un écoulement. La figure 7.8 illustre le concept de base de ce type de débitmètre.

| **Figure 7.8** | Schéma d'un débitmètre à émission tourbillonnaire. |

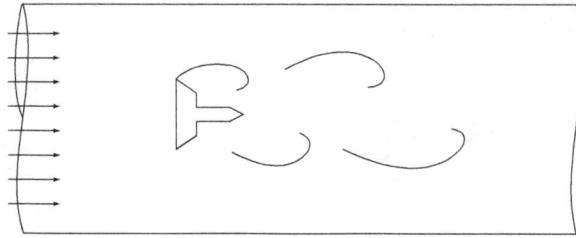

Le corps non-profilé classique est le cylindre. Il est bien connu qu'un cylindre dont l'axe longitudinal est disposé perpendiculairement à un écoulement produira un sillage dans lequel on observera des tourbillons de signes alternés (un tourbillon tourne dans un sens et le suivant tourne dans le sens inverse). En fait, ces tourbillons proviennent du décollement de la mince couche limite évoluant sur la surface du cylindre. Sur la partie aval du cylindre, cette couche limite se trouve dans une région de gradient de pression adverse (la pression augmente dans le sens de l'écoulement). Les particules de fluide évoluent dans un environnement au sein duquel la résultante des forces de pression s'oppose à leur mouvement. Elles sont donc ralenties. Lorsque les forces inertielles ($\rho \vec{a}$) deviennent inférieures aux forces de pression, la nature produit un phénomène que l'on dénomme *décollement de la couche limite*. Dans le cas du cylindre ou de tout autre corps non profilé du même type, le phénomène de décollement est instationnaire. En effet, d'un côté du cylindre, la couche limite décollée s'étire et s'enroule sous la forme d'un tourbillon qui quitte brusquement la surface. Ceci produit un déséquilibre de pression qui influence la distribution de pression de l'autre côté du cylindre et déclenche le processus de décollement de ce côté. Le phénomène se répétant ainsi en alternance d'un côté à l'autre, on observe une émission de tourbillons caractérisée par une périodicité très précise (tant que la vitesse est constante).

Lors de l'émission tourbillonnaire, on observe que le cylindre est soumis à une force de portance (force perpendiculaire à l'écoulement) instantanée de nature périodique et d'amplitude presque équivalente à la force de traînée. Cette force est donc relativement importante (c'est pourquoi on étudie soigneusement l'aérodynamique des structures telles que les cheminées, les gratte-ciels et les ponts). On a mentionné que la fréquence d'émission des tourbillons est stable et est fonction de la vitesse. Ainsi, en mesurant la fréquence de la force de portance périodique générée par l'émission tourbillonnaire, on obtiendra une information sur la vitesse qui sera traduite en information sur le débit. La figure 7.9 montre des mesures de force instationnaire sur un cylindre. On observe bien le caractère périodique de la force résultante.

| Figure 7.9 | Évolution temporelle du vecteur force résultante agissant sur un cylindre soumis à un écoulement perpendiculaire à son axe longitudinal; écoulement d'air avec $U = 19.4$ m/s, diamètre du cylindre $d = 0.0254$ m, nombre de Reynolds $\mathrm{Re}_d = 32\,000$, nombre de Strouhal St $= 0.205$. |
|---|---|

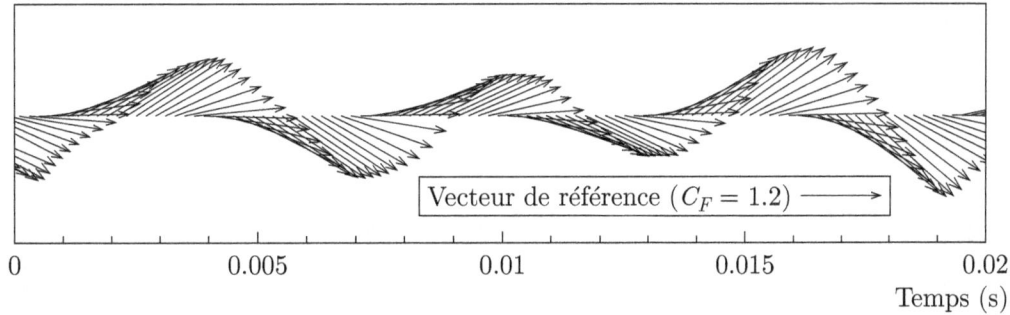

Vecteur de référence ($C_F = 1.2$) ⟶

0      0.005      0.01      0.015      0.02

Temps (s)

On peut généraliser le problème en ayant recours à l'analyse dimensionnelle. En faisant cette analyse classique, on fait ressortir les groupes adimensionnels suivants : le nombre de *Reynolds* $\mathrm{Re}_d$, le *coefficient de force* $C_F$ et le nombre de *Strouhal* St. Pour un cylindre de diamètre $d$ et de surface frontale $A_f$, ces nombres adimensionnels s'expriment comme suit :

$$C_F = \frac{F}{\frac{1}{2}\,\rho\,U^2\,A_f} = \mathcal{F}(\mathrm{Re}_d) \quad , \quad \mathrm{St} = \frac{f\,d}{U} = \mathcal{F}(\mathrm{Re}_d) \quad \text{avec} \quad \mathrm{Re}_d = \frac{\rho\,U\,d}{\mu} \quad . \quad (7.16)$$

Pour le cas du cylindre, la figure 7.10 illustre de quelle façon le nombre de Strouhal évolue en fonction du nombre de Reynolds. On constate que pour une grande plage de nombre de Reynolds ($600 < \mathrm{Re}_d < 2 \times 10^5$), la valeur du nombre de Strouhal est approximativement constante. Cette observation est en général valable pour plusieurs corps non-profilés (les frontières de la plage peuvent varier). Ainsi, pour cette gamme de nombres de Reynolds et pour une conduite de section $A$, on obtient :

$$\mathrm{St} = \frac{f\,d}{U} = cte \quad \Rightarrow \quad f = \frac{cte\,U}{d} = \frac{cte}{A\,d}\,Q \quad \Rightarrow \quad Q = cte \times f \quad . \quad (7.17)$$

Une mesure de la fréquence d'émission tourbillonnaire $f$ (par le biais d'une mesure de force sur le corps non-profilé par exemple) donne directement accès à la mesure du débit. Il s'agit bien d'un débitmètre volumique.

Dans le cas d'un débitmètre à émission tourbillonnaire de type industriel, on utilisera une forme qui maximise la force des tourbillons émis tout en ayant une traînée raisonnable, de manière à ne pas introduire une trop grande perte de charge. La forme illustrée sur la figure 7.8 est typique de ce que l'on retrouve dans l'industrie.

---

**Figure 7.10**  Évolution du nombre de Strouhal en fonction du nombre de Reynolds pour un écoulement autour d'un cylindre.

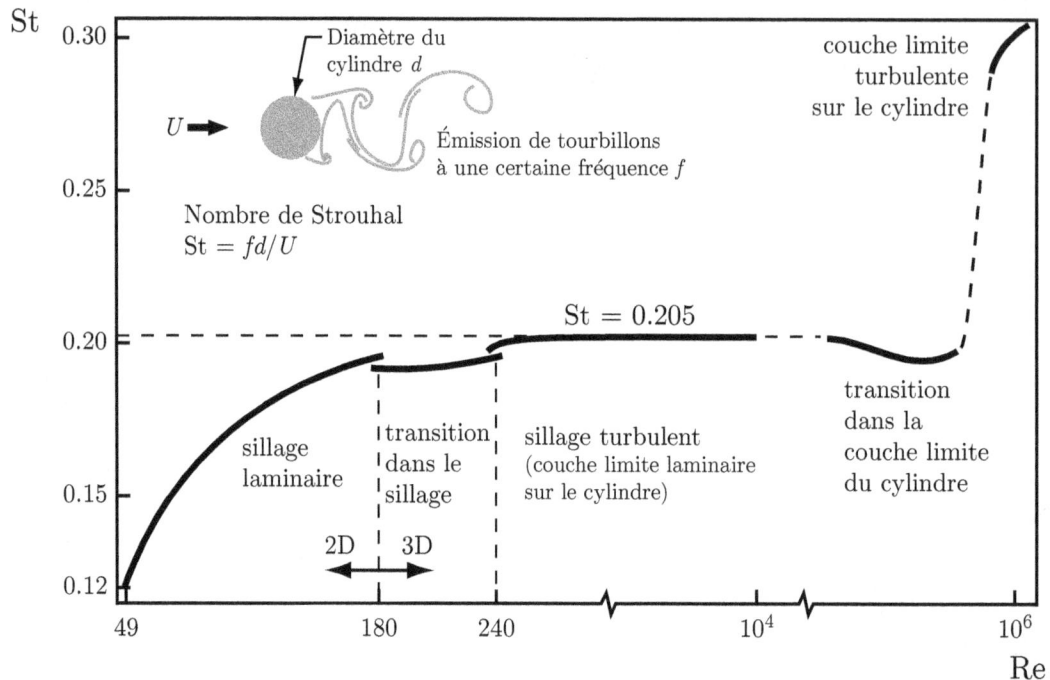

### Débitmètre électromagnétique

La *loi de l'induction électromagnétique*, découverte par Faraday en 1831, constitue un des phénomènes les plus importants de l'électromagnétisme. Cette loi stipule que lorsqu'on déplace à vitesse $U$ un conducteur de longueur $L$ dans un champ magnétique de densité de flux $B$, on observe une différence de potentiel entre les extrémités du conducteur. On dit alors qu'une tension électrique est induite dans le conducteur. La forme générale de cette loi d'induction électromagnétique est de la forme suivante :

$$v = \vec{U} \times \vec{B} \cdot \vec{L} \ . \tag{7.18}$$

Dans le cas présent, considérons que le vecteur $\vec{U}$, représentant la vitesse de déplacement du conducteur, soit perpendiculaire au vecteur $\vec{B}$ représentant la densité de flux magnétique. De plus, considérons que le conducteur défini par le vecteur $\vec{L}$ soit orienté de façon bi-normale aux vecteurs $\vec{U}$ et $\vec{B}$ (*i.e.* $\vec{L} \parallel$ à $\vec{U} \times \vec{B}$). La différence de potentiel induite dans le conducteur est alors maximale et la relation (7.18) permet d'écrire :

$$v = U \, B \, L \ . \tag{7.19}$$

Un débitmètre électromagnétique fonctionne suivant ce principe d'induction. On construit ce débitmètre en disposant un bobinage à l'extérieur de la conduite. Celui-ci sert à produire un champ magnétique traversant le liquide dont on cherche à déterminer le débit (figure 7.11). On utilise donc le principe d'induction électromagnétique tel que décrit précédemment, en précisant les points suivants : le conducteur est constitué du fluide conducteur s'écoulant dans la conduite et les extrémités du conducteur sont constituées de deux électrodes disposées sur la paroi de la conduite. Le fluide situé dans la conduite entre les électrodes joue donc le rôle du conducteur se déplaçant dans le champ magnétique. La longueur de ce fil virtuel est égale au diamètre intérieur $D$ de la conduite. On observe ainsi une différence de potentiel $v$ aux bornes des électrodes qui est proportionnelle à la vitesse de l'écoulement.

**Figure 7.11** Illustration d'un débitmètre électromagnétique et exemple d'utilisation sur un banc d'essai de turbine hydraulique (débit nominal 1 m³/s, diamètre du tuyau de 0.4 m).

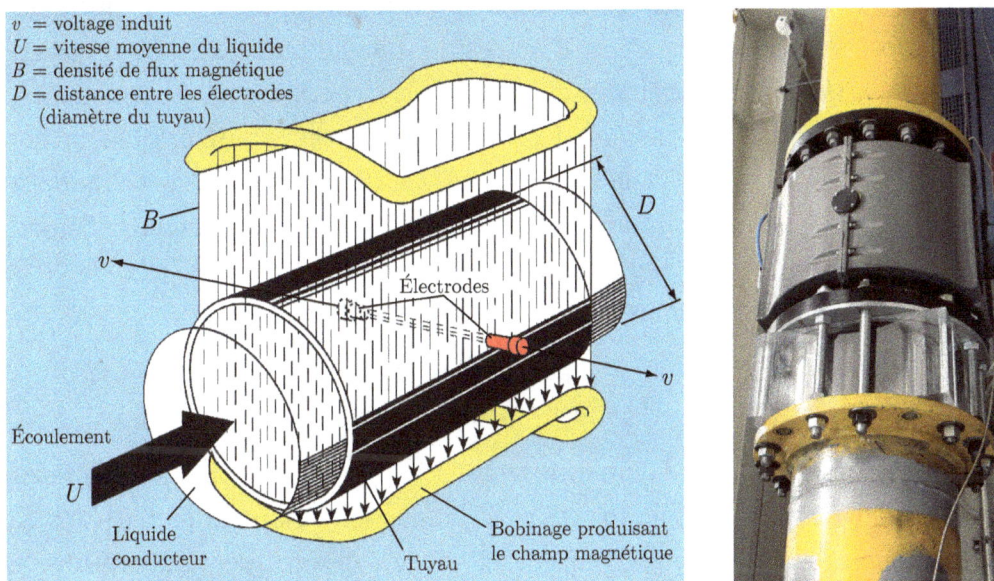

La principale difficulté associée à la conception d'un débitmètre électromagnétique consiste à obtenir un champ magnétique uniforme, *i.e.* d'orientation perpendiculaire à l'axe de la conduite en tout point de l'écoulement et d'intensité uniforme sur tout le diamètre de la conduite. La relation de base (7.18) est toujours valide, mais avec les imperfections, l'application de la relation simplifiée (7.19) n'est pas parfaitement exacte. Afin de prendre en compte ces légères imperfections, on introduit une constante de proportionnalité :

$$v = cte\, U\, B\, D \;\Rightarrow\; U = cte \times v \;\Rightarrow\; Q = cte \times v \;. \tag{7.20}$$

On constate qu'il s'agit là aussi d'un débitmètre volumique, car le débit est directement proportionnel au voltage mesuré. Il est important de rappeler que le débitmètre électromagnétique est limité à la mesure du débit des liquides conducteurs électriques.

163

## Débitmètres à débit massique

La troisième catégorie regroupe les débitmètres sensibles au débit massique. Les plus répandus sont ceux de type thermique (aussi dénommés débitmètres à tube chauffant) qui servent à mesurer le débit massique d'un gaz et ceux de type Coriolis qui sont utilisés pour mesurer le débit massique d'un liquide.

### Débitmètre de type thermique

Le fonctionnement d'un débitmètre de type thermique est basé sur l'utilisation du premier principe de la thermodynamique appliqué à l'écoulement d'un gaz à faible vitesse dans une conduite (principe de conservation de l'énergie).Considérons un volume de contrôle localisé autour d'un tube dans lequel s'écoule un fluide en régime permanent. Si on injecte de la chaleur (taux de transfert de chaleur ou puissance thermique $\dot{Q}$), la conservation de l'énergie stipule qu'il en résulte une augmentation de l'enthalpie du fluide : $\dot{Q}_{1-2} = \dot{m}\,(h_2 - h_1)$.Si le fluide est un gaz parfait pour lequel on considère que la chaleur spécifique à pression constante ($c_p$) ne varie pas avec la température, on obtient : $\dot{Q}_{1-2} = \dot{m}\,c_p(T_2 - T_1)$. Ceci est valable pour des variations limitées de température et pour les gaz seulement (la valeur de $c_p$ varie avec la température de manière importante pour les liquides). Le débitmètre de type thermique utilisé pour mesurer le débit massique d'un gaz fonctionne donc en respectant la relation suivante :

$$\dot{m} = \dot{Q}/(c_p\,\Delta T) \quad . \tag{7.21}$$

Ce type de débitmètre est muni d'un tube chauffant de très faible diamètre (presque un tube capillaire) et ayant un grand rapport d'allongement. Dans la plupart des cas, ce tube possède un seul élément chauffant et deux capteurs de température. On le dénomme *tube de mesure* (figure 7.12).

En imposant le taux de transfert de chaleur $\dot{Q}$ injecté par l'élément chauffant et en mesurant $\Delta T$, on obtient une mesure du débit massique $\dot{m}$ par la relation (7.21). La vitesse dans le tube capillaire étant limitée, on fabrique ce type de débitmètre en utilisant un dispositif de dérivation de débit dénommé « *bypass laminaire* » (figure 7.13). Ce dispositif est constitué de plusieurs tubes de même diamètre et même longueur que le tube capillaire. En procédant ainsi, on fait passer une fraction connue du débit total par le tube de mesure. L'équation d'étalonnage du débitmètre massique devient alors du type $\dot{m} = cte \times \Delta T$.

**Figure 7.12**   Schéma représentant le principe de fonctionnement d'un débitmètre massique de type thermique.

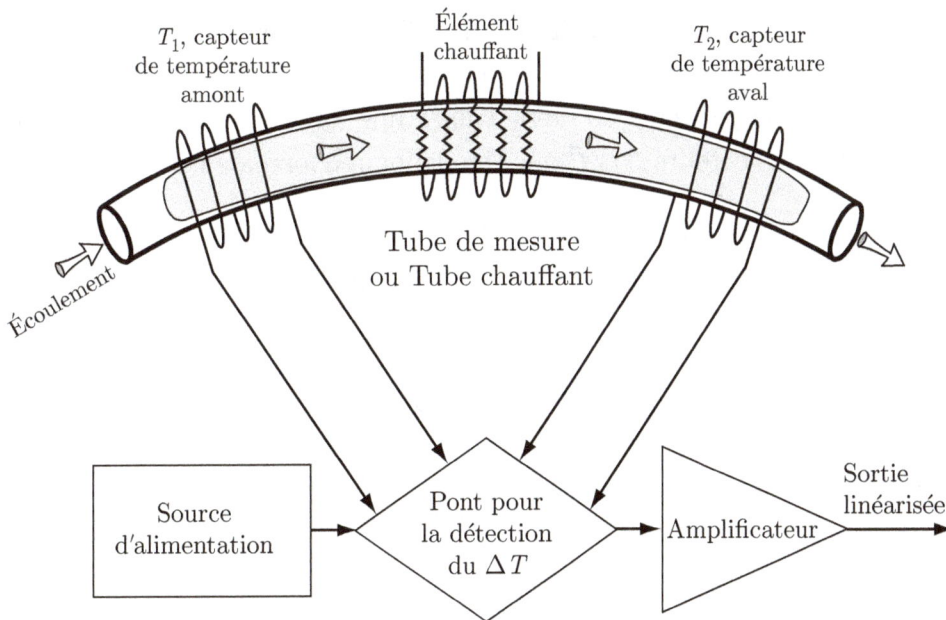

**Figure 7.13**   Illustration d'un débitmètre de type thermique ou à tube chauffant utilisé pour mesurer le débit massique d'un gaz. Une valve de contrôle peut aussi être utilisée lorsqu'on veut imposer un débit massique.

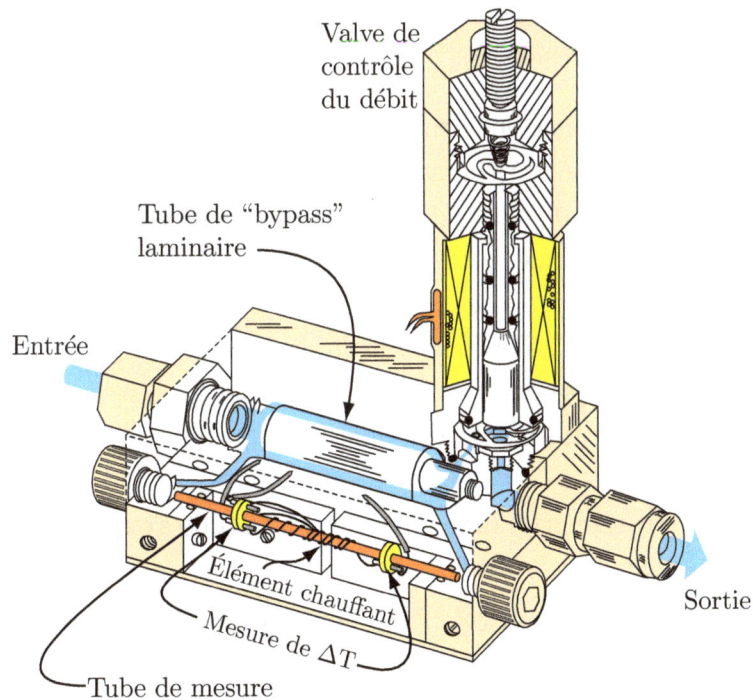

<u>Débitmètre de type Coriolis</u>

Considérons une particule de fluide élémentaire de masse $dm$ se déplaçant à vitesse $U$ dans un tube tournant à vitesse angulaire $\omega$ avec $\vec{\omega} \perp \vec{U}$ (figure 7.14). Il s'agit d'un cas de mouvement plan d'une particule relatif à un repère tournant. Les équations de la dynamique stipulent que la particule de fluide subira une force « déviante » $F_c$ orientée de façon bi-normale aux vecteurs $\vec{\omega}$ et $\vec{U}$ que l'on dénomme force de *Coriolis*.

**Figure 7.14** Schéma d'une particule de fluide se déplaçant dans un tube en rotation.

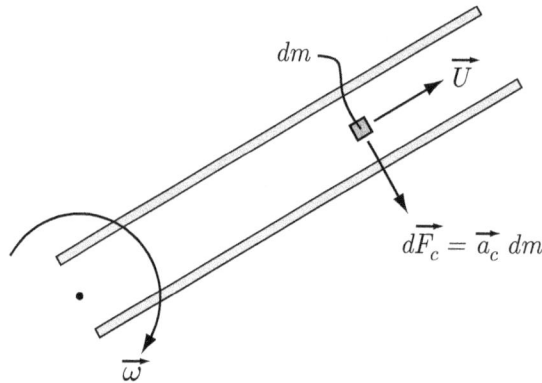

La force de Coriolis subie par la particule s'exprime comme suit :

$$d\vec{F}_c = 2\,\vec{\omega} \times \vec{U}\,dm = \vec{a}_c\,dm \quad , \tag{7.22}$$

où le terme $\vec{a}_c = 2\,\vec{\omega} \times \vec{U}$ représente l'accélération de Coriolis.

Considérons maintenant un tube en forme de U tel que celui illustré sur la figure 7.15. Le tube tourne à une vitesse angulaire dont le vecteur $\vec{\omega}$ est orienté dans le sens inverse de l'axe $x$. La particule de fluide de masse $dm$ identifiée sur le schéma s'écoule avec un vecteur vitesse $\vec{U}$ orienté suivant l'axe $y$. La force de Coriolis agissant sur cette particule est $d\vec{F}_c = 2\,\vec{\omega} \times \vec{U}\,dm$ et, selon la règle de la main droite[1], cette force est orientée dans une direction sortant de la feuille. La particule de fluide produit une force de réaction sur le tube, de même grandeur, mais de sens opposé. Ainsi, à cet endroit, le tube subit une force orientée dans la direction entrant dans la feuille ($d\vec{F}_t = -d\vec{F}_c = -2\,\vec{\omega} \times \vec{U}\,dm$).

Le moment de force par rapport à l'axe $y$ exercé sur le tube s'exprime ainsi (l'axe $y$ est situé à une distance $x_a$ de l'axe local du tube) :

$$d\vec{T}_t = \vec{x}_a \times d\vec{F}_t = -2\,\vec{x}_a \times (\vec{\omega} \times \vec{U})\,dm \quad . \tag{7.23}$$

---

[1] Règle de la main droite : pouce selon $\vec{\omega}$, index selon $\vec{U}$ et produit vectoriel $\vec{\omega} \times \vec{U}$ selon le majeur.

Le moment résultant pour la première moitié du tube ($y = 0 \to$ L) est obtenu en intégrant l'expression (7.23) et en considérant que $dm = \rho\, A\, dl$:

$$\vec{T}_{0-L} = \int_0^L dT_c = -2\rho\, A \int_0^L \vec{x}_a \times (\vec{\omega} \times \vec{U})\, dl \quad . \tag{7.24}$$

**Figure 7.15** Schéma représentant un écoulement de fluide dans un tube en U en rotation.

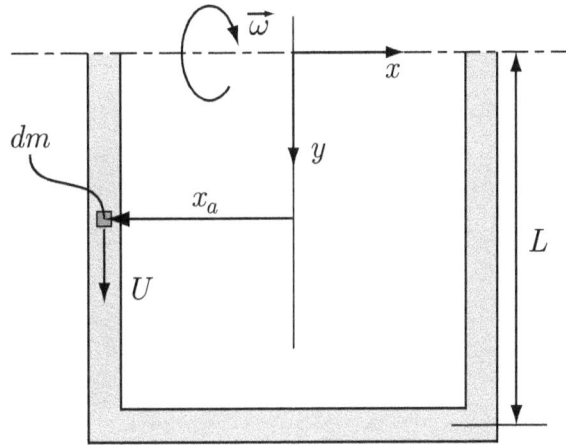

Pour simplifier l'analyse, considérons les vecteurs $\vec{\omega} \perp \vec{U}$ tels qu'illustrés sur le schéma de la figure 7.15. Ainsi, $\vec{\omega} \times \vec{U} = \omega\, U\, \vec{k}$ ($\vec{k}$ étant le vecteur unitaire dans la direction sortant de la feuille). Pour la première moitié du tube (branche $0 - L$ du tube en $\cup$), le vecteur $\vec{x}_a = -x_a \vec{i}$. On obtient donc:

$$\vec{T}_{0-L} = -2\rho\, A \int_0^L (-x_a\, \vec{i}) \times (\omega\, U\, \vec{k})\, dl = 2\,\rho\, A\, U\, x_a\, \omega\, L\, \vec{j} = 2\,\dot{m}\, x_a\, \omega\, L\, \vec{j} \quad . \tag{7.25}$$

puisque $\vec{i} \times \vec{k} = -\vec{j}$ et $\dot{m} = \rho\, A\, U$. Pour la seconde moitié du tube, on obtient de la même façon $\vec{T}_{L-0} = 2\,\dot{m}\, x_a\, \omega\, L\, \vec{j}$. On obtient le couple résultant $\vec{C} = \vec{T}_{0-L} + \vec{T}_{L-0}$ agissant sur le tube comme étant:

$$\vec{C} = 4\,\dot{m}\, x_a\, \omega\, L\, \vec{j} \quad . \tag{7.26}$$

Pour le mouvement de rotation décrit sur les figures 7.15 et 7.16, on obtient un couple imposant une déformation en torsion du tube dans le sens antihoraire. Pour des petites déformations, l'angle de torsion $\theta$ du tube s'exprime ainsi:

$$\theta = \frac{C}{k_s} = \frac{4\,\dot{m}\, x_a\, \omega\, L}{k_s} \quad , \tag{7.27}$$

où $k_s$ représente la rigidité en torsion du tube. Pour $k_s$, $x_a$, $\omega$ et $L$ fixes, on obtient:

$$\dot{m} = \frac{\theta\, k_s}{4\, x_a\, \omega\, L} = cte \times \theta \quad . \tag{7.28}$$

Il est important de noter qu'on ne peut évidemment faire tourner le tube en ∪ à vitesse constante sur 360°. On le fait plutôt osciller autour de l'axe $x$ à l'aide d'un système de vibration électromécanique. Par le biais de la force de Coriolis, cette oscillation produit un mouvement de torsion périodique autour de l'axe $y$. Le débit massique est alors proportionnel à l'amplitude du mouvement de torsion. Un système optique par exemple pourra servir à mesurer l'amplitude de l'angle $\theta$, ce qui permet d'obtenir le débit $\dot{m}$. Le tube en ∪ constitue un élément de grande importance et relativement fragile de cet instrument de mesure du débit. C'est pourquoi les fabricants de capteurs industriels le disposent dans une coquille rigide lui assurant une protection adéquate. La figure 7.17 présente trois débitmètres de type Coriolis utilisés dans l'industrie.

**Figure 7.16** Schéma représentant le principe de fonctionnement d'un débitmètre de type Coriolis servant à mesurer le débit massique d'un liquide.

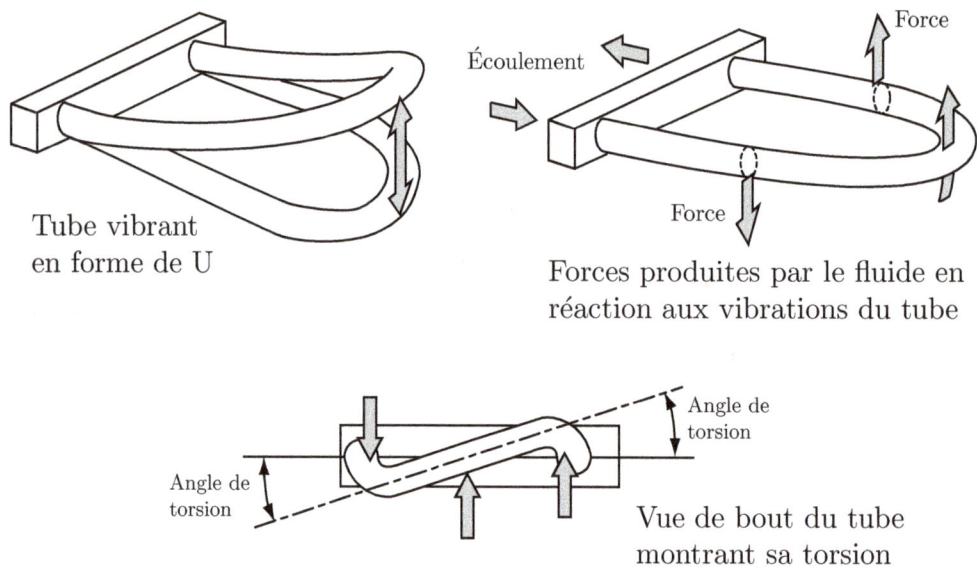

Tube vibrant en forme de U

Forces produites par le fluide en réaction aux vibrations du tube

Vue de bout du tube montrant sa torsion

**Figure 7.17** Illustration de débitmètres massiques de type Coriolis.

## 7.3  Exemple de standard international : la Norme ISO 5167

L'ISO (« International Organization for Standardization » traduit en français par Organisation internationale de normalisation) est une fédération mondiale d'organismes nationaux de normalisation. L'élaboration des Normes internationales est confiée aux comités techniques de l'ISO qui sont créés à cet effet, en collaboration avec différentes organisations internationales, gouvernementales et non gouvernementales. La Norme ISO 5167, élaborée par le comité technique ISO/TC 30, s'intitule « Measurement of fluid flow by means of orifice plates, nozzles and Venturi tubes inserted in a circular cross-section conduits running full ». Le comité ISO/TC 30 a été créé en 1947 avec le mandat de normaliser la mesure de débit des fluides dans les conduites fermées. Ce comité comprend 19 pays participants et 27 pays observateurs (dont le Canada qui est observateur). La version de la Norme dont il est question ici porte la référence ISO 5167-1980 (E), où la mention « E » signifie qu'il s'agit de la version rédigée en langue anglaise. Elle date de 1980 et constitue un bon exemple de standard que l'on doit utiliser pour s'assurer que la mesure du débit – avec les débitmètres décrits dans la Norme – est faite suivant des critères bien établis. Dans sa forme plus récente, la Norme est aujourd'hui constituée de quatre parties (ISO 5167-1, ISO 5167-2, ISO 5167-3 et ISO 5167-4) et plusieurs révisions techniques ont mené à l'émission de différentes éditions au cours des ans (1980, 1991, 2003). La Norme fait aussi l'objet d'examens périodiques, le plus récent datant de 2014, ce qui peut conduire à une réédition lorsque le comité d'examen le juge nécessaire. Les éléments faisant l'objet de la présente section constituent la base de la Norme et n'ont pas fait l'objet de révisions. Par exemple, les éléments décrits se retrouvent autant dans la Norme de 1980 que dans celle de 2014, ce qui permet de souligner le caractère bien établi de ces techniques de mesure du débit.

Le but principal de cette Norme est de spécifier la **géométrie** et la **procédure d'utilisation** des débitmètres de type *orifice* (ou *diaphragme*), *tuyère* et *tube de Venturi*. On y trouve donc les informations pertinentes à l'installation et aux conditions d'opération de ces débitmètres. On y retrouve également les informations nécessaires au calcul du débit et des incertitudes associées à cette mesure. Il est utile de noter que la Norme ISO 5167 s'applique seulement :

- aux instruments fournissant un $\Delta p$ et pour lesquels l'écoulement demeure subsonique au niveau de la section de mesure ;
- aux écoulements statistiquement stationnaires (champ de vitesse moyenne constant dans le temps) ;
- aux écoulements mono-phasiques ;
- aux tuyaux dont le diamètre est inclus dans la gamme $50 \text{ mm} < D < 1200 \text{ mm}$ ;
- aux écoulements dont le nombre de Reynolds $Re > 3150$.

La figure 7.18 illustre un tube de Venturi sur lequel on spécifie la nomenclature utilisée dans la Norme. La section 1 est appelée *section amont* et la section 2 *section aval*. Le diamètre amont est noté $D$ et le diamètre du *col* ou de *l'orifice* – selon le type de débit-mètre – est noté $d$. On définit les paramètres géométriques suivants :

$$\beta = \frac{d}{D} \quad \text{et} \quad E = \frac{D^2}{\sqrt{D^4 - d^4}} = \frac{1}{\sqrt{1 - \beta^4}} \; , \tag{7.29}$$

où $\beta$ est le rapport des diamètres et $E$ le *facteur de vitesse d'approche*.

**Figure 7.18**   Illustration de la nomenclature utilisée dans la Norme ISO 5167.

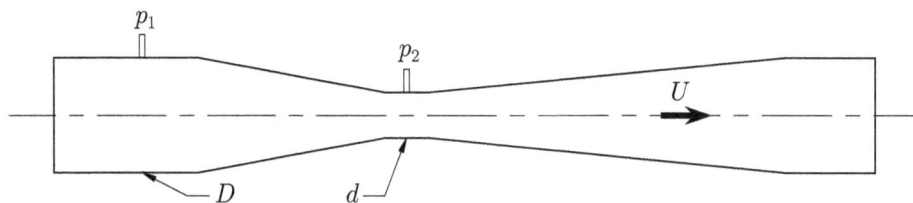

## Détermination du débit

Considérons l'écoulement stationnaire d'un fluide idéal (non visqueux) et incompressible. Dans ces conditions, on peut utiliser l'équation de Bernoulli le long d'une ligne de courant. Selon la figure suivante, on obtient entre les points 1 et 2 :

$$\frac{p_1}{\gamma} + \frac{U_1^{\,2}}{2g} + z_1 = \frac{p_2}{\gamma} + \frac{U_2^{\,2}}{2g} + z_2 \; . \tag{7.30}$$

Pour $z_1 = z_2$, $U_1 = U_2 A_2 / A_1$ et $Q = A_2 U_2$, on peut écrire :

$$Q_{\text{idéal}} = A_2 \sqrt{\frac{2\Delta p}{\rho(1 - \beta^4)}} \; , \tag{7.31}$$

sachant que $\Delta p = p_1 - p_2$. Pour un écoulement visqueux, on prendra en compte les pertes de charge en ajoutant un coefficient appelé *coefficient de décharge C*. Ainsi, on écrit :

$$Q_{\text{réel}} = C \, A_2 \sqrt{\frac{2\Delta p}{\rho(1 - \beta^4)}} \; . \tag{7.32}$$

Notons que dans la Norme on utilise le symbole $q_v$ pour le débit volumique $Q_{réel}$. En utilisant les définitions du rapport des diamètres $\beta$, du facteur de vitesse d'approche $E$ et de la section $A_2$, on obtient :

$$q_v = C\,E\,\frac{\pi d^2}{4}\sqrt{\frac{2\Delta p}{\rho}} = \alpha\,\frac{\pi d^2}{4}\sqrt{\frac{2\Delta p}{\rho}}\ , \qquad (7.33)$$

sachant que l'on définit le *coefficient d'écoulement* $\alpha = C\,E$. Notons que le débit massique est défini par $q_m = \rho q_v$ (on considère $\rho$ comme étant constant et homogène). Le coefficient de décharge $C$ et le coefficient d'écoulement $\alpha$ dépendent de la géométrie et du nombre de Reynolds. La vitesse de référence utilisée pour calculer le nombre de Reynolds est la vitesse moyenne observée à la section 1 ($U_1$). On peut alors calculer deux nombres de Reynolds, selon le diamètre de référence considéré :

$$\mathrm{Re}_D = \frac{U_1 D}{\nu_1} \quad \text{et} \quad \mathrm{Re}_d = \frac{U_1 d}{\nu_1}\ . \qquad (7.34)$$

Les valeurs de $C$ et de $\alpha$ sont données dans les tables de la Norme en fonction du rapport $\beta$, du nombre de Reynolds $\mathrm{Re}_D$ et de la géométrie du débitmètre. La figure 7.19 permet de comparer les valeurs de $C$ associées aux débitmètres diaphragme, tuyère et tube de Venturi. On constate qu'à grande nombre de Reynolds, la tuyère (pour $\beta = 0.3$) et le tube de Venturi introduisent beaucoup moins de pertes que le diaphragme, puisque la valeur de $C \to 1$. On constate également que lorsque $\mathrm{Re}_D$ est élevé, le coefficient $C$ devient indépendant de $\mathrm{Re}_D$ pour les trois types de débitmètre.

**Figure 7.19**  Évolution du coefficient de décharge en fonction du nombre de Reynolds pour des débitmètres à diaphragme, à tuyère et à tube de Venturi.

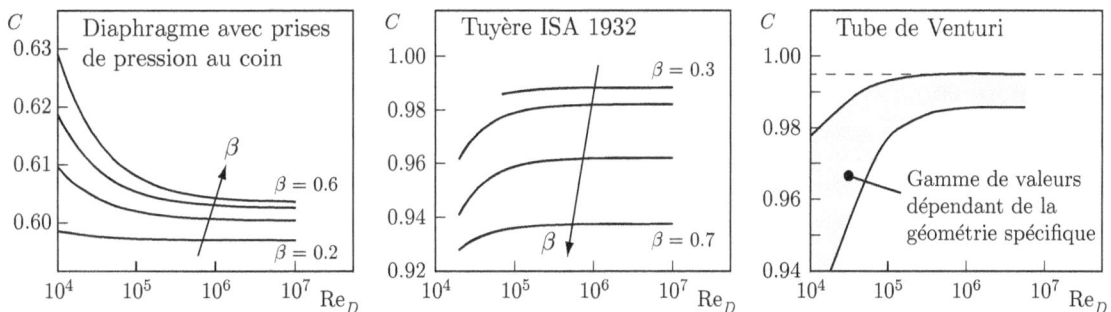

## Contraintes d'installation

La Norme ISO 5167 traite également des précautions à prendre concernant de l'installation des débitmètres dont elle fait l'objet. En effet, lorsque différents types de raccords (coudes, rétrécissements, vannes, etc.) font partie d'une conduite, on ne peut installer un débitmètre dans leur voisinage immédiat. La table 7.2 indique les valeurs des longueurs normalisées $L/D$ de tuyau rectiligne requises entre un débitmètre à diaphragme ou à tuyère et un raccord installé sur la conduite. La longueur $L$ est mesurée à partir de la face amont du débitmètre. L'usage des valeurs de $L/D$ listées dans ce tableau ne nécessite pas de considérer une incertitude additionnelle. Cependant, lorsque les contraintes d'espace ne permettent pas d'utiliser les longueurs de tuyau prescrites, on peut réduire de moitié les valeurs de $L/D$ listées. Dans ce cas, on doit considérer une incertitude additionnelle de $\pm 0.5$ %.

**Tableau 7.2**
**Longueurs normalisées (*L/D*) de tuyau rectiligne requises entre un débitmètre à diaphragme ou à tuyère et un raccord installé sur la conduite.**

| | Position du raccord par rapport au débitmètre | | | | | | | |
|---|---|---|---|---|---|---|---|---|
| | en amont | | | | | | | en aval |
| $\beta$ | 1 seul coude* ou 1 T | $\geq 2$ coudes*, même plan | $\geq 2$ coudes*, plans différents | rétrécissement** | élargissement*** | robinet à clapet ouvert | vanne à obturateur ascendant ouverte | tous les raccords |
| $\leq 0.20$ | 10 | 14 | 34 | 5 | 16 | 18 | 12 | 4 |
| 0.25 | 10 | 14 | 34 | 5 | 16 | 18 | 12 | 4 |
| 0.30 | 10 | 16 | 34 | 5 | 16 | 18 | 12 | 5 |
| 0.35 | 12 | 16 | 36 | 5 | 16 | 18 | 12 | 5 |
| 0.40 | 14 | 18 | 36 | 5 | 16 | 20 | 12 | 6 |
| 0.45 | 14 | 18 | 38 | 5 | 17 | 20 | 12 | 6 |
| 0.50 | 14 | 20 | 40 | 6 | 18 | 22 | 12 | 6 |
| 0.55 | 16 | 22 | 44 | 8 | 20 | 24 | 14 | 6 |
| 0.60 | 18 | 26 | 48 | 9 | 22 | 26 | 14 | 7 |
| 0.65 | 22 | 32 | 54 | 11 | 25 | 28 | 16 | 7 |
| 0.70 | 28 | 36 | 62 | 14 | 30 | 32 | 20 | 7 |
| 0.75 | 36 | 42 | 70 | 22 | 38 | 36 | 24 | 8 |
| 0.80 | 46 | 50 | 80 | 30 | 54 | 44 | 30 | 8 |

Notes :
* coudes a 90°;
** rétrécissement de $2D$ vers $D$ sur une longueur de $1.5D$ à $3D$;
*** élargissement de $0.5D$ vers $D$ sur une longueur de $D$ à $2D$.

Deux cas particuliers sont aussi considérés et s'applique à toutes les valeurs de $\beta$:
* Pour les rétrécissements abruptes avec rapport des diamètres supérieur à 0.5, la Norme prescrit d'utiliser une longueur de tuyau rectiligne de $L/D = 30$ entre le débitmètre et le raccord, lorsque ce dernier est situé en amont du débitmètre à diaphragme ou à tuyère.

172

- Pour les conduites dans lesquelles on insère un thermomètre de diamètre inférieur à $0.03D$, la Norme prescrit d'utiliser une longueur de tuyau rectiligne de $L/D = 5$ entre le débitmètre et le thermomètre, lorsque ce dernier est situé en amont du débitmètre à diaphragme ou à tuyère. Si le diamètre du thermomètre est compris entre $0.03D$ et $0.13D$, il faut utiliser une valeur $L/D = 20$.

La table 7.3 indique les valeurs des longueurs normalisées $L/D$ de tuyau rectiligne requises entre un débitmètre à tube de Venturi et un raccord installé sur la conduite, en amont du débitmètre. La longueur $L$ est mesurée à partir du plan définissant les prises de pression de la face amont du débitmètre. Pour les raccords situés en aval du débitmètre, une longueur de tuyau rectiligne de plus de $4d$ ($d$ étant le diamètre du col du tube de Venturi) est suffisante pour que les effets indésirables soient négligeables. L'usage des valeurs de $L/D$ listées dans ce tableau ne nécessite pas de considérer une incertitude additionnelle, sauf pour les raccords constitués de deux coudes (ou plus) disposés dans des plans différents. Dans ce dernier cas, on doit considérer une incertitude additionnelle de $\pm0.5$ %. De plus, lorsque les contraintes d'espace ne permettent pas d'utiliser les longueurs de tuyau prescrites, on peut réduire de moitié les valeurs de $L/D$. Dans ce cas, il faut considérer une incertitude additionnelle de $\pm0.5$ %. On doit cependant s'assurer de toujours respecter la valeur limite de $L/D \geq 0.5$.

**Tableau 7.3**
**Longueurs normalisées ($L/D$) de tuyau rectiligne requises entre un débitmètre à tube de Venturi et un raccord installé sur la conduite, en amont du débitmètre.**

| $\beta$ | 1 seul coude* | ≥ 2 coudes*, même plan | ≥ 2 coudes*, plans différents | rétrécis-sement** | élargisse-ment*** | vanne à obturateur ascendant ouverte |
|---|---|---|---|---|---|---|
| 0.30 | 0.5 | 1.5 | 0.5 | 0.5 | 1.5 | 1.5 |
| 0.35 | 0.5 | 1.5 | 0.5 | 1.5 | 1.5 | 2.5 |
| 0.40 | 0.5 | 1.5 | 0.5 | 2.5 | 1.5 | 2.5 |
| 0.45 | 1.0 | 1.5 | 0.5 | 4.5 | 2.5 | 3.5 |
| 0.50 | 1.5 | 2.5 | 8.5 | 5.5 | 2.5 | 3.5 |
| 0.55 | 2.5 | 2.5 | 12.5 | 6.5 | 3.5 | 4.5 |
| 0.60 | 3.0 | 3.5 | 17.5 | 8.5 | 3.5 | 4.5 |
| 0.65 | 4.0 | 4.5 | 23.5 | 9.5 | 4.5 | 4.5 |
| 0.70 | 4.0 | 4.5 | 27.5 | 10.5 | 5.5 | 5.5 |
| 0.75 | 4.5 | 4.5 | 29.5 | 11.5 | 6.5 | 5.5 |

Notes :
* coudes a 90°;
** rétrécissement de $2D$ vers $D$ sur une longueur de $1.5D$ à $3D$;
*** élargissement de $0.5D$ vers $D$ sur une longueur de $D$ à $2D$.

Les valeurs de $L/D$ prescrites pour les débitmètres à tube de Venturi sont systématiquement plus faibles que celles correspondant aux débitmètres à diaphragme ou à tuyère. Ceci est en partie dû au fait que le convergent conique du tube de Venturi permet d'uniformiser le profil de vitesse de l'écoulement observé au col (voir la description géométrique à la figure 7.24). Les tests effectués lors de l'élaboration de la Norme ont démontré que pour une même valeur de $\beta$, les longueurs de tuyau rectiligne requises en amont du débitmètre étaient, dans le cas du tube de Venturi, inférieures à celles obtenues dans les deux autres cas.

Les paragraphes suivants, inspirés de la Norme ISO 5167, traitent spécifiquement de la géométrie et de la configuration des prises de pression des débitmètres à diaphragme, à tuyère et à tube de Venturi.

## Débitmètres à diaphragme

La figure 7.20 présente la géométrie d'un débitmètre à diaphragme standard. On retrouve dans la Norme les principales caractéristiques suivantes :

- La portion de la plaque orifice située à l'intérieur du tuyau doit être circulaire et concentrique à l'axe de la conduite.

- Les faces amont et aval doivent être lisses, plates et parallèles.

- L'épaisseur $e$ de la section de l'orifice doit se situer dans la plage s'étalant de $0.005\,D$ à $0.02\,D$, $D$ étant le diamètre interne du tuyau.

- L'épaisseur $E$ de la plaque doit se situer dans la plage s'étalant de $e$ à $0.05\,D$.

- Si la valeur de $E$ est supérieure à celle de $e$, la plaque doit être biseautée du côté aval de la plaque orifice à un angle $F$ compris entre 30° et 45°.

- Le diamètre $d$ de l'orifice doit respecter les contraintes suivantes : $d \geq 12.5$ mm et $0.20 \leq \beta \leq 0.75$ (pour les prises de pression au coin, voir la figure 7.22, les limites sont légèrement différentes : $0.23 \leq \beta \leq 0.80$).

Outre le diamètre de l'orifice et le ratio $\beta$, la configuration des prises de pression constitue une autre caractéristique importante d'un débitmètre à diaphragme. La figure 7.21 présente deux configurations classiques, respectivement dénommées prises à $D - D/2$ et prises à la bride (« flange tappings »). La figure 7.22 présente la troisième configuration classique dénommée prises de pression au coin. Cette dernière catégorie comporte deux variantes : la prise localisée dans un anneau porteur muni d'une fente annulaire (« carrier ring with annular slot ») et la prise individuelle.

La disposition des prises de pression a une influence sur la valeur du coefficient de décharge $C$. En fait, le coefficient de décharge est une fonction du rapport des diamètres $\beta$, du nombre de Reynolds $\mathrm{Re}_D$ et de la disposition des prises de pression. L'expression (7.35), dénommée équation de Stolz, permet de déterminer la valeur du coefficient de décharge $C$ en fonction de ces paramètres :

| **Figure 7.20** | Géométrie d'un débitmètre à diaphragme telle que définie par la norme ISO 5167. |
|---|---|

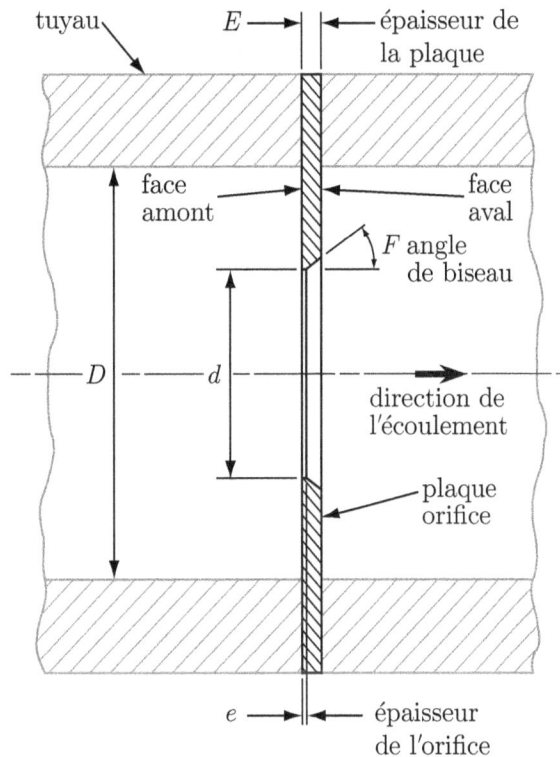

L'expression (7.35), dénommée équation de Stolz, permet de déterminer la valeur du coefficient de décharge C en fonction de ces paramètres :

$$ C = A_1 + A_2\,\beta^{2.1} + A_3\,\beta^8 + A_4\,\beta^{2.5} \left( \frac{10^6}{\mathrm{Re}_D} \right)^{0.75} + A_5\,\frac{\beta^4}{1-\beta^4} + A_6\,\beta^3 \ . \qquad (7.35) $$

Les six coefficients $A_i$ ($i = 1 \rightarrow 6$) de l'équation de Stolz sont définis dans la table 7.4. On observe tout d'abord que les quatre premiers coefficients sont indépendants de la configuration des prises de pression. On remarque également que pour la configuration de prises de pression au coin, les coefficients $A_5$ et $A_6$ sont nuls. Enfin, pour la configuration de prises de pression à la bride, les coefficients $A_5$ et $A_6$ sont des fonctions du diamètre du tuyau.

Par commodité, la Norme fournit aussi des tables des coefficients de décharge $C$ et des coefficients d'écoulement $\alpha$. À titre d'exemple, les tables 7.6 à 7.9 présentent les valeurs de $C$ et $\alpha$ correspondant à la configuration de prises de pression de type $D - D/2$ et à un cas ($D = 100$ mm) de prises de pression à la bride.

| **Figure 7.21** | Configuration des prises de pression pour un débitmètre à diaphragme : prises de pression pratiquées directement dans le tuyau, selon la convention $D - D/2$ (en haut), et prises de pression localisées directement dans la bride (en bas). |
|---|---|

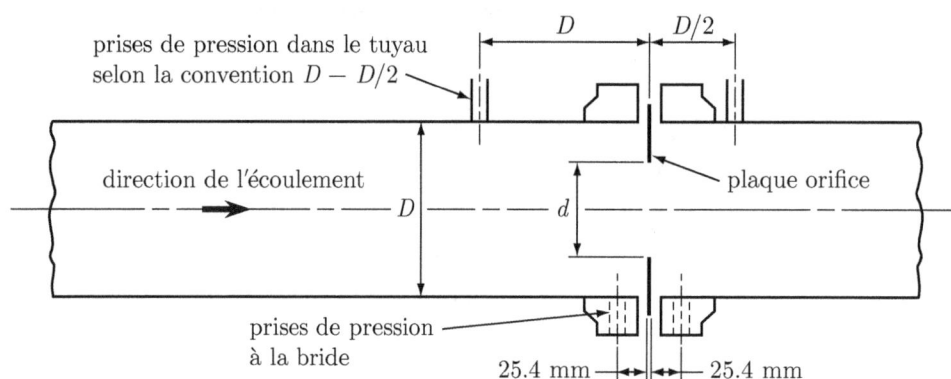

## Tableau 7.4
**Coefficients de l'équation de Stolz définissant la valeur du coefficient de décharge $C$ d'un débitmètre à diaphragme. Note pour les définitions de $A_5$ et $A_6$ de la configuration de prises de pression à la bride : $D$ est exprimé en mm, avec $L_{b1} = 0.9906$ mm pour $D \leq 58.6$ mm, $L_{b1} = 2.2860$ mm pour $D > 58.6$ mm et $L_{b2} = -0.8560$ mm.**

|  | Configuration des prises de pression | | |
|---|---|---|---|
|  | $D - D/2$ | à la bride | au coin |
| $A_1$ | 0.5959 | 0.5959 | 0.5959 |
| $A_2$ | 0.0312 | 0.0312 | 0.0312 |
| $A_3$ | −0.1840 | −0.1840 | −0.1840 |
| $A_4$ | 0.0029 | 0.0029 | 0.0029 |
| $A_5$ | 0.0390 | $L_{b1}/D$ | 0.0000 |
| $A_6$ | −0.0158 | $L_{b2}/D$ | 0.0000 |

## Débitmètres à tuyère

Il existe deux catégories standards de débitmètre à tuyère : les tuyères de type ISA 1932 et les tuyères à long rayon. La Norme décrit aussi les Venturi-tuyères comme faisant partie de cette famille de débitmètres. La figure 7.23 présente la géométrie de débitmètres à tuyère au standard ISA 1932. Quant aux tuyères de type long rayon, on distingue celles à faible rapport $\beta$ ($0.20 \leq \beta \leq 0.50$) et celles à grand rapport $\beta$ ($0.25 \leq \beta \leq 0.80$). Nous ne traitons ici que le cas des tuyères de type ISA 1932.

Les principales caractéristiques se rapportant aux tuyères ISA 1932 décrites dans la Norme sont les suivantes :

- La tuyère est constituée d'une section convergente, définie par deux arcs de cercle, suivie d'une portion cylindrique de diamètre $d$ dénommée col (« throat »).

**Figure 7.22**    Configuration des prises de pression pour un débitmètre à diaphragme : prises de pression localisées au coin de la plaque orifice (« corner tappings ») avec un anneau porteur (« carrier ring ») muni d'une fente annulaire (haut du schéma) ou prises de pression individuelles (« individual tappings »), directement dans le tuyau (bas du schéma).

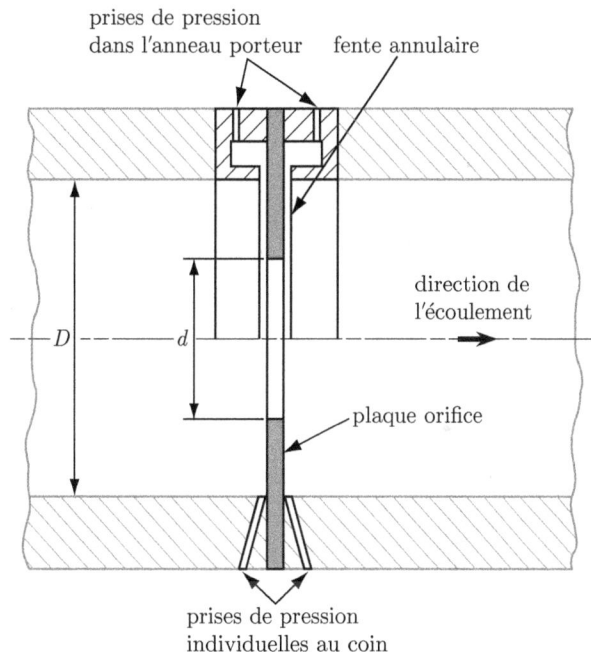

- Lorsque $\beta < 2/3$ (petit col), la face amont de la section convergente est constituée d'une surface annulaire plate; dans le cas inverse, cette surface est absente.

- Un renfoncement optionnel peut être pratiqué à la sortie du col afin de le protéger, par exemple, de particules abrasives présentes dans certains écoulements.

- Les prises de pression de cette catégorie de tuyère sont localisées au coin (« corner tappings ») et peuvent être de type anneau porteur muni de fentes annulaires ou de type individuelles.

Les limites d'utilisation des tuyères ISA 1932 sont les suivantes :

- $50 \text{ mm} \leq D \leq 500 \text{ mm}$,

- $0.3 \leq \beta \leq 0.8$,

- $70\,000 \leq \text{Re}_D \leq 10^7$ (la limite inférieure du nombre de Reynolds peut être réduite à $\text{Re}_D = 20\,000$ lorsque $\beta \geq 0.44$).

L'expression (7.36) permet de déterminer la valeur du coefficient de décharge $C$ en fonction du rapport des diamètres et du nombre de Reynolds :

**Figure 7.23** Géométrie de débitmètres de type tuyère ISA 1932 prescrite par la Norme ISO 5167; à gauche, petit col, $\beta < 2/3$, avec prises de pression au coin, de type anneau porteur et fente annulaire; à droite, grand col, $\beta > 2/3$, avec des prises de pression individuelles au coin. Note : on peut aussi utiliser des prises de pression individuelles pour la tuyère à petit col et des prises de pression avec anneau porteur pour la tuyère à grand col.

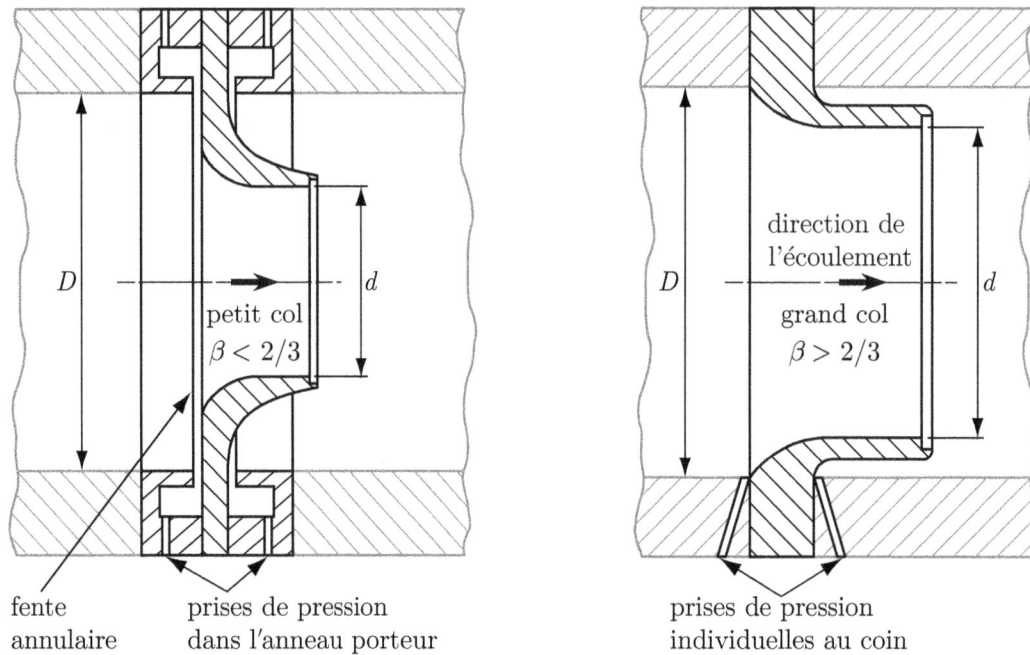

$$C = A_1 + A_2\,\beta^{4.1} + \left(A_3 + A_4\,\beta + A_5\,\beta^{4.7}\right)\left(\frac{10^6}{\mathrm{Re}_D}\right)^{1.15} , \qquad (7.36)$$

où les cinq coefficients $A_i$ ($i = 1 \rightarrow 5$) sont définis dans la table 7.5.

**Tableau 7.5**
**Coefficients $A_i$ de l'équation (7.36) définissant la valeur du coefficient de décharge $C$ d'un débitmètre à tuyère de type ISA 1932.**

| | |
|---|---|
| $A_1$ | 0.990000 |
| $A_2$ | -0.226200 |
| $A_3$ | 0.000215 |
| $A_4$ | -0.001125 |
| $A_5$ | 0.002490 |

## Débitmètres à tube de Venturi

La figure 7.24 présente la géométrie d'un tube de Venturi classique tel que décrit dans la Norme. Un tube de Venturi est composé de quatre sections : une entrée cylindrique (diamètre $D$) suivie d'un convergent d'entrée, d'un col cylindrique (diamètre $d$) et se terminant par une section divergente. Les prises de pression sont localisées par rapport aux plans de raccordement identifiés sur la figure.

**Figure 7.24** Géométrie d'un tube de Venturi classique prescrite par la Norme ISO 5167.

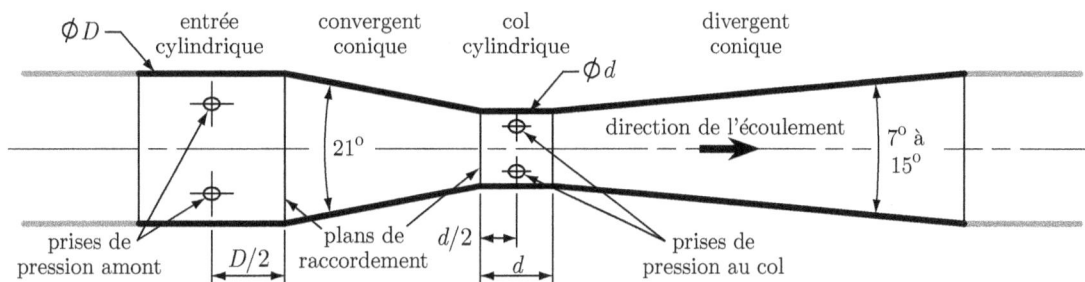

La prise amont est située dans l'entrée cylindrique, à une distance $D/2$ en amont du premier plan de raccordement. La prise aval est située dans le col cylindrique, à une distance $d/2$ en aval du second plan de raccordement.

Selon la nature du convergent, on définit trois catégories de tubes de Venturi. Elles se détaillent de la manière suivante, avec des coefficients de décharge et des conditions d'opération leur étant propres :

- Convergent brut de fonderie,
  $C = 0.984$,
  $100 \leq D \leq 800$ mm,
  $0.30 \leq \beta \leq 0.75$ et
  $2 \times 10^5 \leq \mathrm{Re}_D \leq 2 \times 10^6$.

- Convergent usiné,
  $C = 0.995$,
  $50 \leq D \leq 250$ mm,
  $0.40 \leq \beta \leq 0.75$ et
  $2 \times 10^5 \leq \mathrm{Re}_D \leq 1 \times 10^6$.

- Convergent en tôle soudée brute,
  $C = 0.985$,
  $200 \leq D \leq 1\,200$ mm,
  $0.40 \leq \beta \leq 0.70$ et
  $2 \times 10^5 \leq \mathrm{Re}_D \leq 2 \times 10^6$.

**Tableau 7.6**
**Coefficient de décharge $C$ en fonction du nombre de Reynolds**
**et du rapport des diamètres $\beta$; données correspondant au cas d'un**
**tuyau dans lequel est installé un débitmètre à diaphragme avec prises**
**de pression localisées selon la convention $D - D/2$.**

| $\beta$ | $Re_D$ | | | | | | | | |
|---|---|---|---|---|---|---|---|---|---|
| | $10^4$ | $2 \times 10^4$ | $3 \times 10^4$ | $5 \times 10^4$ | $7 \times 10^4$ | $10^5$ | $3 \times 10^5$ | $10^6$ | $10^7$ |
| 0.20 | 0.5985 | 0.5979 | 0.5976 | 0.5974 | 0.5973 | 0.5972 | 0.5970 | 0.5969 | 0.5969 |
| 0.22 | 0.5992 | 0.5984 | 0.5980 | 0.5977 | 0.5976 | 0.5975 | 0.5973 | 0.5972 | 0.5971 |
| 0.24 | 0.6000 | 0.5989 | 0.5985 | 0.5981 | 0.5980 | 0.5978 | 0.5976 | 0.5974 | 0.5974 |
| 0.26 | 0.6008 | 0.5995 | 0.5990 | 0.5986 | 0.5984 | 0.5982 | 0.5979 | 0.5977 | 0.5977 |
| 0.28 | 0.6017 | 0.6002 | 0.5996 | 0.5991 | 0.5988 | 0.5986 | 0.5982 | 0.5981 | 0.5980 |
| 0.30 | 0.6028 | 0.6010 | 0.6003 | 0.5996 | 0.5993 | 0.5991 | 0.5986 | 0.5984 | 0.5983 |
| 0.32 | 0.6039 | 0.6018 | 0.6010 | 0.6002 | 0.5999 | 0.5996 | 0.5990 | 0.5988 | 0.5987 |
| 0.34 | 0.6052 | 0.6027 | 0.6017 | 0.6009 | 0.6004 | 0.6001 | 0.5995 | 0.5992 | 0.5990 |
| 0.36 | 0.6066 | 0.6037 | 0.6026 | 0.6016 | 0.6011 | 0.6007 | 0.6000 | 0.5997 | 0.5995 |
| 0.38 | 0.6080 | 0.6047 | 0.6035 | 0.6023 | 0.6018 | 0.6013 | 0.6005 | 0.6001 | 0.5999 |
| 0.40 | 0.6096 | 0.6059 | 0.6044 | 0.6031 | 0.6025 | 0.6020 | 0.6011 | 0.6006 | 0.6004 |
| 0.42 | | 0.6071 | 0.6054 | 0.6040 | 0.6033 | 0.6027 | 0.6017 | 0.6012 | 0.6009 |
| 0.44 | | 0.6084 | 0.6065 | 0.6049 | 0.6041 | 0.6035 | 0.6023 | 0.6017 | 0.6014 |
| 0.46 | | 0.6098 | 0.6077 | 0.6059 | 0.6050 | 0.6043 | 0.6030 | 0.6023 | 0.6020 |
| 0.48 | | 0.6112 | 0.6089 | 0.6069 | 0.6059 | 0.6051 | 0.6036 | 0.6030 | 0.6026 |
| 0.50 | | 0.6127 | 0.6102 | 0.6079 | 0.6068 | 0.6060 | 0.6043 | 0.6036 | 0.6032 |
| 0.52 | | 0.6143 | 0.6115 | 0.6090 | 0.6078 | 0.6068 | 0.6051 | 0.6042 | 0.6038 |
| 0.54 | | 0.6159 | 0.6129 | 0.6101 | 0.6088 | 0.6077 | 0.6058 | 0.6049 | 0.6044 |
| 0.56 | | 0.6176 | 0.6143 | 0.6113 | 0.6098 | 0.6087 | 0.6065 | 0.6055 | 0.6049 |
| 0.58 | | | 0.6157 | 0.6124 | 0.6108 | 0.6095 | 0.6072 | 0.6061 | 0.6055 |
| 0.60 | | | 0.6171 | 0.6135 | 0.6118 | 0.6104 | 0.6079 | 0.6067 | 0.6060 |
| 0.62 | | | 0.6185 | 0.6146 | 0.6128 | 0.6112 | 0.6085 | 0.6072 | 0.6065 |
| 0.64 | | | 0.6198 | 0.6156 | 0.6136 | 0.6120 | 0.6090 | 0.6076 | 0.6068 |
| 0.66 | | | 0.6211 | 0.6166 | 0.6144 | 0.6127 | 0.6094 | 0.6079 | 0.6071 |
| 0.68 | | | 0.6223 | 0.6175 | 0.6151 | 0.6132 | 0.6097 | 0.6081 | 0.6072 |
| 0.70 | | | | 0.6182 | 0.6157 | 0.6136 | 0.6099 | 0.6081 | 0.6071 |
| 0.71 | | | | 0.6185 | 0.6159 | 0.6138 | 0.6099 | 0.6081 | 0.6071 |
| 0.72 | | | | 0.6187 | 0.6161 | 0.6139 | 0.6098 | 0.6080 | 0.6069 |
| 0.73 | | | | 0.6190 | 0.6162 | 0.6139 | 0.6097 | 0.6078 | 0.6067 |
| 0.74 | | | | 0.6191 | 0.6163 | 0.6139 | 0.6096 | 0.6076 | 0.6065 |
| 0.75 | | | | 0.6193 | 0.6163 | 0.6138 | 0.6094 | 0.6073 | 0.6062 |

**Tableau 7.7**
**Coefficient d'écoulement $\alpha$ en fonction du nombre de Reynolds**
**et du rapport des diamètres $\beta$; données correspondant au cas d'un tuyau**
**dans lequel est installé un débitmètre à diaphragme avec prises**
**de pression localisées selon la convention $D - D/2$.**

| $\beta$ | $\mathrm{Re}_D$ | | | | | | | | |
|---|---|---|---|---|---|---|---|---|---|
| | $10^4$ | $2 \times 10^4$ | $3 \times 10^4$ | $5 \times 10^4$ | $7 \times 10^4$ | $10^5$ | $3 \times 10^5$ | $10^6$ | $10^7$ |
| 0.20 | 0.5990 | 0.5984 | 0.5981 | 0.5979 | 0.5978 | 0.5977 | 0.5975 | 0.5974 | 0.5974 |
| 0.22 | 0.5999 | 0.5991 | 0.5987 | 0.5984 | 0.5983 | 0.5982 | 0.5980 | 0.5979 | 0.5978 |
| 0.24 | 0.6010 | 0.5999 | 0.5995 | 0.5991 | 0.5990 | 0.5988 | 0.5986 | 0.5984 | 0.5984 |
| 0.26 | 0.6022 | 0.6009 | 0.6004 | 0.6000 | 0.5997 | 0.5996 | 0.5993 | 0.5991 | 0.5990 |
| 0.28 | 0.6036 | 0.6021 | 0.6015 | 0.6009 | 0.6007 | 0.6005 | 0.6001 | 0.5999 | 0.5998 |
| 0.30 | 0.6052 | 0.6034 | 0.6027 | 0.6021 | 0.6018 | 0.6015 | 0.6011 | 0.6008 | 0.6007 |
| 0.32 | 0.6071 | 0.6050 | 0.6041 | 0.6034 | 0.6030 | 0.6027 | 0.6022 | 0.6020 | 0.6018 |
| 0.34 | 0.6093 | 0.6068 | 0.6058 | 0.6049 | 0.6045 | 0.6042 | 0.6035 | 0.6033 | 0.6031 |
| 0.36 | 0.6117 | 0.6088 | 0.6077 | 0.6067 | 0.6062 | 0.6058 | 0.6051 | 0.6048 | 0.6046 |
| 0.38 | 0.6145 | 0.6111 | 0.6098 | 0.6087 | 0.6081 | 0.6077 | 0.6069 | 0.6065 | 0.6063 |
| 0.40 | 0.6176 | 0.6138 | 0.6123 | 0.6110 | 0.6104 | 0.6099 | 0.6089 | 0.6085 | 0.6082 |
| 0.42 | | 0.6168 | 0.6151 | 0.6136 | 0.6129 | 0.6123 | 0.6113 | 0.6108 | 0.6105 |
| 0.44 | | 0.6201 | 0.6182 | 0.6166 | 0.6158 | 0.6151 | 0.6139 | 0.6134 | 0.6130 |
| 0.46 | | 0.6239 | 0.6218 | 0.6199 | 0.6190 | 0.6183 | 0.6169 | 0.6163 | 0.6159 |
| 0.48 | | 0.6281 | 0.6258 | 0.6237 | 0.6226 | 0.6218 | 0.6203 | 0.6196 | 0.6192 |
| 0.50 | | 0.6328 | 0.6302 | 0.6279 | 0.6267 | 0.6258 | 0.6242 | 0.6234 | 0.6230 |
| 0.52 | | 0.6381 | 0.6352 | 0.6326 | 0.6313 | 0.6303 | 0.6285 | 0.6276 | 0.6271 |
| 0.54 | | 0.6439 | 0.6407 | 0.6379 | 0.6365 | 0.6354 | 0.6333 | 0.6324 | 0.6318 |
| 0.56 | | 0.6504 | 0.6469 | 0.6437 | 0.6422 | 0.6410 | 0.6387 | 0.6377 | 0.6371 |
| 0.58 | | | 0.6538 | 0.6503 | 0.6486 | 0.6473 | 0.6448 | 0.6436 | 0.6430 |
| 0.60 | | | 0.6614 | 0.6576 | 0.6558 | 0.6543 | 0.6515 | 0.6503 | 0.6496 |
| 0.62 | | | 0.6700 | 0.6658 | 0.6638 | 0.6621 | 0.6591 | 0.6577 | 0.6569 |
| 0.64 | | | 0.6794 | 0.6748 | 0.6727 | 0.6709 | 0.6676 | 0.6660 | 0.6652 |
| 0.66 | | | 0.6900 | 0.6850 | 0.6826 | 0.6806 | 0.6770 | 0.6754 | 0.6744 |
| 0.68 | | | 0.7019 | 0.6964 | 0.6937 | 0.6916 | 0.6877 | 0.6858 | 0.6848 |
| 0.70 | | | | 0.7091 | 0.7063 | 0.7039 | 0.6996 | 0.6976 | 0.6965 |
| 0.71 | | | | 0.7161 | 0.7131 | 0.7107 | 0.7062 | 0.7041 | 0.7029 |
| 0.72 | | | | 0.7236 | 0.7204 | 0.7178 | 0.7131 | 0.7109 | 0.7097 |
| 0.73 | | | | 0.7315 | 0.7282 | 0.7255 | 0.7206 | 0.7183 | 0.7170 |
| 0.74 | | | | 0.7399 | 0.7365 | 0.7337 | 0.7285 | 0.7261 | 0.7248 |
| 0.75 | | | | 0.7490 | 0.7454 | 0.7424 | 0.7370 | 0.7345 | 0.7331 |

**Tableau 7.8**
**Coefficient de décharge $C$ en fonction du nombre de Reynolds et du rapport des diamètres $\beta$; données correspondant au cas d'un tuyau de diamètre $D$ = 100 mm dans lequel est installé un débitmètre à diaphragme avec prises de pression localisées dans les brides (« flange tappings »).**

| $\beta$ | $10^4$ | $2 \times 10^4$ | $3 \times 10^4$ | $5 \times 10^4$ | $7 \times 10^4$ | $10^5$ | $3 \times 10^5$ | $10^6$ | $10^7$ |
|---|---|---|---|---|---|---|---|---|---|
| | | | | | Re$_D$ | | | | |
| 0.20 | 0.5986 | 0.5979 | 0.5976 | 0.5974 | 0.5973 | 0.5972 | 0.5971 | 0.5970 | 0.5969 |
| 0.22 | 0.5992 | 0.5984 | 0.5981 | 0.5978 | 0.5976 | 0.5975 | 0.5973 | 0.5972 | 0.5972 |
| 0.24 | 0.6000 | 0.5990 | 0.5985 | 0.5982 | 0.5980 | 0.5979 | 0.5976 | 0.5975 | 0.5974 |
| 0.26 | 0.6009 | 0.5996 | 0.5991 | 0.5986 | 0.5984 | 0.5983 | 0.5979 | 0.5978 | 0.5977 |
| 0.28 | 0.6018 | 0.6003 | 0.5997 | 0.5991 | 0.5989 | 0.5987 | 0.5983 | 0.5981 | 0.5980 |
| 0.30 | | 0.6010 | 0.6003 | 0.5997 | 0.5994 | 0.5991 | 0.5987 | 0.5985 | 0.5984 |
| 0.32 | | 0.6019 | 0.6010 | 0.6003 | 0.5999 | 0.5996 | 0.5991 | 0.5989 | 0.5987 |
| 0.34 | | 0.6028 | 0.6018 | 0.6009 | 0.6005 | 0.6002 | 0.5996 | 0.5993 | 0.5991 |
| 0.36 | | 0.6037 | 0.6026 | 0.6016 | 0.6011 | 0.6008 | 0.6000 | 0.5997 | 0.5995 |
| 0.38 | | 0.6048 | 0.6035 | 0.6024 | 0.6018 | 0.6014 | 0.6006 | 0.6002 | 0.6000 |
| 0.40 | | | 0.6045 | 0.6032 | 0.6025 | 0.6020 | 0.6011 | 0.6007 | 0.6004 |
| 0.42 | | | 0.6055 | 0.6040 | 0.6033 | 0.6027 | 0.6017 | 0.6012 | 0.6009 |
| 0.44 | | | 0.6065 | 0.6049 | 0.6041 | 0.6035 | 0.6023 | 0.6017 | 0.6014 |
| 0.46 | | | 0.6077 | 0.6058 | 0.6049 | 0.6042 | 0.6029 | 0.6023 | 0.6020 |
| 0.48 | | | 0.6088 | 0.6068 | 0.6058 | 0.6050 | 0.6035 | 0.6029 | 0.6025 |
| 0.50 | | | | 0.6078 | 0.6067 | 0.6058 | 0.6042 | 0.6034 | 0.6030 |
| 0.52 | | | | 0.6088 | 0.6076 | 0.6066 | 0.6048 | 0.6040 | 0.6035 |
| 0.54 | | | | 0.6098 | 0.6085 | 0.6074 | 0.6054 | 0.6045 | 0.6040 |
| 0.56 | | | | 0.6108 | 0.6093 | 0.6082 | 0.6060 | 0.6050 | 0.6045 |
| 0.58 | | | | 0.6118 | 0.6102 | 0.6089 | 0.6066 | 0.6055 | 0.6049 |
| 0.60 | | | | 0.6127 | 0.6110 | 0.6096 | 0.6070 | 0.6058 | 0.6052 |
| 0.62 | | | | 0.6135 | 0.6117 | 0.6102 | 0.6074 | 0.6061 | 0.6054 |
| 0.64 | | | | | 0.6123 | 0.6107 | 0.6077 | 0.6063 | 0.6055 |
| 0.65 | | | | | 0.6125 | 0.6108 | 0.6077 | 0.6063 | 0.6055 |
| 0.66 | | | | | 0.6127 | 0.6110 | 0.6077 | 0.6062 | 0.6053 |
| 0.67 | | | | | 0.6129 | 0.6111 | 0.6077 | 0.6061 | 0.6053 |
| 0.68 | | | | | 0.6130 | 0.6111 | 0.6076 | 0.6060 | 0.6051 |
| 0.69 | | | | | 0.6131 | 0.6111 | 0.6075 | 0.6058 | 0.6049 |
| 0.70 | | | | | 0.6131 | 0.6110 | 0.6073 | 0.6055 | 0.6045 |
| 0.71 | | | | | 0.6130 | 0.6109 | 0.6070 | 0.6052 | 0.6042 |
| 0.72 | | | | | 0.6128 | 0.6106 | 0.6066 | 0.6047 | 0.6037 |
| 0.73 | | | | | 0.6126 | 0.6103 | 0.6062 | 0.6042 | 0.6031 |
| 0.74 | | | | | 0.6123 | 0.6099 | 0.6056 | 0.6036 | 0.6025 |
| 0.75 | | | | | | 0.6094 | 0.6050 | 0.6029 | 0.6018 |

**Tableau 7.9**
**Coefficient d'écoulement $\alpha$ en fonction du nombre de Reynolds et du rapport des diamètres $\beta$; données correspondant au cas d'un tuyau de diamètre $D$ = 100 mm dans lequel est installé un débitmètre à diaphragme avec prises de pression localisées dans les brides (« flange tappings »).**

| $\beta$ | $\text{Re}_D$ | | | | | | | | |
|---|---|---|---|---|---|---|---|---|---|
| | $10^4$ | $2 \times 10^4$ | $3 \times 10^4$ | $5 \times 10^4$ | $7 \times 10^4$ | $10^5$ | $3 \times 10^5$ | $10^6$ | $10^7$ |
| 0.20 | 0.5991 | 0.5984 | 0.5981 | 0.5979 | 0.5978 | 0.5977 | 0.5975 | 0.5975 | 0.5974 |
| 0.22 | 0.5999 | 0.5991 | 0.5988 | 0.5985 | 0.5983 | 0.5982 | 0.5980 | 0.5979 | 0.5979 |
| 0.24 | 0.6010 | 0.5999 | 0.5995 | 0.5992 | 0.5990 | 0.5989 | 0.5986 | 0.5985 | 0.5984 |
| 0.26 | 0.6022 | 0.6009 | 0.6005 | 0.6000 | 0.5998 | 0.5996 | 0.5993 | 0.5992 | 0.5991 |
| 0.28 | 0.6037 | 0.6021 | 0.6015 | 0.6010 | 0.6007 | 0.6005 | 0.6001 | 0.6000 | 0.5999 |
| 0.30 | | 0.6035 | 0.6028 | 0.6021 | 0.6018 | 0.6016 | 0.6011 | 0.6009 | 0.6008 |
| 0.32 | | 0.6050 | 0.6042 | 0.6035 | 0.6031 | 0.6028 | 0.6023 | 0.6020 | 0.6019 |
| 0.34 | | 0.6068 | 0.6059 | 0.6050 | 0.6046 | 0.6042 | 0.6036 | 0.6033 | 0.6032 |
| 0.36 | | 0.6089 | 0.6077 | 0.6067 | 0.6063 | 0.6059 | 0.6051 | 0.6048 | 0.6046 |
| 0.38 | | 0.6112 | 0.6099 | 0.6087 | 0.6082 | 0.6077 | 0.6069 | 0.6065 | 0.6063 |
| 0.40 | | | 0.6123 | 0.6110 | 0.6104 | 0.6099 | 0.6090 | 0.6085 | 0.6083 |
| 0.42 | | | 0.6151 | 0.6136 | 0.6129 | 0.6123 | 0.6113 | 0.6108 | 0.6105 |
| 0.44 | | | 0.6182 | 0.6166 | 0.6158 | 0.6151 | 0.6139 | 0.6133 | 0.6130 |
| 0.46 | | | 0.6217 | 0.6198 | 0.6190 | 0.6182 | 0.6169 | 0.6162 | 0.6159 |
| 0.48 | | | 0.6257 | 0.6236 | 0.6225 | 0.6217 | 0.6202 | 0.6195 | 0.6191 |
| 0.50 | | | | 0.6277 | 0.6266 | 0.6257 | 0.6240 | 0.6232 | 0.6228 |
| 0.52 | | | | 0.6323 | 0.6311 | 0.6301 | 0.6282 | 0.6274 | 0.6269 |
| 0.54 | | | | 0.6375 | 0.6361 | 0.6350 | 0.6329 | 0.6320 | 0.6315 |
| 0.56 | | | | 0.6432 | 0.6417 | 0.6405 | 0.6382 | 0.6372 | 0.6366 |
| 0.58 | | | | 0.6496 | 0.6480 | 0.6466 | 0.6441 | 0.6429 | 0.6423 |
| 0.60 | | | | 0.6567 | 0.6549 | 0.6534 | 0.6507 | 0.6494 | 0.6487 |
| 0.62 | | | | 0.6646 | 0.6626 | 0.6610 | 0.6580 | 0.6566 | 0.6558 |
| 0.64 | | | | | 0.6712 | 0.6694 | 0.6661 | 0.6646 | 0.6637 |
| 0.65 | | | | | 0.6758 | 0.6739 | 0.6705 | 0.6689 | 0.6680 |
| 0.66 | | | | | 0.6807 | 0.6788 | 0.6752 | 0.6735 | 0.6725 |
| 0.67 | | | | | 0.6859 | 0.6838 | 0.6801 | 0.6783 | 0.6774 |
| 0.68 | | | | | 0.6914 | 0.6892 | 0.6853 | 0.6835 | 0.6824 |
| 0.69 | | | | | 0.6972 | 0.6949 | 0.6908 | 0.6889 | 0.6878 |
| 0.70 | | | | | 0.7033 | 0.7009 | 0.6966 | 0.6946 | 0.6935 |
| 0.71 | | | | | 0.7098 | 0.7073 | 0.7028 | 0.7007 | 0.6995 |
| 0.72 | | | | | 0.7167 | 0.7141 | 0.7094 | 0.7072 | 0.7060 |
| 0.73 | | | | | 0.7240 | 0.7213 | 0.7164 | 0.7141 | 0.7128 |
| 0.74 | | | | | 0.7318 | 0.7289 | 0.7238 | 0.7214 | 0.7201 |
| 0.75 | | | | | | 0.7371 | 0.7317 | 0.7292 | 0.7278 |

# 8 | Mesure des forces et des déformations

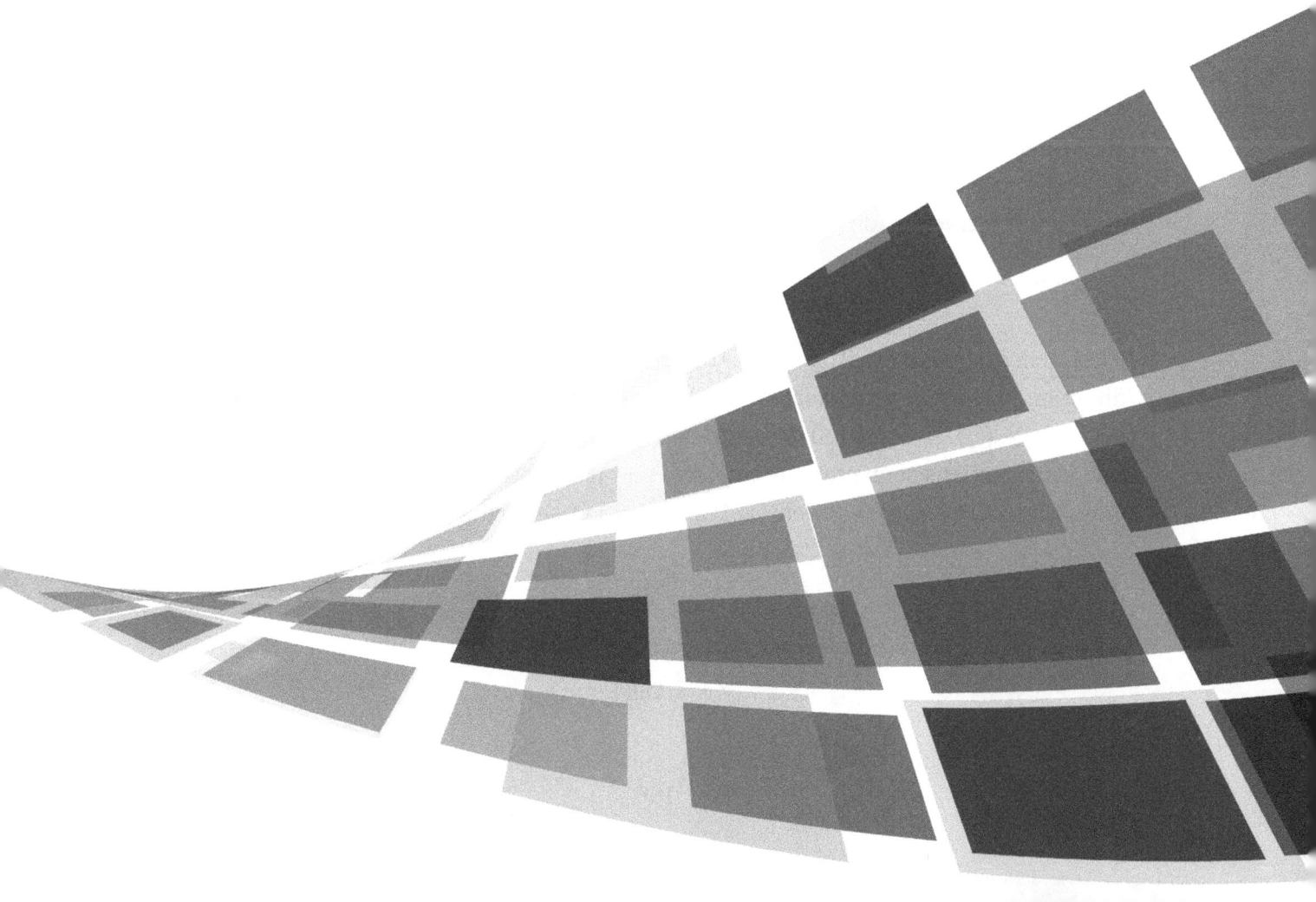

## 8.1 Rappel sur les contraintes et les déformations

La théorie exposée dans cette section concerne les matériaux à propriétés homogènes et isotropes possédant un comportement élastique. Nous nous limitons ainsi à l'analyse des états de contraintes dans le domaine élastique.

### Matériaux élastiques – Loi de Hooke

Considérons une barre droite et uniforme de longueur $l$ que l'on soumet à un effort de tension $F$. Celle-ci s'allonge d'une certaine distance $\delta$ que l'on dénomme l'*élongation totale*. La déformation unitaire ($\epsilon$) de cette barre et la contrainte normale ($\sigma$) dans celle-ci s'expriment respectivement comme :

$$\epsilon = \frac{\delta}{l} \quad \text{et} \quad \sigma = \frac{F}{A} \ . \tag{8.1}$$

La loi de *Hooke* stipule que, dans certaines limites (domaine élastique), la contrainte dans le matériau est proportionnelle à la déformation unitaire de ce dernier. Ainsi, une barre faite d'un matériau élastique reprend sa forme initiale lorsque la contrainte est éliminée. Tout matériau élastique ne suit pas forcément la loi de Hooke ; précisons toutefois qu'un matériau obéissant à la loi de Hooke est un matériau élastique. De façon générale, pour une contrainte normale ($\sigma$) ou une contrainte de cisaillement ($\tau$), la loi de Hooke s'exprime comme :

$$\sigma = E\,\epsilon \quad \text{et} \quad \tau = G\,\gamma \ , \tag{8.2}$$

où $\gamma$ représente la déformation en cisaillement. Les constantes de proportionnalité sont respectivement les modules d'élasticité ($E$) et de cisaillement ($G$). En reprenant le cas de la barre en traction, on peut obtenir son élongation totale comme suit :

$$\delta = \epsilon l = \frac{\sigma l}{E} = \frac{Fl}{AE} \ . \tag{8.3}$$

L'expérience démontre que lorsque cette barre est soumise à une force de traction axiale (direction $x$), il n'y a pas seulement une déformation axiale ($\epsilon_x$), mais aussi une déformation latérale ($\epsilon_y$). Lorsque l'on demeure dans la plage de validité de la loi de Hooke, ces deux déformations sont proportionnelles l'une par rapport à l'autre. La constante de proportionnalité est le coefficient de Poisson ($\nu_P$) et s'exprime comme :

$$\nu_P = -\frac{\epsilon_y}{\epsilon_x} \ . \tag{8.4}$$

Les trois constantes élastiques sont reliées l'une à l'autre comme suit :

$$E = 2G(1 + \nu_P) \ . \tag{8.5}$$

## État de contrainte

La figure 8.1 représente un élément soumis à un état de contrainte générale tridimensionnelle. Par convention, toutes les contraintes — 3 normales et 6 cisaillements — sont représentées dans des directions positives.

**Figure 8.1** Définition générale des contraintes.

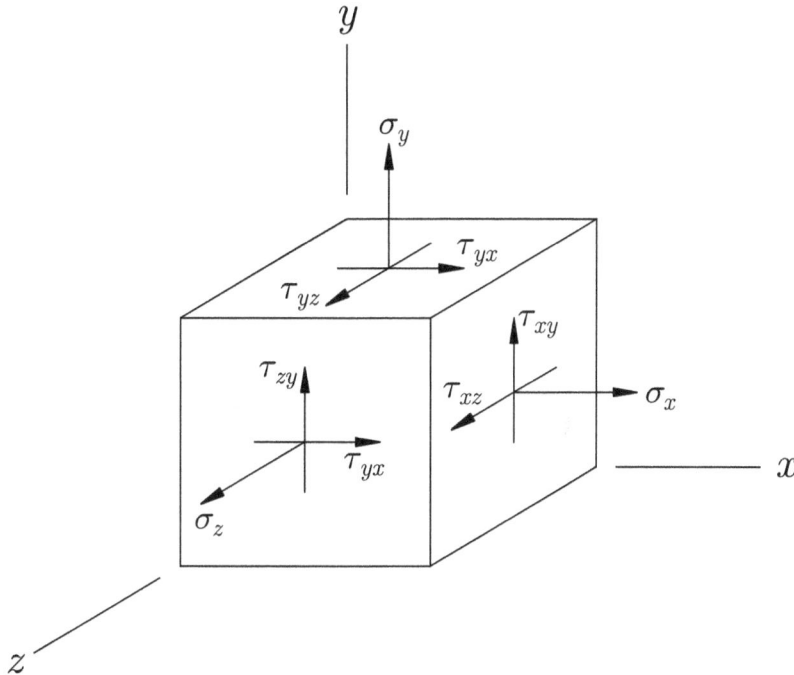

Dans ce contexte de chargement général, les déformations s'expriment par la loi de Hooke généralisée (sans dilatation thermique) :

$$\epsilon_x = \frac{\sigma_x - \nu_P(\sigma_y + \sigma_z)}{E}, \quad \epsilon_y = \frac{\sigma_y - \nu_P(\sigma_x + \sigma_z)}{E}, \quad \epsilon_z = \frac{\sigma_z - \nu_P(\sigma_x + \sigma_y)}{E}, \quad (8.6)$$

$$\gamma_{xy} = \frac{\tau_{xy}}{G}, \qquad \gamma_{yz} = \frac{\tau_{yz}}{G}, \qquad \gamma_{xz} = \frac{\tau_{xz}}{G}. \quad (8.7)$$

## État de contraintes biaxiales

L'état de contraintes biaxiales est également appelé état plan de contraintes. On obtient cet état lorsque, par exemple, $\sigma_z = \tau_{xz} = \tau_{yz} = 0$. Supposons que toutes les parties de l'élément soumis à cet état de contraintes soient en équilibre. Si on le coupe suivant un plan oblique de longueur $ds$ et dont la normale forme un angle $\theta$ avec l'axe $x$ — tel qu'illustré sur la figure 8.2 — le corps résultant est aussi en équilibre.

**Figure 8.2**    Définition de l'état de contraintes biaxiales.

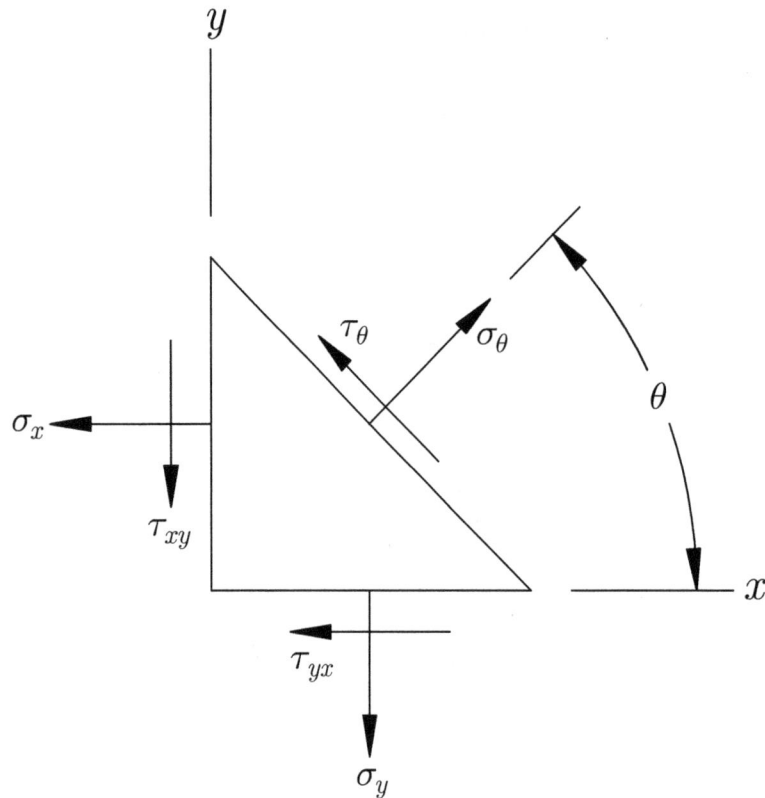

Cet élément a une largeur $dx$, une hauteur $dy$ et une épaisseur uniforme $t$ dans la direction normale à la feuille. La somme des forces normales à $ds$ peut ainsi s'écrire :

$$\sigma_\theta \, t \, ds = (\sigma_x \cos\theta + \tau_{xy} \sin\theta) \, t \, dy + (\sigma_y \sin\theta + \tau_{yx} \cos\theta) \, t \, dx \quad . \tag{8.8}$$

Comme le corps original est en équilibre, on peut considérer $\tau_{xy} = \tau_{yx}$; nous utilisons la notation $\tau_{xy}$ pour les deux contraintes. De plus, la géométrie de l'élément nous permet d'écrire $dx = ds \sin\theta$ et $dy = ds \cos\theta$. Ceci nous permet de réécrire l'équation précédente comme suit :

$$\sigma_\theta = \sigma_x \cos^2\theta + \sigma_y \sin^2\theta + 2\tau_{xy} \sin\theta \cos\theta \quad . \tag{8.9}$$

À l'aide de relations trigonométriques et après quelques manipulations, on peut écrire :

$$\sigma_\theta = \frac{(\sigma_x + \sigma_y)}{2} + \frac{(\sigma_x - \sigma_y)}{2} \cos 2\theta + \tau_{xy} \sin 2\theta \quad . \tag{8.10}$$

Cette équation permet de déterminer la contrainte normale à un plan quelconque lorsque les contraintes $\sigma_x$, $\sigma_y$ et $\tau_{xy}$ sont connues.

## Grandeur et direction des contraintes principales

### Contraintes normales

Il existe des angles $\theta_1$ auxquels on observe des contraintes normales minimale et maximale. Ceux-ci sont obtenus suivant la recherche d'*extrema* en faisant $\partial\sigma_\theta/\partial\theta = 0$ et en isolant $\theta_1$ dans l'expression obtenue :

$$\frac{\partial\sigma_\theta}{\partial\theta} = 0 \quad \Rightarrow \quad -(\sigma_x - \sigma_y)\sin 2\theta_1 + 2\tau_{xy}\cos 2\theta_1 = 0 \ , \tag{8.11}$$

$$\Rightarrow \quad \tan 2\theta_1 = \frac{2\tau_{xy}}{(\sigma_x - \sigma_y)} \ \text{ et } \ \frac{-2\tau_{xy}}{-(\sigma_x - \sigma_y)} \ . \tag{8.12}$$

On constate que l'on obtient deux valeurs d'angle $2\theta_1$ opposés à 180°. Ces angles définissent les plans des contraintes normales maximale et minimale que l'on dénomme **contraintes principales** et que l'on note respectivement $\sigma_1$ et $\sigma_2$. Les angles doubles ($2\theta_1$) à 180° indiquent que les deux angles $\theta_1$ sont à 90° l'un de l'autre. Ceci constitue un résultat très important en analyse des contraintes : les plans des contraintes normales minimale et maximale sont toujours perpendiculaires l'un par rapport à l'autre.

En utilisant la relation issue de $\partial\sigma_\theta/\partial\theta = 0$, on peut aussi écrire :

$$(\sigma_x - \sigma_y)\sin 2\theta_1 = 2\tau_{xy}\cos 2\theta_1 \tag{8.13}$$

et après quelques manipulations, on peut ressortir les deux relations suivantes :

$$\sin 2\theta_1 = \frac{2\tau_{xy}}{\sqrt{(\sigma_x - \sigma_y)^2 + (2\tau_{xy})^2}} \ , \tag{8.14}$$

$$\cos 2\theta_1 = \frac{(\sigma_x - \sigma_y)}{\sqrt{(\sigma_x - \sigma_y)^2 + (2\tau_{xy})^2}} \ . \tag{8.15}$$

En introduisant ces résultats dans l'équation donnant $\sigma_\theta$, on obtient les expressions donnant les contraintes principales en fonction de $\sigma_x$, $\sigma_y$ et $\tau_{xy}$ :

$$\boxed{\begin{aligned} \sigma_1 &= \frac{1}{2}(\sigma_x + \sigma_y) + \frac{1}{2}\sqrt{(\sigma_x - \sigma_y)^2 + (2\tau_{xy})^2} \ , \\ \sigma_2 &= \frac{1}{2}(\sigma_x + \sigma_y) - \frac{1}{2}\sqrt{(\sigma_x - \sigma_y)^2 + (2\tau_{xy})^2} \ . \end{aligned}} \tag{8.16}$$

## Contraintes de cisaillement

En suivant le même raisonnement que pour le cas des contraintes normales, on obtient la contrainte de cisaillement dans un plan quelconque :

$$\tau_\theta = \frac{(\sigma_x - \sigma_y)}{2} \sin 2\theta - \tau_{xy} \cos 2\theta \quad . \tag{8.17}$$

En substituant les angles $\theta_1$ dans cette expression, on constate que les contraintes de cisaillement associées à $\sigma_1$ et $\sigma_2$ sont nulles. On note ainsi $\tau_1 = \tau_2 = 0$, ce qui justifie l'appellation de contraintes principales pour $\sigma_1$ et $\sigma_2$.

Les angles $\theta_s$ auxquels on observe les valeurs maximale et minimale sont déterminés par la relation

$$\tan 2\theta_s = \frac{-(\sigma_x - \sigma_y)}{2\tau_{xy}} \quad \text{et} \quad \frac{(\sigma_x - \sigma_y)}{-2\tau_{xy}} \quad . \tag{8.18}$$

Ces deux dernières relations permettent d'exprimer les contraintes de cisaillement maximale et minimale comme suit :

$$\boxed{\begin{aligned} \tau_{\max} &= \frac{1}{2}\sqrt{(\sigma_x - \sigma_y)^2 + (2\tau_{xy})^2} \;, \\ \tau_{\min} &= -\frac{1}{2}\sqrt{(\sigma_x - \sigma_y)^2 + (2\tau_{xy})^2} \;. \end{aligned}} \tag{8.19}$$

## Cercle de Mohr pour l'état plan de contraintes

Les relations développées pour définir l'état de contraintes biaxiales nous ont permis de définir les contraintes principales $\sigma_1$ et $\sigma_2$ que l'on observera à des angles $\theta_1$ orthogonaux. Nous avons démontré que les contraintes de cisaillement $\tau_1$ et $\tau_2$ sont nulles pour ces deux angles. D'autre part, nous avons défini des expressions donnant les contraintes $\sigma_\theta$ et $\tau_\theta$ à un angle quelconque. Il est utile de reprendre ici ces expressions pour l'angle particulier $\theta_1$; on obtient ainsi :

$$\sigma_\theta = \frac{(\sigma_1 + \sigma_2)}{2} + \frac{(\sigma_1 - \sigma_2)}{2} \cos 2\theta_1 \quad , \tag{8.20}$$

$$\tau_\theta = \frac{(\sigma_1 - \sigma_2)}{2} \sin 2\theta_1 \quad . \tag{8.21}$$

On constate que si on considère un graphique de $\tau_\theta$ *vs* $\sigma_\theta$, ces relations définissent un cercle de rayon $(\sigma_1 - \sigma_2)/2$ centré en $((\sigma_1 + \sigma_2)/2, 0)$. Ce cercle, appelé de *cercle de Mohr*, est une construction très utile qui sert à visualiser les états plans de contraintes. La figure 8.3 illustre comment les différentes quantités sont disposées sur le cercle de Mohr.

**Figure 8.3**  Cercle de Mohr pour l'état de contraintes biaxiales.

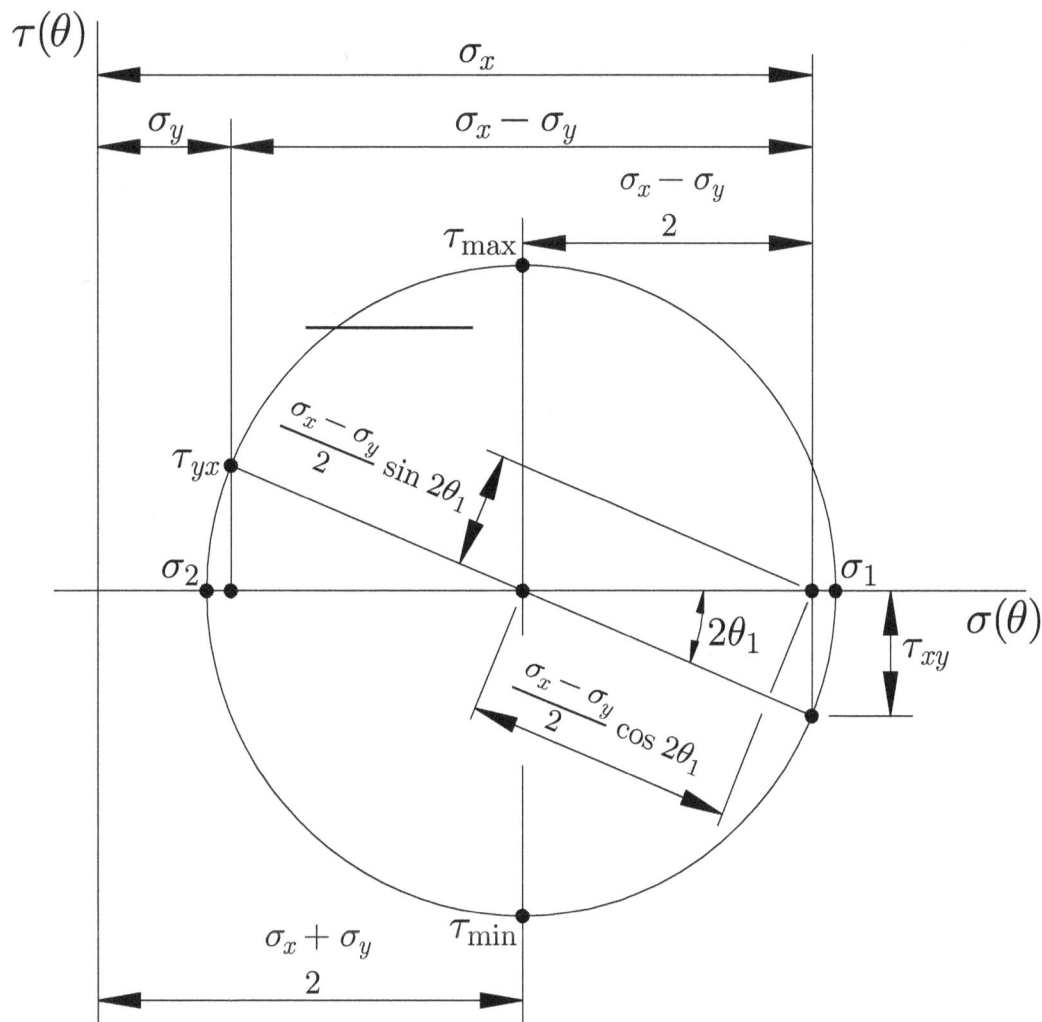

## Effort tranchant et moment de flexion

Considérons le cas d'une poutre supportant un chargement $q(x)$ où

$$q(x) = \lim_{\Delta x \to 0} \frac{\Delta F}{\Delta x} \quad . \tag{8.22}$$

L'effort tranchant $V$ et le moment de flexion $M$ agissant aux frontières d'une portion de poutre représentée par un diagramme de corps libre (figure 8.4) s'expriment comme suit :

$$\frac{dV}{dx} = -\frac{d^2 M}{dx^2} = -q(x) \quad . \tag{8.23}$$

<table>
<tr><td>Figure 8.4</td><td>Conventions utilisées pour la charge répartie, l'effort tranchant et le moment de flexion (toutes les flèches sont dans le sens positif sur les faces positives).</td></tr>
</table>

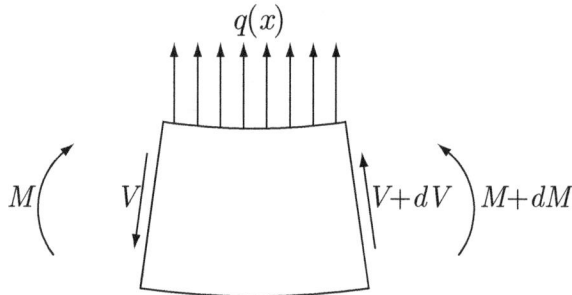

## 8.2 Extensométrie et jauges à variation de résistance électrique

Lorsque l'on vise à analyser l'état de contraintes d'un élément mécanique, on peut choisir différents outils et ce, en fonction de la complexité du problème et des moyens dont on dispose. Les méthodes analytiques sont choisies pour analyser les cas simples (barres, poutres, plaques…), alors que les cas complexes nécessitent le recours aux méthodes numériques (éléments finis…). Dans certains cas complexes, on doit utiliser une méthode expérimentale pour étudier les états de contraintes et de déformations des composantes mécaniques. En outre, ceci permet de valider les approches numériques ou de définir des paramètres physiques inconnus (module d'élasticité de structures de matériaux composites par exemple). La méthode expérimentale sert aussi à définir le chargement imposé lors des études impliquant des cycles de fatigue. Enfin, la détermination expérimentale d'un état de contraintes est aussi utile dans la conception de divers instruments de mesure (balances, cellules de charge, capteurs de pression…).

L'étude expérimentale des contraintes se fait par le biais de la détermination des déformations (selon la loi de Hooke par exemple). La mesure des déformations est appelée *extensométrie* et plusieurs techniques entrent dans cette catégorie. L'utilisation de vernis craquelants, l'interférométrie laser et l'utilisation des jauges à variation de résistance électrique sont des exemples typiques. Parmi ces techniques, celles ayant recours à l'utilisation des jauges sont de loin les plus courantes. Dans le cadre du cours, nous nous limitons à l'étude des jauges composées d'un conducteur électrique métallique. Ceci exclut donc les jauges piézorésistives aussi appelées jauges à semi-conducteurs. Soulignons seulement que les jauges piézorésistives ont une plus grande sensibilité, une meilleure résistance mécanique et une plus grande durée de vie que les jauges métalliques. Elles ont cependant une sensibilité marquée à la température et elles répondent de façon non-linéaire à la déformation. C'est pourquoi les jauges métalliques sont plus simples d'utilisation.

## Facteur de jauge

Considérons un conducteur composé d'un métal dont la résistivité électrique est notée $\rho_e$. Tel que mentionné à la section 3.2.3, la résistance de ce conducteur de section $A_c$ et de longueur $L$ est :

$$R = \frac{\rho_e\, L}{A_c} \quad . \tag{8.24}$$

La variation de résistance électrique de ce conducteur peut s'écrire comme :

$$\frac{dR}{R} = \frac{dL}{L} - \frac{dA_c}{A_c} + \frac{d\rho_e}{\rho_e} \quad . \tag{8.25}$$

Sachant que les variations de section et de longueur sont reliées par $\nu_P$, le coefficient de Poisson, on obtient :

$$\frac{dA_c}{A_c} = -2\nu_P \frac{dL}{L} \quad \Rightarrow \quad \frac{dR}{R} = \frac{dL}{L}\left(1 + 2\nu_P\right) + \frac{d\rho_e}{\rho_e} \quad . \tag{8.26}$$

La dépendance de $\rho_e$ en fonction de l'allongement est appelée la piézorésistance. On définit $\Pi_1$, le coefficient de piézorésistance d'un conducteur, comme :

$$\Pi_1 = \frac{1}{E} \frac{d\rho_e/\rho_e}{dL/L} \quad . \tag{8.27}$$

où $E$ est le module d'élasticité du matériau. En substituant $d\rho_e/\rho_e$ par $\Pi_1\, E\, dL/L$, on obtient :

$$\frac{dR}{R} = \frac{dL}{L}\left(1 + 2\nu_P + \Pi_1 E\right) \quad . \tag{8.28}$$

On définit le *facteur de jauge* comme étant le rapport

$$K = \frac{dR/R}{dL/L} \quad . \tag{8.29}$$

Pour les jauges métalliques, on a généralement $\Pi_1\, E \simeq 0.4$ et $\nu_P \simeq 0.3$. Le facteur de jauges est donc $K \simeq 2$. Notons que le coefficient de piézorésistance des jauges à semi-conducteurs est très élevé, ce qui leur confère une très grande sensibilité (facteur de jauge $K \simeq 200$, soit jusqu'à 100 fois plus élevé que celui des jauges métalliques). C'est pourquoi on les appelle aussi *jauges piézorésistives*. Tel que déjà mentionné, ces jauges sont cependant très sensibles aux variations de température, contrairement aux jauges métalliques dont la réponse peut être relativement facilement compensée.

## Fabrication des jauges

Nous avons déjà observé (à la section 5.2) que la résistance d'un conducteur électrique varie avec la température suivant une relation du type :

$$R = R_0 \left[ 1 + \alpha(T - T_0) + \beta(T - T_0)^2 + \ldots \right] \quad . \tag{8.30}$$

où $R_0$ correspond à la résistance du conducteur à la température $T_0$. Il s'agit du phénomène physique constituant la base du principe de fonctionnement d'une sonde RTD. Pour $T_0 = 0$ °C et une gamme de température relativement petite, on peut écrire :

$$R = R_0 \left( 1 + \alpha\, T \right) \quad . \tag{8.31}$$

où $T$ est en °C. On constate donc que l'on a intérêt à utiliser des métaux dont la valeur du coefficient de température $\alpha$ est la plus faible possible. En effet, on cherche à obtenir une jauge sensible à l'élongation et non à la température. Le Constantan ayant subi un traitement thermique approprié ($\alpha \simeq 0.000009$ à $0.00002$ $\Omega/(\Omega\,°C)$ ou 9 à 20 ppm/ °C) est par exemple un choix judicieux par rapport au cuivre ($\alpha \simeq 0.0043$ $\Omega/(\Omega\,°C)$ ou 4 300 ppm/ °C) qui est beaucoup plus sensible aux variations de température.

Les alliages les plus communs servant à fabriquer des jauges de déformation sont le Constantan (54% Cu – 45% Ni – 1% Mn, $K = 2.1$) et le Nichrome V (80% Ni – 20% Cr, $K = 2.1$), le Karma (74% Ni – 20% Cr – 3% Al – 3% Fe, $K = 2.0$). Ils sont caractérisés par un facteur de jauge ne variant pratiquement pas avec la déformation et par une faible sensibilité à la température. La section 8.4.2 aborde de façon plus détaillée l'effet de la température sur les mesures des déformations.

Les jauges sont généralement conçues pour que leur résistance nominale soit de 120 $\Omega$ ou de 350 $\Omega$. On retrouve également, de façon moins répandue, des jauges de résistance nominale de 500, 1000 et 5000 $\Omega$. Le procédé de fabrication moderne des jauges est basé sur les techniques de décapage photosensibles. Une mince feuille d'alliage est collée sur une feuille de matériau isolant et très flexible (plastique, époxy-phénolique, polyamide...). Cette feuille sert d'une part à isoler électriquement la jauge de la surface sur laquelle on la dispose. Elle sert d'autre part de support pour manipuler la jauge ainsi que de repère pour l'orienter. En effet, la feuille de support est marquée de symboles indiquant l'orientation et les axes principaux de la jauge. La figure 8.5 illustre la façon dont une jauge est disposée sur une feuille de support.

| Figure 8.5 | Schéma représentant une jauge de déformation à variation de résistance électrique et exemple montrant deux jauges collées sur une lamelle utilisée dans une balance aérodynamique. |

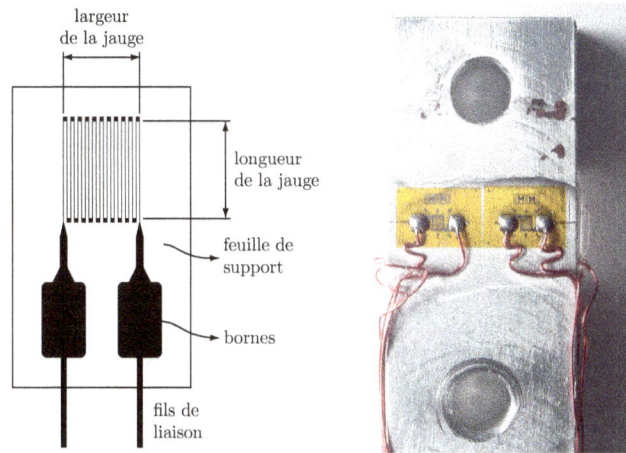

Notons que la feuille de support sert également à disposer des bornes destinées à souder les fils de liaison raccordant la jauge aux instruments de mesure.

## 8.3 Mesure d'une variation de résistance électrique : le pont de Wheatstone

Le *pont de Wheatstone* est le montage classique servant à mesurer des variations de résistance (figure 8.6). Il possède la grande qualité de pouvoir mesurer de façon précise de faibles variations de résistance.

| Figure 8.6 | Schéma représentant un pont de Wheatstone. |

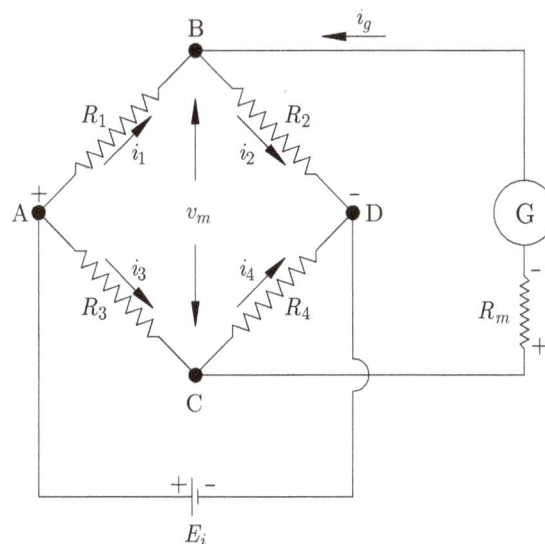

Les quatre résistances composent les branches du pont. On dira par exemple que les résistances $R_1$ et $R_4$ sont dans des branches opposées. La tension d'alimentation du pont est notée $E_i$ et est appliquée aux bornes $A$ et $D$. La tension de sortie $v_m$, présente aux bornes $B$ et $C$, est obtenue par une mesure du courant $i_g$ circulant à travers un galvanomètre de résistance interne $R_m$. On désire trouver l'expression de la tension de sortie $v_m = R_m i_g$ en fonction des valeurs des résistances $R_1$, $R_2$, $R_3$, $R_4$ et $R_m$ ainsi que de la tension d'alimentation $E_i$. On utilise comme point de départ les équations suivantes pour les tensions et les courants :

- Boucle $B - A - C - G - B$ :   $-i_1 R_1 + i_3 R_3 + i_g R_m = 0$ ,      (8.32)

- Boucle $B - D - C - G - B$ :   $i_2 R_2 - i_4 R_4 + i_g R_m = 0$ ,      (8.33)

- Boucle $B - A - E_i - D - B$ :   $-i_1 R_1 + E_i - i_2 R_2 = 0$ ,      (8.34)

- Courants :      $i_1 = i_2 - i_g \quad \Rightarrow \quad i_2 = i_1 + i_g$ ,      (8.35)

  et      $i_4 = i_3 - i_g$ .      (8.36)

La résolution de ce système d'équations donne :

$$v_m = R_m\, i_g = \frac{E_i\,(R_1 R_4 - R_2 R_3)}{\frac{R_1 R_2}{R_m}(R_3 + R_4) + \frac{R_3 R_4}{R_m}(R_1 + R_2) + (R_1 + R_2)(R_3 + R_4)} \quad . \qquad (8.37)$$

On dit que le pont est *équilibré* lorsque le courant $i_g = 0$. On obtient ceci lorsque $R_1 R_4 = R_2 R_3$. De plus, au lieu d'utiliser un galvanomètre, on peut aussi utiliser un voltmètre pour mesurer $v_m$. L'impédance d'un voltmètre étant très élevée ($R_m \to \infty$), on peut dans ce cas écrire :

$$\boxed{v_m \simeq \frac{E_i\,(R_1 R_4 - R_2 R_3)}{(R_1 + R_2)(R_3 + R_4)} \cdot} \qquad (8.38)$$

## 8.4  Utilisation des jauges de déformation

### 8.4.1  Quart de pont, demi-pont et pont complet

À la section 8.2, nous avons vu que la variation de résistance est proportionnelle à l'élongation, soit $dR/R = K\,dL/L$ ou $dR/R = K\,\epsilon$; nous utiliserons cette équation pour établir les relations donnant la tension de sortie de différents ponts de jauges.

### Pont à une jauge

Considérons le cas d'une seule jauge disposée en $R_1$ de manière à former ce qu'on dénomme un *quart de pont* tel qu'illustré sur la figure 8.7.

**Figure 8.7**    Schéma d'un quart de pont avec jauge disposée en $R_1$.

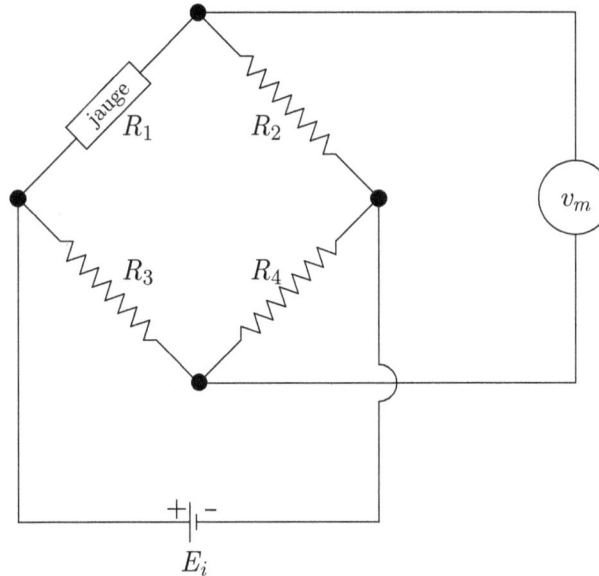

On sait que la tension de sortie du pont est:

$$v_m \simeq \frac{E_i\,(R_1 R_4 - R_2 R_3)}{(R_1 + R_2)(R_3 + R_4)} \quad . \tag{8.39}$$

Lorsque $R_1$ varie et devient $R_1 + \delta R_1$, on obtient:

$$(v_m + \delta v_m) \simeq \frac{E_i\,[(R_1 + \delta R_1)R_4 - R_2 R_3]}{(R_1 + \delta R_1 + R_2)(R_3 + R_4)} \quad . \tag{8.40}$$

En considérant un pont initialement à l'équilibre ($v_m = 0$), ce qui est le cas si on impose des résistances de valeurs nominales égales ($R_1 = R_2 = R_3 = R_4 = R$), on obtient:

$$\delta v_m \simeq \frac{E_i\,[(R + \delta R)R - R^2]}{(2R + \delta R)\,2R} = \frac{E_i\,\delta R}{4R + 2\delta R} \quad . \tag{8.41}$$

En se limitant aux petites variations de résistance, ce qui est toujours le cas dans le cadre de l'utilisation des jauges de déformations, on considère $\delta R \ll R$ et ceci permet d'écrire:

$$\delta v_m \simeq \frac{E_i\,\delta R/R}{4} \simeq \frac{E_i\,K\,\epsilon}{4} \quad . \tag{8.42}$$

## Demi-pont avec jauges adjacentes

L'utilisation d'une combinaison de deux jauges dans un même pont résulte en ce qu'on dénomme un *demi-pont*. Analysons en premier lieu le cas des jauges disposées dans des branches adjacentes du pont, par exemple en $R_1$ et $R_2$, tel qu'illustré sur la figure 8.8.

197

**Figure 8.8**    Schéma d'un demi-pont avec jauges disposées en $R_1$ et $R_2$.

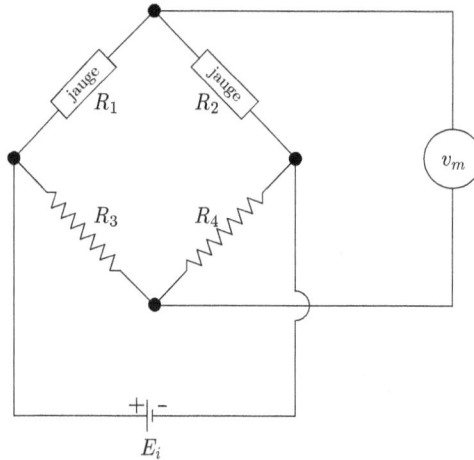

Pour des variations de résistance $\delta R_1$ et $\delta R_2$, la tension de sortie du pont est :

$$(v_m + \delta v_m) \simeq \frac{E_i\,[(R_1 + \delta R_1)R_4 - (R_2 + \delta R_2)R_3]}{(R_1 + \delta R_1 + R_2 + \delta R_2)(R_3 + R_4)}\ . \tag{8.43}$$

Comme précédemment, en considérant un pont initialement à l'équilibre ($v_m = 0$) avec des résistances de valeurs nominales égales ($R_1 = R_2 = R_3 = R_4 = R$), on obtient :

$$\delta v_m \simeq \frac{E_i\,[(R + \delta R_1)R - (R + \delta R_2)R]}{(2R + \delta R_1 + \delta R_2)\,2R}\ . \tag{8.44}$$

$$\Rightarrow \delta v_m \simeq \frac{E_i\,(\delta R_1/R - \delta R_2/R)}{4 + 2\delta R_1/R + 2\delta R_2/R}\ . \tag{8.45}$$

Pour des faibles variations de résistance $\delta R \ll R$, on écrit finalement :

$$\delta v_m \simeq \frac{E_i}{4}\left(\frac{\delta R_1}{R} - \frac{\delta R_2}{R}\right)\ . \tag{8.46}$$

## Exemple : barre en traction

Considérons une barre rectangulaire homogène soumise à un état plan de contraintes produit par une force de traction $F$ :

**Figure 8.9**    Schéma d'une barre rectangulaire en traction.

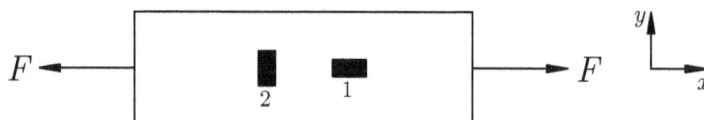

Deux jauges sont collées de façon à obtenir une configuration en demi-pont similaire à celle que l'on vient d'analyser. La jauge 1 est sensible à la déformation dans le sens axial ($x$) et la jauge 2 est sensible à la déformation dans le sens transversal ($y$). On sait que les taux de déformation dans les directions $x$ et $y$ sont reliés par le coefficient de Poisson : $\epsilon_y = -\nu_P \epsilon_x$. Avec les facteurs de jauge, on peut écrire :

$$\frac{\delta R_1}{R} = K_1 \epsilon_x \quad \text{et} \quad \frac{\delta R_2}{R} = K_2 \epsilon_y = -K_2 \nu_P \epsilon_x \ , \tag{8.47}$$

$$\Rightarrow \delta v_m \simeq \frac{E_i}{4} \left( K_1 \epsilon_x + K_2 \nu_P \epsilon_x \right) \ . \tag{8.48}$$

Si on a $K_1 = K_2 = K$, comme c'est habituellement les cas, on obtient :

$$\delta v_m \simeq \frac{E_i K (1 + \nu_P) \epsilon_x}{4} \ . \tag{8.49}$$

### Exemple : poutre encastrée en flexion

Considérons une poutre rectangulaire homogène encastrée rigidement à une extrémité et libre à l'autre (figure 8.10). Les axes sont définis comme suit : $x$ est la direction longitudinale, $y$ est dans le sens de l'épaisseur et $z$ est l'axe transversal suivant la largeur de la poutre. L'extrémité libre est soumise à une force $F$ perpendiculaire au plan $xz$.

**Figure 8.10**    Schéma d'une poutre encastrée en flexion.

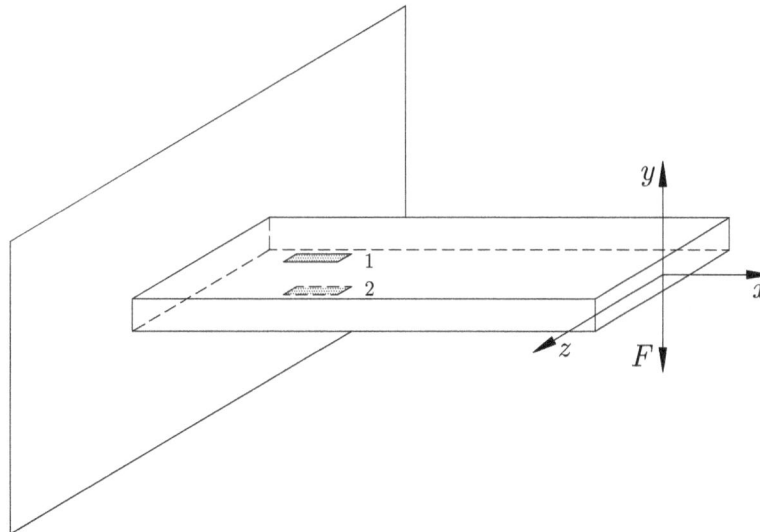

Les jauges 1 et 2 sont collées sur chacun des plans $xz$ et elles sont sensibles aux déformations longitudinales (suivant $x$). On considère que les jauges sont placées de façon symétrique par rapport à l'axe neutre passant par $y = 0$; on a donc $y_1 = -y_2$. Ce type de chargement produit un état plan de contraintes résultant dans les taux de déformation suivants : $\epsilon_{x1} = -\epsilon_{x2}$. Avec les facteurs de jauge, on obtient : $\delta R_1/R = K_1\epsilon_x$ et $\delta R_2/R = -K_2\epsilon_x$. Pour des facteurs de jauge identiques ($K_1 = K_2 = K$), on peut finalement écrire :

$$\delta v_m \simeq \frac{E_i \, K\epsilon_x}{2} \quad . \tag{8.50}$$

## Demi-pont avec jauges opposées

On peut obtenir une autre configuration de demi-pont en disposant les jauges dans des branches opposées au lieu de les mettre dans des branches adjacentes. Considérons par exemple les jauges montées en $R_1$ et en $R_4$ tel qu'illustré sur la figure 8.11.

Pour des variations de résistance $\delta R_1$ et $\delta R_4$, la tension de sortie du pont est :

$$(v_m + \delta v_m) \simeq \frac{E_i \, [(R_1 + \delta R_1)(R_4 + \delta R_4) - R_2R_3]}{(R_1 + \delta R_1 + R_2)(R_3 + R_4 + \delta R_4)} \quad . \tag{8.51}$$

Considérons comme précédemment les conditions initiales de pont à l'équilibre ($v_m = 0$) et de résistances nominales de même valeur ($R_1 = R_2 = R_3 = R_4 = R$). On obtient

**Figure 8.11** Schéma d'un demi-pont avec jauges disposées en $R_1$ et R4.

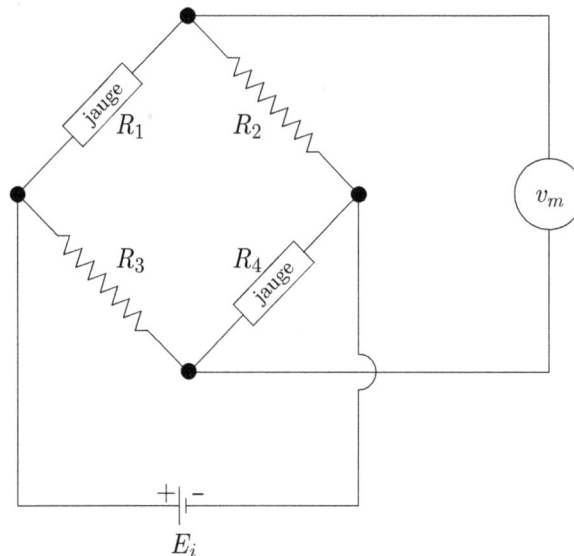

ainsi :

$$\delta v_m \simeq \frac{E_i \, [(R + \delta R_1)(R + \delta R_4) - R^2]}{(2R + \delta R_1) \, (2R + \delta R_4)} \quad , \tag{8.52}$$

$$\Rightarrow \delta v_m \simeq \frac{E_i \, (\delta R_1/R + \delta R_4/R + \delta R_1\delta R_4/R^2)}{4 + 2\delta R_1/R + 2\delta R_4/R + \delta R_1\delta R_4/R^2} \quad . \tag{8.53}$$

En considérant, comme précédemment, des faibles variations de résistance $\delta R \ll R$, on peut écrire :

$$\delta v_m \simeq \frac{E_i}{4} \left( \frac{\delta R_1}{R} + \frac{\delta R_4}{R} \right) \quad . \tag{8.54}$$

## Pont à quatre jauges : pont complet

Jusqu'ici, nous avons vu que la sensibilité de la technique de mesure par jauges de déformation peut être influencée par : 1- la disposition des jauges sur la pièce (*e.g.* jauges 1 et 2 à 90° sur la barre en traction) et 2- la position des jauges dans le pont. On peut augmenter encore davantage la sensibilité de la technique en utilisant un *pont complet*, c'est-à-dire un pont comprenant quatre jauges, tel qu'illustré sur la figure 8.12. En considérant, comme précédemment, $\delta R \ll R$, on peut écrire :

$$\delta v_m \simeq \frac{E_i}{4} \left( \frac{\delta R_1}{R} + \frac{\delta R_4}{R} - \frac{\delta R_2}{R} - \frac{\delta R_3}{R} \right) \quad . \tag{8.55}$$

Lorsque par exemple, les jauges sont disposées en pont complet sur une poutre encastrée en flexion (figure 8.13) on obtient :

$$\delta v_m \simeq E_i \, K \, \epsilon_x \quad . \tag{8.56}$$

**Figure 8.12**    Schéma d'un pont complet.

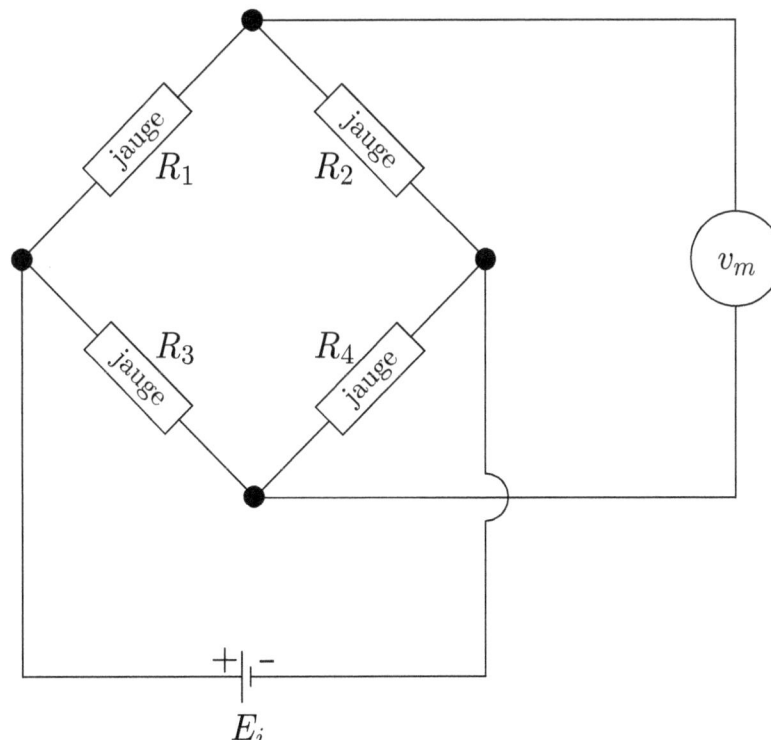

| **Figure 8.13** | Schéma d'une barre encastrée en flexion avec jauges montées en pont complet. |

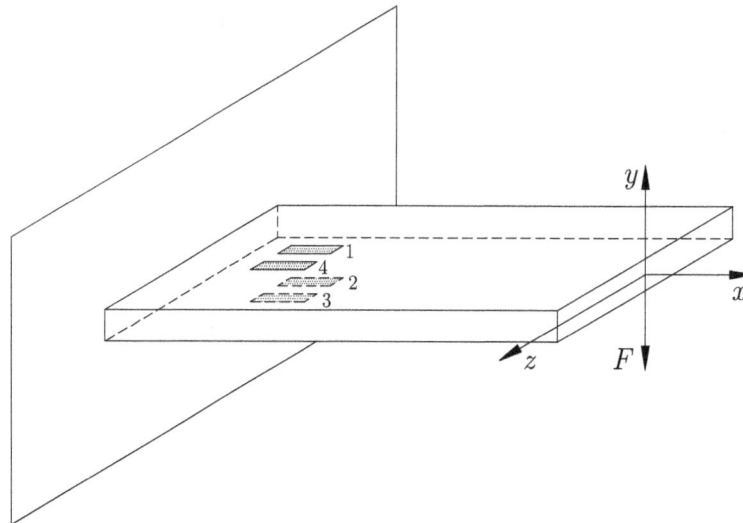

## 8.4.2 Compensation des variations de température

La gamme de température d'utilisation d'une jauge de déformation est dictée par divers facteurs, notamment, par le choix du matériau de support. Les jauges décrites à la section 8.2 comportent une mince feuille de support flexible constituée d'un matériau isolant (plastique, époxy-phénolique ou polyamide). Ces matériaux sont limités aux gammes de température d'utilisation suivantes : −10 à +80 °C pour le plastique, −196 à +150 °C pour l'époxy-phénolique et −196 à +350 °C pour le polyamide. Il faut toutefois savoir que ces gammes de température peuvent être réduites pour diverses raisons, par exemple lorsque des jauges sont destinées à mesurer de plus grandes déformations. Notons également que le choix de la colle servant à fixer la jauge sur la pièce à étudier influence la gamme de température d'utilisation. De plus, pour des températures plus élevées, jusqu'aux environs de +600 °C, certains manufacturiers proposent des jauges comportant des feuilles de support en céramique ou en acier. Ainsi, lorsque la température constitue un paramètre variable, il faut utiliser des jauges adaptées aux conditions d'opération. Les paragraphes suivants décrivent cette problématique.

La température est un paramètre qui peut altérer de manière significative le comportement d'un système équipé de jauges de déformation à variation de résistance électrique. De façon générale, les variations de température influencent les propriétés des matériaux et ceci affecte le système à plusieurs égards. On observe, d'une part, des changements de comportement de la jauge comme telle et, d'autre part, des variations des propriétés physiques de la pièce sur laquelle sont collées les jauges.

Tel que mentionné précédemment, la résistivité électrique du conducteur métallique constituant la jauge est fonction de la température. Ainsi, un changement de température $\delta T$ provoque une variation de résistance du type $(\delta R/R)_{\rho_e} = \alpha\ \delta T$. Notons qu'il est spécifié à la section 8.2 que les fabricants de jauges utilisent des matériaux possédant de faibles valeurs du coefficient $\alpha$, ce qui permet de considérer le facteur de jauge $K$ comme étant constant. Les manufacturiers conseillent de négliger les variations du facteur de jauge pour des écarts de température inférieurs à environ 50 °C par rapport à la température ambiante. Par contre, pour des écarts $\delta T$ plus élevés, cet effet est à considérer.

D'autre part, la jauge ainsi que la pièce sur laquelle est collée la jauge subissent toutes deux une dilatation thermique. Lorsque les coefficients de dilatation thermique de la jauge $(\beta_j)$ et de la pièce $(\beta_p)$ sont différents, la jauge perçoit une déformation apparente que ne subit pas la pièce. Ceci entraîne une variation de sa résistance du type $(\delta R/R)_d = K(\beta_p - \beta_j)\ \delta T$ qui introduit un biais sur la mesure (on considère que le facteur de jauge demeure constant). Notons que si on s'intéresse aux déformations d'une pièce induites par des gradients thermiques, la dilatation thermique de la pièce ne constitue pas un phénomène parasite; seule la différence de dilatation entre la pièce et la jauge constitue un biais que l'on doit minimiser. Par contre, lorsque l'on s'intéresse à la mesure d'une force, on cherche également à minimiser l'effet de la dilatation thermique de la pièce car, dans ce cas, seule la déformation provoquée par l'action de la force est pertinente. Les paragraphes suivants proposent des solutions à ce problème.

Finalement, les propriétés mécaniques de la pièce sur laquelle sont collées les jauges varient avec $\delta T$; notamment le module d'élasticité $E$ de la pièce que l'on cherche à analyser est une fonction de la température. Ce dernier point est de très grande importance si, en particulier, on s'intéresse à la mesure d'une force, impliquant l'utilisation d'une cellule de charge. Dans ce cas, la relation contrainte-déformation dans le domaine élastique (loi de Hooke) nous indique que pour une force donnée, la variation du module d'élasticité avec la température induit une variation du champ de déformation ($\epsilon = F/(E\,A)$, où $A$ est la section sur laquelle s'applique la contrainte normale). Autrement dit, pour une force constante appliquée, une variation du module d'élasticité due à un changement de température induit une variation de déformation perçue par la jauge. Une lecture du signal de la cellule de charge non compensée en température pourrait ainsi être interprétée comme une variation de force, ce qui conduirait à une fausse interprétation. Lorsque l'on conçoit une cellule de charge, l'erreur engendrée par la dilatation thermique est de l'ordre de 0.1 à 0.2% de la pleine charge, alors que celle reliée à la variation du module d'élasticité s'élève aux environs de 2 à 4%. Ces deux phénomènes peuvent cependant être compensés à l'aide des méthodes décrites dans les paragraphes suivants.

## Utilisation de jauges auto-compensées

Au cours des dernières décennies, les fabricants de jauges de déformation ont développé différentes stratégies visant à minimiser l'effet des variations de température $\delta T$. L'une des approches les plus simples consiste à faire un appariement des matériaux composant la jauge et son support (incluant la colle) avec le matériau de la pièce sur laquelle l'ensemble doit être collé. Cette technique vise à compenser les changements de résistance $(\delta R/R)_{\rho_e}$ et $(\delta R/R)_d$, représentant respectivement l'influence de la variation de résistivité électrique de la jauge et l'effet de la différence de dilatation thermique observée entre la jauge et la pièce. La somme de ces deux variations, déjà évoquées dans les paragraphes précédents, s'exprime comme :

$$\left(\frac{\delta R}{R}\right)_{\delta T} = \left(\frac{\delta R}{R}\right)_{\rho_e} + \left(\frac{\delta R}{R}\right)_d = [\alpha + K(\beta_p - \beta_j)]\,\delta T \quad . \tag{8.57}$$

À la lecture de l'équation (8.57), on constate qu'il est possible de compenser l'effet des variations de température si on arrive à annuler le terme entre crochets. Ainsi, une jauge respectant la contrainte $\alpha = K(\beta_j - \beta_p)$ constitue ce que l'on dénomme une jauge auto-compensée en température.

Selon ce qui précède, il apparaît évident que le choix d'une jauge de déformation doit être fait en accordant une grande importance à l'appariement des matériaux de la jauge et de la pièce. C'est pourquoi les manufacturiers indiquent la compatibilité des coefficients de dilatation de leurs différentes familles de jauges avec la plupart des matériaux.

## Compensation par la technique des branches adjacentes du pont

Supposons une augmentation de température $\delta T$ provoquant un accroissement $\delta R$ de la résistance $R_1$ de la jauge placée en 1 dans le pont. Cet accroissement peut dépendre de deux facteurs : 1- augmentation de la résistance due à la sensibilité de la résistance électrique du conducteur à la température (coefficient $\alpha$); 2- augmentation de la résistance due à une élongation réelle de la jauge provoquée par une différence entre les coefficients de dilatation thermique de la jauge et de la pièce sur laquelle elle est collée. La variation de résistance $\delta R$ due au premier effet est perçue comme une déformation apparente alors que celle due au deuxième effet indique seulement la différence d'élongation entre la jauge et la pièce. Dans les deux cas, on cherche à éliminer les effets de la température en utilisant une jauge de compensation dans les branches 2 ou 3 du pont, de manière à former un demi-pont avec jauges adjacentes. Cette jauge doit être collée sur une pièce non contrainte faite du même matériau que la pièce étudiée (figure 8.14). Pour une jauge de compensation placée en $R_3$ par exemple, on obtient :

$$(v_m + \delta v_m) \simeq \frac{E_i\,[(R_1 + \delta R_1)R_4 - R_2(R_3 + \delta R_3)]}{(R_1 + \delta R_1 + R_2)(R_3 + \delta R_3 + R_4)} \quad . \tag{8.58}$$

**Figure 8.14** Schéma illustrant le principe de compensation des variations de température par la technique des branches adjacentes du pont.

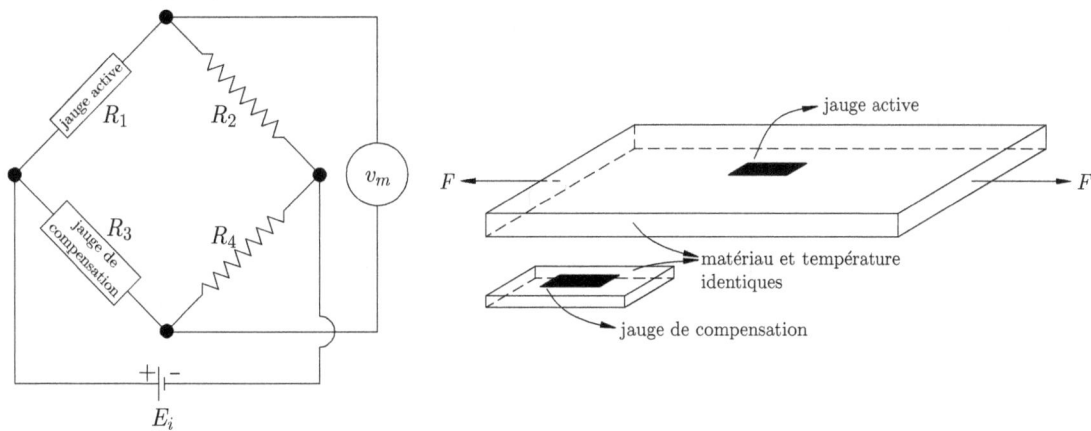

Considérons comme conditions initiales un pont à l'équilibre ($v_m = 0$) et des résistances égales ($R_1 = R_2 = R_3 = R_4 = R$). Si on observe, suite à l'augmentation de température $\delta T$, une augmentation $\delta R_1 = \delta R_3 = \delta R$, on obtient :

$$\delta v_m \simeq \frac{E_i\, R\, [(R + \delta R) - (R + \delta R)]}{(2R + \delta R)^2} \quad , \tag{8.59}$$

$$\implies \delta v_m \simeq 0 \quad . \tag{8.60}$$

On constate que le pont reste équilibré et est donc insensible aux variations de température.

Notes :

1. Un demi-pont monté en jauges adjacentes (deux jauges subissant des contraintes et soumises aux mêmes variations de température), constitue un assemblage compensé en température. Dans ce cas, les variations de résistance $\delta R$ qui sont causées par une variation de température $\delta T$ s'annulent et la tension de sortie du demi-pont est uniquement fonction des déformations subies par les jauges.

2. Pour un demi-pont monté en jauges opposées, il faut ajouter deux jauges non contraintes dans les autres branches du pont afin d'obtenir un pont complet compensé en température.

3. Pour un pont complet avec quatre jauges subissant des contraintes, on obtient toujours un assemblage compensé en température, à condition que les quatre jauges subissent les mêmes variations de température (ce qui est généralement le cas, puisqu'elles sont normalement collées sur la même pièce).

## Compensation de l'effet de variation du module d'élasticité

Lorsque les métaux sont soumis à une augmentation de température, on observe une diminution de leur module d'élasticité. Pour des métaux tels que l'acier ou l'aluminium, le module d'élasticité $E$ diminue approximativement linéairement avec un accroissement de la température, ce qui permet d'approximer cette tendance avec la relation (8.61) :

$$E = E_0\left[1 + \alpha_E\left(T - T_0\right)\right] \quad, \tag{8.61}$$

où $\alpha_E$ représente le coefficient thermo-élastique, aussi dénommé coefficient de température du module d'élasticité. Le tableau 8.1 fournit les valeurs du coefficient thermo-élastique pour ces métaux.

La compensation du phénomène de variation du module d'élasticité avec la température est réalisée en ajoutant des résistances de compensation $R_c$ en série avec la source d'alimentation, tel qu'illustré sur la figure 8.15. La valeur et les propriétés des résistances de compensation sont déterminées de manière judicieuse en respectant la procédure décrite dans les paragraphes suivants. En premier lieu, il est nécessaire de refaire le cheminement exposé à la section 8.3 et servant à établir l'équation de la tension de sortie du pont de Wheatstone. Ici, l'ajout des résistances de compensation modifie l'équation (8.34) décrivant l'évolution du potentiel dans la boucle $B - A - E_i - D - B$. Cette nouvelle relation s'écrit :

$$-i_1R_1 + E_i - i_2R_2 - 2(i_1 + i_3)R_c = 0 \quad. \tag{8.62}$$

**Tableau 8.1**
**Coefficient thermo-élastique $\alpha_E$, en GPa/(GPa °C), et coefficient de dilatation thermique $\beta$, en m/(m °C), de différents métaux. Ces coefficients peuvent aussi s'exprimer en ppm (dans ce cas, il faut enlever le facteur $10^{-6}$ des valeurs énoncées dans le tableau).**

| Métal | $\alpha_E$ GPa/(GPa °C) | $\beta$ m/(m °C) |
|---|---|---|
| Aluminium | $-270 \times 10^{-6}$ à $-400 \times 10^{-6}$ | $23 \times 10^{-6}$ |
| Acier | $-220 \times 10^{-6}$ | $11.6 \times 10^{-6}$ |
| Acier inoxydable | $-440 \times 10^{-6}$ | $16.7 \times 10^{-6}$ |

**Figure 8.15** Schéma représentant un pont de Wheatstone compensé pour les variations de température affectant le module d'élasticité.

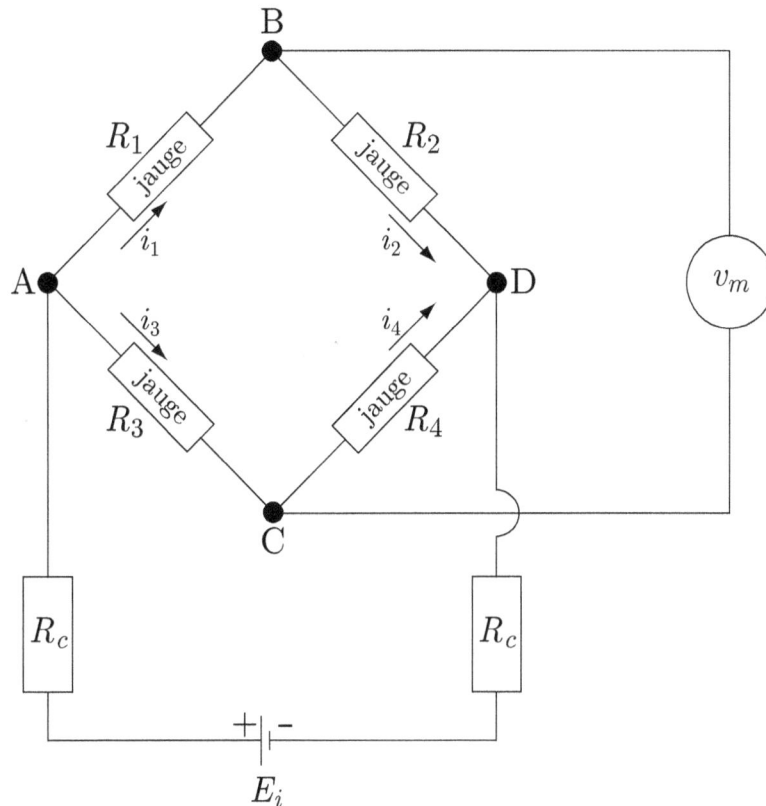

La résolution du système d'équations (8.32, 8.33, 8.34, 8.36 et 8.62) associé au pont compensé permet d'obtenir la tension de sortie sous la forme suivante :

$$v_m \simeq \frac{E_i\,(R_1 R_4 - R_2 R_3)}{(R_1 + R_2)(R_3 + R_4) + 2R_c(R_1 + R_2 + R_3 + R_4)} \quad . \tag{8.63}$$

On remarque que l'équation (8.63) comporte un terme supplémentaire au dénominateur par rapport à l'expression (8.38) représentant la variation de tension de sortie du pont non compensé.

Considérons un pont initialement à l'équilibre, soit $R_1 = R_2 = R_3 = R_4 = R$, ce qui impose $v_m = 0$. En suivant le même cheminement que précédemment, on considère qu'un champ déformation induit des variations de résistance relativement faibles, soit $\delta R \ll \mathrm{R}$. Dans ces conditions, la variation de tension de sortie du pont compensé s'exprime comme :

$$\delta v_m \simeq \frac{E_i}{4}\left(\frac{\delta R_1}{R} + \frac{\delta R_4}{R} - \frac{\delta R_2}{R} - \frac{\delta R_3}{R}\right)\frac{1}{1 + 2R_c/R} \quad . \tag{8.64}$$

On observe qu'à l'exception du dernier terme de droite, cette relation est similaire à l'équation (8.55) définissant la variation de tension de sortie du pont complet non compensé. Comme on s'intéresse à définir l'effet d'une variation du module d'élasticité induit par une variation de température, il est nécessaire d'exprimer la variation de résistance des jauges de la manière suivante : $\delta R/R = K\epsilon = K\sigma/E$. Ici, la contrainte $\sigma$ peut provenir par exemple d'une force de tension uniaxiale $F_N$ ($\sigma = F_N/A$ ou $-\nu_P F_N/A$ selon l'orientation de la jauge), d'un moment de flexion $M_f$ ($\sigma = M_f\, c/I$, où $c$ est la distance entre la surface et l'axe neutre et $I$ le moment d'inertie de section) ou d'une autre composante (effort tranchant, torsion, etc.). Peu importe l'origine de la contrainte, la jauge voit une déformation qui peut être reliée au module d'élasticité et la variation de la tension de sortie du pont compensé peut s'écrire :

$$\delta v_m \simeq \frac{K\,E_i}{4}\left(\sigma_1 + \sigma_4 - \sigma_2 - \sigma_3\right)\frac{1}{E(1+2R_c/R)} \quad. \tag{8.65}$$

Considérons maintenant un pont conçu avec des jauges auto-compensées et disposées de manière à constituer un ensemble compensé par la technique des branches adjacentes du pont. La mesure des déformations est ainsi insensible aux variations de température. Cependant, si on désire effectuer une mesure des contraintes (ce qui est le cas lorsqu'on utilise une cellule de charge) en présence de variations de température, il faut s'affranchir des variations du module d'élasticité $E$. Pour que le pont soit insensible aux variations $\delta E$ du module d'élasticité induites par les variations de température, le dernier terme de droite de l'équation (8.65) doit respecter la contrainte suivante :

$$E\left(1+2\,\frac{R_c}{R}\right)\simeq(E+\delta E)\left(1+2\,\frac{R_c+\delta R_c}{R}\right)\quad,$$
$$\Rightarrow 2E\,\frac{\delta R_c}{R}+\delta E\left(1+2\,\frac{R_c}{R}+2\,\frac{\delta R_c}{R}\right)\simeq 0 \quad. \tag{8.66}$$

Les équations d'évolution en fonction de la température de $R$ (8.31) et de $E$ (8.61) font intervenir les coefficients $\alpha$ et $\alpha_E$ et un écart de température $T-T_0$. En considérant ici aussi un écart de température relatif à $T_0$, on peut alors écrire (avec $R_{c_0}=R_c$ et $E_0=E$) :

$$\delta R_c = R_c\,\alpha\,\delta T \quad \text{et} \quad \delta E = E\,\alpha_E\,\delta T \quad. \tag{8.67}$$

Introduisant ces deux relations dans l'équation (8.66), on obtient, après quelques manipulations :

$$1+\frac{1}{2}\,\frac{\alpha_E}{\alpha}\,\frac{R}{R_c}+\frac{\alpha_E}{\alpha}+\alpha_E\,\delta T \simeq 0 \quad. \tag{8.68}$$

Les trois premiers termes de cette expression sont du même ordre de grandeur, mais le dernier est d'un ordre inférieur ($\alpha_E \; \delta T \ll 1$) et peut donc être négligé. Ceci permet d'écrire :

$$\frac{R}{R_c} \simeq -2 \, \frac{\alpha_E + \alpha}{\alpha_E} \quad . \tag{8.69}$$

Sachant que le module d'élasticité décroît avec la température, le coefficient $\alpha_E$ est négatif et on peut faire la substitution $\alpha_E = -|\alpha_E|$ dans la relation (8.69). On obtient ainsi la solution pour déterminer la valeur de la résistance de compensation :

$$R_c \simeq \frac{|\alpha_E| \, R}{2 \, (\alpha - |\alpha_E|)} \quad . \tag{8.70}$$

La valeur de $R_c$ ne pouvant être négative, on obtient aussi la contrainte suivante :

$$\alpha > |\alpha_E| \quad . \tag{8.71}$$

Les relations (8.70) et (8.71) montrent qu'il est nécessaire d'effectuer un appariement des matériaux. La pièce sur laquelle sont collées les jauges est constituée d'un matériau de coefficient $\alpha_E$. Le matériau constituant les résistances de compensation est choisi en respectant la contrainte $\alpha > |\alpha_E|$ et la valeur de la résistance $R_c$ est déterminée par la relation (8.70).

Par exemple, pour des jauges collées sur de l'acier ($\alpha_E = -220$ ppm/ °C), des résistances de compensation en nickel ($\alpha = 6\,800$ ppm/ °C) constituerait en bon choix, alors que des résistances constituées de constantan ($\alpha = 20$ ppm/ °C) constitueraient un mauvais choix.

## 8.5  Les cellules de charge

La cellule de charge est un élément mécanique instrumenté permettant de mesurer une force. On rencontre dans la pratique plusieurs géométries de cellules de charge, dépendant de l'application et de la grandeur de la force à mesurer (figure 8.16). Le principe de fonctionnement et les composantes générales sont cependant les mêmes pour tous les types de cellules de charge. Nous limiterons l'analyse à l'étude des cellules de charge fonctionnant avec des jauges de déformation.

**Figure 8.16**   Exemple illustrant plusieurs types de cellules de charge.

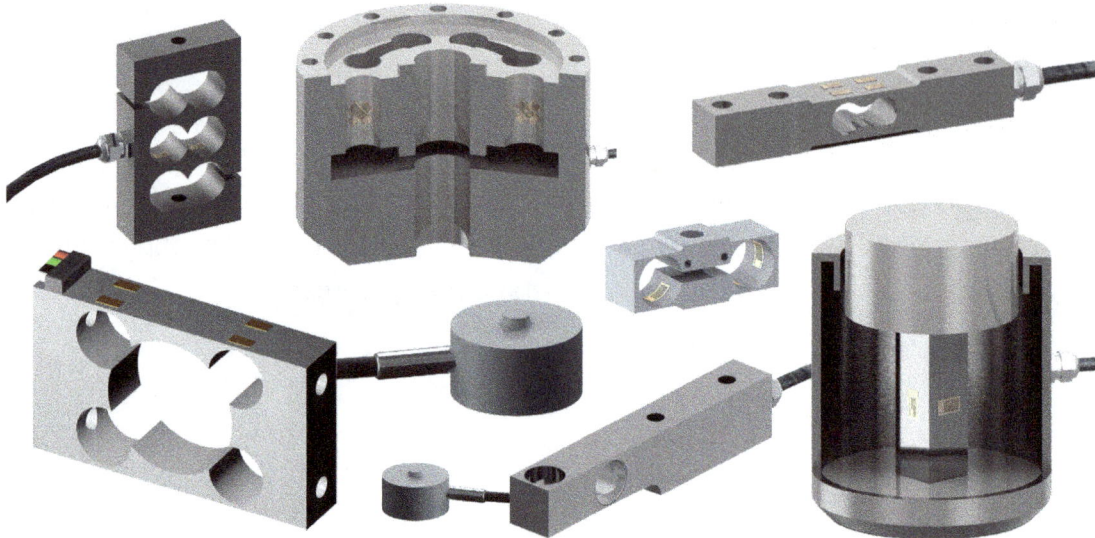

Une cellule de charge comprend trois éléments principaux :

## Le bâti

C'est un élément très rigide sur lequel est appliqué la force à mesurer. Le bâti comprend des éléments de fixations permettant de fixer la cellule au reste du montage. La force à mesurer est appliquée au bâti de la cellule de charge. Le bâti étant très rigide, il ne se déforme pas de façon significative sous l'effet de la charge mesurée.

## L'élément mécanique sensible

Il s'agit d'une partie du bâti qui présente volontairement une moins grande résistance à la déformation, afin que la charge appliquée produise un déplacement mesurable à cet endroit précis. Ainsi, sous l'action d'une force, l'ensemble du bâti ne se déformera pas, mais l'élément mécanique sensible se déformera. Sa déformation doit cependant demeurer dans le domaine élastique.

## Les jauges de déformation

Des jauges sont collées à l'élément mécanique sensible, au point de déformation maximale, et permettent de traduire la déformation produite par la force en variation de résistance, et finalement en signal électrique mesurable.

Ces trois éléments de base sont choisis, dimensionnés et combinés ensemble de façon à ce que la réponse de la cellule à une force soit linéaire sur un intervalle donné correspondant à l'étendue de mesure de la cellule.

Le bâti entoure l'élément mécanique sensible, le protège et comprend souvent des composantes mécaniques telles que des butées qui protègent l'élément mécanique sensible contre une surcharge.

Les différents types de cellules de charge sont définis d'après la forme générale du bâti. À chaque forme de bâti est associée une ou plusieurs formes d'éléments sensibles. Les jauges sont quant à elles assez universelles et ne changent pas beaucoup d'un type de cellule à un autre.

## 8.5.1  Principaux types de cellules de charge

### Cellule de type *poutre en flexion* (« Bending beam »)

Ce type de cellule est constitué d'une poutre rigide dont une extrémité est considérée comme étant encastrée, alors que l'autre est libre. Le point d'application de la force à mesurer est localisé sur une surface de l'extrémité libre. Cette poutre rigide constitue le bâti, et l'élément sensible est une section intermédiaire de la poutre qui a été affaiblie par retrait de matière de façon à augmenter localement les contraintes et les déformations. La figure 8.17 illustre ce type de cellule de charge et la figure 8.18 montre un champ de déformations ainsi qu'un schéma de montage.

**Figure 8.17**     Illustration d'une cellule de charge de type *poutre en flexion*.

Lorsque la cellule de charge de type *poutre en flexion* est soumise à une force appliquée à son extrémité libre, il en résulte une déformation dite en « S » de la section affaiblie (figure 8.18). La déformation en « S » confère à ce type de cellule de charge la dénomination de cellule à *double flexion*. Si la force est appliquée vers le bas, la face supérieure droite est chargée en compression tandis que la face supérieure gauche est chargée en tension. Ainsi, une paire de jauges subissant un rétrécissement ($\epsilon_x < 0$) est collée sur la face supérieure droite et une autre paire, subissant une élongation ($\epsilon_x > 0$), est collée sur la face supérieure gauche. Les quatre jauges forment un pont de Wheatstone complet et compensé en température selon la technique des branches adjacentes du pont.

| Figure 8.18 | Illustration du champ de déformations longitudinales $\epsilon_x$ simulé sur une cellule de charge de type *poutre en flexion* (un effet de distorsion d'un facteur 700 est appliqué afin de bien visualiser la déformation). |
|---|---|

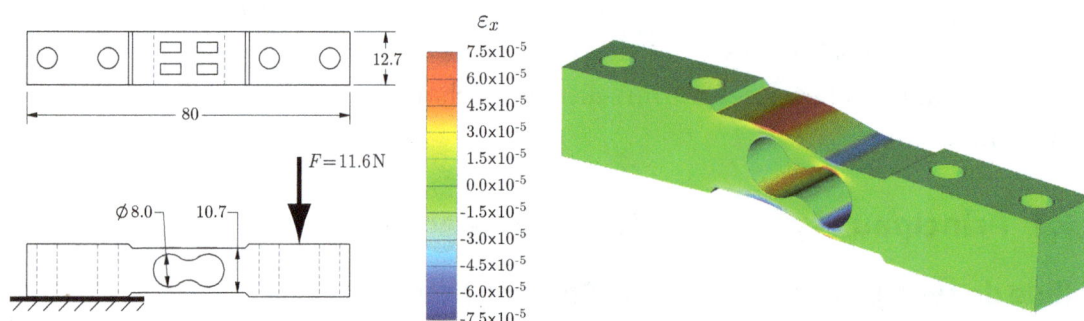

Le champ de déformations illustré sur la figure 8.18 a été obtenu par simulation numérique. La cellule, dont la surface inférieure de gauche est en appui plan rigide, est soumise à une force verticale $F = 11.6$ N orientée vers le bas et appliquée au milieu de la surface supérieure de droite. Les caractéristiques géométriques sont indiquées sur le schéma de gauche (dimensions exprimées en mm). La cellule est fabriquée en acier inoxydable dont les propriétés physiques sont : $E = 193$ GPa, $\nu_P = 0.3$ et $\rho = 7\,744$ kg/m$^3$.

Avec ce type de cellule de charge, le point d'application de la force doit être minutieusement contrôlé puisqu'il détermine la distance entre la charge et le point de mesure et que cette distance influence directement le moment, donc les déformations au point de mesure.

## Utilisation d'une *lamelle instrumentée* (« Thin beam »)

On retrouve sur le marché des *lamelles instrumentées* (« thin beams ») sur lesquelles sont montées quatre jauges de déformation formant un pont complet. La figure 8.19 illustre une lamelle de ce type et la figure 8.20 montre une champ de déformations ainsi qu'un schéma de montage. Ces lamelles sont fabriquées en acier inoxydable ou en alliage de cuivre-béryllium et peuvent servir à concevoir des cellules de charge pour diverses applications. Elles sont versatiles, compensées en température et disponibles en plusieurs épaisseurs, dans la gamme s'étalant de 0.15 à 1.6 mm. Pour cette gamme d'épaisseurs, elles peuvent supporter des charges de 1 à 180 N. La disposition des jauges dicte le type d'assemblage mécanique que l'on doit utiliser. En adoptant l'assemblage approprié, lorsqu'une force est exercée selon l'axe principal perpendiculaire à la lamelle, il en résulte une déformation en « S » caractéristique des poutrelles en flexion (voir le schéma la figure 8.20).

**Figure 8.19**  Illustration d'une lamelle instrumentée se comportant comme une cellule de charge de type *poutre en flexion*.

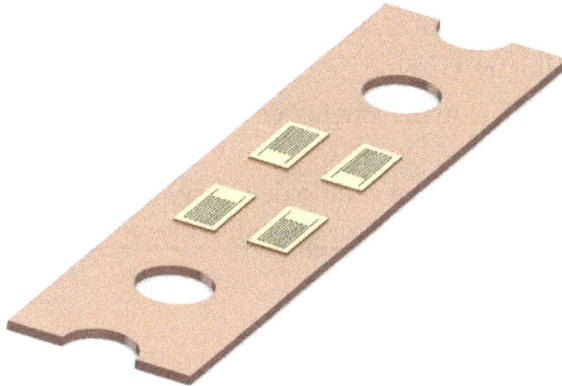

**Figure 8.20**  Illustration du champ de déformations longitudinales $\epsilon_x$ simulé sur une cellule de charge de type *poutre en flexion* constituée d'une lamelle instrumentée (un effet de distorsion d'un facteur 5 est appliqué afin de bien visualiser la déformation).

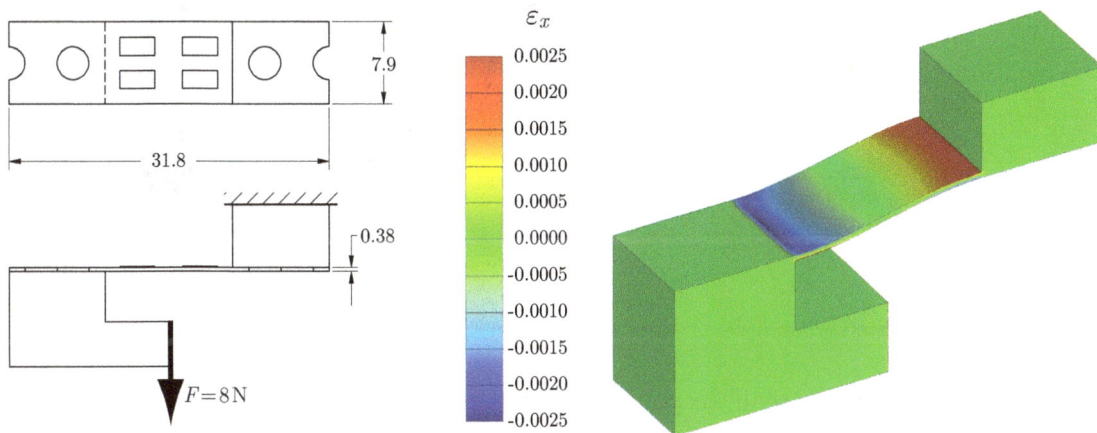

La figure 8.20 montre un champ de déformations obtenu par simulation numérique. Pour réaliser cette simulation, la lamelle est montée sur des blocs rigides assurant une déformation en « S » concentrée sur la partie instrumentée. La surface supérieure du bloc de droite est en appui plan rigide et le bloc de gauche est soumis à une force verticale $F = 8$ N, orientée vers le bas et appliquée tangentiellement à sa face droite. Cette face du bloc inférieur est orientée selon l'axe principal perpendiculaire à la lamelle. Les caractéristiques géométriques sont indiquées sur le schéma de gauche (dimensions exprimées en mm). La lamelle est fabriquée en alliage de cuivre-1.9% béryllium dont les propriétés physiques sont : $E = 130$ GPa, $\nu_P = 0.3$ et $\rho = 8\,250$ kg/m$^3$.

### Cellule de type *parallélogramme en flexion*

Le *parallélogramme en flexion* est une variante de la poutre en flexion. Son rapport de forme le différencie de la poutre, mais son principe de fonctionnement demeure le même. La figure 8.21 illustre ce type de cellule de charge et la figure 8.22 montre un champ de déformations ainsi qu'un schéma de montage.

| **Figure 8.21** | Illustration d'une cellule de charge de type *parallélogramme en flexion*. |

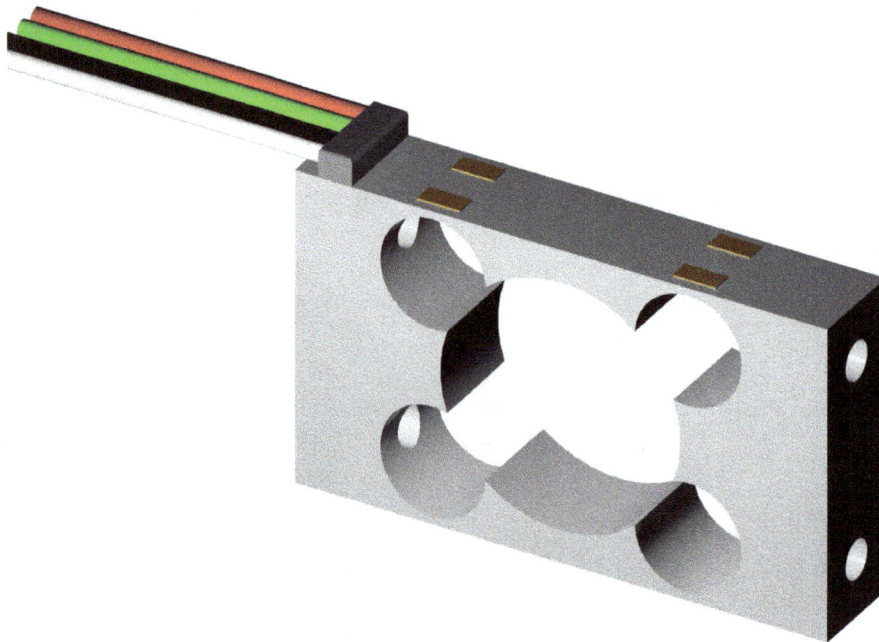

La simulation numérique réalisée pour obtenir le champ de déformations montré sur la figure 8.22 possède les caractéristiques suivantes : la cellule, dont la surface de gauche est encastrée, est soumise à une force verticale $F = 29.4$ N orientée vers le bas et appliquée à droite, sur la face supérieure de la cellule. Les paramètres géométriques sont indiqués sur le schéma de gauche (dimensions exprimées en mm). La cellule est fabriquée en acier inoxydable dont les propriétés physiques sont : $E = 193$ GPa, $\nu_P = 0.3$ et $\rho = 7\,744$ kg/m$^3$.

Le parallélogramme est caractérisé par une excellente linéarité, un haut taux de déformation et une bonne tolérance à la surcharge. On l'utilise aussi bien en tension qu'en compression dans diverses applications. On le retrouve par exemple dans des balances à plate-forme et des balances à poids suspendu.

| Figure 8.22 | Illustration du champ de déformations longitudinales $\epsilon_x$ simulé sur une cellule de charge de type *parallélogramme en flexion* (un effet de distorsion d'un facteur 5 est appliqué afin de bien visualiser la déformation). |
|---|---|

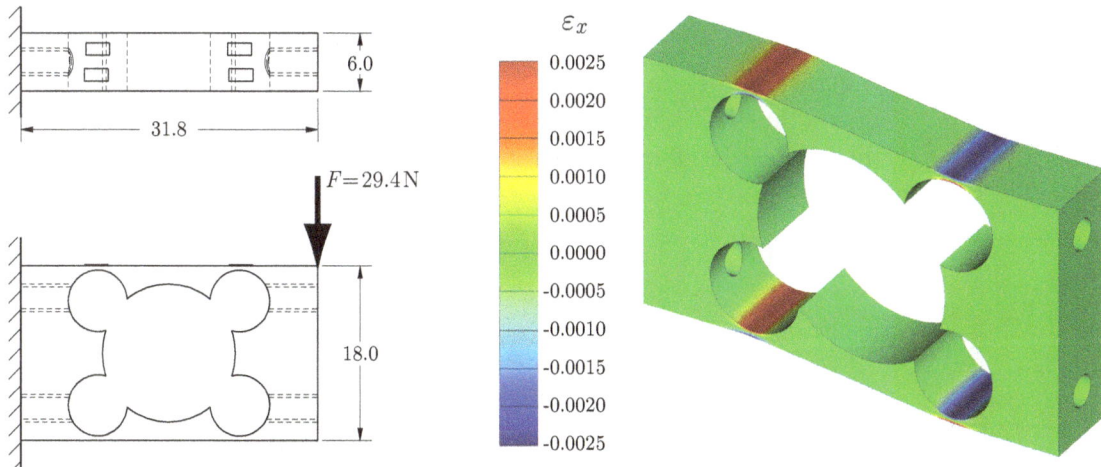

## Cellule de type *en ligne* (« S beam », « Tension link » ou « In-line load cell »)

La forme en S du bâti (figure 8.23) de ce type de cellule – aussi appelé *poutre en Z* – permet une configuration alignant le point d'application de la force et la fixation du bâti de la cellule de charge au reste du montage.

| Figure 8.23 | Photographie (gauche) et illustration (droite) d'une cellule de charge de type *poutre en S*. La cellule de gauche a une capacité de 3 340 N (750 lbf). |
|---|---|

L'élément mécanique sensible est généralement un anneau cylindrique situé au centre de la cellule, ou encore une partie évidée comportant deux cavités cylindriques. Les jauges sont collées sur la face interne des sections cylindriques, deux jauges dans une région en tension et les deux autres dans une région en compression. La figure 8.24 illustre un tel montage.

| | |
|---|---|
| **Figure 8.24** | Illustration du champ de déformations longitudinales $\epsilon_x$ simulé sur une cellule de charge en « S » ou de type *en ligne* (un effet de distorsion d'un facteur 50 est appliqué afin de bien visualiser la déformation). |

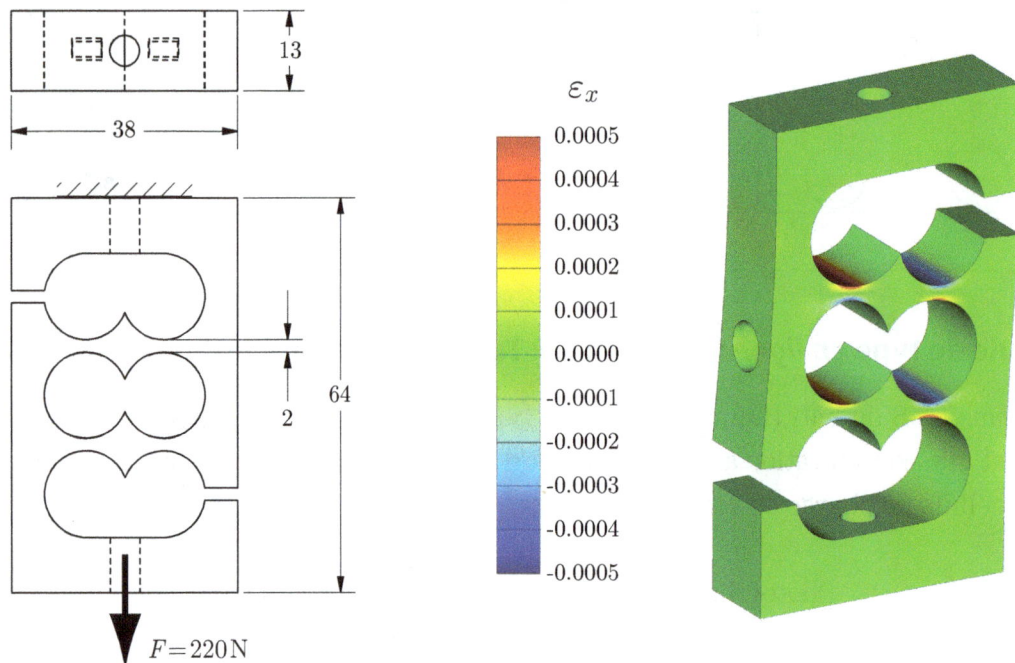

La simulation numérique réalisée pour obtenir le champ de déformations montré sur la figure 8.24 possède les caractéristiques suivantes : la cellule, dont la surface supérieure est maintenue rigidement par le trou de fixation, est soumise à une force verticale $F = 220$ N orientée vers le bas et appliquée sur la surface inférieure, alignée avec l'axe du trou de fixation. Les paramètres géométriques sont indiqués sur le schéma de gauche (dimensions exprimées en mm). La cellule est fabriquée en acier inoxydable dont les propriétés physiques sont : $E = 193$ GPa, $\nu_p = 0.3$ et $\rho = 7\ 744$ kg/m$^3$. On observe bien sur-le-champ de déformation la pertinence de localiser les jauges de déformation aux endroits indiqués sur la figure 8.23.

La cellule de type *lien en tension* (« Tension link »), illustrée sur la figure 8.25, est un autre exemple de cette catégorie de cellule de charge.

216

**Figure 8.25**   Illustration d'une cellule de charge
de type *lien en tension* ayant une capacité de 111 N (25 lbf).

**Figure 8.26**   Illustration du champ de déformations longitudinales $\epsilon_x$ simulé sur
une cellule de charge de type *lien en tension* (un effet de
distorsion d'un facteur 5 est appliqué afin de bien visualiser la
déformation); les champs de déformations du haut et du bas
correspondent respectivement à des charges en tension et en
compression.

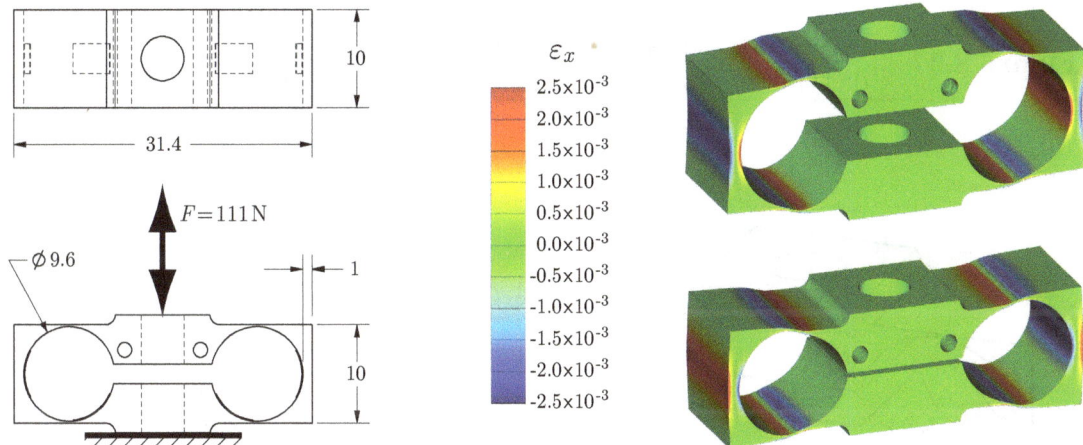

La simulation numérique réalisée pour obtenir les champs de déformations montrés sur la figure 8.26 possède les caractéristiques suivantes: la cellule, dont la surface inférieure est maintenue rigidement par le trou de fixation, est soumise à une force verticale $F = 111$ N et appliquée sur la surface supérieure, alignée avec l'axe du trou de fixation. La force est orientée vers le haut pour la charge en tension et vers le bas pour la charge en compression. Les paramètres géométriques sont indiqués sur le schéma de gauche (dimensions exprimées en mm). La cellule est fabriquée en aluminium dont les propriétés physiques sont: dont les propriétés physiques sont: $E = 69$ GPa, $\nu_P = 0.3$ et $\rho = 2\ 710$ kg/m³.

En observant la figure 8.25, qui montre notamment les zones de localisation des jauges, et en analysant les champs de déformations de la figure 8.26, on constate que les jauges ne sont pas toutes disposées dans les endroits de déformations maximales. Deux jauges sont collées sur les parois minces verticales des sections cylindriques, ce qui correspond bien à des zones de fortes déformations. Cependant, deux jauges sont collées dans la partie inférieure de ces sections cylindriques, à des endroits caractérisés par des déformations beaucoup plus faibles. Une analyse plus poussée permet de bien comprendre pourquoi le fabricant a fait ce choix.

Pour effectuer cette analyse, considérons d'abord une charge en compression de 111 N, orientée parfaitement dans l'axe de la cellule de charge. La figure 8.27 sert à identifier à quel endroit sont disposées les jauges de cette cellule de charge dans le pont de Wheatstone. Les jauges 1 et 4 sont les éléments les plus sensibles et subissent une déformation (contraction) $\epsilon_1 = \epsilon_4 = -2.44 \times 10^{-3}$. Les jauges 2 et 3 sont beaucoup moins déformées en subissant une élongation $\epsilon_2 = \epsilon_3 = 0.127 \times 10^{-3}$. Ainsi, la déformation totale perçue en sortie du pont est $\epsilon_T = \epsilon_1 + \epsilon_4 - \epsilon_2 - \epsilon_3 = -5.134 \times 10^{-3}$.

| **Figure 8.27** | Disposition des jauges d'une cellule de charge de type *lien en tension* dans un pont de Wheatstone. |
|---|---|

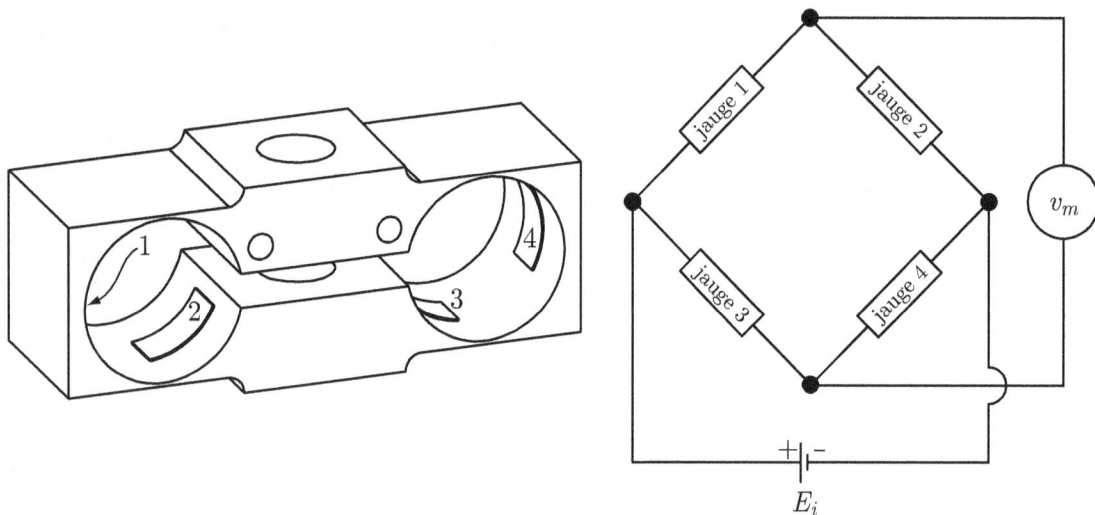

Considérons maintenant une charge en compression de 111 N, orientée parfaitement dans l'axe de la cellule de charge, superposée à une charge latérale de 5.6 N orientée vers la droite (cela correspond à 5% de désaxement de la charge initiale). Une simulation effectuée avec ce chargement légèrement oblique indique que les jauges 1 et 4 ne subissent plus les mêmes déformations: $\epsilon_1 = -2.391 \times 10^{-3}$ et $\epsilon_4 = -2.475 \times 10^{-3}$, pour une moyenne de $-2.433 \times 10^{-3}$, valeur pratiquement inchangée par rapport à celle du cas initial symétrique. Les jauges 2 et 3 aussi ne subissent plus les mêmes déformations : $\epsilon_2 = 0.122 \times 10^{-3}$ et $\epsilon_3 = 0.132 \times 10^{-3}$, pour une moyenne de $0.127 \times 10^{-3}$, valeur identique à celle du cas initial symétrique. Ainsi, la déformation totale perçue en sortie du pont est $\epsilon_T = -5.120 \times 10^{-3}$, soit pratiquement la même valeur que précédemment. On constate donc que ce type de configuration permet d'obtenir une cellule de charge compensée pour les composantes de forces latérales, d'où la dénomination cellule de charge *en ligne*, puisqu'elle est insensible aux composantes non alignées avec l'axe de la cellule.

### Cellule de type *poutre en cisaillement* (« Shear beam »)

Comme pour la poutre en flexion, ce type de cellule est constitué d'une poutre rigide encastrée à une extrémité, alors que l'autre extrémité est libre. Le point d'application de la force à mesurer est localisé sur une surface de cette extrémité libre. La poutre rigide constitue le bâti et l'élément sensible est une section intermédiaire de la poutre qui a été affaiblie par retrait de matière, de façon à augmenter localement les contraintes et les déformations. La figure 8.28 illustre ce type de cellule de charge.

**Figure 8.28**   Illustration d'une cellule de charge de type *poutre en cisaillement*.

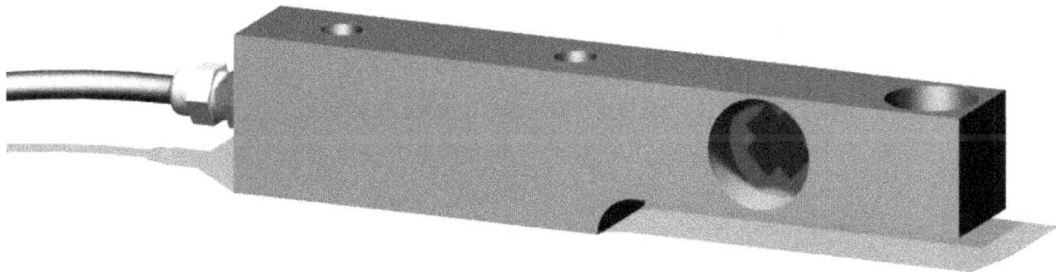

Pour une poutre subissant un effort tranchant, les contraintes de cisaillement maximales et les déformations correspondantes se retrouvent à l'axe neutre, sur les faces latérales de la poutre et à des directions de $\pm 45°$ par rapport à l'axe neutre. Ainsi, en vertu de cette observation, une paire de jauges est collée sur chacune des faces latérales de la poutre. Sur chaque face on retrouve une jauge en tension et une en compression et les quatre jauges forment un pont de Wheatstone complet. La figure 8.29 illustre un tel montage.

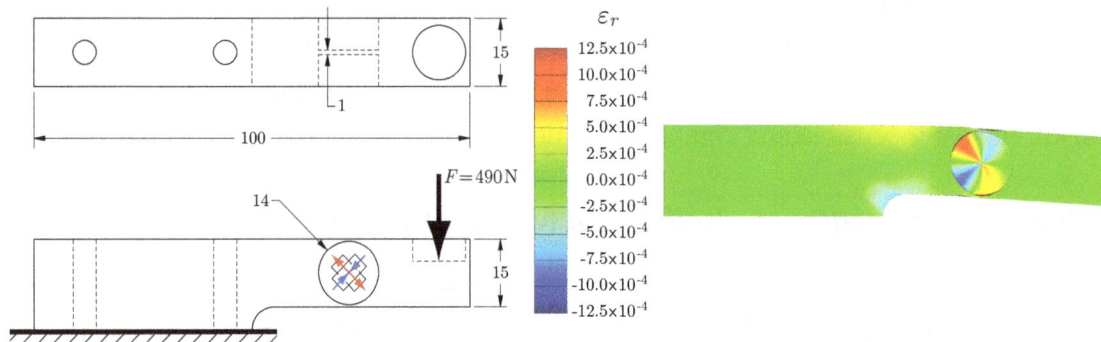

**Figure 8.29** Illustration du champ de déformations radicales $\epsilon_x$ simulé sur une cellule de charge de type *poutre en cisaillement* (un effet de distorsion d'un facteur 20 est appliqué afin de bien visualiser la déformation).

La simulation numérique réalisée pour obtenir le champ de déformations montré sur la figure 8.29 possède les caractéristiques suivantes : la cellule, dont la surface inférieure de gauche est en appui plan rigide, est soumise à une force verticale $F = 490$ N orientée vers le bas et appliquée au milieu de la cavité cylindrique de l'extrémité libre de la cellule. Les paramètres géométriques sont indiquées sur le schéma de gauche (dimensions exprimées en mm). La cellule est fabriquée en aluminium dont les propriétés physiques sont : $E = 69$ GPa, $\nu_P = 0.3$ et $\rho = 2\,710$ kg/m$^3$.

Un des avantages de ce type de cellule de charge est que le point d'application de la force n'a pas à être minutieusement contrôlé puisque l'effort tranchant est le même pour toutes les sections de la poutre entre la force et l'encastrement. Le point d'application de la charge n'influence donc pas la mesure.

## Cellule de type *compression* (« Canister », « Pancake » et « Load button »)

La catégorie des cellules de charge travaillant en compression (et aussi en tension, selon le concept exploité) est principalement constituée des cellules de type silo, coffret cylindrique ou « canister », de type profil bas ou « pancake » et de type bouton ou « load button ».

Bien que leur apparence externe puisse laisser supposer certaines similarités, la conception de chacun de ces types de cellules de charge est très différente. En fait, l'élément sensible de chacun des types de cellules permet de les différencier facilement.

**Figure 8.30**    Illustration d'une cellule de charge de type « canister ».

La cellule de type « canister » est composée d'une, deux ou quatre colonnes de section carrée, chargées en compression, sur lesquelles sont collées des jauges de déformation montées en pont complet. Ainsi, pour chacune des colonnes, on retrouve deux jauges orientées dans l'axe de la colonne (donc en compression) et deux jauges orientées perpendiculairement à ce même axe (sensible au coefficient de poisson, donc en tension). La figure 8.30 illustre une cellule de charge « canister » comportant une seule colonne. On voit sur la colonne de quelle manière sont disposées deux des quatre jauges de déformation. S'il y a quatre colonnes, il peut y avoir 16 jauges montées en quatre ponts complets. Le bâti de l'instrument de mesure est constitué d'une enceinte cylindrique contenant les colonnes, d'où l'appellation « canister », terme anglo-saxon signifiant *contenant cylindrique*. La précision de base (de l'ordre de 0.05 % de la pleine échelle) de ces cellules de charge constitue leur avantage principal. Pouvant mesurer jusqu'à 200 000 kg, on les utilise dans la fabrication de balances pour camion, réservoir, camion-citerne et trémie (grand entonnoir servant à déverser une matière granuleuse dans un convoyeur ou une benne de transport). Elles peuvent également tolérer un mouvement de la charge, mais ne peuvent supporter de grandes charges horizontales.

La cellule de charge de type « pancake », illustrée sur la figure 8.31, exploite la déformation en cisaillement de son élément sensible, lorsque celui-ci est soumis à une force de tension ou de compression orientée selon l'axe longitudinal de la cellule.

**Figure 8.31** Cellule de charge de type «pancake»; photographie de gauche, cellule d'une capacité de 4 450 N (1 000 lbf); illustration de droite, vue en coupe montrant la disposition des jauges de déformation.

La figure 8.31 illustre de quelle manière les jauges de déformation sont disposées en paires sur les parties affaiblies de la structure interne de la cellule. Pour chacune des paires, les deux jauges sont superposées et orientées à 90 degrés l'une par rapport à l'autre et alignées selon les directions principales. De cette façon, une jauge verra une tension et l'autre une compression, ce qui aura un effet additif lorsqu'on les dispose dans des branches voisines du pont. Les deux paires ainsi disposées forment un pont complet. La configuration de ce type d'élément permet d'obtenir un instrument relativement mince, d'où l'appellation *profil bas* («low profile») largement répandue dans l'industrie. Une autre caractéristique de la cellule de type «pancake» est qu'elle est peu sensible au choix du point d'application d'une force en compression, tant que cette dernière demeure orientée selon l'axe de la cellule. En effet, pour les applications de pesée par exemple, le moment créé par une masse désaxée se trouve à être compensé par la configuration du pont complet.

Les cellules de type «pancake» sont largement répandues dans les applications de pesée de véhicules, de réservoirs et de silos de faible ou de grande capacité (20 N à 5 000 kN). Ce sont des instruments robustes, car il est possible de les concevoir avec une butée interne leur donnant une très grande tolérance aux surcharges en compression. De plus, ce sont des composantes mécaniques très rigides (grande valeur de $k$), ce qui leur confère une fréquence naturelle élevée ($f_n = \sqrt{k/m}$). Pour une cellule d'une capacité d'environ 100 N, la fréquence naturelle est de l'ordre de 2 kHz, alors que pour une cellule de plus grande capacité, par exemple de 5 000 kN, la fréquence naturelle est de l'ordre de 18 kHz. On peut donc les utiliser pour mesurer des forces instationnaires. On peut aussi utiliser ces cellules de charge dans des environnements hostiles, car elles sont en général entièrement fabriquées en acier inoxydable. De surcroît, les jauges étant disposées sur l'élément interne de la cellule, celles-ci ne sont pas exposées aux conditions externes. Leur principal désavantage est qu'ils ne tolèrent pas de charge latérale en tension. Une force en tension ayant une inclinaison de 2.5 degrés par rapport à l'axe principal de la cellule de charge induit une erreur de plus de 0.1%, ce qui est du même ordre que la précision intrinsèque de la cellule (il faudrait donc doubler l'incertitude).

**Figure 8.32**   Illustration et photographie d'une coupe d'une cellule de charge de type « load button ».

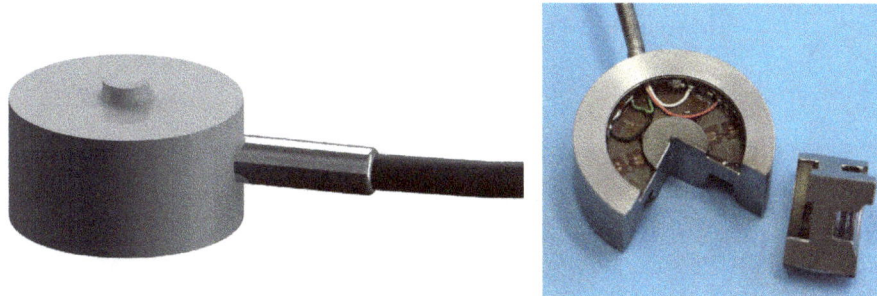

La cellule de charge de type bouton illustrée sur la figure 8.32 sert généralement à fabriquer de petites balances dans la gamme de 0 à 20 000 kg. Elles sont conçues pour mesurer des charges en compression. Leur élément sensible est constitué d'une partie du bâti qui agit comme un diaphragme annulaire. Les jauges de déformation sont orientées radialement, tel qu'illustré sur la photographie de la figure 8.33.

**Figure 8.33**   Photographie montrant la position des jauges de déformation (orientées radialement) d'une cellule de charge de type « load button » d'une capacité de 22 250 N (5 000 lbf).

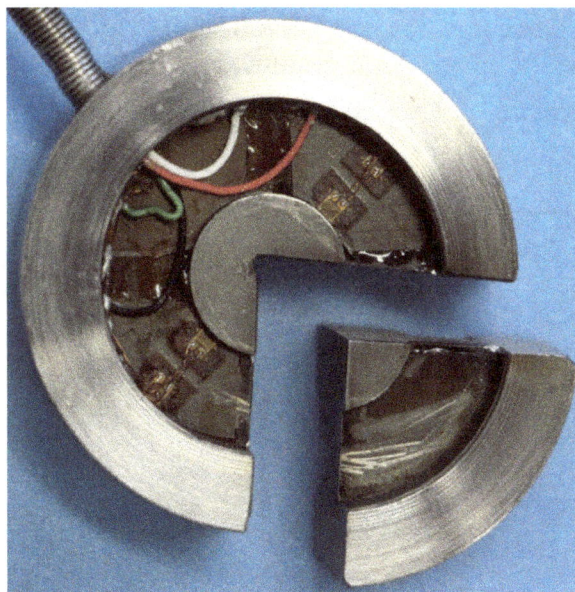

**Figure 8.34** Schéma décrivant la disposition des jauges
de déformation d'une cellule de charge de type «load button»
ainsi que leur branchement au pont de Wheatstone.

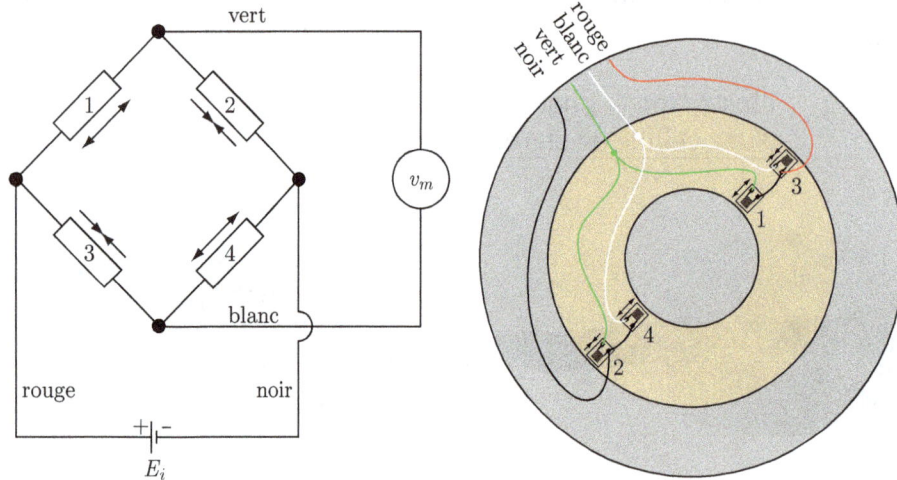

La simulation numérique réalisée pour obtenir le champ de déformations illustré sur la figure 8.35 possède les caractéristiques suivantes : la cellule, dont la surface supérieure est en appui rigide, est soumise à une force $F = 22\,250$ N orientée vers le haut et appliquée sur le bouton central de la surface inférieure. Les caractéristiques géométriques sont indiquées sur le schéma de gauche (dimensions exprimées en mm). La cellule est fabriquée en acier inoxydable dont les propriétés physiques sont : $E = 193$ GPa, $\nu_p = 0.3$ et $\rho = 7\,744\,$kg/m$^3$.

**Figure 8.35** Illustration du champ de déformations radiales $\epsilon_r$ simulé sur une cellule de charge de type «load button» (un effet de distorsion d'un facteur 50 est appliqué afin de bien visualiser la déformation). Cette cellule est identique à celle représentée sur la figure 8.33.

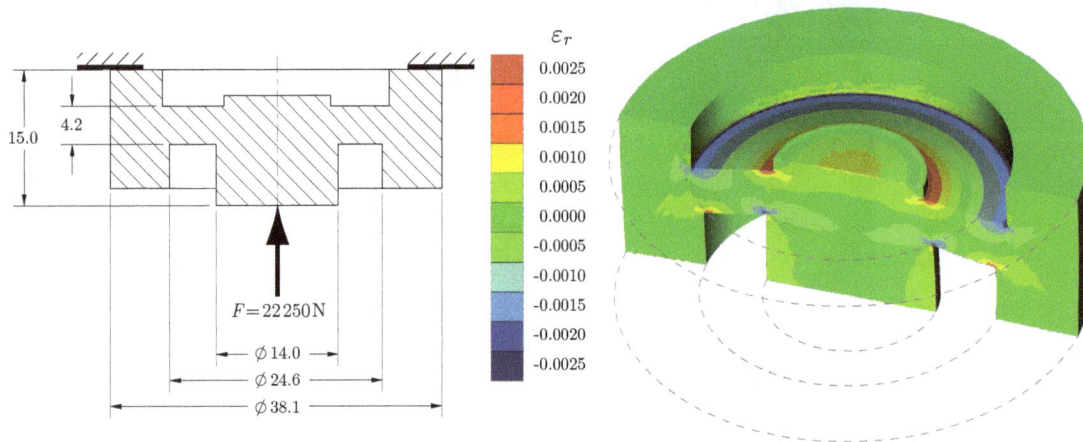

Ces cellules sont très répandues dans les systèmes de pesée puisque les éléments peuvent reposer directement dessus, ce qui simplifie grandement le montage.

## 8.5.2 Guide de sélection des cellules de charge

### Éléments à considérer lors de la sélection

L'étape de sélection d'une cellule de charge n'est pas une mince tâche, car aucune cellule ne convient à toutes les applications. Lorsque l'on entreprend le processus de sélection, les éléments suivants sont à considérer en priorité :

- Nature de la force à mesurer : tension et compression ou compression seulement.

- Chargement uniaxial ou multiaxial, dans l'axe ou hors axe.

- Forces maximales anticipées et capacité maximale de la cellule.

- Interface électronique prévue pour une portion ou toute la gamme de la cellule.

- Précision désirée (résolution, répétabilité, hystérésis, etc.), sur toute la gamme ou sur une gamme réduite autour de la force typique attendue.

- Mesures de nature statique, dynamique ou en fatigue.

- Présence de vibrations externes.

- Environnement : chaud, froid, humide, sec, intérieur, extérieur, ligne de production, laboratoire, etc.

- Matériau de la cellule et étanchéité de l'élément sensible.

- Protection de surcharge mécanique.

- Type de montage et installation.

- Pour les systèmes de pesée : charge suspendue (tension) ou directement supportée (compression), en un point ou en plusieurs points.

Cette liste est non exhaustive, mais elle peut s'avérer très utile. Cependant, avant de s'en servir, il faut s'assurer de bien comprendre l'application et d'être en mesure de définir les besoins.

## Guide comparatif

Le tableau 8.2 présente différentes caractéristiques des principales cellules de charge abordées dans ce chapitre. Il vise à comparer les modèles décrits afin de servir comme guide de sélection.

**Tableau 8.2**
**Caractéristiques des différents types de cellules de charge.**

| Type | Capacité | Précision | Application | Avantages | Inconvénients |
|---|---|---|---|---|---|
| Poutre en flexion | 50 N à 25 kN | 0.03% | Multiple (lab. et indust.) | Faible coût | Jauges exposées |
| Parallélogramme en flexion | 2 N à 500 N | 0.03% | Multiple (lab. et indust.) | Faible coût | Jauges exposées |
| Lamelle instrumentée | 1 N à 180 N | 0.25% | Multiple (lab. et indust.) | Faible coût | Jauges exposées |
| Poutre en S | 100 N à 200 kN | 0.03% | Tension ou compression | Tolère F. latérale | Surcharge limitée |
| Lien en tension à profile bas | 40 N à 4 kN | 0.1% | Tension ou compression | Tolère F. latérale | Surcharge limitée |
| Poutre en cisaillement | 50 N à 50 kN | 0.03% | Sys. pesée | Jauges bien protégées, tolère F. latérale | Boulons d'ancrage fortement sollicités |
| «Canister» | 200 N à 2 500 kN | 0.05% | Sys. pesée | Tolère mvt de la force | Coût élevé, pas de F. latérale |
| «Pancake» | 200 N à 2 500 kN | 0.2% | Sys. pesée | Tout en inox. | Pas de mvt de la force |
| Bouton | 0.5 N à 200 kN | 0.5 à 1% | Mesure en compression en espace restreint | Stabilité à long terme, faible coût | Pas de mvt de la force, précision |

## Précision des cellules de charge

Les cellules de charge sont des instruments de mesure d'une grande précision. Les modèles de gamme moyenne, très courants, présentent une précision de l'ordre de $\pm 0.1\%$ de la pleine échelle. Les modèles de construction plus soignée présentent une précision de $\pm 0.03\%$ de la <u>valeur mesurée</u>, et la précision peut aller jusqu'à $\pm 0.01\%$ de la valeur mesurée pour les cellules haut de gamme.

## Applications des cellules de charge

Les applications des cellules de charge sont très variées. La plus grande famille d'application est celle de la pesée. En effet, toutes les balances électroniques utilisent une forme de cellule de charge comme élément sensible. Les balances de précision de laboratoire pour peser de très petites quantités, les cuves de pesée dans les procédés industriels, les balances de contrôle routier, les pèse-personnes que nous utilisons à la maison, toutes ces applications utilisent des cellules de charge de géométries et de tailles variées.

Les cellules de charge sont également utilisées dans d'autres applications : celles où une mesure de couple est requise, dans les procédés où une force précise doit être appliquée, comme élément de protection contre la surcharge, ainsi que dans les essais destructifs de matériaux visant à déterminer leurs propriétés mécaniques. Un exemple de montage destiné à la mesure d'un couple mécanique est illustré sur la photographie de la figure 8.36.

**Figure 8.36** Photographies montrant un dispositif de mesure du couple généré par un moteur électrique servant à actionner une pompe. Une cellule de charge de type *poutre en S* est montée au bout du bras de levier de manière à relier ce dernier à la base fixe. La cellule de charge empêche ainsi le berceau du moteur de pivoter puisqu'elle exerce une force perpendiculaire au bras de levier contraignant le berceau à demeurer à sa position. Le produit de cette force par la longueur du bras de levier constitue la mesure du couple mécanique généré par le moteur.

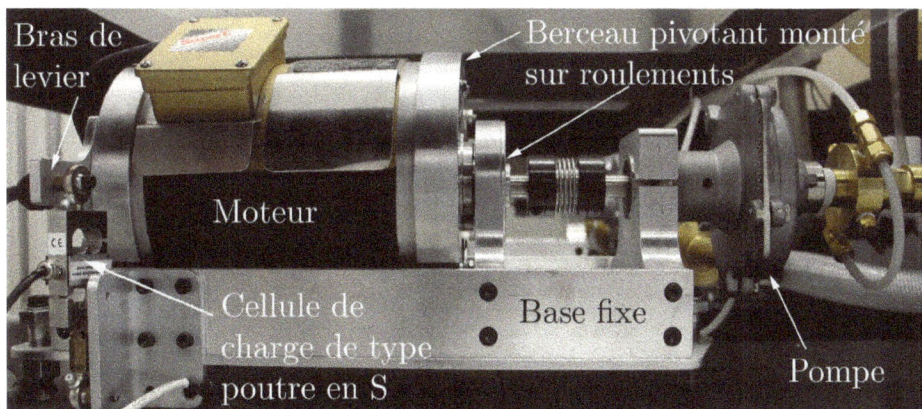

# 9 | Mesure de la position et détection de la proximité

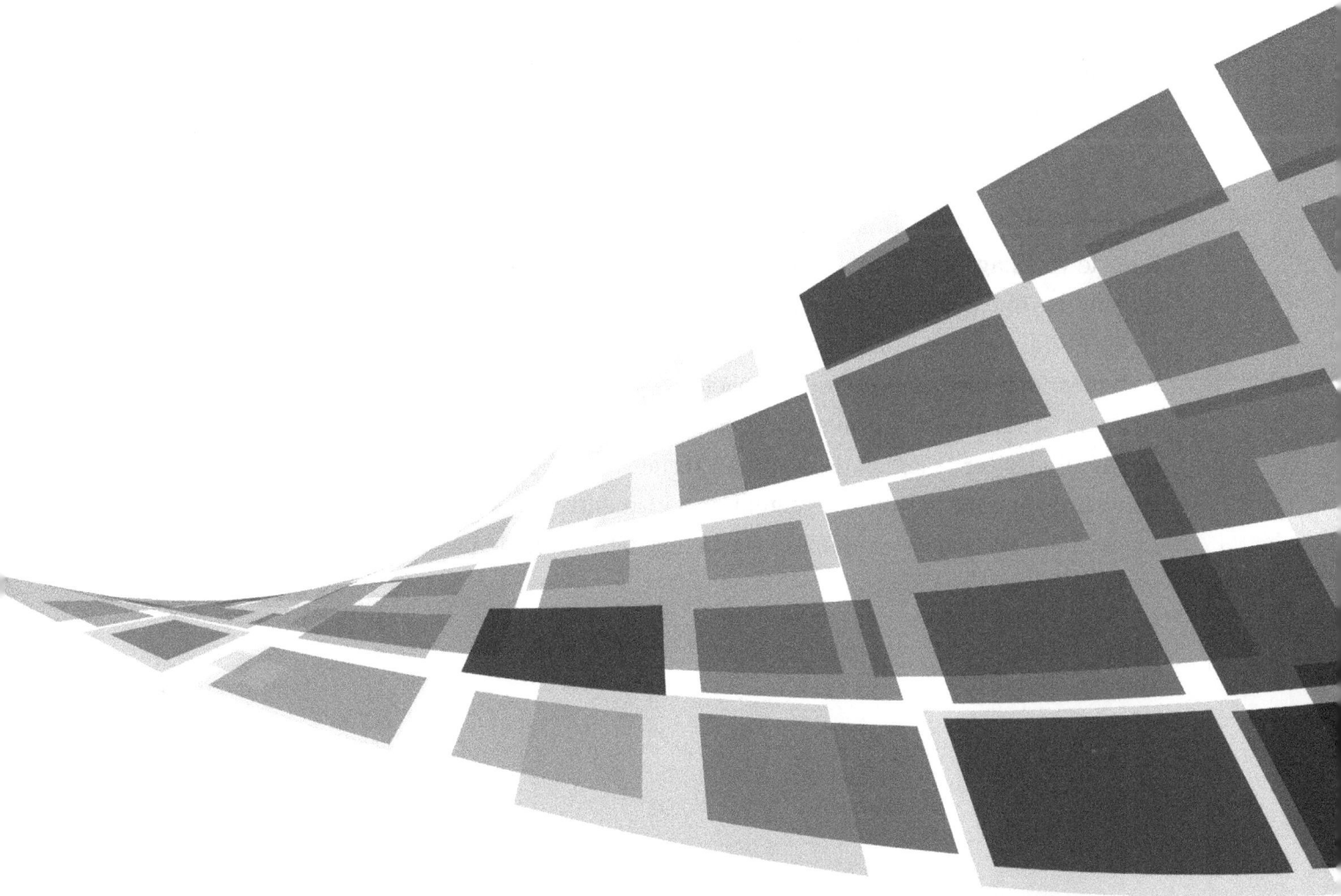

La mesure de la position et la détection de la proximité d'un objet ou d'une surface sont d'une importance capitale en instrumentation, car cette connaissance intervient dans plusieurs applications. La mesure de la position implique la connaissance en continu de la distance entre deux points de référence. Ces deux points peuvent être situés directement sur le capteur, par exemple dans le cas des potentiomètres, des LVDT, des capteurs optiques ou des capteurs magnétosoniques. Le déplacement pour aller du point de mesure au point de référence se fera soit en translation, soit en rotation, ceci en fonction des caractéristiques géométriques et cinématiques propres à ces deux points.

D'autre part, un des points de référence de la mesure de position peut aussi être localisé sur une surface ou un objet dont on cherche à mesurer la distance par rapport au capteur. C'est le cas, par exemple, d'un capteur ultrasonique pointant vers une surface qui réfléchit les ondes provenant la source d'émission. Les capteurs de position inductifs et capacitifs font aussi partie de cette catégorie.

En plus de l'intérêt de base consistant à mesurer la position (régulation, asservissement, etc.), on a recours à ce type d'instrument dans la conception de plusieurs capteurs (pression, débit, humidité, etc.). En effet, il existe une multitude de capteurs dont l'élément sensible produit un déplacement qui doit être converti en signal de sortie par le biais d'une mesure de position.

La détection de la proximité consiste à savoir si une surface solide ou liquide se trouve dans le voisinage immédiat de l'élément sensible. Ainsi, un détecteur de proximité ne fournit pas une position ou une distance en continu, il fournit une information logique (0 ou 1, vrai ou faux, oui ou non, « on » ou « off »). Les détecteurs de proximité ultrasoniques, optiques, inductifs ou capacitifs en sont des exemples courants. Ils fonctionnent selon le même principe que les capteurs de position du même nom, mais au lieu de linéariser le signal de sortie en termes de position, ils utilisent des seuils de comparaison pour permuter le signal de sortie entre deux valeurs discrètes (0 ou 1). La dernière section de ce chapitre traite des détecteurs de proximité.

## 9.1 Les potentiomètres

De façon simplifiée, un potentiomètre est un élément résistif constitué d'un curseur de contact mobile se déplaçant sur une résistance (figure 9.1).

**Figure 9.1**   Représentation schématique des potentiomètres linéaire et rotatif.

$$v_o = \frac{x - x_1}{x_2 - x_1} E_i \qquad\qquad v_o = \frac{\theta - \theta_1}{\theta_2 - \theta_1} E_i$$

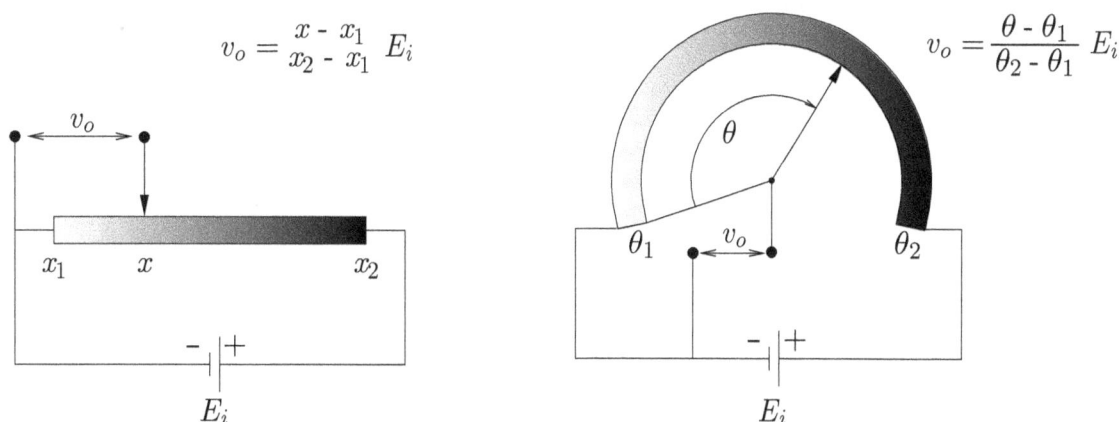

Le mouvement de la pointe de contact peut être une translation, une rotation ou une combinaison des deux (mouvement hélicoïdal donnant un dispositif rotatif multi-tour). L'élément résistif de ces instruments peut être constitué d'une bobine de fil, d'un plastique conducteur ou d'un dépôt de carbone conducteur. Les éléments en plastique ou en carbone auront une durée de vie accrue, car les problèmes de frottement sont réduits par rapport au cas du bobinage de fil.

Pour les deux types de potentiomètre, la tension de sortie théorique est une fonction linéaire de la position (figure 9.2). Dans la réalité, la linéarité ne sera jamais parfaite; on obtient des réponses linéaires précises à environ 0.1% pour les bobinages et à près de 1% pour les plastiques et les carbones.

De plus, dans le cas du bobinage, la réponse réelle sera plutôt en « escalier », car le passage du curseur d'un fil à l'autre impose un caractère légèrement discontinu au signal de sortie. Mentionnons enfin que les potentiomètres sont de moins en moins utilisés pour faire de la mesure, car on les délaisse au profit des encodeurs. Les principaux avantages et inconvénients relatifs à l'utilisation des potentiomètres sont:

**Figure 9.2**  Réponse théorique d'un potentiomètre linéaire ou rotatif.

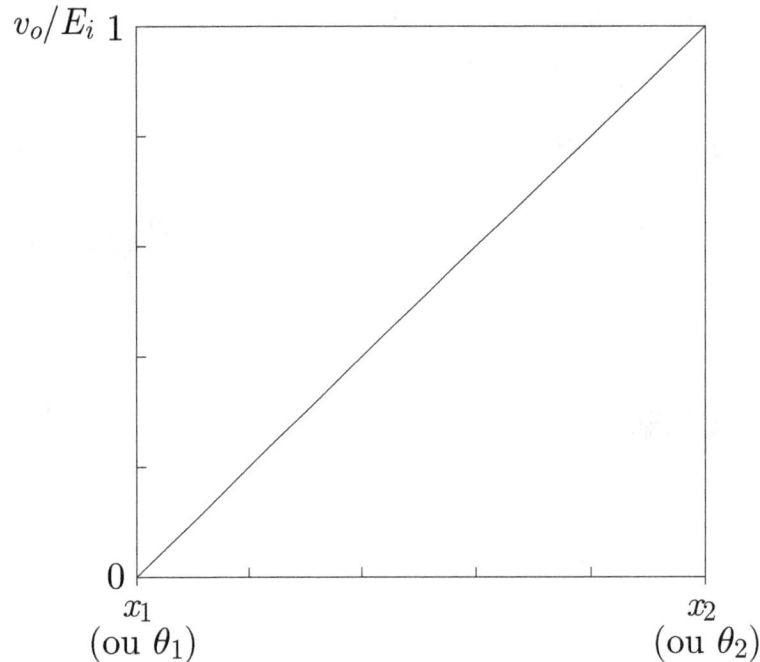

**Avantages :**

1. Faible coût

2. Simplicité de raccordement

3. Bande passante élevée (instrument « d'ordre zéro »)

4. Repère absolu (indique la position dès la mise en marche, sans initialisation)

**Inconvénients :**

1. Frottement (usure et force indésirable dans certaines applications)

2. Défauts de linéarité $\simeq 0.1\%$ (surtout les éléments en plastique et en carbone)

3. Résolution limitée (cas du bobinage)

4. Sensible aux vibrations (augmente l'usure et source de bruit)

## 9.2 LVDT, RVDT

Les termes *LVDT* et *RVDT* signifient respectivement *Linear Variable Differential Transformer* et *Rotary Variable Differential Transformer*. Ces instruments fonctionnent suivant le principe d'induction magnétique (figure 9.3); ils produisent une tension de sortie *ac* dont l'amplitude est proportionnelle au déplacement du noyau ferreux mobile.

Avantages :

1. Aucun frottement

2. Durée de vie *illimitée*

3. Robuste

4. Peu sensible à l'environnement

5. Position absolue

Inconvénients :

1. Coût élevé

2. Bande passante limitée

3. Plage de mesure limitée

4. Linéarité moyenne $\simeq 0.2\%$

5. Précision moyenne (0.5 à 1%)

**Figure 9.3**    Représentation schématique d'un *LVDT* et d'un *RVDT.*

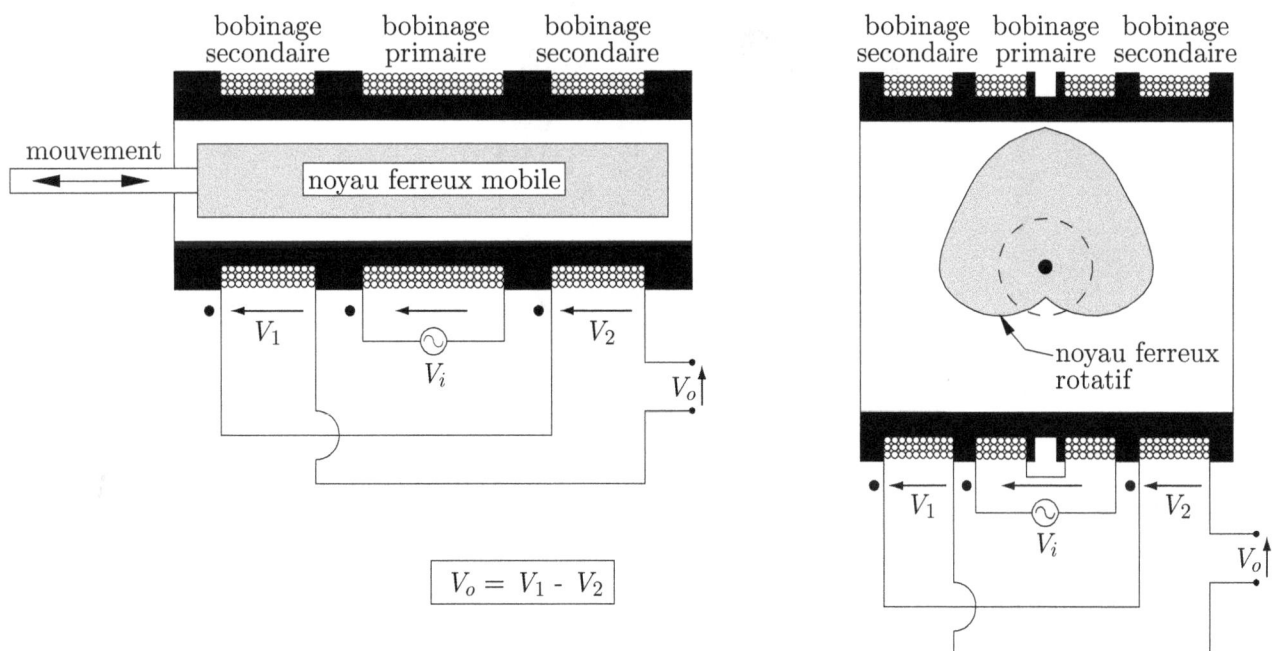

## 9.3 Techniques basées sur des principes optiques

### Source lumineuse, masque et photo-détecteur

Ce type de capteur est basé sur l'utilisation d'un photo-détecteur qui donne un signal proportionnel à la quantité de lumière reçue (figure 9.4). Le principe est le suivant : la lumière est émise par une source lumineuse et son passage est obstrué par un masque dont la fente est spécialement conçue à cette fin. Lorsque le masque se déplace, la dimension de la fente varie de façon telle que le pourcentage de lumière la traversant est proportionnel à la position. Il s'agit donc d'un capteur de position absolue.

| **Figure 9.4** | Représentation schématique de détecteurs de position optiques (linéaire et rotatif). |

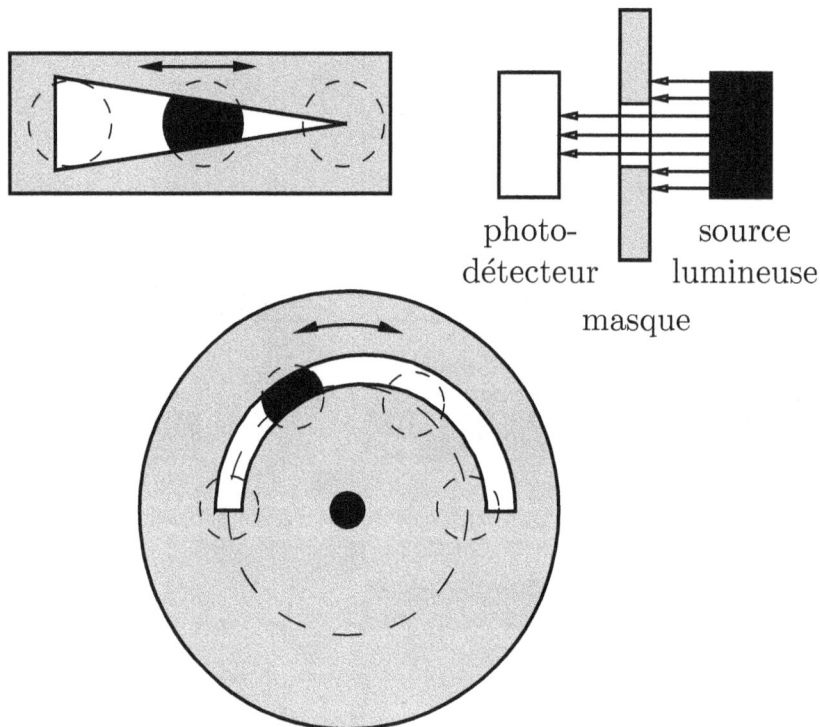

Avantages :

1. Coût relativement faible
2. Simplicité
3. Bonne précision
4. Aucun frottement (sans contact)
5. Position absolue

Inconvénients :

1. Dérive des facteurs d'étalonnage (vieillissement de la source lumineuse)
2. Fragile
3. Sensible à l'environnement

## Diode laser et triangulation

Les appareils optiques basés sur la triangulation comportent une source d'émission (diode laser) projetant un faisceau de lumière sur une cible (objet ou surface). La lumière réfléchie sur la cible est dirigée, via une lentille, vers une matrice de photo-détecteurs désaxés par rapport au faisceau incident de l'appareil. Ainsi, par un simple calcul de triangulation, il est possible de déterminer la distance entre la surface de l'objet et le capteur. Un circuit de conditionnement électronique fournit un signal de sortie proportionnel à la position de la cible. La figure 9.5 illustre le principe de fonctionnement de ce type de capteur.

**Figure 9.5**   Représentation schématique d'un capteur optique basé sur la triangulation.

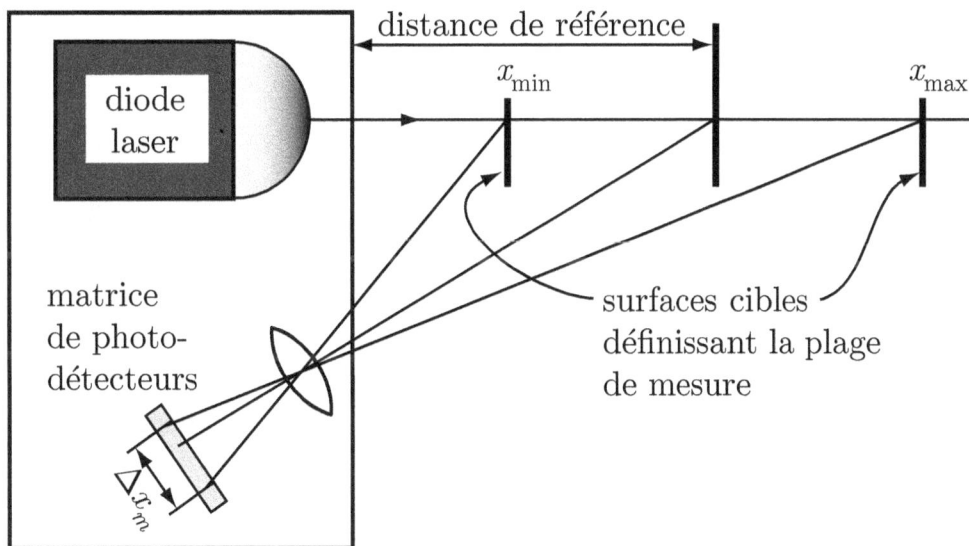

Avantages :

1. Excellente précision ($\pm 10 \mu$m et mieux)
2. Sans contact
3. Ne perturbe pas le système à mesurer
4. Position absolue

Inconvénients :

1. Coût relativement élevé

2. Plage de mesure limitée

3. Temps de réponse relativement grand

## Utilisation d'une nappe de lumière

En utilisant une lentille cylindrique et un jeu de lentilles approprié, la lumière émise par une diode ou un laser peut être diffusée de manière à former une mince nappe de lumière composée de faisceaux parallèles. L'intensité de cette nappe de lumière est mesurée par l'optique de réception qui est constituée d'une matrice de photo-détecteurs (éléments *CCD*). La matrice de CCD est aussi dénommée barrette de CCD, puisqu'il s'agit en fait d'une matrice d'une seule colonne. Le nombre de photo-détecteurs déterminera la résolution dimensionnelle de l'appareil et le taux d'échantillonnage, exprimé en cycles/s (ou en échantillons/s), déterminera sa bande passante. Lorsque la nappe de lumière est obstruée par un obstacle, une ombre, dont la surface est proportionnelle à la dimension de l'obstacle, est projetée sur l'optique de réception (figure 9.6). On peut ainsi mesurer la dimension et la position de l'objet jusqu'à des cadences de l'ordre 2 à 3 kHz. L'opération de balayage du signal de chacun des éléments de la matrice réduit cependant la bande passante de l'appareil. On peut obtenir une bande passante beaucoup plus élevée en utilisant un seul photo-détecteur (figure 9.7). Dans ce cas, la nappe de lumière doit converger vers cet unique détecteur par le biais d'une lentille dont le point focal se situe directement sur l'élément de réception. La quantité de lumière reçue est directement proportionnelle à la dimension de l'objet (attention, sensible au vieillissement). Précisons toutefois qu'on perd ici l'information permettant de déterminer la position de l'objet au détriment de la bande passante améliorée (jusqu'à 300 kHz).

**Figure 9.6** Représentation schématique d'un capteur optique fonctionnant selon le principe de la nappe de lumière et muni d'une matrice de photo-détecteurs.

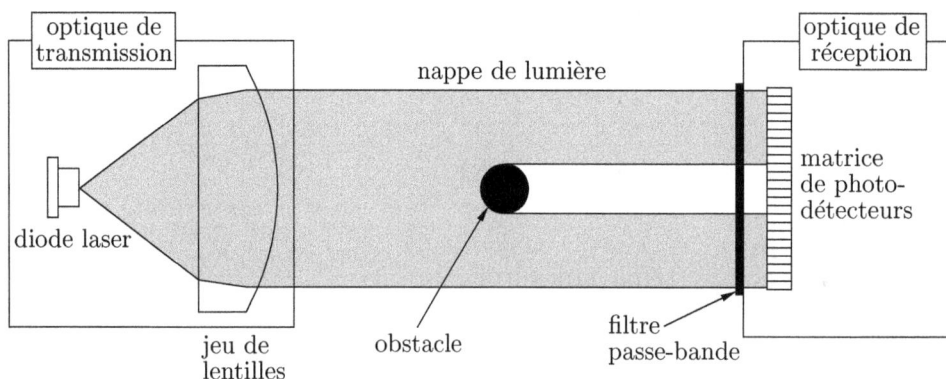

**Figure 9.7** Représentation schématique d'un capteur optique fonctionnant selon le principe de la nappe de lumière et muni d'un seul photo-détecteur.

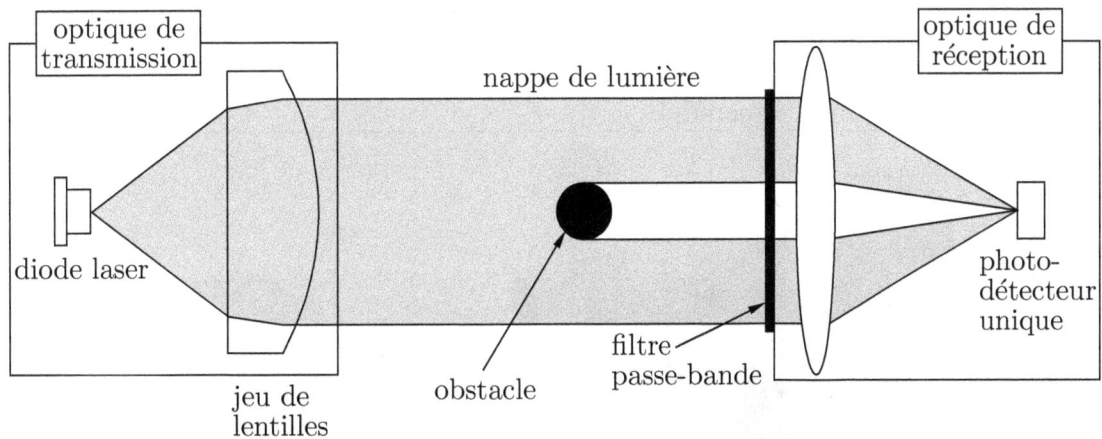

**Avantages :**

1. Bonne précision

2. Sans contact

3. Temps de réponse de moyen à très bon (selon l'optique de réception)

4. Facteurs d'étalonnage très stables (cas de la matrice)

**Inconvénients :**

1. Mesure discrète (dépend de la résolution de la matrice de photo-détecteurs)

2. Coût relativement élevé

3. Sensible à l'environnement

La figure 9.8 présente une application typique de l'utilisation des capteurs optiques utilisant une nappe de lumière et une barrette de CCD. Ces capteurs sont utilisés ici pour mettre en œuvre des micromètres optiques de haute résolution et pouvant être utilisés à haute vitesse, jusqu'à des cadences dépassant les 2 000 éch./s.

**Figure 9.8** Illustration de deux micromètres optiques de haute précision($\pm 0.5 \mu$m) fonctionnant à haute vitesse (plus de 2 000 éch./s) et pouvant mesurer des dimensions d'objets dans la gamme de 0.04 à 6 mm (appareil du haut, lumière émise par une diode) et jusqu'à 40 mm (appareil du bas, lumière laser). Ces appareils utilisent un capteur optique fonctionnant selon le principe de la nappe de lumière et muni d'une matrice de photo-détecteurs.

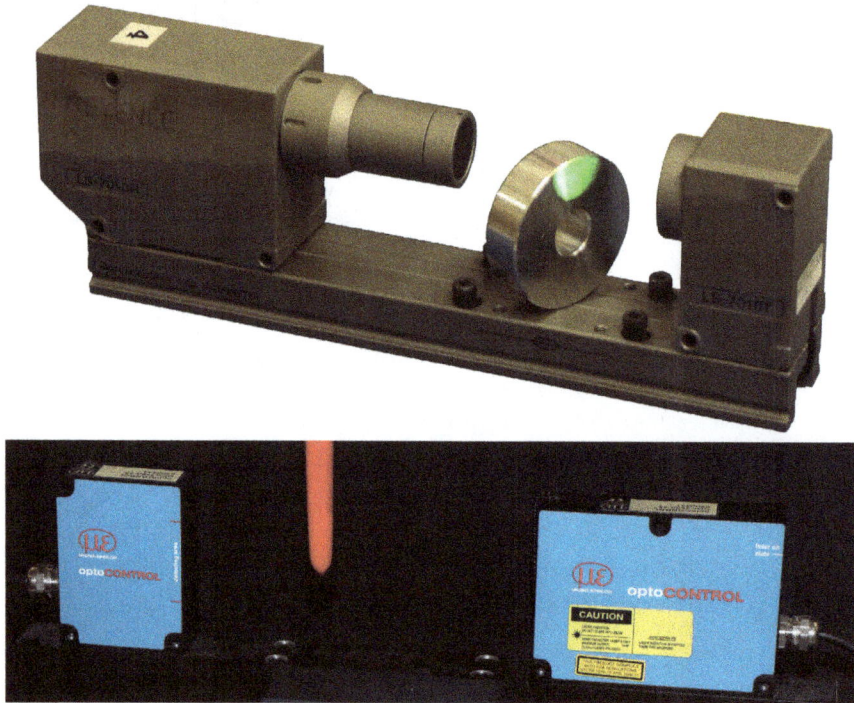

## 9.4 Les capteurs ultrasoniques

Avantages :

1. Sans contact

2. Grande plage de mesure

3. Coût relativement faible

Inconvénients :

1. Précision limitée (liée aux propriétés du milieu)

2. Temps de réponse

| Figure 9.9 | Représentation schématique d'un capteur ultrasonique servant à mesurer des dimensions linéaires (« ruban à mesurer » ultrasonique utilisé par les décorateurs, les inspecteurs en bâtiment, les architectes, etc.). |
|---|---|

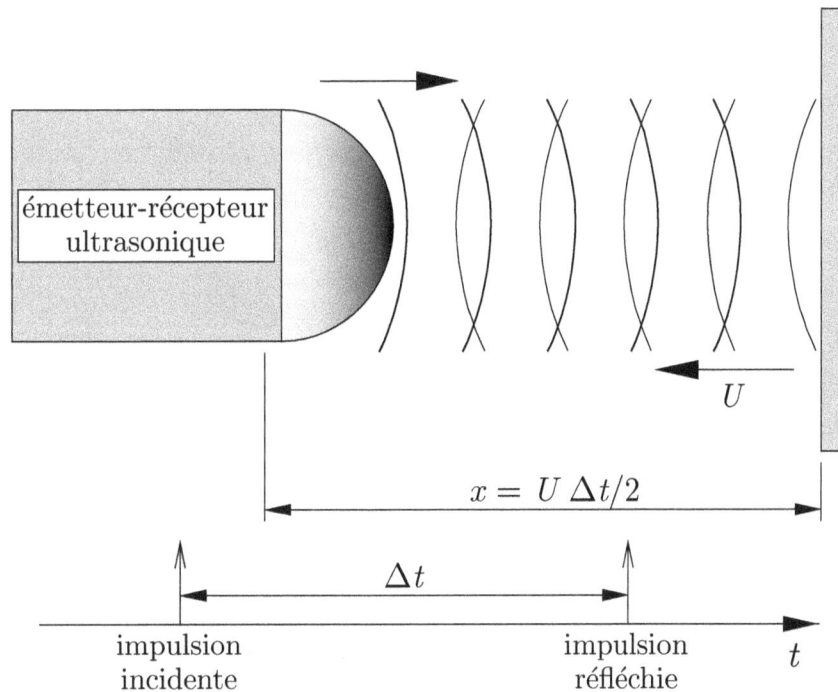

émetteur-récepteur ultrasonique

$U$

$$x = U\,\Delta t/2$$

$\Delta t$

impulsion incidente

impulsion réfléchie

$t$

## 9.5  Les capteurs magnétostrictifs

Les capteurs magnétostrictifs (aussi appelés capteurs de déplacement ultrasoniques ou capteurs magnétosoniques) sont des capteurs de déplacement linéaire absolu sans contacts mécaniques basés sur le principe de la magnétostriction.

### La magnétostriction

La définition de la magnétostriction est la suivante : « Modification de la forme d'une substance ferromagnétique résultant de son aimantation ». Elle est constituée d'un ensemble de phénomènes observés dans les matériaux ferromagnétiques (ou ferreux) comme le fer, le nickel, le cobalt et leurs alliages. Lorsque ces matériaux ferreux sont plongés dans un champ magnétique, ils subissent des distorsions microscopiques de leur structure moléculaire causant une variation de leur dimension. Les déformations mécaniques ainsi provoquées sont associées à divers inconvénients observés dans les appareils électriques. Notamment, les bruits et vibrations à fréquences fixes facilement observables dans les moteurs électriques et les transformateurs sont des exemples typiques de ces conséquences négatives. La magnétostriction présente aussi des aspects positifs et on les met à profit dans la fabrication des capteurs de position ou de déplacement linéaire.

Les principaux effets magnétostrictifs sont les suivants :

1. L'effet Joule longitudinal

   Il s'agit du phénomène le plus important relié à la magnétostriction : lorsqu'une barre magnétostrictive de longueur $L$ est soumise à un champ magnétique axial, on observe une variation de longueur $\Delta L$ de la barre.

2. L'effet Joule transversal

   Lorsque la barre magnétostrictive s'allonge suite à l'application d'un champ magnétique axial, on observe un changement de sa section transversale. Ce phénomène relié au coefficient de Poisson du matériau constitue l'effet Joule transversal.

3. L'effet Villari

   C'est en quelque sorte l'effet longitudinal inverse. Lorsque la barre magnétostrictive s'allonge sous l'effet d'une force, la barre s'aimante (ou change son état d'aimantation) en créant (ou en modifiant) un champ magnétique axial. On met à profit ce phénomène dans la fabrication de capteurs de déformation de type magnétostrictif.

4. L'effet Wiedemann

   Lorsque la barre magnétostrictive est traversée par un courant électrique et qu'elle est soumise à un champ magnétique axial, on observe une déformation en torsion. On exploite ce phénomène dans la conception des capteurs de position ou de déplacement.

5. L'effet Guillemin

   Si on encastre à un bout la barre magnétostrictive et que l'autre bout est libre, on observe une certaine courbure ainsi qu'une flèche. Lorsque la barre est soumise à un champ magnétique axial, il y a variation de courbure due à l'effet Guillemin qui affecte les contraintes de cisaillement en présence d'un champ magnétique.

6. L'effet de forme

   Il s'agit d'un effet de variation de volume (généralement négligeable) relié à la géométrie de l'échantillon lorsqu'il est soumis à un faible champ magnétique.

7. L'effet cristal

Il s'agit d'un autre effet de variation de volume (aussi négligeable) observé en présence d'un fort champ magnétique.

8. L'effet ΔE

Il s'agit de l'effet entraînant la variation du module d'Young du matériau magnétostrictif. Ce phénomène induit un glissement de la fréquence de résonnance de la barre magnétostrictive.

## Principe de fonctionnement d'un capteur magnétostrictif

Les capteurs magnétostrictifs servant à mesurer la position ou le déplacement linéaire sont basés sur l'utilisation de l'effet Wiedemann. La figure 9.10 illustre le principe de fonctionnement de tels capteurs. Les principales composantes du capteur magnétostrictif sont le générateur d'impulsion, le guide d'onde constitué d'une barre ferromagnétique, l'aimant mobile, le récepteur ultrasonique, le tube de protection en matériau non ferreux.

Le principe de fonctionnement est le suivant : le générateur émet une onde de courant impulsionnelle qui se propage dans le guide d'onde. Lorsque l'aimant mobile perçoit l'arrivée de l'onde de courant, l'effet Wiedemann produit localement une déformation en torsion de la barre ferromagnétique. Il y a alors émission d'une onde mécanique impulsionnelle qui se propage le long du guide d'onde depuis la position de l'aimant jusqu'au récepteur ultrasonique. Tel que décrit dans les paragraphes suivants, cette onde se propage à une vitesse $U_s$.

**Figure 9.10**  Représentation schématique d'un capteur magnétostrictif fonctionnant selon le principe de l'effet Wiedemann; l'aimant mobile est fixé à l'objet dont on veut mesurer le déplacement linéaire.

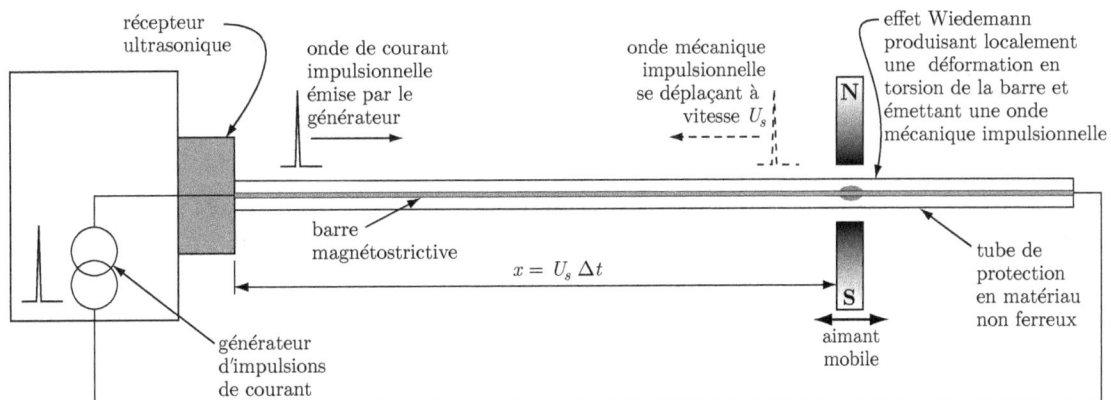

## Les ondes ultrasoniques

Les sons et les ultrasons sont des vibrations mécaniques de la matière. Ce qui les différencie est la fréquence les caractérisant; les sons audibles sont émis dans la gamme $20 < f < 20\ 000$ Hz alors que les ultrasons sont émis à des fréquences inaudibles pour l'oreille humaine, soit dans la gamme $f > 20\ 000$ Hz. Les ultrasons se propagent à une vitesse qui sera fonction de la nature du milieu, indépendamment de la fréquence de l'onde. Les ultrasons se propagent donc à la vitesse du son. Dans le cas des métaux, on définit la vitesse du son à partir de la masse volumique et d'un module caractérisant l'élasticité du matériau. S'il s'agit d'une onde de compression, on utilisera le module d'Young ($E$) et s'il s'agit d'une onde de cisaillement, on utilisera le module de cisaillement ($G$). Il y a donc différentes vitesses du son selon le type d'onde considéré, notamment $U_c$ pour une onde de compression et $U_s$ pour une onde en cisaillement. On définit:

$$U_c = \sqrt{\frac{E}{\rho}} \quad \text{et} \quad U_s = \sqrt{\frac{G}{\rho}} \ . \tag{9.1}$$

Pour le fer ($E = 211$ GPa, $G = 82$ GPa et $\rho = 7\ 860$ kg/m$^3$), on obtient $U_c = 5\ 181$ m/s et $U_s = 3\ 230$ m/s alors que pour le nickel ($E = 200$ GPa, $G = 76$ GPa et $\rho = 8\ 908$ kg/m$^3$), on obtient $U_c = 4\ 740$ m/s et $U_s = 2921$ m/s. Comme l'effet Wiedemann induit une onde de torsion, celle-ci se propagera à la vitesse $U_s$. De plus, l'onde induite est une onde ultrasonique car sa longueur d'onde est très courte ($\lambda = U_s/f$). À la limite du son audible (20 kHz), la longueur d'onde dans un métal ferreux est de l'ordre de 0.15 m. Dans le cas présent, les ondes étant beaucoup plus courtes, il s'agit bien d'ultrasons.

Le système réception de l'onde vise à convertir l'impulsion mécanique en signal électrique. Comme l'impulsion mécanique émise est une onde ultrasonique, le dispositif convertissant l'onde mécanique en signal électrique est dénommé récepteur ultrasonique. Il est généralement constitué d'une bande faite d'un matériau ferreux, combinée à un bobinage. Dans ce cas, son principe de fonctionnement est basé sur l'utilisation de l'effet Villari afin de convertir l'impulsion mécanique (onde de torsion) se dirigeant vers la bande en impulsion magnétique. Sous l'effet du champ magnétique généré par la bande, le bobinage induit une impulsion de courant permettant de connaître le temps d'arrivée $t_f$ de l'onde mécanique. Connaissant le temps de départ $t_i$ de l'onde de courant, dont la vitesse de propagation est très grande (vitesse de la lumière), on peut déterminer la valeur du temps de propagation de l'onde mécanique $\Delta t \simeq t_f - t_i$ (on néglige le temps de propagation de l'onde de courant).

L'aimant mobile, fixé à l'objet dont on veut mesurer le déplacement linéaire, se trouve à une distance $x$ que l'on obtient par la relation:

$$x = U_s\,\Delta t \ . \tag{9.2}$$

Dans un capteur réel, il y a des trains d'impulsions qui se propagent constamment à vitesse ultrasonique le long du guide d'onde. La position de l'aimant mobile est constamment mesurée avec beaucoup de précision par la mesure des temps de propagation des impulsions.

Les capteurs magnétostrictifs sont des instruments robustes utilisés dans l'industrie pour mesurer une position ou un déplacement linéaire dans des environnements sévères. Ils sont par exemple largement utilisés dans les cylindres hydrauliques. Les avantages et les inconvénients de ces capteurs sont énumérés dans les paragraphes suivants.

Avantages :

1. Sans contact

2. Précis (1 partie dans 10 000)

3. Large gamme (jusqu'à 10 m)

4. Robuste

5. Utilisé dans des environnements sévères

Inconvénients :

1. Coût relativement élevé

2. Temps de réponse

## 9.6 Les capteurs inductifs et capacitifs

Ces deux types de capteurs peuvent servir par exemple à mesurer des vibrations, à mesurer la distance entre le détecteur et une surface ou un objet ou à mesurer l'épaisseur d'un enduit sur une surface.

### Capteurs inductifs

Un capteur de position de type inductif (figure 9.11) est composé d'un ensemble ferrite/bobinage, d'un oscillateur, d'un circuit de détection, d'un circuit de linéarisation et d'une sortie analogique.

**Figure 9.11**    Représentation schématique d'un capteur de position de type inductif.

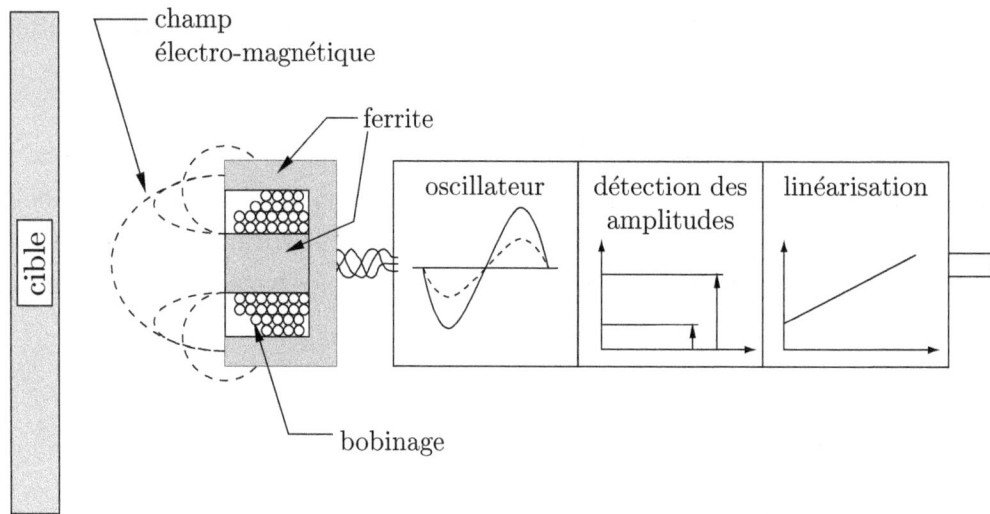

L'oscillateur crée un champ électromagnétique à haute fréquence. Celui-ci rayonne depuis le bobinage vers l'extrémité du capteur par le biais du noyau ferreux (*ferrite*) qui le concentre et le dirige vers l'avant. Lorsqu'un objet métallique pénètre le champ magnétique, des courants de Foucault (« eddy current ») sont induits à sa surface. Ceci résulte en une perte d'énergie dans le circuit de l'oscillateur et, par conséquent réduit l'amplitude des oscillations. Le circuit de détection reconnaît les changements d'amplitude et le circuit de linéarisation interprète ces changements d'amplitude en termes de position. Lorsque l'objet métallique quitte la région couverte par le champ magnétique, l'oscillateur revient à son état original.

## Capteurs capacitifs

Un capteur de position de type capacitif (figure 9.12) est composé d'un oscillateur de type RC et d'un élément sensible multi-électrode. Cet instrument peut mesurer la position des surfaces des liquides, des poudres ou des solides. La détection se fait par le biais d'une mesure de changement de capacitance dont la valeur dépend de la constante diélectrique du matériau que l'on cherche à détecter. Les capteurs capacitifs sont fonctionnels avec tous les matériaux dont la constante diélectrique relative ($\epsilon_r$) est supérieure à 1.2. Cela signifie que les matériaux possédant une grande constante diélectrique pourront être détectés à de plus grandes distances. De plus, des matériaux dont la constante diélectrique est élevée pourront être détectés à travers la surface d'un contenant fait d'un matériau de faible constante diélectrique. On peut par exemple détecter un niveau d'eau ($\epsilon_r = 80$) à travers un contenant de verre ($\epsilon_r = 10$).

**Figure 9.12** Représentation schématique d'un capteur de position de type capacitif.

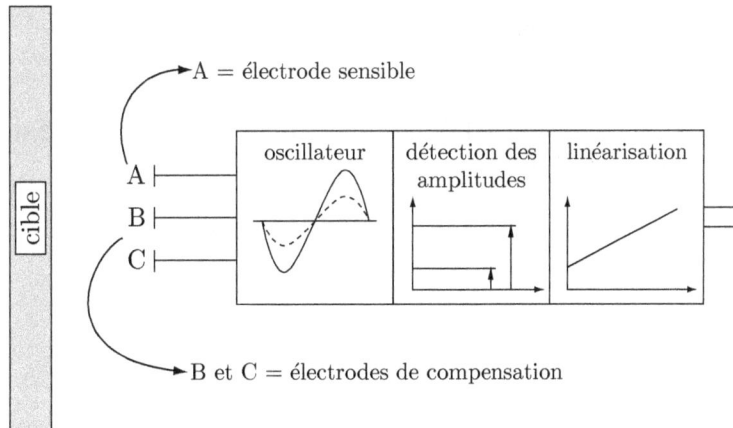

## 9.7 Les encodeurs de position relative et absolue

**Figure 9.13** Représentation schématique d'un encodeur linéaire de position relative.

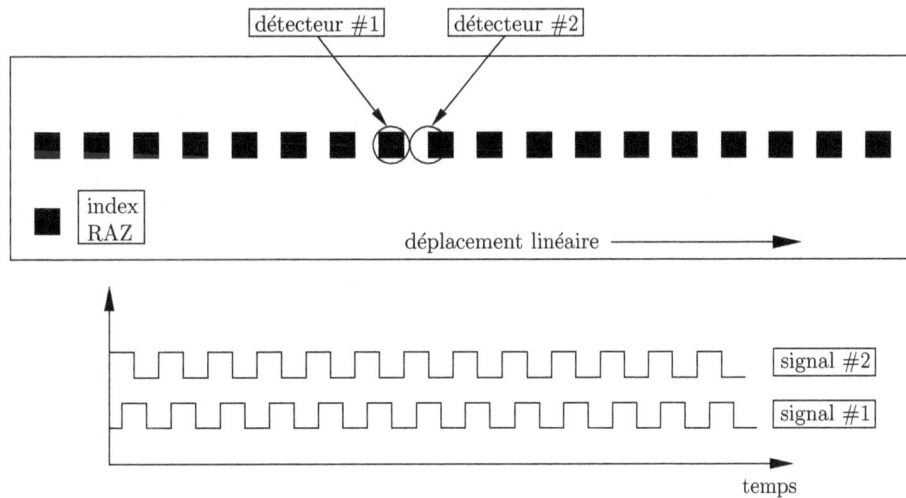

Avantages :

1. Coût relativement faible

2. Très stable

3. Précision élevée

4. Sans contact

Inconvénients :

1. Fragile

2. Capteur de position relative

**Figure 9.14**   Représentation schématique d'un encodeur linéaire de position absolue (5 bits).

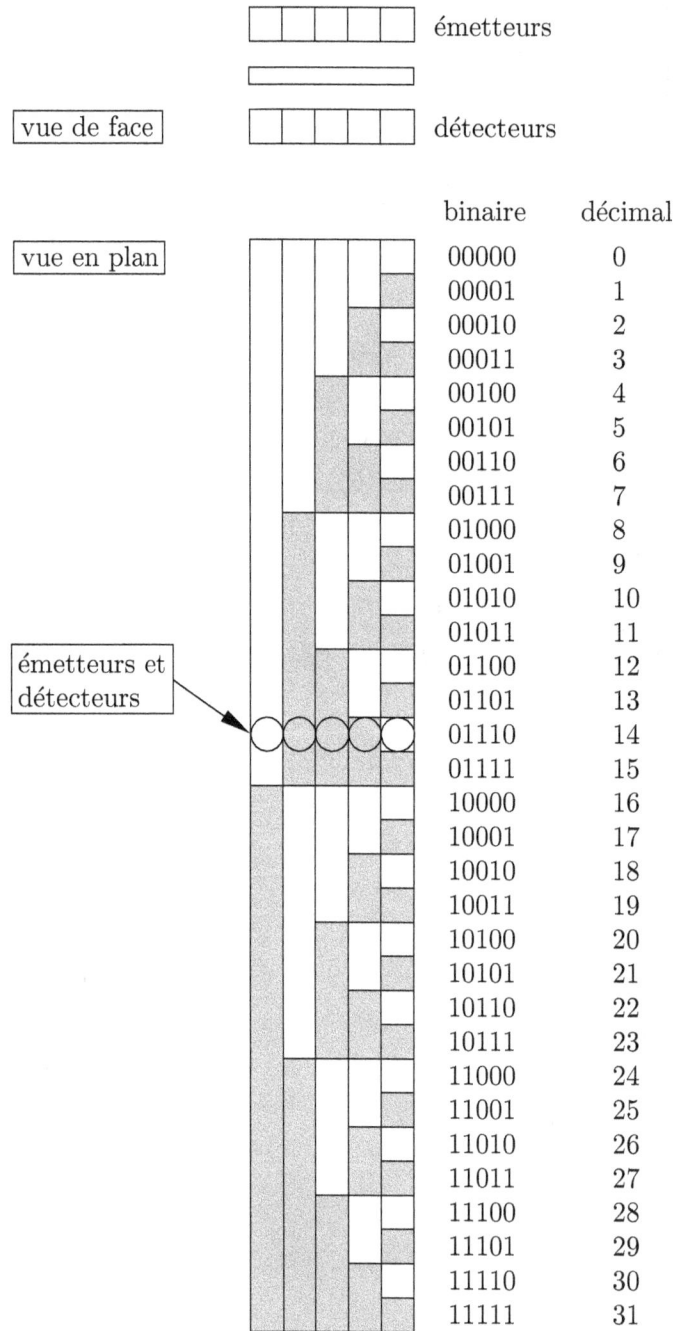

| binaire | décimal |
|---------|---------|
| 00000 | 0 |
| 00001 | 1 |
| 00010 | 2 |
| 00011 | 3 |
| 00100 | 4 |
| 00101 | 5 |
| 00110 | 6 |
| 00111 | 7 |
| 01000 | 8 |
| 01001 | 9 |
| 01010 | 10 |
| 01011 | 11 |
| 01100 | 12 |
| 01101 | 13 |
| 01110 | 14 |
| 01111 | 15 |
| 10000 | 16 |
| 10001 | 17 |
| 10010 | 18 |
| 10011 | 19 |
| 10100 | 20 |
| 10101 | 21 |
| 10110 | 22 |
| 10111 | 23 |
| 11000 | 24 |
| 11001 | 25 |
| 11010 | 26 |
| 11011 | 27 |
| 11100 | 28 |
| 11101 | 29 |
| 11110 | 30 |
| 11111 | 31 |

Avantages :

1. Capteur de position absolue

2. Très stable

3. Sans contact

Inconvénients :

1. Plage limitée

2. Précision limitée

3. Fragile

## 9.8 Les détecteurs de proximité

Un détecteur de proximité est un appareil servant à fournir un signal binaire (0 ou 1), logique (vrai ou faux) ou d'interruption (« on » ou « off »). Ces dispositifs sont généralement munis d'un circuit de détection servant à reconnaître les changements spécifiques d'amplitude du signal que fournit un élément sensible à la position. Lorsqu'un certain seuil d'amplitude est détecté, un changement d'état est envoyé vers la sortie. Ceci constitue la grande différence permettant de distinguer un détecteur de proximité d'un capteur de position. Le premier fournit un état binaire, alors que l'autre fournit un signal continu. Il en résulte une moins grande complexité, ce qui réduit grandement le prix de ce type de détecteur. La figure 9.15 illustre le principe de fonctionnement d'un détecteur de proximité de type capacitif. La différence entre ce détecteur et le capteur de position de type capacitif illustré sur la figure 9.12 se trouve dans le circuit de détection et de linéarisation propre au capteur de position.

**Figure 9.15**  Représentation schématique d'un détecteur de proximité de type capacitif.

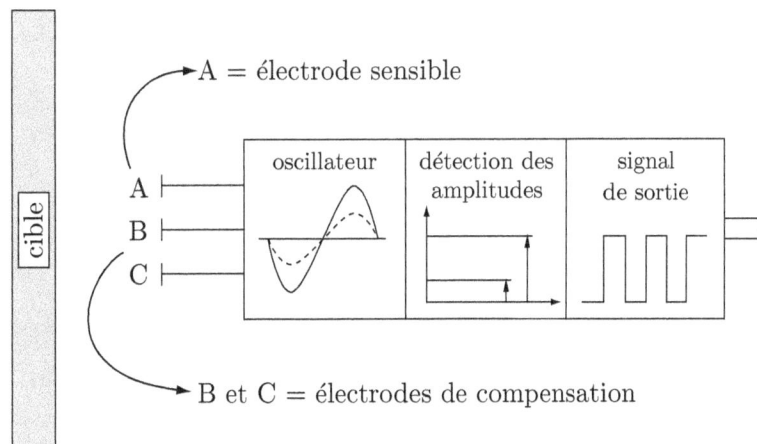

Pour conclure ce chapitre, la figure 9.16 illustre quatre types de détecteurs de proximité d'usage courant dans l'industrie. Ces détecteurs peuvent servir à fabriquer des tachymètres, des interrupteurs capacitifs (*e.g.* commande de passage pour piétons aux feux de circulation), des interrupteurs optiques ( *e.g.* dispositifs d'arrêt de fermeture de portes d'ascenseurs, dispositifs d'arrêt de convoyeurs utilisés aux caisses des épiceries, etc.), des interrupteurs de fin de course ou d'initialisation (« RAZ ») sur les machines outils ou autres installations ou mécanismes de grande utilité.

**Figure 9.16**   Illustration de quatre types de détecteurs de proximité : de gauche à droite, détecteurs ultrasonique, optique, inductif et capacitif.

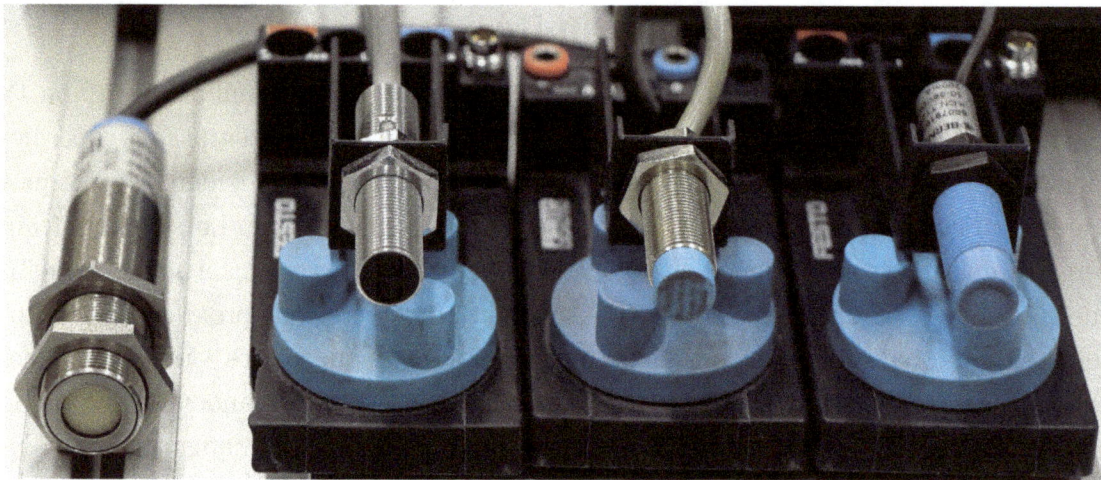

# 10 | Mesure des vibrations

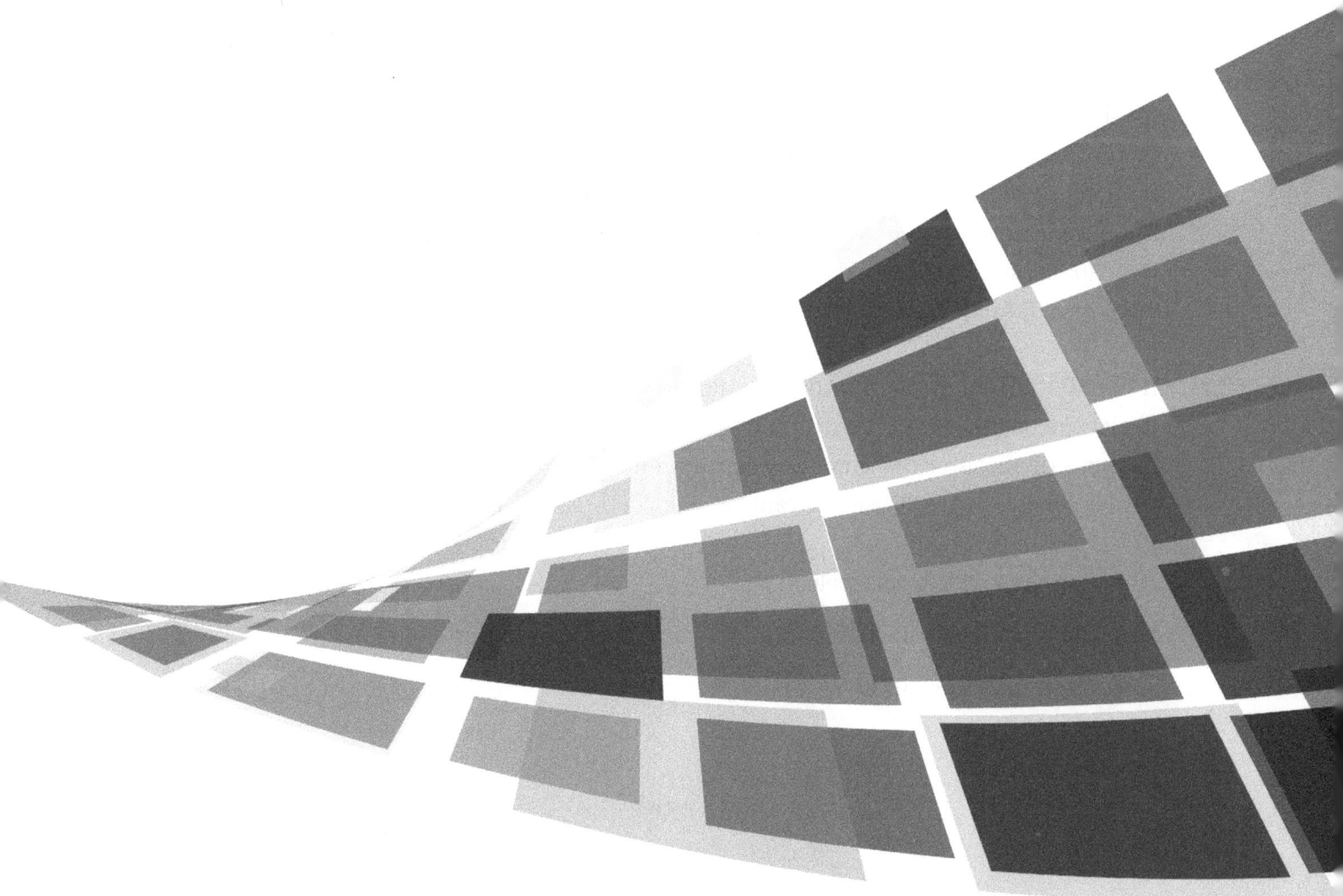

## 10.1 Quantités à mesurer et types de capteurs

L'ingénieur s'intéresse à la mesure de l'accélération dans des applications aussi variées que le design des machines ou le guidage des systèmes en mouvement. En fait, dans ce contexte, la mesure de quantités physiques telles que la position (déplacement), la vitesse et l'accélération est désignée en termes de mesure de choc ou d'impulsion et de mesure de vibration. Le terme choisi est fonction du contenu fréquentiel (forme d'onde) de la force qui provoque l'accélération. Si la force excitatrice est de nature périodique, on analyse l'accélération en termes de **vibrations**. Si elle est de courte durée et de large amplitude, l'accélération est analysée en termes de **choc** ou d'**impulsion**.

Les systèmes vibratoires peuvent être caractérisés comme étant **linéaire** et **non linéaire**. Pour les systèmes linéaires, le principe de superposition s'applique et le traitement mathématique de tels systèmes est bien connu. Par contre, l'analyse des systèmes non linéaires est plus difficile et le recours à l'expérimentation est souvent requis.

Il y a aussi deux grandes classes de vibrations : les vibrations **libres** et **forcées**. Un système est en oscillation libre lorsqu'aucune force externe n'impose ou n'entretient le mouvement vibratoire. Un tel système vibre alors à une fréquence correspondant à un multiple entier de ses *fréquences naturelles*. Celles-ci dépendent de la répartition de la masse et de la rigidité du système dynamique et constituent d'importantes propriétés de ce système. Un système excité par des forces externes est en oscillation forcée. Lorsque la force d'excitation est de nature harmonique, le système est contraint de vibrer à la fréquence de l'excitation. Si la fréquence d'excitation coïncide avec une des fréquences naturelles du système, on peut observer le phénomène de *résonance* et l'amplitude des vibrations résultantes peut être très importante, voire dangereuse. Cependant, si le système est caractérisé par un *coefficient d'amortissement* relativement grand, l'amplitude des oscillations à la résonance sera limitée.

Il existe une grande variété de techniques et de capteurs associés aux mesures de déplacement $(x)$, de vitesse $(\dot{x})$ ou d'accélération $(\ddot{x})$. La plupart des capteurs ayant la capacité de mesurer ces quantités mettent en œuvre des éléments sensibles appartenant à l'une des trois classes suivantes :

- Capteurs de type piézoélectrique
- Capteurs basés sur l'utilisation des jauges de déformation
- Capteurs basés sur la mesure de la position

## 10.2 Capteurs séismiques

### 10.2.1 Réponse en fréquence

Un capteur séismique est un dispositif qui utilise le principe d'une masse séismique reliée à une base par le biais d'un ressort et d'un amortisseur. La figure 10.1 illustre un tel capteur.

| **Figure 10.1** | Représentation schématique d'un capteur de type séismique. Les positions absolues de la base et de la masse sont respectivement notées $x(t)$ et $y(t)$. La position relative de la masse est définie par $z(t) = y(t) - x(t)$. |
|---|---|

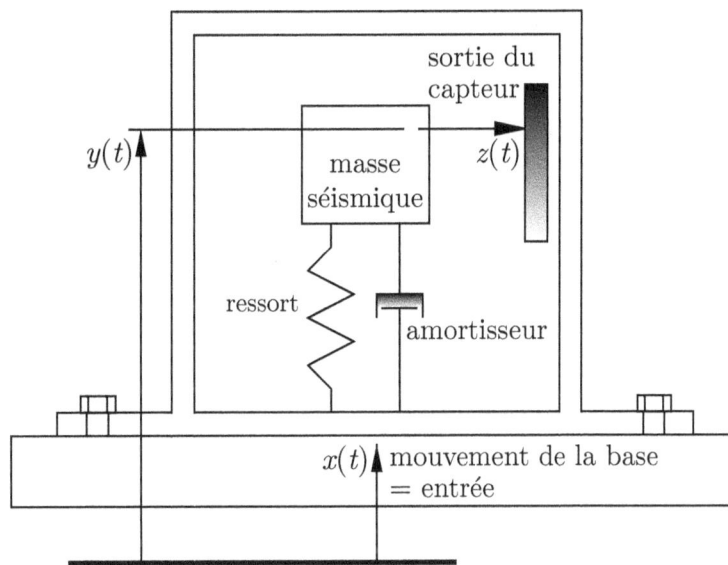

Le modèle mathématique décrivant la réponse de ce capteur s'appuie sur la seconde loi de Newton appliquée à la masse séismique :

$$\sum F_{\text{verticales}} = F_{\text{ressort}} + F_{\text{amort.}} = m\,\ddot{y}(t) \quad \text{avec :} \tag{10.1}$$

$$F_{\text{ressort}} = k\,[x(t) - y(t)] = -k\,z(t) \quad , \tag{10.2}$$

$$F_{\text{amort.}} = c\,[\dot{x}(t) - \dot{y}(t)] = -c\,\dot{z}(t) \quad . \tag{10.3}$$

En considérant $\ddot{y}(t) = \ddot{z}(t) + \ddot{x}(t)$, on peut écrire :

$$-m\,\ddot{x}(t) = m\,\ddot{z}(t) + c\,\dot{z}(t) + k\,z(t) \quad . \tag{10.4}$$

La réponse en fréquence du système dynamique décrivant le comportement du capteur séismique est obtenue en prenant la transformée de Fourier (on note $\mathcal{F}\{x(t)\} = X(f)$, voir le chapitre 2) de cette expression :

$$-m\,j^2\,4\pi^2 f^2\,X(f) = m\,j^2\,4\pi^2 f^2\,Z(f) + c\,j\,2\pi f\,Z(f) + k\,Z(f) \quad . \tag{10.5}$$

251

En considérant $j^2 \equiv -1$ et en manipulant, on obtient la réponse en fréquence $H(f)$ du capteur :

$$H(f) = \frac{Z(f)}{X(f)} = \frac{m \, 4\pi^2 f^2}{-m \, 4\pi^2 f^2 + k + j \, c \, 2\pi f} \quad . \tag{10.6}$$

L'analyse dimensionnelle présentée à l'Annexe D permet d'écrire la réponse en fréquence en fonction de la fréquence naturelle $f_n$ et du coefficient d'amortissement $\zeta$ :

$$H(f) = \frac{Z(f)}{X(f)} = \frac{(f/f_n)^2}{1 - (f/f_n)^2 + j \, 2\zeta \, f/f_n} \quad . \tag{10.7}$$

La réponse en fréquence est une fonction complexe qui s'écrit sous sa forme polaire comme ceci :

$$H(f) = |H(f)| \, e^{-j\phi(f)} \quad . \tag{10.8}$$

Le module $\left|H\left(f\right)\right|$ (aussi appelé le gain dans le contexte d'un instrument de mesure) et la phase $\phi(f)$ s'écrivent comme suit :

$$|H(f)| = \frac{(f/f_n)^2}{\sqrt{[1 - (f/f_n)^2]^2 + [2\zeta \, f/f_n]^2}} \qquad \phi(f) = \tan^{-1}\left(\frac{2\zeta \, (f/f_n)}{1 - (f/f_n)^2}\right) \quad . \tag{10.9}$$

L'évolution du gain en fonction de la fréquence normalisée par la fréquence naturelle est illustrée sur la figure 10.2 pour différentes valeurs du coefficient d'amortissement.

**Figure 10.2**    Gain de la réponse en fréquence du modèle mathématique d'un capteur séismique.

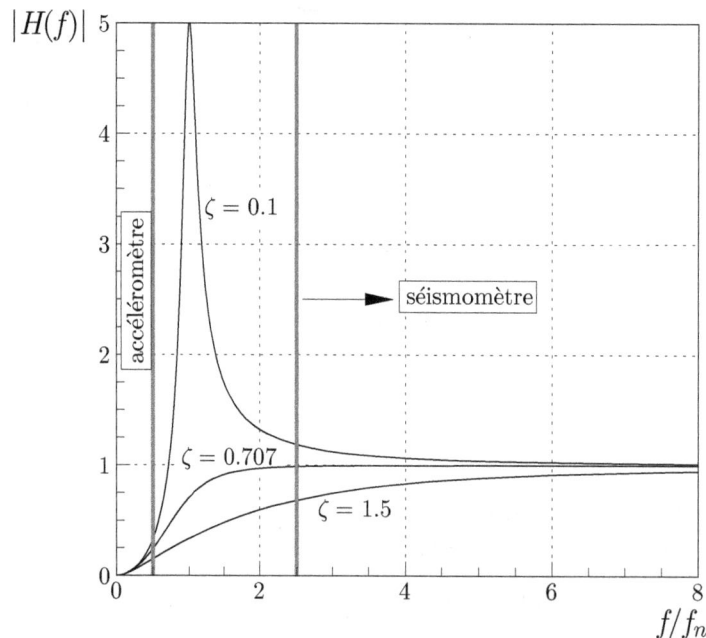

## 10.2.2  Comportements asymptotiques

### Définition du séismomètre $f/f_n \longrightarrow \infty$

Lorsque la fréquence naturelle de l'instrument est très petite par rapport au contenu fréquentiel du phénomène vibratoire que l'on doit mesurer ($f_n \ll f$), on constate que

$$\left[1 - \left(\frac{f}{f_n}\right)^2\right]^2 \rightarrow \left(\frac{f}{f_n}\right)^4 \quad \text{et} \quad \left(\frac{f}{f_n}\right)^4 \gg \left[2\zeta \frac{f}{f_n}\right]^2 \tag{10.10}$$

et on obtient alors

$$|H(f)| \rightarrow \frac{(f/f_n)^2}{\sqrt{(f/f_n)^4}} = 1 \quad \text{et} \quad \phi(f) = \tan^{-1}(0) = 0 \text{ ou } \pi \ . \tag{10.11}$$

Dans le cas présent, on doit choisir $\phi(f) = \pi$ car $f/f_n$ est élevé. Cela signifie que

$$H(f) = |H(f)|\, e^{-j\pi} = 1 \times (\cos(\pi) - j\,\sin(\pi)) = -1 \ \Rightarrow \ Z(f) = -X(f) \tag{10.12}$$

$$\Rightarrow \ z(t) = -x(t) \ \Rightarrow \ y(t) - x(t) = -x(t) \ \Rightarrow \ y(t) = 0 \ . \tag{10.13}$$

On observe donc que $y(t) = 0$, ce qui signifie que la masse séismique demeure immobile alors que la base se déplace (voir les conventions illustrées sur la figure 10.1). Les instruments suivant ce comportement sont dénommés **séismomètres**. La gamme de fréquences dans laquelle on les utilise est identifiée sur la figure 10.2.

La figure 10.3 présente des photographies d'un séismomètre industriel très répandu à travers le monde. Son élément sensible est constitué d'un bobinage suspendu par des ressorts et pouvant osciller dans un champ magnétique uniforme. Lorsque le bobinage est en mouvement, il génère une tension proportionnelle à sa vitesse d'oscillation. L'amortissement du système est de nature électromagnétique et la fréquence naturelle de cet instrument est ajustable dans la gamme de 0.75 et 1.1 Hz, avec une valeur nominale ajustée à $f_n = 1$ Hz.

| Figure 10.3 | Ilustration d'un séismomètre utilisé dans le domaine de la géophysique et de la géologie. Cet instrument possède les caractéristiques suivantes : hauteur de 381 mm, diamètre de 168 mm, masse inertielle de 5 kg et masse totale de 13.6 kg. |
|---|---|

## Quelques informations :

- Les séismomètres sont généralement de dimension relativement importante et, selon le montage considéré, cela peut parfois constituer un désavantage considérable.

- La gamme typique de fréquences naturelles est de 1 à 5 Hz et la gamme de fréquences utile à la mesure des vibrations est de 10 à 2 000 Hz.

- Les déplacements typiques mesurables sont de l'ordre de 5 mm crête à crête.

- Le séismomètre utilisé par la NASA dans son programme lunaire avait les caractéristiques suivantes : $f_n = 1$ Hz, déplacement crête à crête de 2 mm, diamètre de 150 mm et masse totale de 5 kg.

## Définition de l'accéléromètre $f/f_n \ll 1$

Lorsque la fréquence naturelle de l'instrument est très grande par rapport au contenu fréquentiel du phénomène vibratoire que l'on doit mesurer ($f_n \gg f$), on constate que

$$1 - \left(\frac{f}{f_n}\right)^2 \to 1 \quad \text{et} \quad \left[2\zeta \frac{f}{f_n}\right]^2 \ll 1 \qquad (10.14)$$

et on obtient alors

$$|H(f)| \rightarrow \frac{(f/f_n)^2}{\sqrt{1}} = (f/f_n)^2 \quad \text{et} \quad \phi(f) = \tan^{-1}(0) = 0 \text{ ou } \pi \ . \tag{10.15}$$

Dans le cas présent, on doit choisir $\phi(f) = 0$ car $f/f_n$ est petit. Cela signifie que

$$H(f) = |H(f)| \, e^0 = (f/f_n)^2 \quad \Rightarrow \quad Z(f) = \frac{1}{f_n^2} f^2 \, X(f) \tag{10.16}$$

$$\text{TdF}^{-1} \quad \Rightarrow \quad z(t) = -\frac{1}{4\pi^2 \, f_n^2} \ddot{x}(t) \quad \Rightarrow \quad z(t) \propto \ddot{x}(t) \ . \tag{10.17}$$

On observe donc que la sortie du capteur est directement proportionnelle à l'accélération de la base (voir la figure 10.1). Les instruments qui suivent ce comportement sont dénommés **accéléromètres**. La gamme de fréquences dans laquelle on les utilise est identifiée sur la figure 10.2.

Il est utile de refaire ici une partie des développements mathématiques déjà faits pour le capteur séismique, en considérant cette fois l'accélération de la base au lieu de son déplacement. En reprenant la somme des forces exprimée précédemment, on peut écrire :

$$-\ddot{x}(t) = -a(t) = \ddot{z}(t) + \frac{c}{m} \, \dot{z}(t) + \frac{k}{m} \, z(t) \ , \tag{10.18}$$

$$\Rightarrow -A(f) = j^2 \, 4\pi^2 f^2 \, Z(f) + \frac{c}{m} \, j \, 2\pi f \, Z(f) + \frac{k}{m} \, Z(f) \ . \tag{10.19}$$

En manipulant et en introduisant les notations de $f_n$ et $\zeta$, on obtient :

$$H_A(f) = 4\pi^2 \, f_n^2 \, \frac{Z(f)}{A(f)} = \frac{1}{1 - (f/f_n)^2 + j \, 2\zeta \, f/f_n} \ . \tag{10.20}$$

Le gain et la phase s'écrivent alors :

$$|H_A(f)| = \frac{1}{\sqrt{[1 - (f/f_n)^2]^2 + [2\zeta \, f/f_n]^2}} \qquad \phi_A(f) = \tan^{-1}\left( \frac{2\zeta \, (f/f_n)}{1 - (f/f_n)^2} \right) \ . \tag{10.21}$$

Notons que la phase $\phi_A(f)$ est la même que celle obtenue pour le capteur séismique. La figure 10.4 illustre l'évolution du gain $\left| H_A(f) \right|$ en fonction de la fréquence normalisée et ce, pour différentes valeurs du coefficient d'amortissement.

**Figure 10.4**    Réponse en fréquence du modèle mathématique d'un accéléromètre.

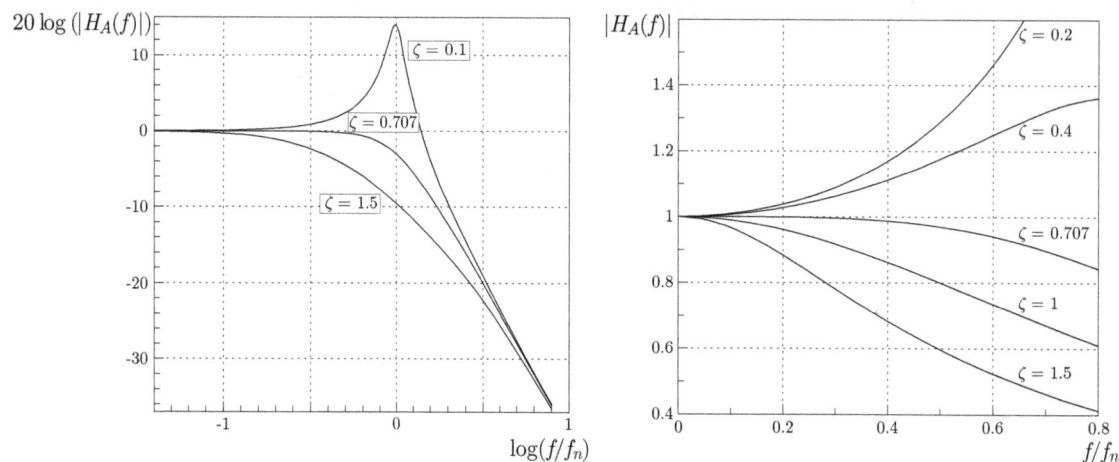

Quelques informations :

- Pour un accéléromètre caractérisé par une faible valeur du coefficient d'amortissement (*e.g.* type piézoélectrique, $\zeta \ll 1$), on constate que la gamme de fréquences utile est limitée à environ $f / f_n \leq 0.06$ (voir la figure 10.4). Lorsque la valeur de $\zeta$ est voisine de 0.7, on peut considérer la plage de validité comme étant $f / f_n \leq 0.2$.

- Un accéléromètre de type piézoélectrique est caractérisé par un très faible coefficient d'amortissement et une fréquence naturelle très élevée. La gamme de fréquences utile de ce type d'accéléromètre est donc limitée à $f / f_n \leq 0.06$. Pour un accéléromètre de ce type dont la fréquence naturelle est par exemple de 50 000 Hz, la gamme de fréquences utile est de $f \leq 3000$ Hz.

- Lorsque c'est possible, on a intérêt à fabriquer un accéléromètre avec une valeur de $\zeta$ qui optimise la largeur de la gamme de fréquences utile. Le choix de $\zeta = 0.707$, l'amortissement critique, donne une gamme optimale d'environ $f / f_n \leq 0.2$.

- Un accéléromètre de type électromagnétique, par exemple, sera conçu en respectant la règle précédente. Un tel accéléromètre caractérisé par $\zeta = 0.707$ et $f_n = 100$ Hz aura donc une gamme de fréquences utile de $f \leq 20$ Hz.

## 10.3 Accéléromètres de type piézoélectriques

### 10.3.1 L'effet piézoélectrique

Sous l'effet d'un champ électrique, certaines structures cristallines très rigides, telles que le quartz, subissent une déformation des liens interatomiques. Il en résulte une variation dimensionnelle mesurable. Inversement, cette même structure se polarise électriquement sous l'effet d'une contrainte mécanique. Cette propriété est dénommée piézoélectricité. L'effet *piézoélectrique direct* consiste à produire des charges (polarisation) aux surfaces de la structure sous l'action d'une contrainte mécanique, alors que l'effet *piézoélectrique inverse* consiste à produire une déformation de la structure lorsqu'un champ électrique est appliqué.

Ces effets piézoélectriques sont largement utilisés dans une foule d'applications, autant domestiques qu'industrielles. Le briquet à barbecue est un exemple typique de l'utilisation domestique de l'effet piézoélectrique direct : une pression exercée sur une pastille de céramique piézoélectrique génère une charge qui permet la formation soudaine d'un arc électrique évoluant entre deux électrodes. C'est cet arc électrique qui, en présence d'un gaz combustible, allume le barbecue. L'alarme stridente d'un détecteur de fumée est de son côté un exemple typique de l'utilisation domestique de l'effet piézoélectrique inverse : un champ électrique est appliqué à un cristal piézoélectrique de manière à le faire vibrer pour qu'il émette un son d'une fréquence précise. Dans l'industrie en général, l'effet direct est surtout exploité pour concevoir des capteurs (de pression, d'accélération, de vibration mécanique, de force, d'impact, de vibration sonore, etc.) et l'effet inverse est surtout mis à profit pour concevoir des actionneurs.

**Figure 10.5**  Schéma illustrant un actuateur piézoélectrique.

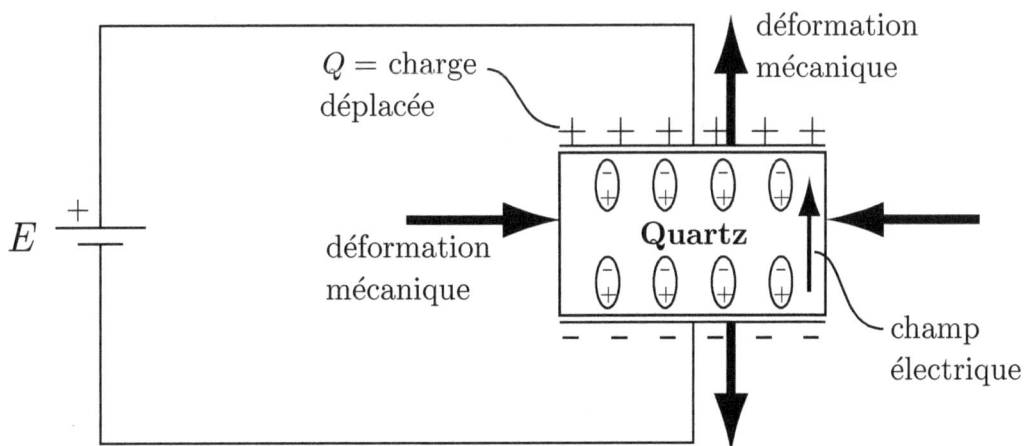

La figure 10.5 présente une source de tension utilisée pour polariser un cristal de quartz. La présence du champ électrique provoque un déplacement des charges électriques aux extrémités du cristal. Certains matériaux céramiques composés d'alumine ont une grande possibilité de déformation. Ces matériaux sont employés pour réaliser des actionneurs linéaires, utilisés en nanotechnologies pour le positionnement et l'usinage. Les céramiques piézoélectriques servent aussi à construire des émetteurs ultrasoniques de forte puissance. Les ultrasons sont utilisés de diverses façons dans l'industrie, par exemple pour les opérations de nettoyage ou de polissage ainsi que pour le soudage de matériaux en plastique. Enfin, l'agencement des actuateurs permet aussi de réaliser des micromoteurs rotatifs puissants et compacts.

**Figure 10.6** Schéma illustrant un capteur piézoélectrique.

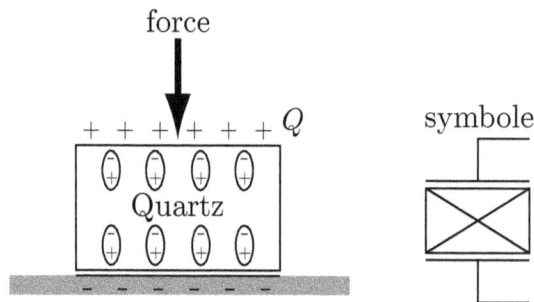

Tel que mentionné précédemment, l'effet piézoélectrique est réversible. L'application d'une force provoque une déformation du réseau cristallin et un déplacement de charge vers la surface (figure 10.6). La charge $Q$ est proportionnelle à la force appliquée. La rigidité du quartz utilisé comme capteur de force permet de réaliser des capteurs de pression et des accéléromètres ayant une fréquence de résonance très élevée. Il existe, par exemple, des capteurs de pression utilisés pour faire des mesures dans la chambre à combustion d'un moteur à piston, qui ont une capacité de 35 MPa et qui possède une bande passante de 500 kHz.

## 10.3.2 Raccordement avec circuit intégrateur : l'amplificateur de charge

Le capteur piézoélectrique génère une charge électrique. Pour convertir le signal en tension, il est possible de placer un condensateur aux bornes du capteur, tel qu'illustré sur la figure 10.7.

La tension observée aux bornes du condensateur de mesure est :

$$v(t) = Q/(C_{\text{capteur}} + C_{\text{câblage}} + C_{\text{mesure}}) \ . \tag{10.22}$$

**Figure 10.7**   Schéma raccordement de base d'un capteur piézoélectrique.

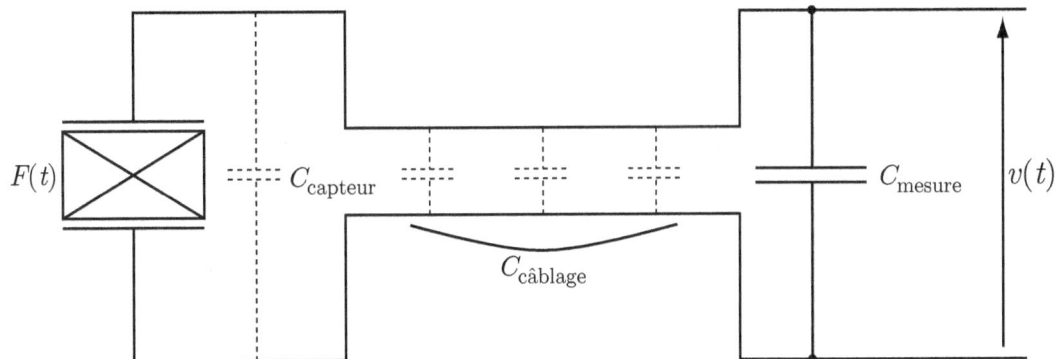

Cette équation démontre qu'il est difficile d'imposer une valeur calibrée de capacitance. Pour contourner le problème, il est possible d'utiliser un circuit intégrateur tel qu'illustré sur la figure 10.8.

**Figure 10.8**   Schéma d'un amplificateur de charge.

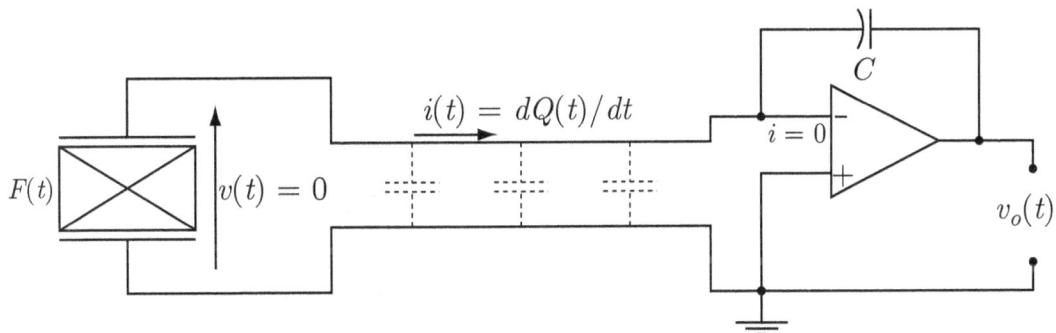

$$v_o(t) = \frac{Q(t)}{C} = \frac{1}{C} \int i(t)\, dt \quad . \tag{10.23}$$

La charge $Q$ est l'intégrale du courant débité par le capteur. La tension aux bornes du capteur demeure nulle. Les capacités en aval du capteur ne cumulent aucune charge et n'influencent pas la mesure. Le facteur de calibration dépend du condensateur $C$ en rétroaction. Ce circuit de conditionnement est appelé amplificateur charge.

Certaines compagnies telles que PCB intègrent l'amplificateur de charge dans le capteur. Le capteur est alimenté par une source de courant (4 mA), la tension en sortie est proportionnelle à grandeur physique à mesurer.

### 10.3.3 Description d'un accéléromètre de type piézoélectrique

La figure 10.9 présente un schéma et une photographie d'un accéléromètre de type pié-zoélectrique. Le boîtier contient typiquement une tige de montage sur laquelle on super-pose un élément piézoélectrique et une masse séismique, le tout maintenu serré avec un écrou. Le rôle de l'écrou n'est pas seulement de maintenir en place l'assemblage à l'inté-rieur du boîtier, mais il consiste à appliquer une précontrainte à l'élément piézoélec-trique. Lors d'un mouvement de haut en bas du boîtier, on observe une variation de la force de compression de l'élément piézoélectrique, ce qui permet de générer un signal de sortie qui est une fonction de l'accélération verticale du boîtier. Notons enfin que les accéléromètres piézoélectriques ne sont pas conçus pour mesurer des accélérations en régime stationnaire. Ce type d'instrument sert uniquement à mesurer des accélérations de nature instationnaire ou périodique.

**Figure 10.9**  Illustrations d'un accéléromètre piézoélectrique.

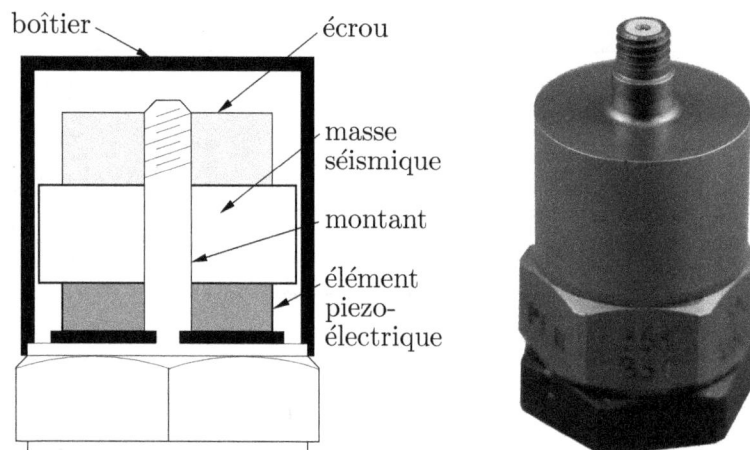

Étalonnage des accéléromètres

La figure 10.10 illustre un montage expérimental utilisé pour étalonner un accéléro-mètre. La procédure consiste à monter l'accéléromètre sur un pot vibrant qui permet de produire un mouvement vibratoire harmonique pur dans la direction verticale. Un appa-reil de précision, tel qu'un vibromètre laser, sert à détecter le mouvement vibratoire auquel est soumis l'accéléromètre. L'étalonnage vise à déterminer la réponse en fré-quence de l'accéléromètre. Pour y arriver, on calcule, pour une fréquence donnée, le ratio entre l'amplitude de l'excitation harmonique (obtenue par le vibromètre laser) et l'amplitude de la sortie de l'accéléromètre. On effectue cette opération pour différentes fréquences en s'assurant de couvrir la plage de fréquences appropriée.

**Figure 10.10** Montage d'étalonnage d'un accéléromètre à l'aide d'un pot vibrant et d'un vibromètre laser (appareil de mesure de référence monté sur le trépied).

# 11 | Post-traitement des données dans le domaine temporel

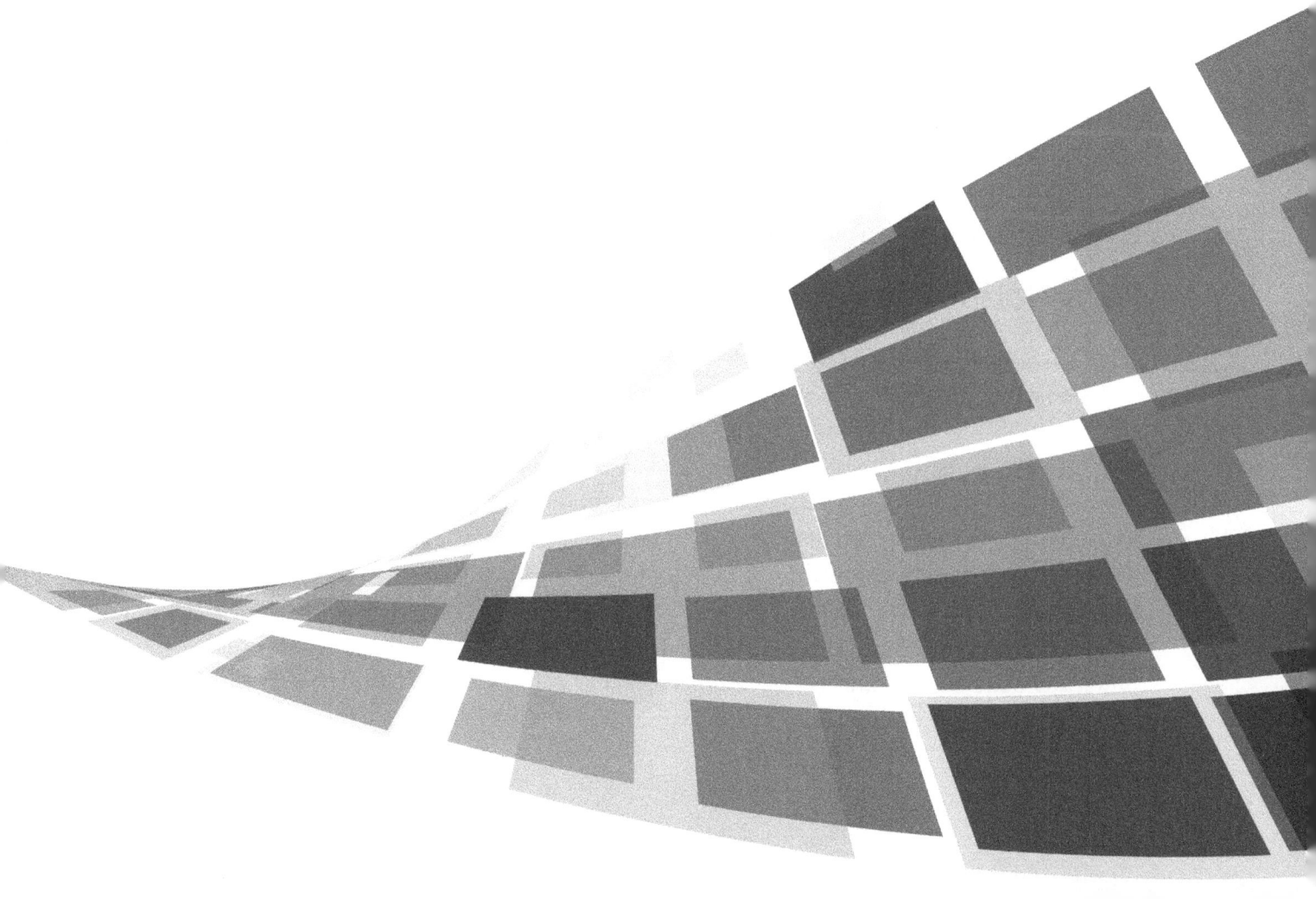

Généralement, quatre types de fonctions statistiques sont utilisées pour décrire les propriétés de base d'un signal aléatoire :

1. Moyenne et écart-type (valeur rms)

   Ces quantités donnent une description rudimentaire de l'intensité d'un signal. Un voltmètre *rms* peut généralement fournir ces informations.

2. Fonctions de densité de probabilité

   Ces fonctions fournissent de l'information concernant les propriétés du signal dans le domaine de l'amplitude. On s'intéresse à la distribution de $x(t)$ (valeur instantanée d'un phénomène $x$) autour de la valeur moyenne ; on devra alors utiliser un système d'acquisition de données plus performant que celui du cas précédent.

3. Fonctions d'auto-corrélation et de corrélation temporelle

   Ces fonctions fournissent des informations sur l'évolution temporelle du signal. Un système d'acquisition de données performant est requis ainsi qu'un pré-traitement adéquat (fréquence d'échantillonnage, filtre, amplification...).

4. Fonctions de densité spectrale

   La fonction de densité spectrale fournit des informations équivalentes à la fonction d'auto-corrélation sauf que ces informations sont données dans le domaine fréquentiel et non temporel. Cette analyse requiert les mêmes conditions d'acquisition de données que celles définies à l'item précédent. On aura souvent recours à un outil, appelé analyseur de spectre, qui est spécifiquement dédié à cette tâche.

Dans ce chapitre, nous nous limitons à l'utilisation des fonctions statistiques servant à faire une analyse dans le domaine temporel. Nous présentons également une technique permettant de s'assurer de la convergence statistique des fonctions estimées.

## 11.1 Notions de statistiques

Dans les prochains paragraphes, nous définissons des outils statistiques qui font appel à l'hypothèse d'ergodicité du phénomène étudié. Cela signifie que les moyennes d'ensemble (grandeurs moyennes prises au sens large) sont égales aux moyennes temporelles prises sur un échantillon. L'hypothèse d'ergodicité implique que le nombre d'échantillons $N \to \infty$ pour les moyennes d'ensemble d'une part et que, d'autre part, le temps d'intégration $T \to \infty$ pour les moyennes temporelles. En pratique, il est évident que la réalisation d'un échantillon infiniment long et l'acquisition d'une infinité d'échantillons sont irréalisables. Cela signifie que les grandeurs moyennes seront toujours estimées et non calculées de manière exacte. L'erreur de biais résultante est d'une importance majeure en analyse de données.

Dans les paragraphes qui suivent, nous adoptons le schéma de présentation suivant :

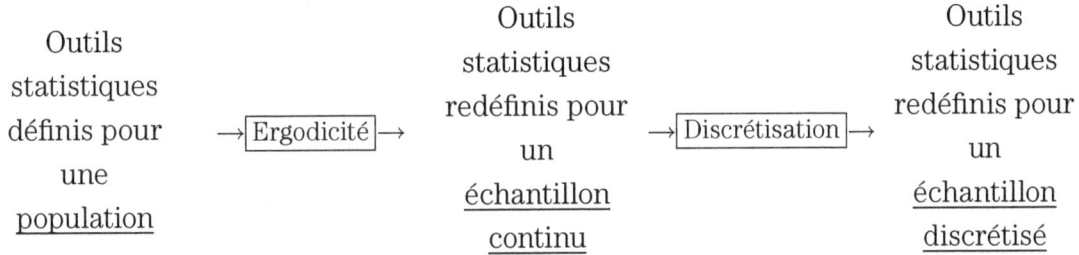

| Outils statistiques définis pour une <u>population</u> | $\rightarrow$ Ergodicité $\rightarrow$ | Outils statistiques redéfinis pour un échantillon <u>continu</u> | $\rightarrow$ Discrétisation $\rightarrow$ | Outils statistiques redéfinis pour un échantillon <u>discrétisé</u> |

## Densité de probabilité d'une population

Considérons les densités de probabilités $p(x)$, $p(y)$ ou $p(x, y)$ d'une ou deux variables aléatoires $x$ et $y$; on vérifie que :

$$\int_{-\infty}^{+\infty} p(x)\, dx = 1 \quad , \quad \int_{-\infty}^{+\infty} p(y)\, dy = 1 \quad \text{et} \quad \int_{-\infty}^{+\infty} \int_{-\infty}^{+\infty} p(x,y)\, dxdy = 1 \quad . \quad (11.1)$$

<u>Espérance mathématique</u>

Par définition, l'espérance mathématique $E[x]$ de la variable aléatoire $x$ s'écrit :

$$E[x] = \int_{-\infty}^{+\infty} x\, p(x)\, dx = \mu_x \quad . \tag{11.2}$$

De la même façon, on définit la valeur moyenne quadratique comme étant l'espérance mathématique de $x^2$ :

$$E[x^2] = \int_{-\infty}^{+\infty} x^2\, p(x)\, dx = \Psi_x^2 \quad . \tag{11.3}$$

On définit aussi la variance de $x$ comme étant l'espérance mathématique de $(x - \mu_x)^2$ :

$$E[(x - \mu_x)^2] = \int_{-\infty}^{+\infty} (x - \mu_x)^2\, p(x)\, dx = \sigma_x^2 \quad . \tag{11.4}$$

À partir des définitions précédentes, on peut démontrer que :

$$\sigma_x^2 = \Psi_x^2 - \mu_x^2 \quad . \tag{11.5}$$

<u>Moments</u>

De façon générale, on définit un <u>moment d'ordre $r$</u> comme étant l'espérance mathématique de la quantité $(x - \mu_x)^r$; soit

$$E[(x - \mu_x)^r] = \int_{-\infty}^{+\infty} (x - \mu_x)^r\, p(x)\, dx = \mu_r \quad . \tag{11.6}$$

Si on compare cette expression aux expressions précédentes, on constate que pour les moments d'ordre 1 et 2, on doit avoir $\mu_1 = 0$ ainsi que $\mu_2 = \sigma_x^2$.

Il est souvent pertinent de s'intéresser aux moments d'ordre élevé ($r > 2$). Précisons que dans bien des cas, on se limite à l'utilisation des moments d'ordre 3 et 4. Dans ce type d'analyse, on considère habituellement des coefficients normalisés (sans dimensions) plutôt que des moments bruts. On définit alors deux coefficients :

- Coefficient de <u>Dissymétrie</u> (« Skewness Factor »)

$$\alpha_3 = \frac{\mu_3}{\mu_2^{3/2}} = \frac{\mu_3}{\sigma^3} \ . \tag{11.7}$$

- Coefficient d'<u>Aplatissement</u> (« Flatness Factor » ou « Kurtosis »)

$$\alpha_4 = \frac{\mu_4}{\mu_2^2} = \frac{\mu_4}{\sigma^4} \ . \tag{11.8}$$

Soulignons que $\alpha_3$ peut être de signe positif ou négatif; cela dépend du signe de $\mu_3$. Quant à $\alpha_4$, on constate que par définition, il doit toujours être de signe positif. Dans le cas d'une distribution de probabilités normale ou Gaussienne, on peut démontrer que $\alpha_3 = 0$ et $\alpha_4 = 3$.

---

**Exemple**

Afin d'illustrer l'importance fondamentale de l'utilisation de ces deux coefficients, analysons les quatre densités de probabilités des variables aléatoires $w$, $x$, $y$ et $z$. Ces variables représentent des phénomènes ergodiques. La figure suivante représente les évolutions temporelles de chacun des phénomènes $w(t)$, $x(t)$, $y(t)$ et $z(t)$, ainsi que les densités de probabilités $p(w)$, $p(x)$, $p(y)$ et $p(z)$ de leur population respective. Soulignons ici que les quatre variables sont centrées ($\mu_w = 0$, $\mu_x = 0$, $\mu_y = 0$ et $\mu_z = 0$). Rappelons de plus que, par définition, l'intégrale de chacune des densité de probabilités est égale à 1.

**Figure 11.1**   Exemple de densité de probabilités de quatre signaux.

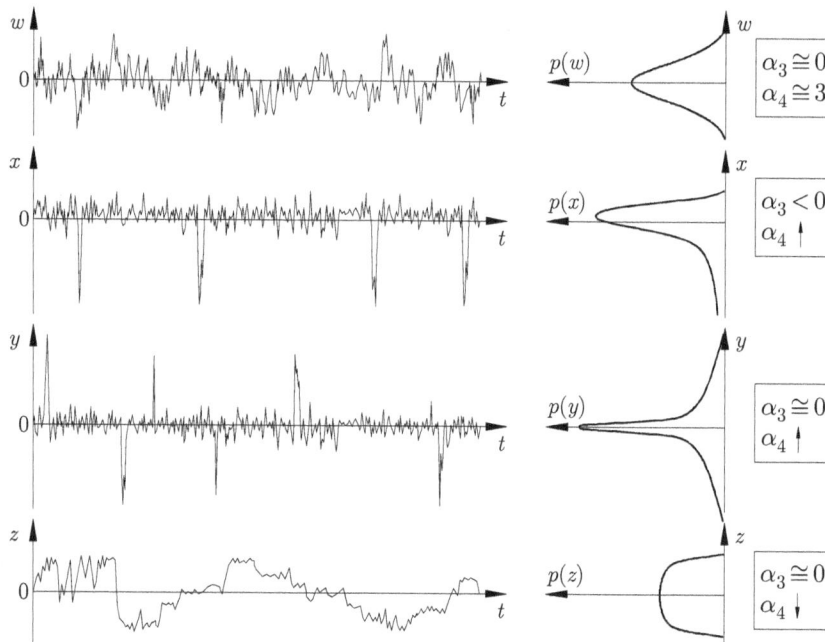

Supposons que les quatre populations aient des écarts-types égaux ($\sigma_w = \sigma_x = \sigma_y = \sigma_z$). On constate alors qu'il est impossible d'analyser ces quatre phénomènes par de simples mesures de valeurs moyennes et $rms$ (mesures $dc$ et $ac$ sur multimètre par exemple). On obtiendrait dans ce cas les mêmes résultats pour les quatre phénomènes qui, on le voit bien, sont fondamentalement différents. Les mesures de $\alpha_3$ et $\alpha_4$ seraient ici indispensables à une bonne compréhension de la réalité physique des phénomènes.

Une analyse de type statistique, faisant appel aux densités de probabilités et aux moments d'ordre élevé, permet d'obtenir :

- Une évaluation de la normalité (phénomène Gaussien ou non)

- Une indication des effets non-linéaires (un phénomène Gaussien qui subit une transformation linéaire reste Gaussien…)

- Une analyse des valeurs extrêmes ($\alpha_3$ et $\alpha_4$ donnent du poids aux valeurs extrêmes même si elles sont d'occurrences relativement faibles)

## Moyennes temporelles sur un échantillon continu

Nous avons vu que pour un phénomène ergodique, on peut considérer un outil statistique défini sur une population et le transposer sur un échantillon continu dans le temps. Pour que cette transposition soit valable, on doit cependant considérer un échantillon infiniment long ($T \to \infty$). Cette condition étant irréalisable dans la pratique, on considère donc des *échantillons de taille finie*. On est ainsi amené à définir des *estimateurs* pour les outils statistiques qui nous intéressent. En identifiant un estimateur par la notation « $\widehat{(\ )}$ », on définit les moments comme suit :

$$\widehat{\mu_r} = m_r = \lim_{T \to \infty} \frac{1}{T} \int_0^T (x - \overline{x})^r \, dt \quad \text{avec} \quad \overline{x} = \widehat{\mu} = \lim_{T \to \infty} \frac{1}{T} \int_0^T x \, dt \ . \qquad (11.9)$$

Si $x' = x - \overline{x}$ (signal centré), on peut noter :

$$m_r = \lim_{T \to \infty} \frac{1}{T} \int_0^T x'^r \, dt = \overline{x'^r} \ . \qquad (11.10)$$

L'écart-type est alors défini par

$$\widehat{\sigma_x} = s = \sqrt{m_2} = \sqrt{\overline{x'^2}} = x_{rms} \ . \qquad (11.11)$$

La notation « valeur $rms$ » d'un signal centré ( *i.e.* dont la moyenne est nulle ou dont la valeur moyenne est retranchée) est largement employée pour signifier l'écart-type d'un échantillon; on écrit « $r$ » pour la racine (« root »), « $m$ » pour le surlignage qui signifie la moyenne (« mean ») et « $s$ » pour le carré de $x'$ (« square »). La valeur $ac$ fournie par un multimètre correspond à cette définition. Notons également que certains auteurs définissent la valeur $rms$ dans un sens plus large, sans retranchement de la moyenne.

Dans ce cas, la valeur *rms* correspond à la racine carrée de la valeur moyenne quadratique. Pour les coefficients $\alpha_3$ et $\alpha_4$, on écrit :

$$\widehat{\alpha_3} = S = \frac{m_3}{m_2^{3/2}} = \frac{\overline{x'^3}}{\overline{x'^2}^{3/2}} \ , \qquad \widehat{\alpha_4} = F, \ K \ \text{ ou } \ T = \frac{m_4}{m_2^2} = \frac{\overline{x'^4}}{\overline{x'^2}^2} \ , \qquad (11.12)$$

où la lettre $S$ est utilisée pour « Skewness », $F$ pour « Flatness », $K$ pour « Kurtosis » et $T$ sans raison spéciale sauf qu'elle suit $S$ dans l'alphabet...

## Moyennes sur un échantillon de valeurs discrètes

Lorsque l'on utilise un système d'acquisition de données qui effectue des conversions analogiques/numériques des signaux, nous avons seulement accès à des *échantillons de valeurs discrètes*. Considérons un échantillon de $N$ valeurs discrètes de la variable aléatoire $x$ : $x = (x_1, x_2, x_3, \dots, x_N)$. Le temps d'observation du phénomène est $T = N/f_{\text{éch}}$. Les quantités définies précédemment sont estimées comme suit :

$$m_r = \frac{1}{N} \sum_{i=1}^{N} x_i'^r \ , \ \text{ avec } \ x_i' = x_i - \overline{x} \ \text{ et } \ \overline{x} = \frac{1}{N} \sum_{i=1}^{N} x_i \ . \qquad (11.13)$$

### Exemple

Pour illustrer l'utilisation des moments d'ordre 3 et 4, considérons un signal de fil chaud $u(t)$ placé dans une couche de mélange turbulente. On analyse des échantillons de 10 240 valeurs discrètes dont on a fait l'acquisition à une fréquence d'échantillonnage de 10 kHz.

**Figure 11.2**   Signal avec son histogramme et sa densité de probabilités.

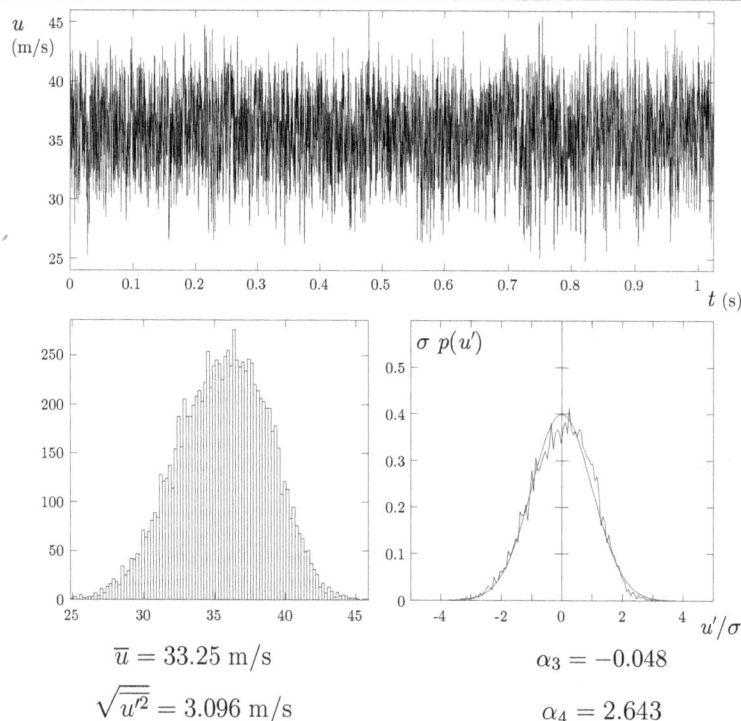

$$\overline{u} = 33.25 \text{ m/s}$$
$$\sqrt{\overline{u'^2}} = 3.096 \text{ m/s}$$

$$\alpha_3 = -0.048$$
$$\alpha_4 = 2.643$$

Deux de ces signaux sont représentés sur les figures 11.2 et 11.3 et pour chacun d'entre eux, on trace l'histogramme brut de même que l'estimateur de la densité de probabilités (en variable centrée et réduite : $\sigma p(u')$ *vs* $u'/\sigma$ avec $u' = u - \overline{u}$). On vérifie que l'intégrale de l'histogramme est bien égale à 10 240 et l'intégrale de la densité de probabilité est égale à 1.

**Figure 11.3**    Signal avec son histogramme et sa densité de probabilités.

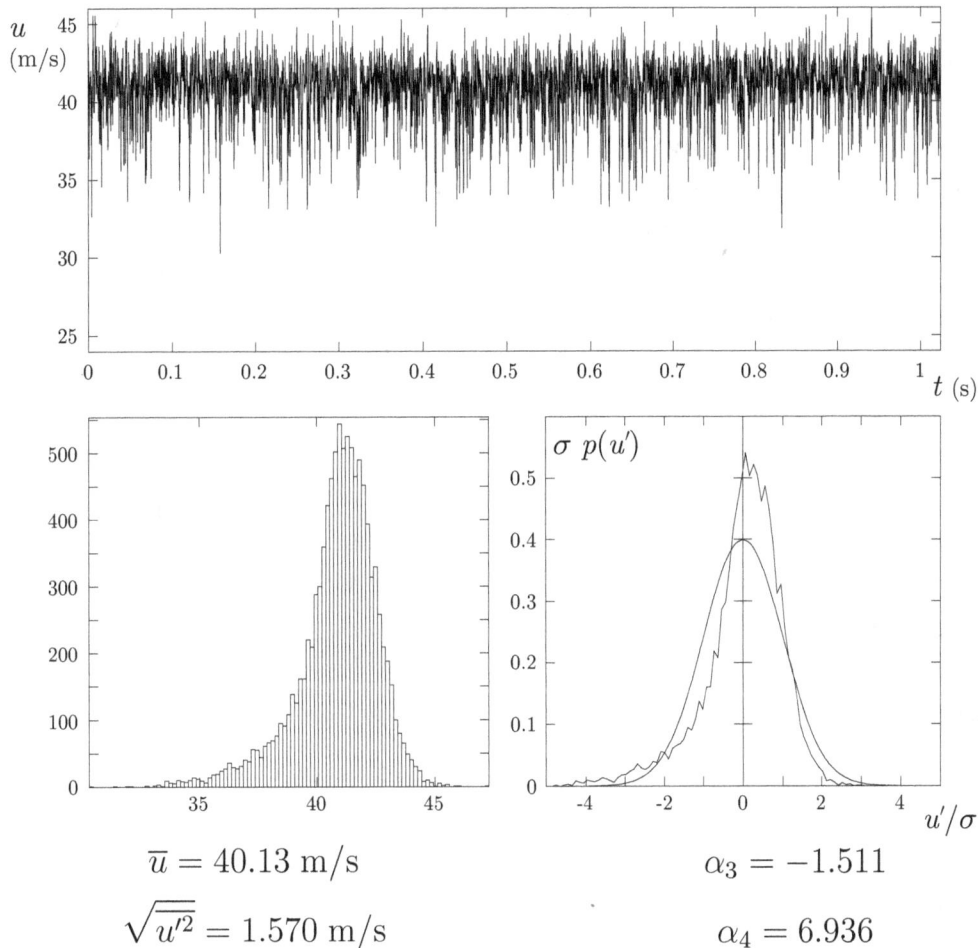

$$\overline{u} = 40.13 \text{ m/s}$$

$$\sqrt{\overline{u'^2}} = 1.570 \text{ m/s}$$

$$\alpha_3 = -1.511$$

$$\alpha_4 = 6.936$$

Le premier échantillon est presque gaussien alors que le deuxième est caractérisé par un coefficient de dissymétrie négatif. On observe effectivement sur ce dernier des «bouffées négatives» importantes (loin de la valeur moyenne et inférieures à celle-ci) qui ont relativement peu d'occurrences par rapport à la valeur la plus probable (elles sont intermittentes). Notons que la valeur la plus probable est différente de la valeur moyenne même si dans bien des cas elle en sera très près. Ce phénomène est alors représenté par ce qu'on appelle une «queue» négative de densité de probabilités. On se sert habituellement de la gaussienne comme base de comparaison pour analyser les estimateurs de densités de probabilités.

## 11.2 Convergence statistique

Les tests de convergence statistique servent à s'assurer de la précision d'une grandeur moyenne que l'on estime à partir d'un certain nombre d'observations. Deux critères doivent être respectés: premièrement, on doit s'assurer que l'on utilise une quantité d'informations $N$ suffisante; deuxièmement, on doit s'assurer que l'on observe le phénomène à mesurer durant un intervalle de temps $T$ suffisamment long. On dira alors que les valeurs de $N$ et de $T$ sont des valeurs assurant la convergence statistique de la grandeur moyenne à estimer. On nommera ces valeurs $N_{conv}$ et $T_{conv}$.

Il existe différentes méthodes visant à déterminer les valeurs de $N_{conv}$ et $T_{conv}$ (voir par exemple le livre de Bendat et Piersol [3]). Nous nous limitons ici aux méthodes développées pour estimer des grandeurs moyennes ne requérant pas de relations temporelles entre les points de mesure. Les moyennes d'ensemble (espérance mathématique, écart-type, etc.) font partie de cette catégorie, alors que les estimateurs de fonctions de densité auto-spectrale ou de fonctions d'auto-corrélation n'en font pas partie. Dans les paragraphes qui suivent, nous présentons une méthode utilisée au Laboratoire de mécanique des fluides de l'Université Laval depuis un certain nombre d'années. Cette méthode, que l'on a améliorée au fil des ans, s'avère très efficace. Elle comporte deux tests: *i)* le test A sert à déterminer la valeur de $N_{conv}$ pour une valeur fixe du temps d'observation que l'on dénomme $T_{fixe}$ et *ii)* le test B sert à déterminer $T_{conv}$ pour un nombre fixe d'observations que l'on dénomme $N_{fixe}$.

### Test de type A: détermination de $N_{conv}$ pour $T_{fixe}$

Pour effectuer ce test, on doit d'abord constituer une base de données ou un échantillon de grande taille. En fait, il est nécessaire que le nombre de points contenus dans la base de données soit plus grand que la valeur de $N_{conv}$ que l'on cherche à déterminer (on en fera la vérification *a posteriori*). La valeur de $T_{fixe}$ est prise comme étant égale à $T/2 + \Delta T$, le terme $T$ représentant le temps d'observation de l'échantillon et le terme $\Delta T$ le pas de temps séparant chacun des points du signal discret (la fréquence d'échantillonnage est $f_{\text{éch.}} = N/T = 1/\Delta T$). Là aussi, il faut que $T_{fixe}$ soit plus grand que la valeur de $T_{conv}$ que l'on déterminera par le test B (il faudra évidemment s'en assurer *a posteriori*).

La méthode consiste à faire coulisser une fenêtre de durée $T/2 + \Delta t$ sur l'échantillon de durée $T$. En coulissant la fenêtre successivement d'un pas de temps à l'autre, on obtient $N/2$ positions de la fenêtre coulissante. Pour chaque position de la fenêtre, on calcule une valeur moyenne impliquant successivement 3, 5, 9, ... $N/2 + 1$ points. La figure 11.4

illustre un exemple de résultats obtenus pour le test de type A. Le signal utilisé pour effectuer ce test comportait 16 384 points échantillonnés à une fréquence $f_{\text{éch.}} = 10$ kHz. Cela signifie que le temps d'observation total est $T = 0.819$ s. Les résultats du test A indiquent qu'une valeur de $N_{conv} = 128$ constitue un nombre suffisant d'observations pour obtenir une bonne convergence statistique de la valeur moyenne.

**Figure 11.4**    Exemple de test de convergence de type A effectué pour estimer la valeur moyenne sur un signal de 16 384 points avec $T_{fixe} = 0.819$ s.

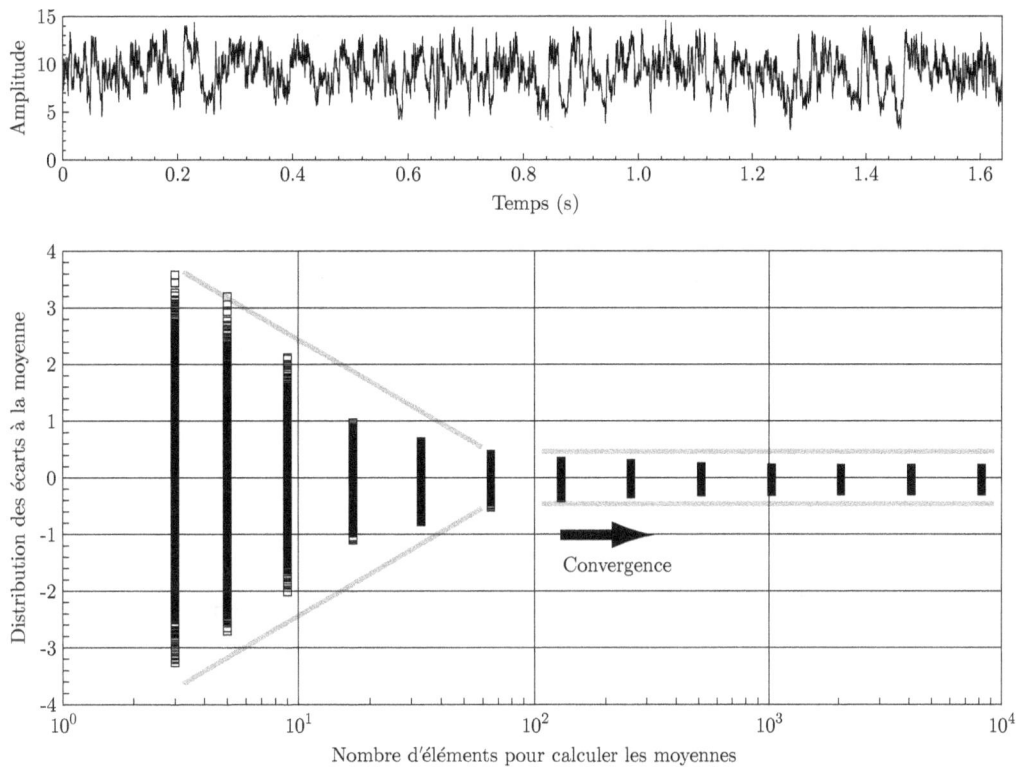

## Test de type B : détermination de $T_{conv}$ pour $N_{fixe}$

Pour effectuer ce test, on doit travailler avec le même échantillon que celui utilisé dans le cas du test précédent. La valeur de $N_{conv}$ déterminée à partir du test A est choisie comme valeur de $N_{fixe}$.

Le test consiste à calculer des valeurs moyennes sur des sous-échantillons de $N_{fixe}$ valeurs discrètes et de durée $T_m$. On considère ces sous-échantillons comme étant des *fenêtres* que l'on peut faire *coulisser* sur l'échantillon global. Ceci permet d'obtenir plusieurs valeurs moyennes pour un même $T_m$. En faisant varier la valeur de $T_m$, on construit le diagramme de convergence qui permet de déterminer la valeur de $T_{conv}$.

Comme le nombre de points considérés dans la fenêtre coulissante est fixe, il en résulte que la durée de chaque fenêtre coulissante sera variable. En fait, pour faire varier la durée $T_m$ de la fenêtre, on fera varier le pas de temps discret $\Delta i$ entre les points constituant le signal de la fenêtre. Afin de décrire l'algorithme servant à réaliser le test de type B, il est utile de définir les variables suivantes :

- $N$ : Nombre de points discrets dans le signal global.

- $\Delta t$ : Pas de temps discret du signal global ; le temps d'observation du signal global est donc $T = N\Delta t$.

- $N_{fixe}$ : Nombre de points contenus dans la fenêtre coulissante tel que défini par le test de convergence de type A.

- $T_{m_i}$ : Durée de la fenêtre coulissante ;

$$T_{m_i} = [(N_{fixe} - 1)\Delta i + 1]\,\Delta t$$

  où $\Delta i$ représente le facteur mutiplicatif du pas de temps de base. Ainsi, pour un signal donné, $T_{m_i}$ varie selon $\Delta i$ ; la plus petite valeur de $T_{m_i}$ est obtenue pour $\Delta i = 1$, soit $T_{m\,min} = N_{fixe}\,\Delta t$.

- $\Delta i$ : Facteur multiplicatif du pas de temps de base servant à faire varier la durée de la fenêtre coulissante ; ici, on suggère un facteur 4 (on peut utiliser une autre valeur selon l'application), soit $\Delta i = 4i + 1$ pour $i = 0,1,2,...,i_{max}$ ; le terme $i_{max}$ est défini comme suit : $i_{max} =$ partie entière de $\{i_m\}$ si $i_m$ est réel (non entier) et $i_{max} = i_m - 1$ si $i_m$ est un entier, le terme $i_m$ étant défini par :

$$i_m = \left(\frac{N-1}{N_{fixe}-1} - 1\right) \times \frac{1}{4}$$

  On peut vérifier que la valeur de $i_{max}$ telle que définie impose une fenêtre de durée maximale $T_{m\,max} < T$, ce qui constitue une contrainte triviale. Ainsi, on obtient $\Delta i = 1,5,9,...,\Delta i_{max}$, avec $\Delta i_{max} = 4i_{max} + 1$.

- $N_{fi}$ : Nombre de fenêtres coulissantes possibles en faisant l'hypothèse que la fenêtre est translatée d'un seul pas de temps pour chaque calcul de moyenne ; dans ce cas on obtient $N_{fi} = N - (N_{fixe} - 1)\Delta i$.

- $\Delta p$ : Facteur multiplicatif du pas de coulissage de la fenêtre variant selon le nombre de fenêtres coulissantes par classe de $\Delta i$ ou par valeur de $T_{m_i}$ ; à la base, $\Delta p = 1$ ; cependant, lorsque $N_{fi} > 500$ on peut choisir $\Delta p = 2$ et lorsque $N_{fi} > 1000$ on peut choisir $\Delta p = 4$.

- $N_f$ : Nombre de fenêtres coulissantes associées à une classe $\Delta i$ ou, en d'autres termes, à une durée de valeur $T_{m_i}$ ; $N_f = N_{fi}/\Delta p$. Ainsi, selon les choix de valeurs de $\Delta p$ précédents, on obtient à la base $N_f = N_{fi}$; lorsque $N_{fi} > 500$, on obtient $N_f = N_{fi}/2$ et lorsque $N_{fi} > 1000$, on obtient $N_f = N_{fi}/4$. Cette mesure permet d'accélérer la procédure de calcul tout en gardant une précision suffisante.

- $m_{ij}$  : Moyenne des points de la fenêtre coulissante d'indice $j$ avec $j = 1$ à $N_f$ et appartenant à la classe $\Delta i$. La valeur moyenne est calculée de la manière suivante :

$$m_{ij} = \frac{1}{N_{fixe}} \sum_{k=1}^{N_{fixe}} x_l \quad \text{avec} \quad l = (k-1)\Delta i + 1 + (j-1)\Delta p$$

L'algorithme servant à réaliser le test de type B est illustré sur la figure 11.5. Cet algorithme est mis en œuvre pour effectuer un test de type B sur le même signal que celui utilisé précédemment pour effectuer le test A. Les résultats tracés sur la figure 11.6 montrent que pour un nombre fixe d'échantillons (résultat du test A), soit $N_{fixe} = 128$, un temps d'observation de l'ordre de $T_{conv} = 0.5$ s est requis pour obtenir une bonne convergence statistique. Si on double la valeur de $N_{fixe}$, la figure 11.7 illustre que le temps d'observation $T_{conv}$ demeure inchangé.

| **Figure 11.5** | Représentation schématique de l'algorithme servant à programmer le test B. |
|---|---|

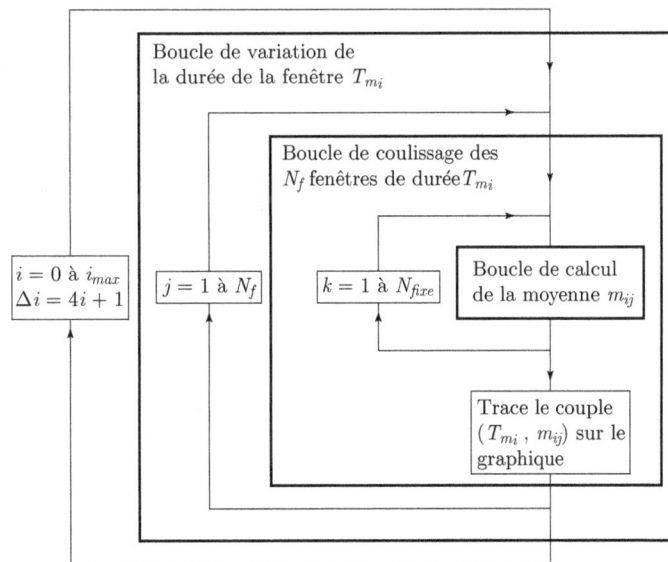

La conclusion du test de convergence pour le signal analysé est la suivante : il est nécessaire d'observer le signal durant au moins 0.5 s et de recueillir un échantillon d'au moins 128 points durant ce temps d'observation afin d'obtenir une valeur moyenne démontrant une bonne convergence statistique. Cela signifie qu'il faut récolter 128 points à une fréquence d'échantillonnage minimale de $f_{\text{éch.}} = 256$ Hz. Rappelons que la banque de données utilisée pour réaliser les tests était constituée de 16 384 points échantillonnés à $f_{\text{éch.}} = 10$ kHz. La différence est notable et ceci démontre la pertinence d'effectuer des tests de convergence lorsque l'on doit répéter les mesures de façon récurrente.

**Figure 11.6**    Exemple de test de convergence de type B effectué pour estimer la valeur moyenne sur un signal de 16 384 points avec $N_{fixe} = 128$ points.

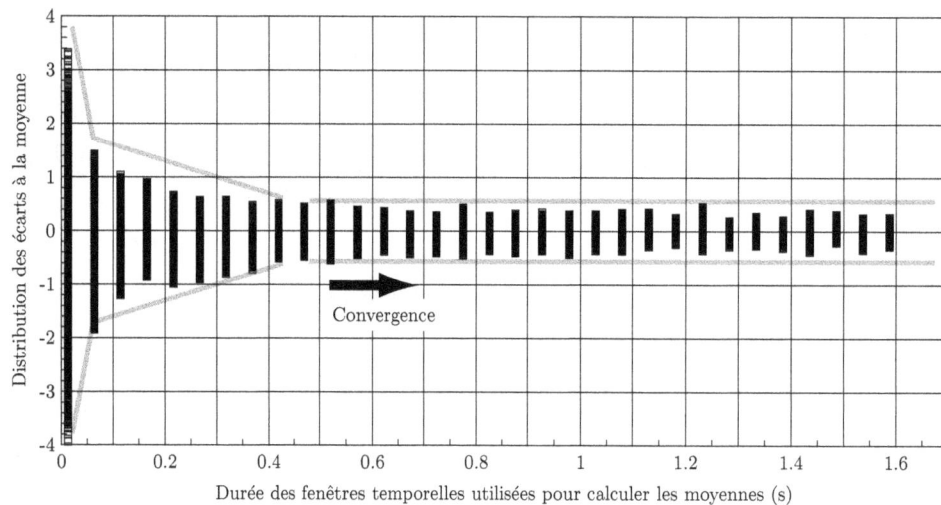

**Figure 11.7**    Exemple de test de convergence de type B effectué pour estimer la valeur moyenne sur un signal de 16 384 points en doublant la valeur de $N_{fixe}$, soit $N_{fixe} = 256$ points.

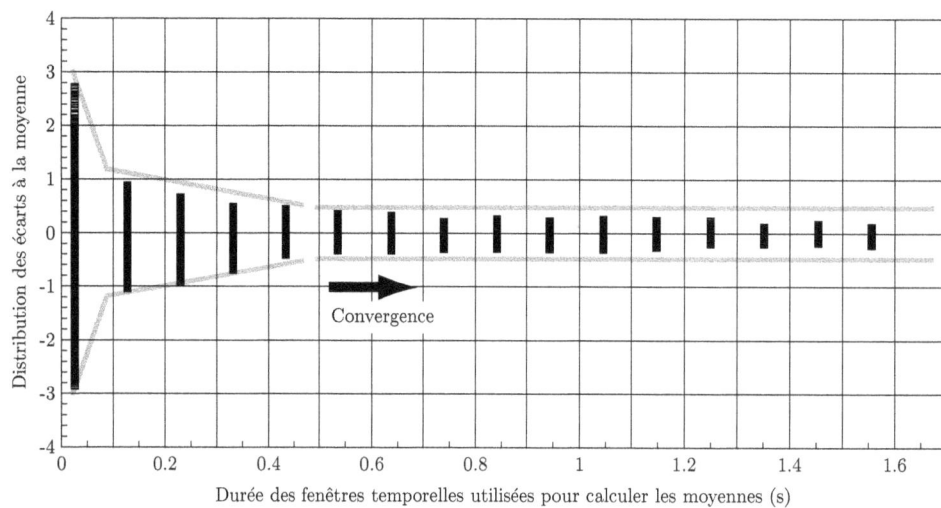

## 11.3  Fonctions de corrélation

### Outils définis pour une population

Covariance et corrélations

En traitement du signal et en analyse de données, nous sommes très souvent amenés à nous intéresser aux fonctions de corrélations, et ce, pour de multiples raisons. Considérons d'abord le cas général d'une corrélation croisée d'ordre $n + m$ entre deux variables aléatoires $x$ et $y$:

$$E[x^n y^m] = \int_{-\infty}^{+\infty} \int_{-\infty}^{+\infty} x^n y^m \, p(x, y) \, dx dy \qquad (11.14)$$

Dans le cas où $n = m = 1$, on utilise la notation $R_{xy} = E[xy]$. De plus, pour $y = x$, on peut écrire, d'après les expressions vues précédemment, que $R_{xx} = \Psi_x^2$. Si on considère des *variables centrées*, la corrélation devient :

$$E[(x - \mu_x)^n (y - \mu_y)^m] = \int_{-\infty}^{+\infty} \int_{-\infty}^{+\infty} (x - \mu_x)^n (y - \mu_y)^m \, p(x, y) \, dx dy \qquad (11.15)$$

On utilise également pour cette expression l'appellation « moment croisé d'ordre $n + m$ ». Pour $n = m = 1$, on utilise la notation $\sigma_{xy} = E[(x - \mu_x)(y - \mu_y)]$. La corrélation $\sigma_{xy}$ est aussi appelée covariance (des auteurs, par exemple Bendat et Piersol [3], utilisent souvent la notation $C_{xy}$ au lieu de $\sigma_{xy}$). Notons également que pour $y = x$, les expressions précédentes permettent d'écrire $\sigma_{xx} = \sigma_x^2$. En considérant l'inégalité de *Schwartz* qui implique $|\sigma_{xy}| \leq \sigma_x \, \sigma_y$, on définit un coefficient de corrélation tel que :

$$\rho_{xy} = \frac{\sigma_{xy}}{\sigma_x \, \sigma_y} \quad \text{avec} \quad -1 \leq \rho_{xy} \leq 1 \qquad (11.16)$$

Dans une large gamme de problèmes, il est primordial de savoir si deux variables sont inter-reliées. Y a-t-il par exemple une relation entre le fait de fumer la cigarette et l'espérance de vie? Y a-t-il une relation entre une mesure d'aptitudes et les succès académiques? L'existence de tels liens et leurs forces relatives peuvent être mesurés en termes du coefficient de corrélation défini par la relation précédente. Une valeur de $\rho_{xy} = 1$ signifie qu'il existe une relation linéaire parfaite entre $x$ et $y$; ce sont alors deux variables dépendantes. Dans le cas où l'on considère deux variables indépendantes, on aura $\rho_{xy} \rightarrow 0$ et on dira que $x$ et $y$ sont des variables non-corrélées. La figure 11.8 montre une illustration de divers degrés de corrélation entre des variables $x$ et $y$ représentant différents phénomènes.

<table>
<tr><td>**Figure 11.8**</td><td>Illustration des divers degrés de corrélation; a) corrélation parfaitement linéaire; b) corrélation modérément linéaire; c) corrélation non-linéaire; d) aucune corrélation.</td></tr>
</table>

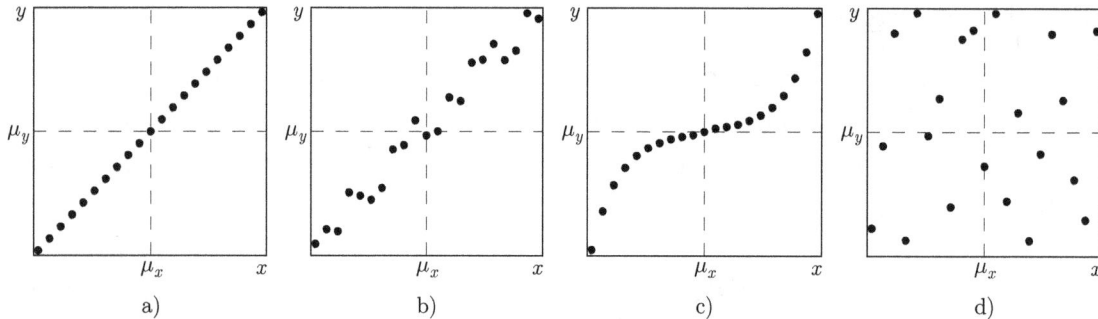

a)          b)          c)          d)

## Corrélations avec décalages temporels

Considérons maintenant le cas où les variables $x$ et $y$ sont toutes deux fonctions continues du temps. Définissons la variable $y(t)$ comme étant égale à la variable $x(t + \tau)$, où $\tau$ représente un décalage temporel. La covariance (que l'on note $C$ ici au lieu de $\sigma$) de ces variables est donnée par :

$$C_{xx}(\tau) = E[(x(t) - \mu_x)(x(t + \tau) - \mu_x)] \tag{11.17}$$

D'après ce que l'on a vu précédemment, on constate que pour $\tau = 0$, $C_{xx}(0) = \sigma_x^2$ et que le coefficient de corrélation $-1 \leq \rho_{xx}(\tau) \leq 1$ avec $\rho_{xx}(0) = 1$. On peut aussi construire ce qu'on appelle la *fonction d'auto-corrélation* $R_{xx}(\tau)$ telle que :

$$R_{xx}(\tau) = E[x(t)x(t + \tau)] \tag{11.18}$$

On voit ici que $R_{xx}(0) = \Psi_x^2$, la valeur moyenne quadratique définie précédemment.

Notons que si $\mu_x = 0$, on doit avoir $\sigma_x^2 = \Psi_x^2$ et, par conséquent, $R_{xx}(\tau) = C_{xx}(\tau)$ (cas où $x$ est une variable aléatoire centrée). La fonction d'auto-corrélation est d'une importance fondamentale en traitement du signal. Sans expliciter davantage (pour le moment), soulignons simplement qu'elle est directement reliée au spectre de $x$ par une transformée de Fourier.

Un raisonnement analogue à celui menant à la définition de $C_{xx}(\tau)$ et de $R_{xx}(\tau)$ nous permet de définir de façon plus générale des fonctions de covariance et d'inter-corrélation entre $x(t)$ et $y\ (t + \tau)$:

$$C_{xy}(\tau) = E[(x(t) - \mu_x)(y(t + \tau) - \mu_y)] \tag{11.19}$$

$$R_{xy}(\tau) = E[x(t)y(t + \tau)] \tag{11.20}$$

De la même façon que précédemment, on définit un coefficient de corrélation qui sera ici fonction du décalage temporel $\tau$:

$$\rho_{xy}(\tau) = \frac{C_{xy}(\tau)}{\sigma_x\,\sigma_y} \quad \text{avec} \quad -1 \leq \rho_{xy}(\tau) \leq 1 \qquad (11.21)$$

Ce coefficient est appelé « fonction d'inter-corrélation normalisée » ou « fonction de coefficient de corrélation ».

Quelques particularités importantes :

- Pour $\tau = 0$, on obtient $C_{xy}(0) = \sigma_{xy}$.

- Pour $y = x$, on obtient $\rho_{xx}(\tau) = C_{xx}(\tau)/\sigma_x^2$ et, pour $\tau = 0$, $\rho_{xx}(0) = 1$.

- Pour toutes valeurs de $\tau$, on peut vérifier que :

$$C_{xx}(\tau) = R_{xx}(\tau) - \mu_x^2 \qquad (11.22)$$

$$C_{yy}(\tau) = R_{yy}(\tau) - \mu_y^2 \qquad (11.23)$$

$$C_{xy}(\tau) = R_{xy}(\tau) - \mu_x\mu_y \qquad (11.24)$$

- D'après la dernière expression, si $\mu_x = 0$ <u>ou</u> $\mu_y = 0$ on aura $C_{xy}(\tau) = R_{xy}(\tau)$ et $\rho_{xy}(\tau) = R_{xy}(\tau)/\sigma_x\sigma_y$.

- Pour un processus stationnaire, les quantités statistiques sont invariantes par rapport à une translation arbitraire dans le temps. Cela signifie que l'on peut remplacer $t$ par $t + \tau$ dans les expressions définies jusqu'ici. Considérons la fonction d'inter-corrélation avec un décalage temporel négatif :

$$R_{xy}(-\tau) = E[x(t)y(t - \tau)] \qquad (11.25)$$

Étant donné que $x(t)$ et $y(t)$ respectent tous deux la stationnarité, on peut remplacer $t$ par $t + \tau$; on obtient :

$$R_{xy}(-\tau) = E[x(t+\tau)y(t+\tau-\tau)] = E[x(t+\tau)y(t)] = R_{yx}(\tau) \qquad (11.26)$$

- Pour les fonctions d'auto-corrélations, on peut en déduire que $R_{xx}(-\tau) = R_{xx}(\tau)$ et $R_{yy}(-\tau) = R_{yy}(\tau)$. La fonction d'auto-corrélation est alors une fonction <u>paire</u>.

- Soulignons que la fonction d'inter-corrélation n'est ni paire ni impaire, mais qu'elle vérifie la relation $R_{xy}(-\tau) = R_{yx}(\tau)$.

## Outils définis pour un échantillon continu

Considérons deux échantillons de variables aléatoires $x(t)$ et $y(t)$ pris en simultanée lors de l'étude d'un phénomène respectant l'hypothèse d'ergodicité. Nous procédons de la même façon que précédemment, c'est-à-dire en utilisant le concept d'estimateur avec la notation suivante :

$$x' = x - \overline{x} \quad \text{et} \quad \overline{x} = \widehat{\mu} = \lim_{T \to \infty} \frac{1}{T} \int_0^T x \, dt \tag{11.27}$$

On obtient donc pour les quantités statistiques de base (sans décalage temporel) :

$$\overline{x'^n y'^m} = \lim_{T \to \infty} \frac{1}{T} \int_0^T x'^n \, y'^m \, dt \tag{11.28}$$

En particulier, pour $n = m = 1$, on obtient la covariance et le coefficient de corrélation :

$$\widehat{\sigma_{xy}} = s_{xy} = \lim_{T \to \infty} \frac{1}{T} \int_0^T x' \, y' \, dt \tag{11.29}$$

$$\widehat{\rho_{xy}} = r_{xy} = \frac{s_{xy}}{s_x \, s_y} \tag{11.30}$$

Pour les fonctions d'inter-corrélations temporelles, on écrit :

$$\widehat{R_{xy}}(\tau) = \lim_{T \to \infty} \frac{1}{T} \int_0^T x(t) \, y(t + \tau) \, dt \tag{11.31}$$

En particulier, pour $y = x$, on obtient la fonction d'auto-corrélation :

$$\widehat{R_{xx}}(\tau) = \lim_{T \to \infty} \frac{1}{T} \int_0^T x(t) \, x(t + \tau) \, dt \tag{11.32}$$

En remplaçant $x$ et $y$ par $x'$ et $y'$ respectivement, on obtient à partir des deux expressions précédentes les fonctions « d'inter-covariance » $C_{xy}(\tau)$ et « d'auto-covariance » $C_{xx}(\tau)$.

**Exemple**

On cherche à calculer la fonction d'auto-corrélation d'un sinus de fréquence $f_0$.

### 1. Calcul sur une population

On considère une population dans laquelle on prélève plusieurs échantillons du sinus à un temps de référence arbitraire. Il y aura donc un <u>déphasage $\theta$ aléatoire</u> entre les échantillons.

Pour un échantillon $k$, on aura : $x_k(t) = A\,\sin(2\pi f_0 t + \theta_k)$. Étant donné la nature de la fonction (un sinus), on peut considérer que le déphasage sera toujours compris dans l'intervalle $0$ à $2\pi$. On aura donc la densité de probabilités suivante : $p(\theta) = 1/2\pi$ pour $0 \le \theta_k \le 2\pi$.

Calcul de la fonction d'auto-corrélation :

$$R_{xx}(\tau) = E[x(t)x(t+\tau)] = \int_{-\infty}^{\infty} x(t)\,x(t+\tau)\,p(x)\,dx \qquad (11.33)$$

On considère $x(t)$ pour une valeur de $t$ fixe et arbitraire. Comme ici c'est $\theta$ qui est aléatoire, on remplace $p(x)\,dx$ par $p(\theta)\,d\theta$.

$$\Rightarrow\ R_{xx}(\tau) = \frac{1}{2\pi} \int_0^{2\pi} x(t)\,x(t+\tau)\,d\theta \qquad (11.34)$$

$$\Rightarrow\ R_{xx}(\tau) = \frac{A^2}{2\pi} \int_0^{2\pi} \sin(2\pi f_0 t + \theta)\,\sin(2\pi f_0(t+\tau)+\theta)\,d\theta \quad (11.35)$$

$$\Rightarrow\ R_{xx}(\tau) = \frac{A^2}{2\pi} \left( \frac{1}{2} \int_0^{2\pi} \cos(2\pi f_0 \tau)\,d\theta \right.$$
$$\left. -\ \frac{1}{2} \int_0^{2\pi} \cos(2\pi f_0(2t+\tau)+2\theta)\,d\theta \right) \qquad (11.36)$$

$$\Rightarrow\ R_{xx}(\tau) = \frac{A^2}{2\pi}\,\frac{1}{2}\,\theta\,\cos(2\pi f_0\tau)\Big|_0^{2\pi} \qquad (11.37)$$

$$\Rightarrow\ R_{xx}(\tau) = \frac{A^2}{2}\,\cos(2\pi f_0\tau) \qquad (11.38)$$

## 2. Calcul sur un échantillon continu

On considère un échantillon continu de durée $T \to \infty$.

$$\widehat{R_{xx}}(\tau) = \lim_{T \to \infty} \frac{1}{T} \int_0^T x(t)\, x(t+\tau)\, dt \tag{11.39}$$

$$\Rightarrow \widehat{R_{xx}}(\tau) = \lim_{T \to \infty} \frac{1}{T} \int_0^T A\sin(2\pi f_0 t)\, A\sin(2\pi f_0(t+\tau))\, dt \tag{11.40}$$

$$\Rightarrow \widehat{R_{xx}}(\tau) = \lim_{T \to \infty} \frac{A^2}{T} \left( \frac{1}{2} \int_0^T \cos(2\pi f_0 \tau)\, dt \right.$$

$$\left. - \frac{1}{2} \int_0^T \cos(4\pi f_0 t + 2\pi f_0 \tau)\, dt \right) \tag{11.41}$$

$$\Rightarrow \widehat{R_{xx}}(\tau) = \lim_{T \to \infty} \frac{A^2}{2T} t \cos(2\pi f_0 \tau) \Big|_0^T \tag{11.42}$$

$$\Rightarrow \widehat{R_{xx}}(\tau) = \frac{A^2}{2} \cos(2\pi f_0 \tau) \tag{11.43}$$

## Cas ou T est fini

Les fonctions d'inter-corrélation et d'auto-corrélation temporelles ont été définies en considérant des échantillons continus de durée infinie. Dans la réalité, nous devrons toutefois considérer des temps d'intégration finis. Il est donc nécessaire de redéfinir ces outils en tenant compte de ce fait. Prenons comme exemple deux signaux $x(t)$ et $y(t)$ de durée $T = 10$ secondes. Pour $t = 3$ par exemple, on ne pourra calculer les fonctions que pour des retards $\tau$ allant de $-3$ à $7$ secondes (retards négatifs et positifs). Ceci est dû au fait que $y\,(t+\tau)$ n'est disponible que de $0$ à $10$ secondes. Les outils précédents sont alors redéfinis comme suit :

$$\widehat{R_{xy}}(\tau) = \frac{1}{T-\tau} \int_0^{T-\tau} x(t)\, y(t+\tau)\, dt \quad \text{pour} \quad 0 \le \tau < T \tag{11.44}$$

$$\widehat{R_{xy}}(\tau) = \frac{1}{T-|\tau|} \int_{|\tau|}^T x(t)\, y(t+\tau)\, dt \quad \text{pour} \quad -T < \tau \le 0 \tag{11.45}$$

### Outils définis pour un échantillon de valeurs discrètes

Pour des échantillons de $N$ valeurs discrètes des deux variables aléatoires $x$ et $y$, on écrit :

$$\overline{x'^n y'^m} = \frac{1}{N}\sum_{i=1}^{N} x_i'^n y_i'^m \quad \text{avec} \quad x_i' = x_i - \overline{x} \quad \text{et} \quad \overline{x} = \frac{1}{N}\sum_{i=1}^{N} x_i \quad \text{(idem pour } y\text{)} \quad (11.46)$$

Pour la fonction d'inter-corrélation, on aura :

- pour les $m$ retards positifs $0 \leq \tau < T$

$$\widehat{R_{xy}}(r\Delta t) = \frac{1}{(N-r)\,\Delta t} \sum_{i=1}^{N-r} (x_i\, y_{i+r}\, \Delta t) \quad \text{avec} \quad r = 0, 1, 2, \ldots m-1 \quad (11.47)$$

- pour les $m$ retards négatifs $-T < \tau \leq 0$

$$\widehat{R_{xy}}(-r\Delta t) = \frac{1}{(N-r)\,\Delta t} \sum_{i=r+1}^{N} (x_i\, y_{i-r}\, \Delta t) \quad \text{avec} \quad r = 0, 1, 2, \ldots m-1 \quad (11.48)$$

Ici, $r\Delta t$ représente le retard discret ($\tau$).

# 12 | Post-traitement des données dans le domaine des fréquences

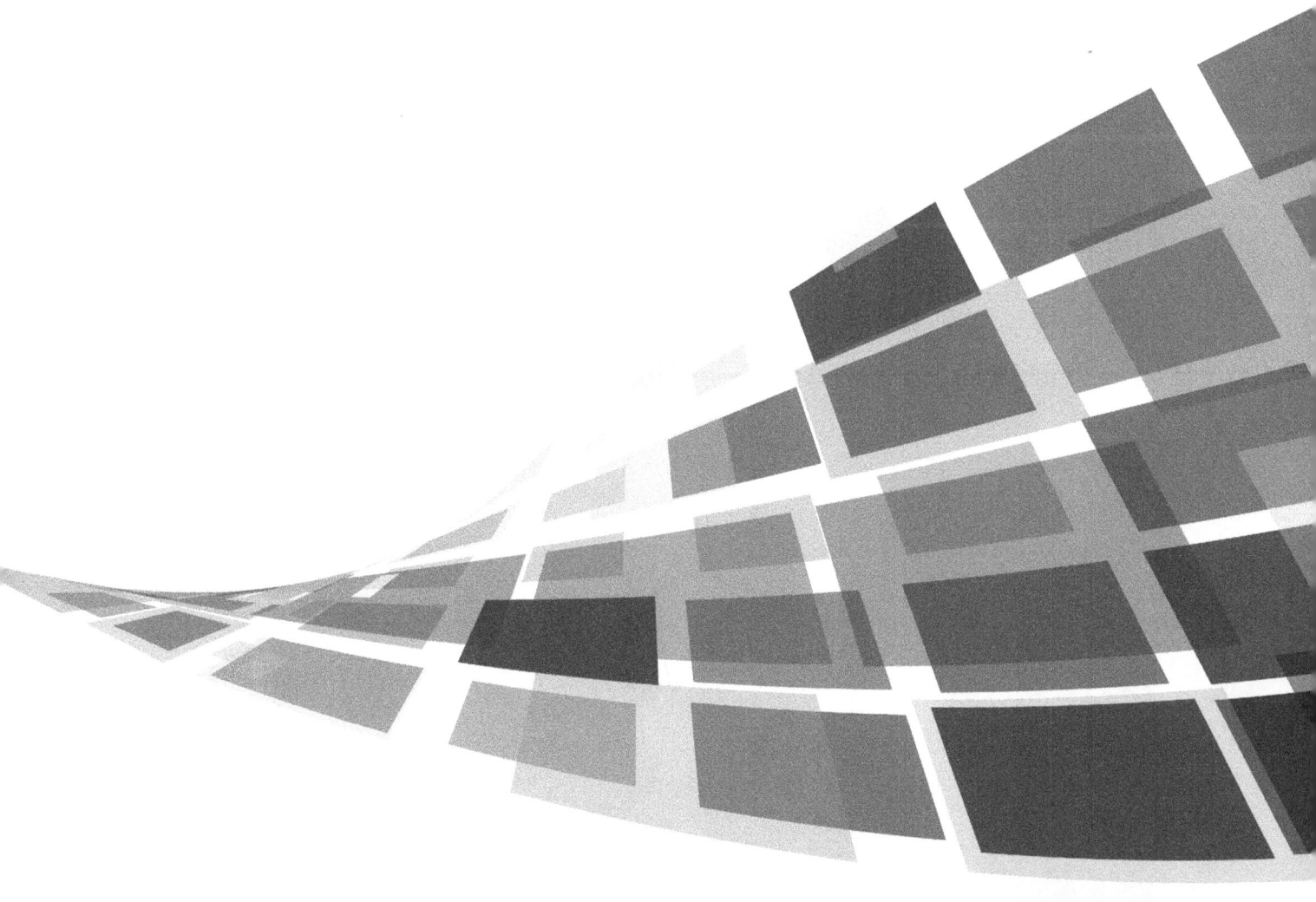

## 12.1 Fonctions d'analyse spectrale

### 12.1.1 Fonctions à une variable

Nous avons vu au chapitre 2 qu'une fonction définie dans un espace donné (temporel, spatial, …) peut être considérée dans un autre espace (fréquences, nombre d'ondes, …) via une transformation appropriée. Les outils d'analyse décrits dans le présent chapitre utilisent tous à la base la transformée de Fourier.

Soit la transformée de Fourier d'un échantillon temporel $x_k\,(t)$ où $0 \leq t \leq T$:

$$\mathcal{F}\{x_k(t)\} = X_k(f,T) = \int_0^T x_k(t)\, e^{-j2\pi ft}\, dt \qquad (12.1)$$

Le résultat de cette transformation sera une fonction complexe avec:

$$X_k(f,T) = X_{k_R} - j\,X_{k_I} \quad \text{et} \quad X_k^*(f,T) = X_{k_R} + j\,X_{k_I} \ \text{(complexe conjugué)} \qquad (12.2)$$

$$\Rightarrow \ |X_k(f,T)|^2 = X_k(f,T)\,X_k^*(f,T) \ \text{(carré de la norme de } \mathcal{F}\{x_k(t)\}) \qquad (12.3)$$

$$\text{On note } \ S_{xx}(f,T,k) = \frac{1}{T}\,|X_k(f,T)|^2 \qquad (12.4)$$

$$\text{et} \ \ S_{xx}(f) = \lim_{T \to \infty} \frac{1}{T} E\left[|X_k(f,T)|^2\right] \qquad (12.5)$$

Cette expression définit ce qu'on appelle le <u>spectre de puissance</u> ou la <u>fonction de densité auto-spectrale à deux côtés</u>. Soulignons que si on enlève le terme $1/T$, on définit ce qu'on appelle le spectre d'énergie.

On peut démontrer que $S_{xx}\,(f)$ est la transformée de Fourier de la fonction d'auto-corrélation. Pour faire cette démonstration, considérons d'abord la transformée de Fourier d'une fonction $x(t)$ définie pour $0 \leq t \leq T$:

$$X(f) = \int_0^T x(t)\, e^{-j2\pi ft}\, dt \qquad (12.6)$$

Dans cette définition, on peut utiliser une variable d'intégration quelconque; on pose ainsi:

$$X(f) = \int_0^T x(\beta)\, e^{-j2\pi f\beta}\, d\beta \quad \text{et} \quad X^*(f) = \int_0^T x(\alpha)\, e^{j2\pi f\alpha}\, d\alpha \qquad (12.7)$$

$$\Rightarrow \ X(f)\,X^*(f) = \int_0^T \int_0^T x(\alpha)\,x(\beta)\, e^{-j2\pi f(\beta-\alpha)}\, d\beta\, d\alpha \qquad (12.8)$$

Posons $\tau = \beta - \alpha$; pour un $\alpha$ constant (lorsqu'on intègre en $\beta$) on a $d\tau = d\beta$.

$$\Rightarrow \ X(f)\,X^*(f) = \int_0^T \int_{-\alpha}^{T-\alpha} x(\alpha)\,x(\tau+\alpha)\, e^{-j2\pi f\tau}\, d\tau\, d\alpha \qquad (12.9)$$

Pour un échantillon $k$, on aura :

$$\Rightarrow \quad X_k(f)\, X_k^*(f) = \int_0^T \int_{-\alpha}^{T-\alpha} x_k(\alpha)\, x_k(\tau+\alpha)\, e^{-j2\pi f\tau}\, d\tau\, d\alpha \qquad (12.10)$$

D'autre part, on a défini le spectre de puissance comme :

$$S_{xx}(f) = \lim_{T\to\infty} \frac{1}{T} E\left[ X_k(f)\, X_k^*(f) \right] \qquad (12.11)$$

$$\Rightarrow \quad S_{xx}(f) = \lim_{T\to\infty} \frac{1}{T} E\left[ \int_0^T \int_{-\alpha}^{T-\alpha} x_k(\alpha)\, x_k(\tau+\alpha)\, e^{-j2\pi f\tau}\, d\tau\, d\alpha \right] \qquad (12.12)$$

L'espérance mathématique étant un opérateur linéaire, on peut écrire :

$$S_{xx}(f) = \lim_{T\to\infty} \frac{1}{T} \int_0^T \int_{-\alpha}^{T-\alpha} E\left[ x_k(\alpha)\, x_k(\tau+\alpha) \right] e^{-j2\pi f\tau}\, d\tau\, d\alpha \qquad (12.13)$$

Comme $E[x(\alpha)\, x(\alpha+\tau)] = R_{xx}(\tau)$, on peut écrire :

$$S_{xx}(f) = \lim_{T\to\infty} \frac{1}{T} \int_0^T \int_{-\alpha}^{T-\alpha} R_{xx}(\tau)\, e^{-j2\pi f\tau}\, d\tau\, d\alpha \qquad (12.14)$$

Pour résoudre cette intégrale double, on doit manipuler les bornes d'intégration. Le schéma de gauche de la figure 12.1 illustre de quelle manière s'effectue le balayage des variables d'intégration dans la forme originale décrite par l'équation (12.14). En observant le schéma de droite, on constate que la même intégrale peut être effectuée en permutant l'ordre d'intégration. Ceci permet d'obtenir l'équation (12.15).

**Figure 12.1**   Manipulation des bornes d'intégration.

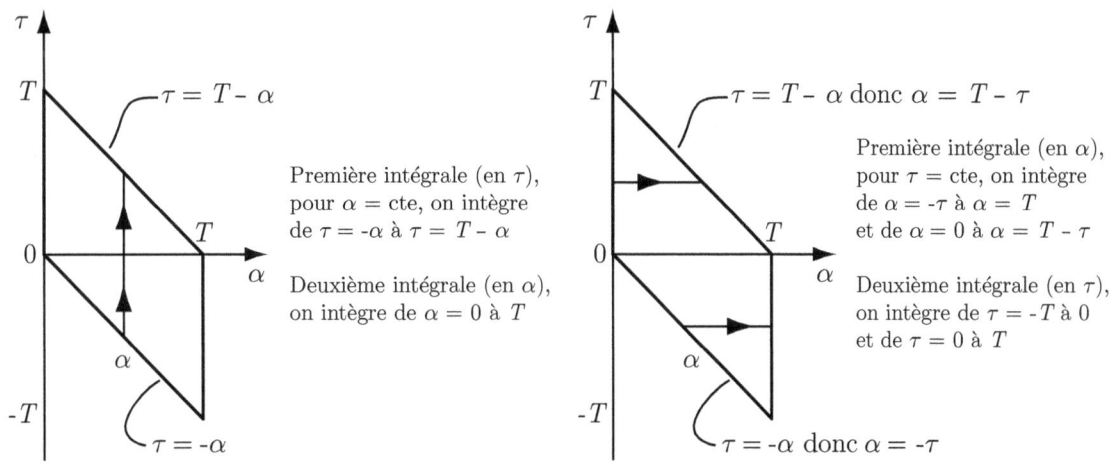

$$S_{xx}(f) = \lim_{T\to\infty} \frac{1}{T} \left[ \int_{-T}^0 \int_{-\tau}^T R_{xx}(\tau)\, e^{-j2\pi f\tau}\, d\alpha\, d\tau + \int_0^T \int_0^{T-\tau} R_{xx}(\tau)\, e^{-j2\pi f\tau}\, d\alpha\, d\tau \right]$$
$$(12.15)$$

L'intégrale en $\alpha$ pouvant être résolue, on écrit :

$$S_{xx}(f) = \lim_{T \to \infty} \frac{1}{T} \left[ \int_{-T}^{0} (T + \tau) R_{xx}(\tau)\, e^{-j2\pi f\tau} d\tau + \int_{0}^{T} (T - \tau) R_{xx}(\tau)\, e^{-j2\pi f\tau} d\tau \right]$$

(12.16)

Pour les valeurs de $\tau$ négatives (intégrale de gauche), on peut remplacer $\tau$ par $-|\tau|$. De la même façon, pour les valeurs de $\tau$ positives (intégrale de droite), on remplace $\tau$ par $|\tau|$. Ceci permet de tout regrouper sous la même intégrale :

$$S_{xx}(f) = \lim_{T \to \infty} \int_{-T}^{T} \left( 1 - \frac{|\tau|}{T} \right) R_{xx}(\tau)\, e^{-j2\pi f\tau} d\tau$$

(12.17)

En appliquant la limite $T \to \infty$, on trouve finalement :

$$S_{xx}(f) = \int_{-\infty}^{\infty} R_{xx}(\tau)\, e^{-j2\pi f\tau}\, d\tau$$

(12.18)

Le spectre de puissance (ou la fonction de densité auto-spectrale) peut ainsi être calculé par la transformée de Fourier de la fonction d'auto-corrélation : $S_{xx}(f) = \mathcal{F}\{R_{xx}(\tau)\}$. Inversement, on peut calculer la fonction d'auto-corrélation à partir de la transformée de Fourier inverse du spectre : $R_{xx}(\tau) = \mathcal{F}^{-1}\{S_{xx}(f)\}$. Soit :

$$R_{xx}(\tau) = \int_{-\infty}^{\infty} S_{xx}(f)\, e^{j2\pi f\tau}\, df$$

(12.19)

Ces deux expressions sont appelées *relations de Wiener-Khinchine*.

### Quelques particularités importantes

- On a vu au chapitre 2 l'identité de Parseval qui s'écrit sous sa forme générale comme suit :

$$\int_{-\infty}^{\infty} f(x)\, g^*(x)\, dx = \int_{-\infty}^{\infty} F(f)\, G^*(f)\, df$$

(12.20)

Dans cette forme générale, les fonctions $f(x)$ et $g(x)$ sont des fonctions complexes. Pour le cas particulier où $g(x) = f(x) = x(t)$, une fonction temporelle définie pour $0 \leq t \leq T$, on obtient :

$$\int_{0}^{T} |x(t)|^2\, dt = \int_{-\infty}^{\infty} |X(f)|^2\, df$$

(12.21)

$$\Rightarrow \quad \lim_{T \to \infty} \frac{1}{T} \int_{0}^{T} |x(t)|^2\, dt = \lim_{T \to \infty} \frac{1}{T} \int_{-\infty}^{\infty} |X(f)|^2\, df$$

(12.22)

En prenant l'espérance mathématique de chaque côté, on obtient :

$$\Psi_x^2 = \int_{-\infty}^{\infty} S_{xx}(f)\, df \tag{12.23}$$

Si $x(t)$ est une variable centrée, on a $\Psi_x^2 = \sigma_x^2$; dans ce cas, l'intégrale du spectre est égale à la variance du signal.

- Le même résultat peut être obtenu par un autre raisonnement. Considérons l'expression nous permettant d'écrire la fonction d'auto-corrélation comme la transformée de Fourier inverse du spectre :

$$R_{xx}(\tau) = \int_{-\infty}^{\infty} S_{xx}(f)\, e^{j2\pi f \tau}\, df \tag{12.24}$$

On sait que $R_{xx}(0) = \Psi_x^2$; en posant $\tau = 0$ dans l'expression précédente on obtient immédiatement :

$$\Psi_x^2 = \int_{-\infty}^{\infty} S_{xx}(f)\, e^{j2\pi f 0}\, df = \int_{-\infty}^{\infty} S_{xx}(f)\, df \tag{12.25}$$

Remarquons que l'identité de Parseval écrite pour une variable peut être démontrée de cette façon.

- Nous avons établi que

$$S_{xx}(f) = \int_{-\infty}^{\infty} R_{xx}(\tau)\, e^{-j2\pi f \tau}\, d\tau \tag{12.26}$$

Comme $R_{xx}(\tau)$ et $S_{xx}(f)$ sont des fonctions réelles, on doit avoir (pour les parties réelle et imaginaire respectivement) :

$$\int_{-\infty}^{\infty} R_{xx}(\tau)\, \cos(2\pi f \tau)\, d\tau = S_{xx}(f) \tag{12.27}$$

et
$$\int_{-\infty}^{\infty} R_{xx}(\tau)\, \sin(2\pi f \tau)\, d\tau = 0 \tag{12.28}$$

De plus, la fonction cos étant paire, on aura $S_{xx}(f)$ paire. On peut finalement écrire :

$$S_{xx}(f) = S_{xx}(-f) = S_{xx}^*(f) \tag{12.29}$$

- Nous avons également établi que

$$R_{xx}(\tau) = \int_{-\infty}^{\infty} S_{xx}(f)\, e^{j2\pi f \tau}\, df \tag{12.30}$$

De la même façon que précédemment, on peut écrire :

$$\int_{-\infty}^{\infty} S_{xx}(f) \, \cos(2\pi f \tau) \, df = R_{xx}(\tau) \qquad (12.31)$$

$$\text{et} \qquad \int_{-\infty}^{\infty} S_{xx}(f) \, \sin(2\pi f \tau) \, df = 0 \qquad (12.32)$$

- Le spectre de puissance $S_{xx}(f)$ est défini pour $-\infty < f < \infty$. Sachant que $S_{xx}(f)$ est une fonction paire, la connaissance du spectre pour $0 \leq f < \infty$ est suffisante. C'est pourquoi on appelle $S_{xx}(f)$ le *spectre à deux côtés*. On définit également un *spectre à un côté* comme suit : $G_{xx}(f) = 2\, S_{xx}(f)$ avec $0 \leq f < \infty$. Suivant ces considérations, on peut écrire :

$$R_{xx}(\tau) = 2 \int_{0}^{\infty} S_{xx}(f) \, \cos(2\pi f \tau) \, df = \int_{0}^{\infty} G_{xx}(f) \, \cos(2\pi f \tau) \, df \qquad (12.33)$$

- Nous avons déjà démontré que

$$S_{xx}(f) = \int_{-\infty}^{\infty} R_{xx}(\tau) \, \cos(2\pi f \tau) \, d\tau \qquad (12.34)$$

Nous avons aussi démontré que $S_{xx}(f)$ est une fonction paire. On peut donc écrire :

$$S_{xx}(f) = 2 \int_{0}^{\infty} R_{xx}(\tau) \, \cos(2\pi f \tau) \, d\tau \qquad (12.35)$$

$$\text{et} \qquad G_{xx}(f) = 4 \int_{0}^{\infty} R_{xx}(\tau) \, \cos(2\pi f \tau) \, d\tau \qquad (12.36)$$

- Ces derniers résultats nous permettent de faire ressortir un autre point important. Pour $f = 0$, on a :

$$G_{xx}(0) = 4 \int_{0}^{\infty} R_{xx}(\tau) \, d\tau \qquad (12.37)$$

La valeur du spectre à $f = 0$ correspond à l'intégrale de la fonction d'auto-corrélation.

## Exemple

On cherche à déterminer la fonction d'auto-corrélation d'un bruit blanc passe-bande défini par :

$$G_{xx}(f) = \begin{cases} a & \text{si } 0 \le f_0 - \frac{B}{2} \le f \le f_0 + \frac{B}{2} \\ 0 & \text{ailleurs} \end{cases}$$

Notons que si $f_0 = B/2$, on obtient un bruit blanc passe-bas. La figure 12.2 montre les spectres respectifs d'un bruit blanc passe-bas et d'un bruit blanc passe-bande.

**Figure 12.2**   Spectres d'un bruit blanc passe-bas et passe-bande.

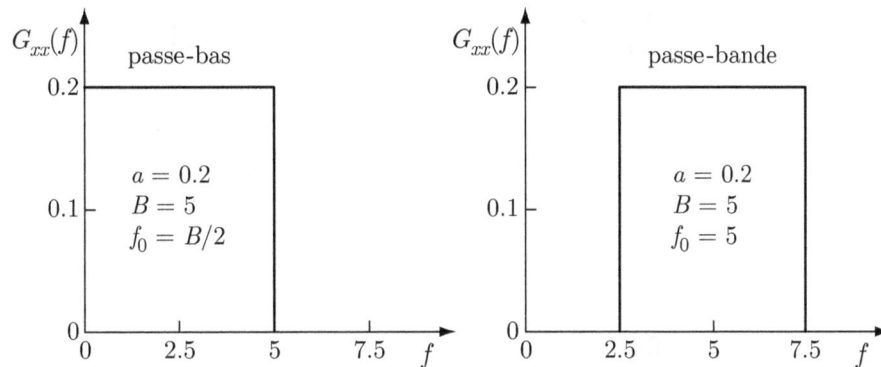

On a donc :

$$R_{xx}(\tau) = \int_0^\infty G_{xx}(f) \, \cos(2\pi f\tau) \, df = \int_{f_0-B/2}^{f_0+B/2} a \, \cos(2\pi f\tau) \, df$$

$$\Rightarrow \quad R_{xx}(\tau) = \frac{a}{2\pi\tau} \left( \sin 2\pi\tau(f_0 + B/2) - \sin 2\pi\tau(f_0 - B/2) \right)$$

On constate immédiatement que pour un bruit blanc passe-bas ($f_0 = B/2$), on obtient :

$$R_{xx}(\tau) = aB \, \frac{\sin 2\pi\tau B}{2\pi\tau B}$$

Dans le cas du bruit blanc passe-bande, on obtient :

$$R_{xx}(\tau) = aB \, \frac{\sin \pi\tau B}{\pi\tau B} \, \cos 2\pi f_0\tau$$

Les graphiques de la figure 12.3 représentent les deux fonctions d'auto-corrélation calculées. On peut finalement vérifier que :

$$R_{xx}(0) = \int_0^\infty G_{xx}(f) \, df$$

Pour les intégrales, on voit facilement que la surface sous la courbe est égale à $aB$. Pour les fonctions d'auto-corrélation, on vérifie (par la règle de l'Hospital) que $R_{xx}(0) = aB$.

Pour les intégrales, on voit facilement que la surface sous la courbe est égale à $aB$. Pour les fonctions d'auto-corrélation, on vérifie (par la règle de l'Hospital) que $R_{xx}(0) = aB$.

**Figure 12.3**    Auto-corrélations d'un bruit blanc passe-bas et passe-bande.

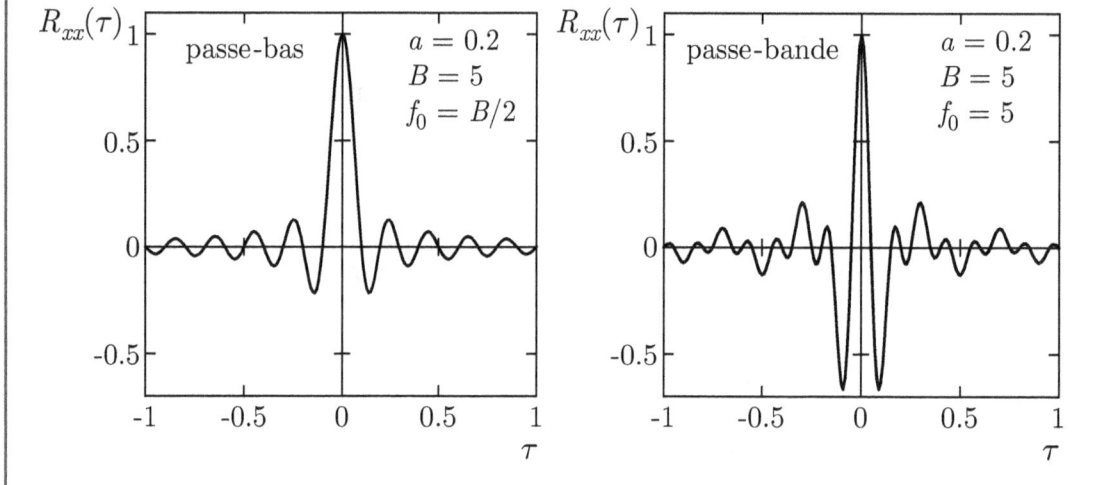

- Considérons la transformée de Fourier d'une fonction <u>réelle</u> $x(t)$ définie pour $0 \leq t \leq \infty$ :

$$X(f) = \int_0^\infty x(t)\, e^{-j2\pi ft}\, dt = X_R(f) - jX_I(f) \qquad (12.38)$$

On aura donc :

$$X_R(f) = \int_0^\infty x(t)\, \cos(2\pi ft)\, dt \qquad (12.39)$$

$$X_I(f) = \int_0^\infty x(t)\, \sin(2\pi ft)\, dt \qquad (12.40)$$

Cela implique que $X_R(f) = X_R(-f)$ et $X_I(f) = -X_I(-f)$; la partie réelle de $X(f)$ est paire et la partie imaginaire est impaire. On aura de plus, par transformée inverse :

$$x(t) = \int_{-\infty}^\infty X(f)\, e^{j2\pi ft}\, df \qquad (12.41)$$

En développant, on obtient :

$$x(t) = \int_{-\infty}^\infty [X_R(f)\, \cos(2\pi ft) + X_I(f)\, \sin(2\pi ft)]\, df$$
$$+ j \int_{-\infty}^\infty [X_R(f)\, \sin(2\pi ft) - X_I(f)\, \cos(2\pi ft)]\, df \qquad (12.42)$$

Comme $X_R(f)$ est pair et sin est impair, le produit est impair. De la même façon, $X_I(f)$ étant impair et cos pair, le produit est impair. La deuxième intégrale de l'expression précédente est donc nulle. On vérifie donc que la partie imaginaire de $x(t)$ obtenue par transformée de Fourier inverse de $X(f)$ est bien nulle. Ceci était imposé dès le début en considérant $x(t)$ réel. Ainsi, on peut écrire :

$$x(t) = \int_{-\infty}^{\infty} [X_R(f) \cos(2\pi ft) + X_I(f) \sin(2\pi ft)] \, df \qquad (12.43)$$

## 12.1.2 Fonctions à deux variables

Considérons les transformées de Fourier respectives de deux échantillons temporels $x_k(t)$ et $y_k(t)$ où $0 \leq t \leq T$ :

$$X_k(f,T) = \int_0^T x_k(t) \, e^{-j2\pi ft} \, dt \quad \text{et} \quad Y_k(f,T) = \int_0^T y_k(t) \, e^{-j2\pi ft} \, dt \qquad (12.44)$$

Rappelons que les fonctions $X_k(f,T)$ et $Y_k(f,T)$ sont des fonctions complexes. De la même façon que pour les fonctions à une variable, on définit pour un échantillon $k$ :

$$S_{xy}(f,T,k) = \frac{1}{T} X_k^*(f,T) \, Y_k(f,T) \qquad (12.45)$$

Cette fonction sert ensuite à définir

$$S_{xy}(f) = \lim_{T \to \infty} E\left[S_{xy}(f,T,k)\right] = \lim_{T \to \infty} \frac{1}{T} E\left[X_k^*(f,T)Y_k(f,T)\right] \qquad (12.46)$$

La fonction $S_{xy}(f)$ est appelée fonction de densité inter-spectrale; il s'agit d'une fonction complexe (contrairement à $S_{xx}(f)$ définie à la section 12.1.1 qui est une fonction réelle).

On peut faire une démonstration similaire à celle présentée à la section précédente et obtenir les relations suivantes :

$$S_{xy}(f) = \int_{-\infty}^{\infty} R_{xy}(\tau) \, e^{-j2\pi f\tau} \, d\tau \qquad (12.47)$$

$$R_{xy}(\tau) = \int_{-\infty}^{\infty} S_{xy}(f) \, e^{j2\pi f\tau} \, df \qquad (12.48)$$

Ces relations signifient que $S_{xy}(f)$, la fonction de densité inter-spectrale, et $R_{xy}(\tau)$, la fonction d'inter-corrélation, sont reliées par une transformée de Fourier (ou transformée inverse selon le cas). Comme précédemment, on définit une fonction à un côté : $G_{xy}(f) = 2\,S_{xy}(f)$ avec $0 \leq f \leq \infty$. $G_{xy}(f)$ étant une fonction complexe, on peut écrire :

$$G_{xy}(f) = C_{xy}(f) - j\,Q_{xy}(f) \qquad (12.49)$$

$$\text{avec} \quad C_{xy}(f) = 2 \int_{-\infty}^{\infty} R_{xy}(\tau) \, \cos(2\pi f \tau) \, d\tau = 2 \int_{0}^{\infty} [R_{xy}(\tau) + R_{yx}(\tau)] \, \cos(2\pi f \tau) \, d\tau \tag{12.50}$$

$$\text{et} \quad Q_{xy}(f) = 2 \int_{-\infty}^{\infty} R_{xy}(\tau) \, \sin(2\pi f \tau) \, d\tau = 2 \int_{0}^{\infty} [R_{xy}(\tau) - R_{yx}(\tau)] \, \sin(2\pi f \tau) \, d\tau \tag{12.51}$$

## Fonctions de cohérence et phase

La fonction de densité inter-spectrale à un côté peut être mise sous forme polaire comme suit :

$$G_{xy}(f) = |G_{xy}(f)| \, e^{-j\,\theta_{xy}(f)} \tag{12.52}$$

$$\text{avec} \quad |G_{xy}(f)| = \sqrt{C_{xy}^2(f) + Q_{xy}^2(f)} \quad \text{et} \quad \theta_{xy}(f) = \tan^{-1}\left[\frac{Q_{xy}(f)}{C_{xy}(f)}\right] \tag{12.53}$$

Le module de $G_{xy}(f)$ et la fonction $\theta_{xy}(f)$ sont respectivement appelés inter-spectre et phase. L'inter-spectre sert à déterminer la fonction suivante :

$$\gamma_{xy}^2(f) = \frac{|G_{xy}(f)|^2}{G_{xx}(f)\,G_{yy}(f)} \tag{12.54}$$

Le terme  est appelé fonction de cohérence. La fonction de cohérence vérifiera toujours l'inégalité suivante :

$$0 \le \gamma_{xy}^2(f) \le 1 \tag{12.55}$$

## Quelques particularités importantes

- Suivant la définition de $C_{xy}(f)$ et sachant que la fonction cosinus est paire, on constate que $C_{xy}(-f) = C_{xy}(f)$; Il s'agit donc d'une fonction paire.

- De la même façon, on peut déduire que $Q_{xy}(f)$ est une fonction impaire, soit $Q_{xy}(-f) = -Q_{xy}(f)$

- Avec ces deux propriétés et sachant que $G_{xy}(f) = C_{xy}(f) - j\,Q_{xy}(f)$, on peut déduire que $G_{xy}(-f) = G_{xy}^*(f)$.

- On peut écrire les transformées de Fourier respectives de $x_k(t)$ et de $y_k(t)$ comme :

$$X_k(f,T) = C_x(f,T,k) - j\,Q_x(f,T,k) \quad \text{et} \quad Y_k(f,T) = C_y(f,T,k) - j\,Q_y(f,T,k) \tag{12.56}$$

D'après la définition de ces transformées de Fourier, on sait que les parties réelles seront paires en $f$ alors que les parties imaginaires seront impaires en $f$. En considérant cette notation et la définition de $G_{xy}(f)$, on peut écrire (en omettant les dépendances de $f$, $T$ et $k$) :

$$C_{xy}(f) = 2 \lim_{T \to \infty} \frac{1}{T} E\left[C_x C_y + Q_x Q_y\right] \quad \text{et} \quad Q_{xy}(f) = 2 \lim_{T \to \infty} \frac{1}{T} E\left[C_y Q_x - C_x Q_y\right] \tag{12.57}$$

On peut donc en déduire que :

$$C_{xy}(-f) = 2 \lim_{T \to \infty} \frac{1}{T} E\left[C_x C_y + (-Q_x)(-Q_y)\right] = C_{xy}(f) = C_{yx}(f) \tag{12.58}$$

et
$$Q_{xy}(-f) = 2 \lim_{T \to \infty} \frac{1}{T} E\left[C_y(-Q_x) - C_x(-Q_y)\right] = Q_{yx}(f) \tag{12.59}$$

Ces considérations nous permettent donc de conclure que

$$G_{xy}(-f) = G_{yx}(f) \tag{12.60}$$

**L'identité de Parseval s'écrit :**

$$\int_{-\infty}^{\infty} x^*(t)\, y(t)\, dt = \int_{-\infty}^{\infty} X^*(f)\, Y(f)\, df \tag{12.61}$$

Si $x(t)$ et $y(t)$ sont des fonctions de valeurs réelles $0 \leq t \leq T$, on aura $x^*(t)\, y(t) = x(t)\, y(t)$. En prenant l'espérance mathématique des moyennes temporelles prises sur des échantillons $k$, on obtient :

$$E\left[\lim_{T \to \infty} \frac{1}{T} \int_0^T x_k(t)\, y_k(t)\, dt\right] = E\left[\overline{xy}_k\right] = \overline{xy} \tag{12.62}$$

L'identité de Parseval permet alors d'écrire :

$$\overline{xy} = E\left[\lim_{T \to \infty} \frac{1}{T} \int_{-\infty}^{\infty} X_k^*(f,T)\, Y_k(f,T)\, df\right] = \int_{-\infty}^{\infty} \lim_{T \to \infty} \frac{1}{T} E\left[X_k^*(f,T)\, Y_k(f,T)\right] df \tag{12.63}$$

On obtient donc, suivant la définition de $S_{xy}(f)$ :

$$\overline{xy} = \int_{-\infty}^{\infty} S_{xy}(f)\, df \tag{12.64}$$

Sachant que $\overline{xy}$ est un nombre réel, on doit avoir :

$$\frac{1}{2} \int_{-\infty}^{\infty} C_{xy}(f)\, df = \overline{xy} \quad \text{et} \quad \frac{1}{2} \int_{-\infty}^{\infty} Q_{xy}(f)\, df = 0 \tag{12.65}$$

On trouve évidemment que l'intégrale de $Q_{xy}(f)$ est nulle puisqu'il s'agit d'une fonction impaire. Comme $C_{xy}(f)$ est une fonction paire, on peut changer les bornes d'intégration et multiplier par 2 :

$$\Rightarrow \quad \overline{xy} = \int_0^\infty C_{xy}(f)\, df \tag{12.66}$$

## 12.2 Transformée de Fourier discrète

Considérons la transformée de Fourier d'un échantillon $i$ d'un signal analogique défini pour $0 \le t \le T$ :

$$X_i(f,T) = \int_0^T x_i(t)\, e^{-j2\pi ft}\, dt = \int_0^T x_i(t)\, \cos 2\pi ft\, dt - j \int_0^T x_i(t)\, \sin 2\pi ft\, dt \tag{12.67}$$

Afin de simplifier la notation, nous utiliserons par la suite $X_i(f)$ au lieu de $X_i(f,T)$. Considérons maintenant ce même signal, mais en représentation discrète. On aura ainsi un échantillon $x_i\,(n\,\Delta t)$ avec $0 \le n \le N-1$ (échantillon de taille $N$). Cela revient à observer $x_i(t)$ à des temps discrets espacés d'un pas $\Delta t$; on observe donc le signal aux instants $t_n = n\Delta t$. Considérant que ce signal est échantillonné à une fréquence $f_{\text{éch.}}$, on aura l'intervalle $\Delta t$ entre deux temps discrets et le temps d'observation $T$ définis par :

$$\Delta t = \frac{1}{f_{\text{éch.}}} \quad \text{et} \quad T = N\,\Delta t = \frac{N}{f_{\text{éch.}}} \tag{12.68}$$

La transformée de Fourier discrète que l'on obtient possède alors $N$ fréquences discrètes $f_k$ espacées d'une valeur de $\Delta f = f_{\text{éch.}}/N$.

$$X_i(f_k) = \sum_{n=0}^{N-1} x_i(n)\, e^{-j2\pi f_k n\Delta t}\, \Delta t \quad \text{avec} \quad k = 0,\,1,\,2,\,\ldots,\,N-1 \tag{12.69}$$

Le résultat de cette opération présente un caractère unique seulement pour les fréquences $f_k$ allant jusqu'à $k = N/2$. Ceci est dû au fait qu'à cette valeur de $k$, on a $f = N/2 \times f_{\text{éch.}}/N = f_{\text{éch.}}/2$; cette fréquence correspond à la fréquence de Nyquist de l'échantillonneur. On verra plus loin que $N/2$ valeurs représentent les fréquences négatives et $N/2$ valeurs les fréquences positives. Les fréquences positives sont réparties comme suit :

$$\frac{f_{\text{éch.}}}{N} \le f_k \le \frac{f_{\text{éch.}}}{2} \quad \text{avec} \quad f_{\text{éch.}} = \frac{1}{\Delta t} \quad \Rightarrow \quad \frac{1}{N\Delta t} \le f_k \le \frac{1}{2\Delta t} \tag{12.70}$$

Sachant que l'intervalle entre deux fréquences est de $1/(N\Delta t)$, on aura donc les valeurs de fréquence suivantes :

$$f_0 = 0, \quad f_1 = \frac{1}{N\Delta t}, \quad f_2 = \frac{2}{N\Delta t}, \quad \ldots, \quad f_k = \frac{k}{N\Delta t}, \quad \ldots, \quad f_{N/2} = \frac{1}{2\Delta t} \qquad (12.71)$$

En écrivant $f_k = k/(N\Delta t)$, la transformée de Fourier discrète s'exprime alors sous la forme :

$$X_i(f_k) = \Delta t \sum_{n=0}^{N-1} x_i(n)\, e^{-j\frac{2\pi k n}{N}} \quad \text{avec} \quad k = 0,\, 1,\, 2,\, \ldots,\, N-1 \qquad (12.72)$$

---

**Exemple**

On illustre ici l'ordre classique dans lequel les fréquences discrètes sont présentées dans un vecteur de sortie d'un programme de « FFT » :

**Figure 12.4**    Ordre des éléments de sortie d'un programme de FFT.

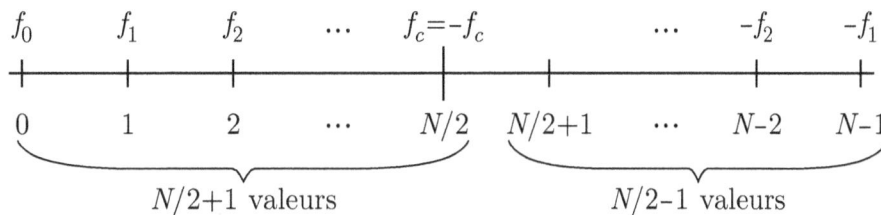

Les $N/2 + 1$ premières valeurs représentent les fréquences de $f_0$ à $f_c$ ($f_c$ étant la fréquence de coupure que l'on retrouve à $k = N/2$); soit la fréquence nulle suivie des $N/2$ fréquences positives. Les $N/2-1$ valeurs suivantes représentent les fréquences négatives en partant de $-f_{N/2-1}$ (la fréquence voisine de $f_c$) et en remontant jusqu'à $-f_1$. Notons que dans la partie de droite, on a les fréquences négatives sauf $-f_c$; ce qui donne $n/2 - 1$ valeurs. Dans la partie de gauche, on a les fréquences positives plus $f_0$, donc $N/2 + 1$ valeurs.

Enfin, les programmes de « FFT » sortiront généralement, pour chacune des fréquences, la partie réelle suivie de la partie imaginaire. Le vecteur de sortie aura donc une taille égale à $2N$.

---

Si on cherche à déterminer par exemple le spectre de puissance à un côté, on devra estimer la quantité suivante :

$$G_{xx}(f_k) = \lim_{T \to \infty} \frac{2}{T} E\left[|X_i(f_k)|^2\right] \qquad (12.73)$$

Si on dispose de $n_d$ échantillons pour lesquels $T = N\Delta t$, on aura un estimateur du spectre en faisant:

$$\widehat{G_{xx}}(f_k) = \frac{2}{N\Delta t}\, \frac{1}{n_d} \sum_{i=1}^{n_d} |X_i(f_k)|^2 \qquad (12.74)$$

Remarques

- Il est important de souligner que si on désire augmenter la précision de l'estimateur du spectre (ou sa convergence statistique), on doit augmenter la valeur de $n_d$, le nombre d'échantillons.

- En examinant les expressions servant à déterminer le spectre, on constate que pour améliorer la convergence, il n'est pas utile d'augmenter la taille $N$ des échantillons.

- Pour une fréquence d'échantillonnage fixe, l'augmentation de $N$ a seulement pour effet d'augmenter la résolution du spectre (car $\Delta f = 1/(N\Delta t)$ et $\Delta t = 1/f_{\text{éch.}}$).

- Pour $N$ fixe, une augmentation de la fréquence d'échantillonnage a pour effet d'augmenter la plage de fréquences couverte par le spectre (la fréquence de Nyquist étant plus élevée), tout en diminuant la résolution (autant de fréquences discrètes pour une plus grande plage).

---

**Exemple**

Considérons un signal discret de $256\,k$ – valeurs ($1\,k = 1024$) dont on a fait l'acquisition à une fréquence d'échantillonnage de 50 kHz. On désire estimer le spectre de puissance à un côté de ce signal, sachant qu'il s'agit d'un processus ergodique.

Nous devons d'abord faire le choix de la taille des $n_d$ sous-échantillons que nous allons prélever dans l'échantillon principal. Nous devons nous assurer: 1) que la taille de ces sous-échantillons soit suffisamment grande pour que ces derniers soient statistiquement indépendants (typiquement $T = N\Delta t = 10$ fois la macro-échelle temporelle calculée avec l'intégrale de la fonction d'auto-corrélation); 2) que la résolution spectrale obtenue avec la valeur de $N$ choisie puisse nous permettre d'effectuer l'analyse visée.

Dans le présent cas, admettons que le choix $N = 512 = 0.5k$ soit adéquat. Cette valeur de $N$ nous donne $n_d = 256k/0.5k = 512$ sous-échantillons. Le spectre final sera donc une moyenne de 512 spectres. Le domaine spectral s'étendra sur 256 fréquences positives de $f_{\text{éch.}}/N = 97.7$ Hz à $f_{\text{éch.}}/2 = 25$ kHz par pas de $\Delta f = 97.7$ Hz.

---

## 12.3 Problème de troncature

Considérons $v(t)$, un phénomène stationnaire et ergodique, pour lequel $-\infty \leq t \leq \infty$. Si on y prélève un échantillon $x(t)$ avec $0 \leq t \leq T$, cela revient à multiplier $v(t)$ ($-\infty \leq t \leq \infty$) par une fenêtre unitaire rectangulaire $u(t)$ ($0 \leq t \leq T$). Soit :

$$u(t) = \left| \begin{array}{ll} 1 & \text{si } 0 \leq t \leq T \\ 0 & \text{ailleurs} \end{array} \right.$$

La transformée de Fourier de $x(t)$ sera en fait la transformée de Fourier du produit $v(t)\, u(t)$. Sachant que la transformée de Fourier d'un produit est équivalent à la convolution en fréquence, on peut écrire :

$$X(f) = \mathcal{F}\{v(t)\, u(t)\} = V(f) * U(f) = \int_{-\infty}^{\infty} V(\alpha)\, U(f - \alpha)\, d\alpha \qquad (12.75)$$

Considérant cette situation, la fenêtre idéale serait celle dont la transformée de Fourier est constituée d'une impulsion (fonction de Dirac, soit $U(f) = \delta(f)$). La figure 12.5 illustre cette situation.

| **Figure 12.5** | Fenêtre uniforme infinie dans le domaine temporel et impulsion unitaire dans le domaine des fréquences. |
|---|---|

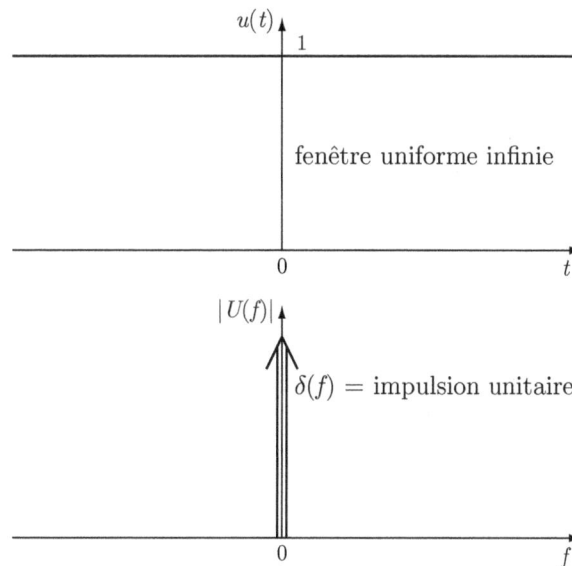

Dans ce cas idéalisé, on obtiendrait alors :

$$X(f) = \int_{-\infty}^{\infty} V(\alpha)\, \delta(f - \alpha)\, d\alpha = V(f) \ , \qquad (12.76)$$

puisque $V(f) * \delta(f) = V(f)$. En effet, $\delta(f - \alpha) = 0$ partout sauf à $\alpha = f$, ce qui implique que toute l'énergie est concentrée à $f$.

## Cas de la fenêtre rectangulaire

Lorsque l'on considère un échantillon de taille finie, cela revient à multiplier un signal de durée infinie par une fenêtre rectangulaire définie par $u(t) = 1$ pour $0 \leq t \leq T$ et $u(t) = 0$ pour $t > T$. Dans ce cas, on obtient :

$$U(f) = \int_{-\infty}^{\infty} u(t)\, e^{-j2\pi ft}\, dt = \int_{0}^{T} e^{-j2\pi ft}\, dt \qquad (12.77)$$

$$\Rightarrow U(f) = \frac{e^{-j2\pi ft}}{-j2\pi f} \bigg|_{0}^{T} = -\frac{1}{j2\pi f}\left[e^{-j2\pi fT} - 1\right] \qquad (12.78)$$

$$\Rightarrow U(f) = -\frac{e^{-j\pi fT}}{\pi f} \underbrace{\left[\frac{e^{-j\pi fT} - e^{j\pi fT}}{2j}\right]}_{-\sin \pi fT} \qquad (12.79)$$

$$\Rightarrow U(f) = T\frac{\sin \pi fT}{\pi fT}\, e^{-j\pi fT} = |U(f)|e^{-j\theta(f)} \; . \qquad (12.80)$$

On obtient finalement :

$$|U(f)| = T\left|\frac{\sin \pi fT}{\pi fT}\right| \qquad (12.81)$$

$$\text{et} \quad \theta(f) = \pi fT \qquad (12.82)$$

Le module de la transformée de Fourier de la fenêtre rectangulaire est tracé sur la figure 12.6. En effectuant la transformée de Fourier d'un échantillon auquel on a appliqué une fenêtre rectangulaire, on observe une fuite d'énergie normalement associée à la fréquence calculée vers les fréquences voisines. Ce phénomène est relié à la fenêtre rectangulaire qui possède un spectre avec des lobes secondaires importants tel que l'illustre la figure 12.6. Il y a donc fuite d'énergie vers les lobes secondaires (« side-lobe leakage »).

**Figure 12.6**    Fenêtre rectangulaire dans le domaine temporel et module de sa transformée de Fourier.

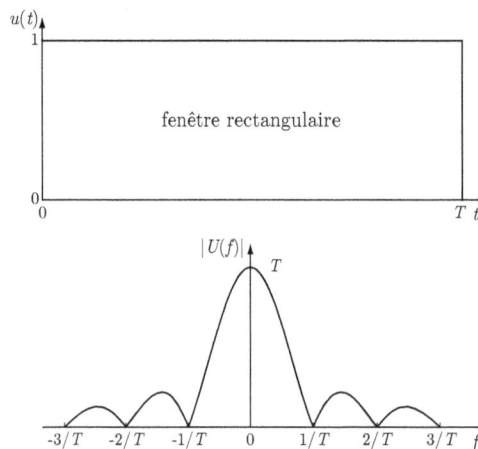

On constate que les lobes intermédiaires sont relativement importants; le premier lobe intermédiaire est atténué à 13 dB par rapport au lobe principal. Pour bien définir le contenu énergétique de chaque fréquence, il faut que le spectre de la fenêtre soit concentré entre $-1/T$ et $1/T$ (car $1/T$ correspond à $\Delta f$). Pour comprendre ce phénomène, il faut avoir recours à l'intégrale de convolution. La transformée de Fourier du signal tronqué revient en quelque sorte à convoluer dans le domaine des fréquences le signal infini sur la transformée de Fourier de la fenêtre. Autrement dit, si la fenêtre est énergétique à $2\Delta f$, $3\Delta f$, … , il y aura fuite d'énergie vers ces fréquences au lieu de concentrer l'énergie sur la fréquence calculée. Les paragraphes suivants fournissent plus de détails sur ce sujet.

Quelques remarques importantes :

- L'intervalle de fréquences de la transformée de Fourier discrète est défini par $\Delta f = 1/T$; les passages à zéro du module de la transformée de Fourier de la fenêtre rectangulaire sont donc situés aux fréquences $\pm\Delta f$, $\pm2\Delta f$, …

- À $f = 0$ on a :

$$|U(0)| = T \left| \frac{\sin(0)}{\pi 0 T} \right| = T \left| \frac{\pi T \cos(0)}{\pi T} \right| \qquad (12.83)$$

$$\Rightarrow |U(0)| = T \qquad (12.84)$$

- Nous avons vu que la transformée de Fourier de $x(t)$ est définie par une convolution en fréquence entre la transformée de Fourier du phénomène observé et celle de la fenêtre d'observation : $X(f) = V(f) * U(f)$. Pour une fréquence discrète ($f_k = k/T$), la convolution en fréquence s'écrit :

$$X(f_k) = \int_{-\infty}^{\infty} V(f)\, U(f_k - f)\, df \qquad (12.85)$$

$$\Rightarrow X(f_k) = \int_{-\infty}^{f_k - \Delta f} V(f)\, U(f_k - f)\, df \quad \text{Lobes secondaires}$$

$$+ \int_{f_k - \Delta f}^{f_k + \Delta f} V(f)\, U(f_k - f)\, df \quad \text{Lobe principal}$$

$$+ \int_{f_k + \Delta f}^{\infty} V(f)\, U(f_k - f)\, df \quad \text{Lobes secondaires}$$

- Dans le cas idéal, on souhaiterait obtenir $X(f_k) = V(f_k)$. On constate cependant que dans la réalité, les niveaux d'énergie des fréquences voisines viennent contaminer le niveau d'énergie propre à une fréquence $f_k$ donnée. En effet, la valeur de $X(f_k)$ dépend non seulement de $V(f_k)$ (à $f = f_k$, $V(f_k)\, U(0)\Delta f = V(f_k)$, puisque $U(0) = T$ et $\Delta f = 1/T$) mais aussi de la somme des niveaux d'énergie de $V(f)$ observés aux autres fréquences pondérées par $U(f)$. L'importance de cette contamination dépendra de l'amplitude des lobes secondaires du module de la transformée de Fourier de la fenêtre.

- Pour trouver les $|U(f)|_{max}$ des lobes subséquents, on fait $\partial |U(f)|/\partial f = 0$. En excluant $f = 0$, on obtient :

$$\frac{\pi^2 f\, T^3 \cos(\pi f T) - \pi\, T^2 \sin(\pi f T)}{\pi^2 f^2\, T^2} = 0 \tag{12.86}$$

$$\Rightarrow \pi f\, T \cos(\pi f T) - \sin(\pi f T) = 0 \tag{12.87}$$

$$\Rightarrow \pi f\, T \cos(\pi f T) = \sin(\pi f T) \tag{12.88}$$

$$\Rightarrow \frac{\tan(\pi f T)}{\pi f\, T} = 1 \tag{12.89}$$

La solution de cette équation permet de définir les différents lobes. Le tableau 2.1 fournit les valeurs caractéristiques des lobes de la fonction définissant le module de la transformée de Fourier de la fenêtre rectangulaire.

**Tableau 12.1**
**Descriptions des lobes décrivant le module**
**de la transformée de Fourier de la fenêtre rectangulaire.**

| Lobe | $f$ | $|U(f)|_{max}$ |
|------|-----|----------------|
| 2 | 1.4303/T | 0.2172 T |
| 3 | 2.4590/T | 0.1284 T |
| 4 | 3.4709/T | ⋮ |
| 5 | 4.4774/T | |
| 6 | 5.4815/T | |
| 7 | 6.4844/T | |

- L'atténuation (en dB) du lobe 1 au lobe 2 est :

$$20 \log |U(f)|_{max\ lobe2} - 20 \log |U(f)|_{max\ lobe1}$$
$$= 20 \log \frac{0.2172\, T}{T} = -13.26 \text{ dB}$$

- L'atténuation (en dB) du lobe 2 au lobe 3 est :

$$20 \log \frac{0.1284\, T}{0.2172\, T} = -4.57 \text{ dB}$$

L'atténuation du lobe 1 à 3 est donc de -17.83 dB.

## Cas du phénomène ayant un spectre discret

Considérons un phénomène ayant un spectre dont l'énergie est concentrée à des fréquences discrètes. Considérons de plus que ces fréquences correspondent exactement aux fréquences discrètes $f_k = k/(N\Delta t) = f_{\text{éch.}}\, k/N$ issues du processus d'échantillonnage. On obtient dans ce cas précis $X(f_k) = V(f_k)$ sans observer de fuite provenant des fréquences voisines. Ceci est dû au fait que la fenêtre passe par zéro précisément à tous les $k\Delta f = k/(N\Delta t) = k/T$. Pour démontrer cela, reprenons l'intégrale de convolution :

$$X(f_k) = \int_{-\infty}^{\infty} V(\alpha)\, U(f_k - \alpha)\, d\alpha$$

$$= \int_{-\infty}^{\infty} V(\alpha)\, T\, \frac{\sin\left[\pi(f_k - \alpha)T\right]}{\pi(f_k - \alpha)T}\, e^{-j\pi(f_k-\alpha)T}\, d\alpha \qquad (12.90)$$

Dans le cas du signal décrit ci-dessus, l'intégrale de convolution s'exprime sous forme discrète comme :

$$X(f_k) = \sum_{n=-\infty}^{\infty} V(\alpha_n) U(f_k - \alpha_n)\Delta\alpha_n \qquad (12.91)$$

$$\text{avec}\quad \alpha_n = \frac{n}{T}\ ,\qquad \Delta\alpha_n = \frac{1}{T}\quad \text{et}\quad (f_k - \alpha_n)T = k - n$$

$$\Rightarrow X(f_k) = \frac{1}{T}\left[\ldots V(\alpha_{k-1})U(f_k - \alpha_{k-1}) + V(\alpha_k)U(f_k - \alpha_k)\right.$$

$$\left. + V(\alpha_{k+1})U(f_k - \alpha_{k+1}) + \ldots\right] \qquad (12.92)$$

$$\alpha_k = f_k \Rightarrow X(f_k) = \frac{1}{T}\left[\ldots V(f_{k-1})\, T\, \frac{\sin \pi}{\pi}\, e^{-j\pi} + V(f_k)\, T\, \frac{\sin 0}{0}\, e^0 +\right.$$

$$\left. + V(f_{k+1})\, T\, \frac{\sin -\pi}{-\pi}\, e^{j\pi} + \ldots\right] \qquad (12.93)$$

$$\Rightarrow X(f_k) = V(f_k)\ , \qquad (12.94)$$

puisque tous les termes sont nuls, sauf celui du centre.

## Cas du phénomène ayant un spectre continu

Nous avons vu que si $V(f)$ est défini avec de l'énergie présente seulement aux $f = f_k$ de l'échantillonnage, il n'y aura aucune fuite provenant des fréquences voisines. Dans le cas plus général d'un spectre continu, on peut visualiser le phénomène de fuite à partir du raisonnement suivant :

$$X(f_k) = \int_{-\infty}^{\infty} V(\alpha)\, U(f_k - \alpha)\, d\alpha = \int_{-\infty}^{\infty} V(f)\, U(f_k - f)\, df$$

$$= \int_{-\infty}^{\infty} V(f)\, T\, \frac{\sin\left[\pi(f_k - f)T\right]}{\pi(f_k - f)T}\, e^{-j\pi(f_k-f)T}\, df \qquad (12.95)$$

Considérons par exemple un phénomène dont la transformée de Fourier est donnée par :

$$V(f) = \begin{vmatrix} 1 & \text{pour } -2\Delta f \leq f \leq 2\Delta f \\ 0 & \text{ailleurs} \end{vmatrix}$$

On constate alors que la transformée de Fourier du signal mesuré est :

$$X(f_k) = \int_{-\infty}^{\infty} V(f)\, U(f_k - f)\, df = \int_{-2\Delta f}^{2\Delta f} U(f_k - f)\, df \tag{12.96}$$

Ainsi, pour $k = 0$ (soit $f_k = 0$) au lieu de $X(0) = 1$ comme une fenêtre idéale donnerait, on obtient :

$$X(f_k = 0) = \int_{-2\Delta f}^{2\Delta f} U(-f)\, df = 2 \int_{0}^{2\Delta f} U(f)\, df \tag{12.97}$$

On constate enfin qu'il y a contamination des fréquences voisines là où la transformée de Fourier de la fenêtre de troncature est non nulle. Pour atténuer l'impact de ce problème, on a recours à des fenêtres de troncature différentes de la fenêtre rectangulaire. La fenêtre de Hanning en est un exemple (il en existe plusieurs autres et leur choix dépend de l'application dont il est question) :

$$u(t) = 1 - \cos^2\left(\frac{\pi t}{T}\right) \quad \text{pour} \quad 0 \leq t \leq T \quad (u(t) = 0 \text{ ailleurs}) \tag{12.98}$$

Cette fenêtre possède des lobes intermédiaires beaucoup plus atténués (32 dB par rapport au lobe principal). Il y a toutefois fuite d'énergie vers $2\Delta f$. On compense cette fuite en multipliant le résultat de la transformée de Fourier par un facteur $\sqrt{8/3}$. La fenêtre de Hanning est surtout utilisée pour les calculs de fonctions spectrales impliquant des signaux de nature aléatoire.

## 12.4 Algorithmes de FFT

Le terme FFT, signifiant « *Fast Fourier Transform* », est traduit dans les livres francophones par TFR, soit « *Transformée de Fourier Rapide* ». Cependant, comme dans les échanges scientifiques le mot FFT est presque rendu un acronyme d'usage courant, nous l'utiliserons dans ce chapitre sans distinction de langue.

| **Figure 12.7** | Fenêtre de Hanning dans le domaine temporel et module de sa transformée de Fourier. |

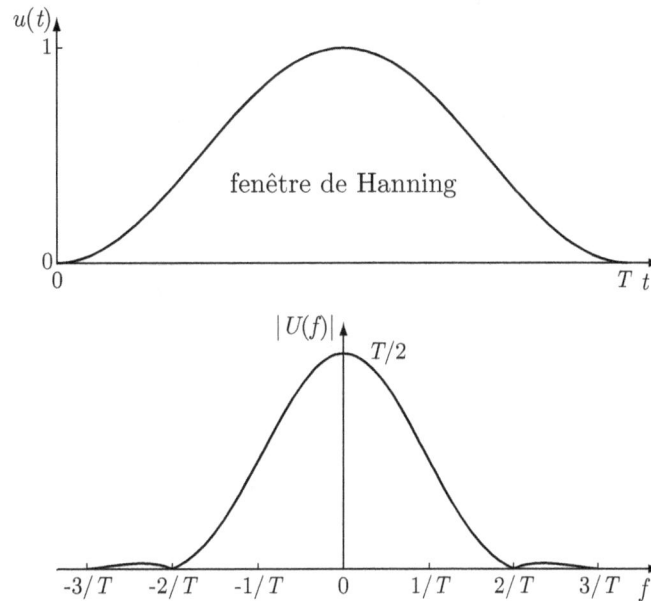

À la section 12.2, nous avons explicité la transformée de Fourier discrète de $x(n)$ :

$$X(f_k) = \Delta t \sum_{n=0}^{N-1} x(n)\, e^{-j\frac{2\pi kn}{N}} \quad \text{avec} \quad k = 0,\, 1,\, 2,\, \ldots,\, N-1 \qquad (12.99)$$

Nous allons noter $X_k = X(f_k)/\Delta t$ et $x_n = x(n)$; cela nous permet d'écrire :

$$X_k = \sum_{n=0}^{N-1} x_n\, e^{-j\frac{2\pi kn}{N}} \quad \text{avec} \quad k = 0,\, 1,\, 2,\, \ldots,\, N-1 \qquad (12.100)$$

En posant $W = e^{-j\,2\pi/N}$, on obtient :

$$X_k = \sum_{n=0}^{N-1} x_n\, W^{kn} \quad \text{avec} \quad k = 0,\, 1,\, 2,\, \ldots,\, N-1 \qquad (12.101)$$

Pour $x_n$ réel, le calcul des $X_k$ requiert $N^2$ additions complexes et $N^2$ multiplications complexes (sans compter le calcul des valeurs de $W^{kn}$ …). L'utilisation d'un algorithme de transformée de Fourier rapide (FFT) permet d'effectuer moins d'opérations et, par conséquent, d'accélérer le calcul. Ces algorithmes peuvent effectuer le même calcul en faisant seulement $N \times m$ additions complexes et $N/2 \times (m-1)$ multiplications complexes si $N$ est choisi égal à $2^m$ (alors $m = \log_2 N$). Soulignons que ces estimations sont pessimistes par rapport à la réalité et ne fournissent qu'un ordre de grandeur. Les algorithmes de FFT sont en fait optimisés pour effectuer les calculs en requérant un peu moins d'opérations.

De façon générale, on dira qu'un calcul de transformée de Fourier discrète nécessite $N^2$ opérations complexes (additions-multiplications), alors qu'un algorithme de FFT nécessitera environ $N \log_2 N$ opérations complexes.

Le principe de la FFT est basé sur le fait que l'on travaille avec des fonctions périodiques. On peut donc tirer profit de cela en identifiant les valeurs de $W^{kn}$ qui se répètent et en éliminant certains calculs redondants. L'exemple suivant illustre de quelle façon on peut atteindre cet objectif.

---

**Exemple**

Considérons la transformée de Fourier d'un échantillon de valeurs discrètes de taille $N = 8$. On utilise ici l'équation (12.101) que l'on exprime sous forme matricielle. Le vecteur colonne **X** représente les 8 valeurs complexes $X_k$ ($k = 0$ à $N - 1 = 7$) de la transformée de Fourier du vecteur colonne $x$ comportant les 8 valeurs d'entrée. La matrice **W** de taille $N \times N = 8 \times 8$ représente les formes exponentielles complexes $W^{kn}$ de l'équation (12.101). Ainsi, on écrit:

$$
\begin{pmatrix} X_0 \\ X_1 \\ X_2 \\ X_3 \\ X_4 \\ X_5 \\ X_6 \\ X_7 \end{pmatrix}
=
\begin{pmatrix}
1 & 1 & 1 & 1 & 1 & 1 & 1 & 1 \\
1 & W & W^2 & W^3 & W^4 & W^5 & W^6 & W^7 \\
1 & W^2 & W^4 & W^6 & W^8 & W^{10} & W^{12} & W^{14} \\
1 & W^3 & W^6 & W^9 & W^{12} & W^{15} & W^{18} & W^{21} \\
1 & W^4 & W^8 & W^{12} & W^{16} & W^{20} & W^{24} & W^{28} \\
1 & W^5 & W^{10} & W^{15} & W^{20} & W^{25} & W^{30} & W^{35} \\
1 & W^6 & W^{12} & W^{18} & W^{24} & W^{30} & W^{36} & W^{42} \\
1 & W^7 & W^{14} & W^{21} & W^{28} & W^{35} & W^{42} & W^{49}
\end{pmatrix}
\times
\begin{pmatrix} x_0 \\ x_1 \\ x_2 \\ x_3 \\ x_4 \\ x_5 \\ x_6 \\ x_7 \end{pmatrix}
$$

En tenant compte de la périodicité, on note que $W^0 = W^8 = W^{16} = \ldots = 1$. On note également que $W^4 = W^{12} = \cdots = -1$. Cela nous permet d'écrire: $W^5 = W^{4+1} = -W$, $W^6 = W^{4+2} = -W^2$, $W^7 = W^{4+3} = -W^3$. Bref, de façon générale, pour une valeur de $a$ quelconque, $W^{a+N/2} = -W^a$ (où $N = 8$ dans le cas présent). Ces considérations permettent d'écrire la matrice $W$ comme suit:

---

$$\mathbf{W} = \begin{pmatrix} 1 & 1 & 1 & 1 & 1 & 1 & 1 & 1 \\ 1 & W & W^2 & W^3 & -1 & -W & -W^2 & -W^3 \\ 1 & W^2 & -1 & -W^2 & 1 & W^2 & -1 & -W^2 \\ 1 & W^3 & -W^2 & W & -1 & -W^3 & W^2 & -W \\ 1 & -1 & 1 & -1 & 1 & -1 & 1 & -1 \\ 1 & -W & W^2 & -W^3 & -1 & W & -W^2 & W^3 \\ 1 & -W^2 & -1 & W^2 & 1 & -W^2 & -1 & W^2 \\ 1 & -W^3 & -W^2 & -W & -1 & W^3 & W^2 & W \end{pmatrix}$$

En examinant les colonnes (0 à 7) de la matrice $\mathbf{W}$, on constate qu'il est pertinent de permuter ces dernières de façon à les retrouver dans l'ordre 0, 4, 2, 6, 1, 5, 3, 7. Ce qui revient à permuter le vecteur d'entrée $x$ suivant cet ordre. Cette opération a pour but de regrouper deux à deux les colonnes identiques (au signe près). La transformée de Fourier devient donc :

$$X_0 = (x_0 + x_4) + (x_2 + x_6) + (x_1 + x_5) + (x_3 + x_7)$$

$$X_1 = (x_0 - x_4) + W^2(x_2 - x_6) + W(x_1 - x_5) + W^3(x_3 - x_7)$$

$$X_2 = (x_0 + x_4) - (x_2 + x_6) + W^2(x_1 + x_5) - W^2(x_3 + x_7)$$

$$X_3 = (x_0 - x_4) - W^2(x_2 - x_6) + W^3(x_1 - x_5) + W(x_3 - x_7)$$

$$X_4 = (x_0 + x_4) + (x_2 + x_6) - (x_1 + x_5) - (x_3 + x_7)$$

$$X_5 = (x_0 - x_4) + W^2(x_2 - x_6) - W(x_1 - x_5) - W^3(x_3 - x_7)$$

$$X_6 = (x_0 + x_4) - (x_2 + x_6) - W^2(x_1 + x_5) + W^2(x_3 + x_7)$$

$$X_7 = (x_0 - x_4) - W^2(x_2 - x_6) - W^3(x_1 - x_5) - W(x_3 - x_7)$$

En prenant soin de ne pas effectuer d'opérations redondantes, ce calcul requiert 24 additions (ou soustractions), soit $N \times m$, et 8 multiplications, soit $N/2 \times (m - 1)$. On arrive à ces chiffres en comptant par exemple 8 additions ou soustractions pour la totalité des termes entre parenthèses et ainsi de suite...

Le <u>principe général de la FFT</u> est le suivant :

> Une transformée de Fourier discrète de taille $N$
> peut être réécrite comme étant la somme de deux
> transformées de Fourier discrètes, chacune de taille $N/2$.

L'une des deux transformées est calculée à partir des points $x_n$ d'indices pairs $(2n)$, alors que l'autre est calculée avec les points d'indices impairs $(2n + 1)$. En considérant un échantillon de taille $N$ d'une puissance de 2, le calcul de la FFT revient à appliquer cette règle de façon récursive jusqu'à ce qu'on ait à résoudre une transformée de Fourier de taille 2.

En reprenant l'expression de la transformée de Fourier discrète développée précédemment, on obtient :

$$X_k = \sum_{n=0}^{N-1} x_n \, W^{kn} = \sum_{n=0}^{N/2-1} x_{2n} \, W^{k(2n)} + \sum_{n=0}^{N/2-1} x_{2n+1} \, W^{k(2n+1)} \qquad (12.102)$$

$$\Rightarrow \; X_k = \sum_{n=0}^{N/2-1} x_{2n} \, W^{2kn} + W^k \sum_{n=0}^{N/2-1} x_{2n+1} \, W^{2kn} \qquad (12.103)$$

L'application de cette règle au cas d'un échantillon de taille $N = 8$ est illustrée dans l'exemple suivant :

### Exemple

Appliquons le principe général de la FFT à l'échantillon de valeurs discrètes de taille $N = 8$ de l'exemple précédent :

$$X_k = \sum_{n=0}^{3} x_{2n} \, W_8^{2kn} + W_8^k \sum_{n=0}^{3} x_{2n+1} \, W_8^{2kn} \qquad (12.104)$$

Nous utilisons ici une forme plus explicite pour le facteur $W$; soit $W_N$ défini comme $W$ auparavant. La spécification de l'indice $N$ est nécessaire, parce qu'ici on fera varier la valeur de $N$. On décompose donc la transformée d'ordre 8 ($T_8$) en deux transformées d'ordre 4 ($T_{4p}$ et $T_{4i}$). Les indices $p$ et $i$ signifient pair et impair. Comme $W_8^2 = W_4$, on peut écrire :

$$X_k = T_8 = \sum_{n=0}^{3} x_{2n} \, W_4^{kn} + W_8^k \sum_{n=0}^{3} x_{2n+1} \, W_4^{kn} = T_{4p} + W_8^k \, T_{4i} \qquad (12.105)$$

Maintenant, nous allons appliquer la même règle (procédure récursive) aux transformées $T_{4_p}$ et $T_{4_i}$. On décomposera donc ces transformées de la façon suivante :

$$T_{4_p} = \sum_{n=0}^{1} x_{4n}\, W_4^{k2n} + W_4^{k} \sum_{n=0}^{1} x_{4n+2}\, W_4^{k2n} = T_{2_{pp}} + W_4^{k}\, T_{2_{pi}} \quad (12.106)$$

$$T_{4_i} = \sum_{n=0}^{1} x_{4n+1}\, W_4^{k2n} + W_4^{k} \sum_{n=0}^{1} x_{4n+3}\, W_4^{k2n} = T_{2_{ip}} + W_4^{k}\, T_{2_{ii}} \quad (12.107)$$

Sachant que $W_4^2 = W_2$ et $W_4^k = W_8^{2k}$, on peut écrire :

$$X_k = \sum_{n=0}^{1} x_{4n}\, W_2^{kn} + W_8^{2k} \sum_{n=0}^{1} x_{4n+2}\, W_2^{kn}$$

$$+ W_8^{k} \left( \sum_{n=0}^{1} x_{4n+1}\, W_2^{kn} + W_8^{2k} \sum_{n=0}^{1} x_{4n+3}\, W_2^{kn} \right) \quad (12.108)$$

Ce qui est la même chose que :

$$X_k = T_8 = T_{4_p} + W_8^{k}\, T_{4_i}$$
$$= T_{2_{pp}} + W_8^{2k}\, T_{2_{pi}} + W^{k} \left( T_{2_{ip}} + W_8^{2k}\, T_{2_{ii}} \right) \quad (12.109)$$

Si on calcule de façon explicite les 4 transformées $T_2$, on obtiendra par exemple pour le terme $X_0$ ($k = 0$) :

$$T_{2_{pp}} = x_0 + x_4 \;\;,\;\; T_{2_{pi}} = x_2 + x_6 \;\;,$$

$$T_{2_{ip}} = x_1 + x_5 \;\; \text{et} \;\; T_{2_{ii}} = x_3 + x_7 . \quad (12.110)$$

En développant les 7 autres termes, on constate que l'on obtient le même résultat que précédemment.

**Remarques générales :**

- L'algorithme de FFT présenté ici fait appel à un schéma « d'entrelacement temporel » (« Decimation-In-Time » = DIT). Cet entrelacement provient de la permutation des colonnes de la matrice **W** et des éléments du vecteur d'entrée **x**. L'ordre de permutation des $x_n$ suit l'ordre des bits inversés lorsque $n$ est codé en binaire (méthode dite de « bit reversal reordering »).

- On peut développer une autre famille d'algorithmes en permutant les lignes de la matrice **W** au lieu des colonnes. Dans ce cas, l'ordre du vecteur d'entrée **x** demeure inchangé, alors que les éléments du vecteur de sortie **X** se trouvent permutés (aussi en ordre de bits inversés). C'est pourquoi cette méthode est dite à entrelacement en fréquences (« Decimation-In-Frequency » = DIF).

- Généralement les algorithmes à entrelacement temporel (DIT) sont dits de type *Cooley-Tukey* et ceux à entrelacement en fréquences (DIF) sont appelés algorithmes de type *Sande-Tukey*.

- En résumé, un algorithme de FFT est composé de deux parties : 1- une section de permutation des données (entrée ou sortie selon le type DIT ou DIF) en ordre « bits inversés »; 2- une section de résolution itérative ($\log_2 N$ itérations) de transformées de Fourier de taille 2, 4, 8, … , $N$. En fait, la section 2 est constituée d'une boucle principale (1 à $\log_2 N$) qui résout la transformée de Fourier principale de façon récursive en $N/2$ transformées de taille 2, $N/4$ transformées de taille 4, … , transformées de taille $N$.

## 12.5 Procédures de calcul

### 12.5.1 Fonctions spectrales

Fonction de densité auto-spectrale

Le calcul des fonctions spectrales fait appel aux programmes de transformée de Fourier rapide (FFT). Avant de calculer le spectre, il faut savoir que plusieurs étapes précèdent et suivent l'utilisation proprement dite des programmes de FFT. Voici les principales étapes à suivre dans le cas d'un échantillon de valeurs discrètes prélevé dans un processus ergodique :

1. Diviser l'échantillon de $x_n$ de taille $N \times n_d$ en $n_d$ blocs composés chacun de $N$ valeurs.

2. Si nécessaire, minimiser les effets de troncature en utilisant une fenêtre de troncature $u(n)$ appropriée (fenêtre de Hanning ou autre). On multiplie $x_n$ par $u(n)$

3. Effectuer la FFT de taille $N$ sur chaque bloc ($n_d$ FFT).

4. Si la fenêtre de troncature a été utilisée, ajuster le niveau des $X_k$ en les multipliant par le facteur d'échelle approprié ($\sqrt{8/3}$ dans le cas de la fenêtre de Hanning).

5. Calculer l'estimation du spectre en faisant la moyenne du carré des modules de la transformée de Fourier de chaque bloc.

#### Fonction de densité inter-spectrale

1. Diviser les échantillons de $x_n$ et de $y_n$ chacun de taille $N \times n_d$ en $n_d$ paires de blocs composés chacun de $N$ valeurs.

2. Si nécessaire, minimiser les effets de troncature en utilisant une fenêtre de troncature $u(n)$ appropriée (fenêtre de Hanning ou autre). On multiplie $x_n$ et $y_n$ par $u(n)$

3. Effectuer la FFT de taille $N$ sur chaque bloc ($n_d$ FFT) de chacune des fonctions $x_n$ et $y_n$.

4. Si la fenêtre de troncature a été utilisée, ajuster le niveau des $X_k$ et $Y_k$ en les multipliant par le facteur d'échelle approprié ($\sqrt{8/3}$ dans le cas de la fenêtre de Hanning).

5. Calculer l'estimation de la densité inter-spectrale en faisant une moyenne sur les $n_d$ blocs.

6. Calculer les estimations finales de cohérence, phase et d'inter-spectre en travaillant avec les $C_{xy}$ et $Q_{xy}$ obtenus.

### 12.5.2 Fonctions de corrélation

#### Fonction d'auto-corrélation

Pour calculer une fonction d'auto-corrélation, on utilise la relation démontrée à la section 12.1.1 :

$$S_{xx}(f) = \int_{-\infty}^{\infty} R_{xx}(\tau)\, e^{-j2\pi f \tau}\, d\tau = \mathcal{F}\{R_{xx}(\tau)\} \qquad (12.111)$$

Cette relation est valable si on prend la limite lorsque $T \to \infty$. Pour un échantillon de durée $T$ finie, on observera dans le calcul de $R_{xx}(\tau)$ ce qu'on appelle un effet de circularité. Ceci est dû au caractère périodique intrinsèque à la transformée de Fourier (ou transformée inverse), lorsque celle-ci est calculée sur une fonction de longueur finie.

Dans la démonstration (section 12.1.1) nous ayant conduit à $S_{xx}(f) = \mathcal{F}\{R_{xx}(\tau)\}$, nous avons obtenu l'expression suivante :

$$S_{xx}(f) = \lim_{T \to \infty} \left( \int_{-T}^{0} \frac{(T+\tau)}{T} R_{xx}(\tau)\, e^{-j2\pi f \tau}\, d\tau\ +\ \int_{0}^{T} \frac{(T-\tau)}{T} R_{xx}(\tau)\, e^{-j2\pi f \tau}\, d\tau \right)$$
$$(12.112)$$

Nous repartons de cette relation afin de faire ressortir les effets de circularité observés sur la fonction $R_{xx}(\tau)$, lorsque cette dernière est calculée directement à partir de $\mathcal{F}^{-1}\{S_{xx}(f)\}$.

Dans le cas présent, on peut enlever la limite car on considère un estimateur pour lequel $T$ est fini. Après manipulation des bornes et de la variable d'intégration de la première intégrale, on peut écrire :

$$\widehat{S_{xx}}(f) = \int_0^T \frac{\tau}{T}\widehat{R_{xx}}(T-\tau)\,e^{-j2\pi f\tau}\,d\tau \;+\; \int_0^T \frac{(T-\tau)}{T}\widehat{R_{xx}}(\tau)\,e^{-j2\pi f\tau}\,d\tau \qquad (12.113)$$

$$\Rightarrow\;\; \widehat{S_{xx}}(f) = \int_0^T \left[\frac{(T-\tau)}{T}\widehat{R_{xx}}(\tau) \;+\; \frac{\tau}{T}\widehat{R_{xx}}(T-\tau)\right] e^{-j2\pi f\tau}\,d\tau \qquad (12.114)$$

En posant :

$$R_{xx}^c(\tau) = \frac{(T-\tau)}{T}\widehat{R_{xx}}(\tau) \;+\; \frac{\tau}{T}\widehat{R_{xx}}(T-\tau) \qquad (12.115)$$

on obtient :

$$\Rightarrow\;\; \widehat{S_{xx}}(f) = \int_0^T R_{xx}^c(\tau)\,e^{-j2\pi f\tau}\,d\tau \qquad (12.116)$$

$$\Rightarrow\;\; R_{xx}^c(\tau) = \mathcal{F}^{-1}\{\widehat{S_{xx}}(f)\} \qquad (12.117)$$

Donc, pour $T$ fini, la transformée de Fourier inverse du spectre donne ce qu'on appelle la *fonction d'auto-corrélation circulaire*. Soulignons cependant que si $T \to \infty$, on aura $R_{xx}^c(\tau) \to \widehat{R_{xx}}(\tau)$.

Pour un échantillon de valeurs discrètes, la fonction d'auto-corrélation circulaire s'exprime comme suit (en posant $\tau = r\Delta t$ et $T = N\Delta t$) :

$$R_{xx}^c(r\Delta t) = \underbrace{\frac{(N-r)}{N}\widehat{R_{xx}}(r\Delta t)}_{1^{er}\text{ membre}} + \underbrace{\frac{r}{N}\widehat{R_{xx}}\left((N-r)\Delta t\right)}_{2^e\text{ membre}} \qquad (12.118)$$

Rappelons que l'on cherche à calculer $\widehat{R_{xx}}(r\Delta t)$ et non $R_{xx}^c(r\Delta t)$. Afin d'illustrer le phénomène de circularité, considérons différentes valeurs de $r$ et examinons les expressions du premier et du deuxième membre de $R_{xx}^c(r\Delta t)$ (en notant $N\Delta t = T$) :

| $r =$ | 0 | $N/4$ | $N/2$ | $3N/4$ | $N-1$ |
|---|---|---|---|---|---|
| $1^{er}$ membre | $1\,\widehat{R_{xx}}(0)$ | $3/4\,\widehat{R_{xx}}(T/4)$ | $1/2\,\widehat{R_{xx}}(T/2)$ | $1/4\,\widehat{R_{xx}}(3T/4)$ | $1/N\,\widehat{R_{xx}}(T-\Delta t)$ |
| $2^e$ membre | $0\,\widehat{R_{xx}}(T)$ | $1/4\,\widehat{R_{xx}}(3T/4)$ | $1/2\,\widehat{R_{xx}}(T/2)$ | $3/4\,\widehat{R_{xx}}(T/4)$ | $(N-1)/N\,\widehat{R_{xx}}(\Delta t)$ |

En pratique, pour les fonctions de corrélation qui décroissent rapidement, l'effet circulaire n'est pas d'une grande importance pour des retards maximums $m$ par exemple inférieurs à $N/10$ ($m < 0.1N$). Dans tous les cas, on pourra éliminer le problème de circularité et obtenir une fonction d'auto-corrélation non-biaisée en ajoutant $N$ zéros à l'échantillon initial. Le premier membre de $R_{xx}^c(r\Delta t)$ sera ainsi nul pour les retards s'étalant de $N\Delta t$ à $(2N-1)\Delta t$. De la même façon, le deuxième membre sera nul pour les retards s'étalant de 0 à $(N-1)\Delta t$. La fonction obtenue par transformée inverse du spectre est alors appelée $R^s_{xx}(r\Delta t)$ ($s$ pour séparée). Dans le cas de l'auto-corrélation, on obtiendra l'estimé final de $\widehat{R_{xx}}(r\Delta t)$ en multipliant $R^s_{xx}(r\Delta t)$ par le facteur $N/(N-r)$ pour $r = 0, 1, \ldots, N-1$.

Voici les principales étapes à suivre pour obtenir une estimation non-biaisée de la fonction d'auto-corrélation :

1. Déterminer le nombre maximum de retards $m$ qui nous intéresse et diviser l'échantillon en $n_d$ blocs de $N$ valeurs en respectant le critère $N \geq m$ ($m \leq N/2$ constitue un bon choix du point de vue de la convergence statistique).

2. Ajouter $N$ zéros à chacun des blocs de façon à éliminer l'effet de circularité (on travaille maintenant avec des blocs de $2N$ valeurs).

3. Effectuer la FFT de taille $2N$ sur chaque bloc ($n_d$ FFT).

4. À partir de $X_k$ obtenu pour chaque bloc à l'étape précédente, calculer la densité spectrale à deux côtés $\widehat{S_{xx}}(f_k)$ pour l'échantillon au complet (moyenne du carré des modules des $n_d$ blocs).

5. Effectuer la FFT inverse de $\widehat{S_{xx}}(f_k)$.

6. Considérer seulement la première moitié du résultat de l'étape précédente et multiplier par le facteur $N/(N-r)$ (on ne considère que la première moitié car l'auto-corrélation est un fonction paire).

Cette procédure donne exactement les mêmes résultats que la procédure directe décrite à la fin du chapitre 11.

### Fonction d'inter-corrélation

1. Déterminer le nombre maximum de retards $m$ qui nous intéresse et diviser l'échantillon en $n_d$ blocs de $N$ valeurs en respectant le critère $N \geq m$ ($m \leq N/2$ constitue un bon choix du point de vue de la convergence statistique).

2. Ajouter $N$ zéros à chacun des blocs de façon à éliminer l'effet de circularité (on travaille maintenant avec des blocs de $2N$ valeurs).

3. Effectuer la FFT de taille $2N$ sur chaque bloc ($n_d$ FFT) de chacune des fonctions $x_n$ et $y_n$.

4. À partir de $X_k$ et $Y_k$ obtenus pour chaque bloc à l'étape précédente, calculer la densité spectrale à deux côtés $\widehat{S_{xy}}(f_k)$ pour l'échantillon au complet.

5. Effectuer la FFT inverse de $\widehat{S_{xy}}(f_k)$.

6. Considérer la première moitié du résultat de l'étape 5 et multiplier par le facteur $N/(N-r)$ (on obtient ici les retards positifs $r = 0, 1, \ldots, N-1$ représentant les retards s'étalant de 0 à $\tau_{max}$).

7. Considérer la deuxième moitié du résultat de l'étape 5 et multiplier par le facteur $N/(r-N)$ (on obtient ici les retards négatifs $r = N+1, \ldots, 2N-1$ représentant les retards s'étalant de $-\tau_{max}$ à $-\Delta t$).

## 12.6 Incertitudes des estimateurs spectraux

L'évaluation des incertitudes des estimateurs spectraux constitue une tâche complexe. Des ouvrages spécialisés tels que Bendat et Piersol [3] ou Papoulis et Pillai [22] traitent de ce sujet en profondeur. On peut cependant aborder la question en adoptant une approche simplifiée qui se limite à l'analyse de l'erreur aléatoire appliquée à des signaux de type gaussien. Ainsi, dans le cadre de cette approche simplifiée, l'incertitude sur l'estimation d'une quantité spectrale se résumera à l'erreur aléatoire. On définit l'erreur aléatoire normalisée $\epsilon$ comme étant le rapport entre l'erreur aléatoire et l'estimateur en question. Par exemple, pour la fonction de densité autospectrale, l'erreur aléatoire normalisée s'écrit :

$$\epsilon_G = \frac{u_{G_{xx}}(f)}{G_{xx}(f)} \quad . \tag{12.119}$$

De façon générale, l'erreur aléatoire normalisée est une fonction de la fréquence. Seule la fonction de densité autospectrale ne suit pas cette règle. En effet, la fonction $\epsilon_G$ est définie de la manière suivante :

$$\epsilon_G = \frac{1}{\sqrt{n_d}} \quad , \tag{12.120}$$

où $n_d$ est le nombre de blocs de $N$ points utilisés pour calculer l'estimateur de la fonction de densité autospectrale. On constate que la valeur de $\epsilon_G$ ne dépend nullement de la fréquence. En revanche, selon l'expression (12.119), l'incertitude $u_{G_{xx}}(f) = \epsilon_G \, G_{xx}(f)$ est une fonction de la fréquence. Il est important de réaliser que si l'on désire diminuer l'incertitude sur l'estimateur du spectre, il est nécessaire d'augmenter la valeur de $n_d$.

L'erreur aléatoire normalisée de la fonction de cohérence (12.54) s'écrit :

$$\epsilon_{\gamma^2} = \frac{u_{\gamma^2}(f)}{\gamma_{xy}^2(f)} = \frac{\sqrt{2}\left[1 - \gamma_{xy}^2(f)\right]}{\sqrt{n_d\,\gamma_{xy}^2(f)}} \quad . \tag{12.121}$$

Pour la phase (12.53), on définit directement l'erreur aléatoire $u_\theta$ (non normalisée), puisque la valeur normalisée poserait un problème lorsque la phase est nulle. Elle s'écrit :

$$u_\theta = \sqrt{\frac{\left[1 - \gamma_{xy}^2(f)\right]}{2\,n_d\,\gamma_{xy}^2(f)}} \quad . \tag{12.122}$$

### Remarques

- Les incertitudes et $u_{\gamma^2}(f)$ et $u_\theta(f)$ varient avec la fréquence et ces variations sont modulées par la valeur de la fonction de cohérence ($0 \leq \gamma_{xy}^2 \leq 1$) associée à la fréquence en question.

- Selon les expressions (12.121) et (12.122), on constate que $u_{\gamma^2}(f)$ et $u_\theta(f)$ tendent vers zéro lorsque la fonction de cohérence tend vers 1. Cela indique que ces deux estimateurs sont précis lorsque la cohérence entre les signaux est élevée.

- À l'inverse, l'estimation de l'erreur de ces deux fonctions devient importante lorsque la cohérence est faible. Considérons par exemple un cas pour lequel $n_d = 50$ et, a une fréquence donnée, $\gamma_{xy}^2 = 0.01$ et $\theta_{xy} = 0.14$ rad (8 degrés). L'erreur aléatoire normalisée de la fonction de cohérence associée à ce cas est de $\epsilon_{\gamma^2} = 2.0$ (200 %), ce qui donne une erreur de $u_{\gamma^2} = \epsilon_{\gamma^2}\,\gamma_{xy}^2 = 0.02$. On doit alors conclure que la barre d'incertitude associée à cette valeur de $\gamma_{xy}^2 = 0.01$ devrait couvrir l'étendue de 0 à 0.03 (et non de $-0.01$ a 0.03 puisque la gamme des valeurs possibles de la fonction est de 0 à 1). Pour la phase, on obtient $u_\theta = 1$ rad ou 57 degrés, ce qui constitue une plage d'erreur de phase très importante.

- Comme pour le cas du spectre, l'erreur de ces deux fonctions diminue lorsque la taille $n_d$ des blocs augmente. Les erreurs tendent vers zéro lorsque $n_d \to \infty$.

# 13 | Filtres numériques

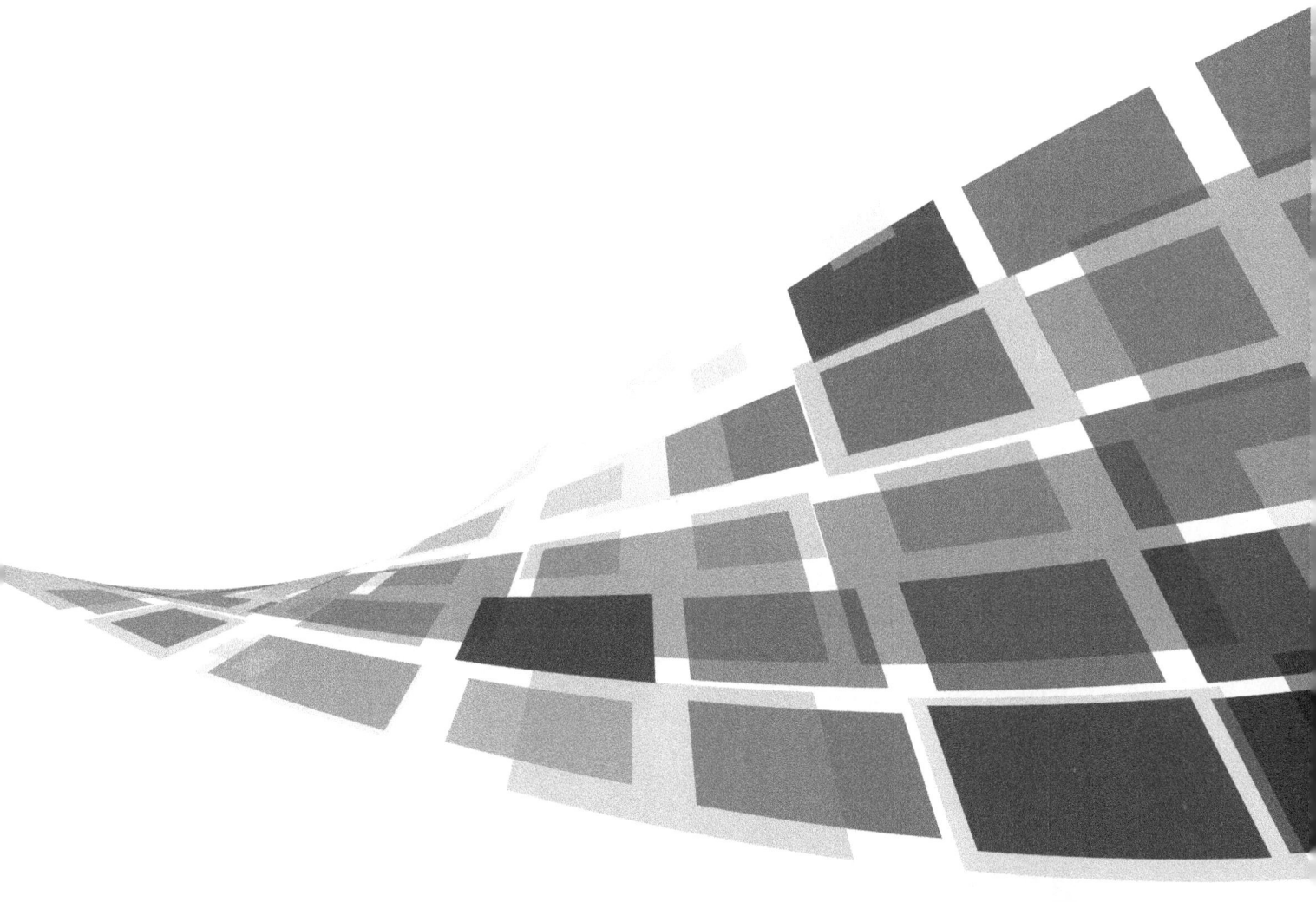

## 13.1  Filtres numériques à une dimension

Considérons un signal que l'on désire filtrer numériquement. On peut désirer appliquer un filtre passe-bas ou passe-haut pour éliminer respectivement du bruit haute ou basse fréquence; on peut aussi, en appliquant un filtre passe-bande, s'intéresser à une partie du signal se retrouvant sur une certaine plage de fréquences; dans le cas d'une contamination du signal original par un bruit de ligne de type 60 Hz, on peut avoir recours à un filtre coupe-bande. Dans tous les cas, on aura à choisir entre un filtre dans le domaine des fréquences ou un filtre dans le domaine temporel. Les signaux comportant un très grand nombre de points auront avantage à être traités dans le domaine temporel (un calcul de FFT sur par exemple $2^{18} = 262\ 144$ points est relativement long et l'espace mémoire requis est important).

### 13.1.1  Filtrage dans le domaine des fréquences

On dit généralement qu'il est très facile de filtrer dans le domaine de Fourier. Il suffit de calculer la transformée de Fourier du signal ($FFT$), de multiplier le résultat par une fonction filtre $H(f)$ et de calculer la transformée inverse ($FFT^{-1}$) du produit. Comme la transformée de Fourier inverse d'un produit est égale à l'intégrale de convolution ($\mathcal{F}^{-1}\{H(f)X(f)\} = h * x$), on peut donc tout aussi bien définir l'opération de filtrage dans le domaine temporel. Considérons un signal original $x(t)$ que l'on désire filtrer avec un filtre $H(f)$ défini dans le domaine des fréquences; le signal filtré, $y(t)$, est obtenu par:

$$y(t) = \mathcal{F}^{-1}\{H(f)X(f)\} = h * x = \int_{-\infty}^{\infty} h(\tau)x(t - \tau)d\tau \qquad (13.1)$$

où $X(f)$ est la transformée de Fourier de $x(t)$ et $h(\tau)$, la réponse impulsionnelle du filtre, est définie par la transformée de Fourier inverse de $H(f)$:

$$h(\tau) = \int_{-\infty}^{\infty} H(f)\, e^{j2\pi f\tau}\, df \quad . \qquad (13.2)$$

Pour illustrer la technique, considérons un signal composé de deux signaux caractérisés par des bandes passantes différentes $y(t) = x_1(t) + x_2(t)$. On dira que $x_1(t)$ et $x_2(t)$ ont des spectres disjoints tels qu'illustrés sur la figure 13.1. Il suffira d'utiliser un filtre passe-bas sur le signal $y(t)$ pour récupérer $x_1(t)$, ou un filtre passe-bande pour extraire $x_2(t)$. Nous avons illustré ici des filtres idéaux en termes de réponse en fréquence (les coupures sont carrées). Il faut cependant souligner deux points: 1) ces filtres idéaux ne correspondent pas à des filtres analogiques réalisables; 2) comme dans le cas de la fenêtre de troncature rectangulaire, la transformée inverse du filtre présentera des rebondissements. En fait, la réponse impulsionnelle du filtre (sortie obtenue en utilisant une impulsion comme entrée) montrera des oscillations amorties correspondant aux bords verticaux de $H(f)$.

**Figure 13.1**   Représentation schématique de filtres dans le domaine des fréquences

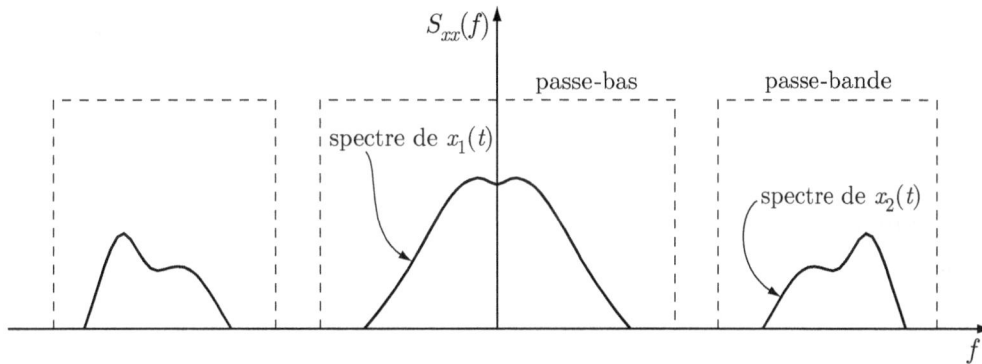

Dans bien des cas on pourra plutôt utiliser un filtre de type Butterworth, par exemple, de façon à avoir une réponse en fréquence continue. Le module ou le gain d'un filtre Butterworth d'ordre $n$ est défini par :

$$|H(f)| = \frac{1}{\sqrt{1 + (f/f_0)^{2n}}} \cdot \qquad (13.3)$$

La figure 13.2 montre l'évolution du gain en fonction de la fréquence pour des filtres de type Butterworth de différents ordres. Pour des fréquences loin de la fréquence de coupure $f_0$, ce type de filtre est caractérisé par une asymptote dont la pente est de $-20n$ dB/décade (ou $-6n$ dB/octave). On peut vérifier sur la figure 13.2 que pour un filtre d'ordre 8 par exemple, on a bien une asymptote de -160 dB/décade.

**Figure 13.2**   Réponse en fréquence (gain) de filtres de type Butterworth d'ordre $n = 1$ à 8

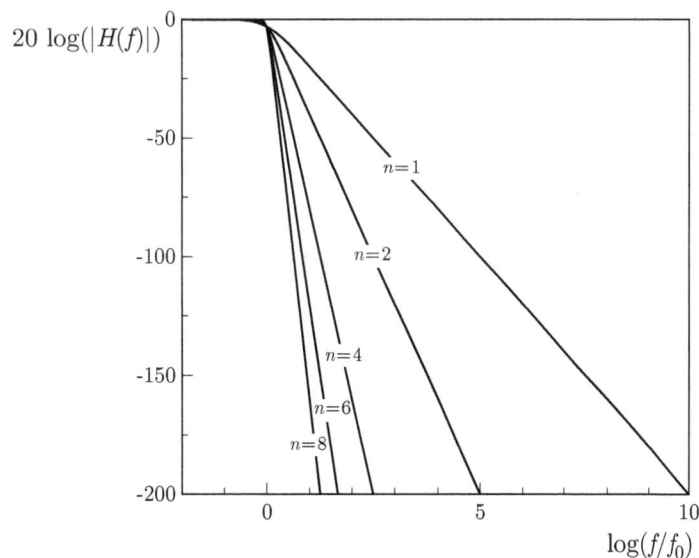

Pour mettre en application une procédure de filtrage dans le domaine des fréquences, il est important de considérer les deux points suivants :

1. La transformée de Fourier du signal $x(t)$ est définie comme suit :

$$X(f) = \int_0^T x(t)\,\cos(2\pi f t)dt - j\int_0^T x(t)\,\sin(2\pi f t)dt = X_R(f) - jX_I(f) \quad (13.4)$$

On constate que les parties réelle et imaginaire sont respectivement des fonctions paire et impaire; $X_R(-f) = X_R(f)$ et $X_I(-f) = -X_I(f)$. Il faut donc prendre soin de filtrer aussi bien les composantes de fréquences négatives que celles de fréquences positives avant de faire la transformée de Fourier inverse.

2. Le filtre $H(f)$, que l'on doit multiplier par $X(f)$, est un vecteur de valeurs réelles. Il faut s'assurer que les éléments de ce vecteur soient ordonnés de la même façon que ceux du vecteur $X(f)$. Par exemple, tel qu'illustré à la section 12.2, les éléments du vecteur de sortie d'un algorithme de transformée de Fourier peuvent être ordonnés selon la séquence $f_0, f_1, f_2, \dots, f_c, \dots, -f_2, -f_1$. Pour chacune des fréquences, on trouvera la partie réelle suivie de la partie imaginaire. Le vecteur $X(f) = X_R(f) - j\,X_I(f)$ comprend ainsi $2N$ valeurs, soit $N$ nombres réels et $N$ nombres imaginaires. Notons enfin que si on effectue une multiplication avec des variables complexes, il faudra prendre soin de mettre à zéro les valeurs imaginaires du filtre.

## 13.1.2  Filtrage dans le domaine temporel

Dans les paragraphes précédents, nous mentionnons que l'opération de filtrage dans le domaine des fréquences peut être effectuée dans le domaine temporel par le biais de la convolution $h * x$. Nous avons alors établi que le signal filtré peut s'écrire comme :

$$y(t) = \mathcal{F}^{-1}\{H(f)X(f)\} = h * x = \int_{-\infty}^{\infty} h(\tau)x(t - \tau)d\tau \quad (13.5)$$

Rappelons que cela consiste à faire la somme des entrées futures ($\tau < 0$), actuelle ($\tau = 0$) et précédentes ($\tau > 0$) pondérées par $h(\tau)$, la réponse impulsionnelle du filtre (aussi appelée fonction de pondération – voir le chapitre 2). On dira qu'un filtre est *réalisable* s'il n'implique pas les entrées futures ($\tau \geq 0$); dans le cas inverse il s'agira d'un filtre *non-réalisable* dans le sens d'une application en temps réel, puisque les entrées futures ne sont pas connues. En partant de ce principe, on peut aussi faire la convolution avec l'ensemble des sorties précédentes en plus de celle réalisée avec les entrées; on obtient alors une classe de filtres encore plus générale. Les paragraphes suivants décrivent les filtres que l'on obtient en appliquant cette procédure.

Il existe deux types de filtres dans le domaine temporel : les filtres récursifs et non récursifs. Les filtres récursifs, que l'on appelle aussi filtres à réponse impulsionnelle infinie (*IIR*), sont directement issus de la numérisation des filtres analogiques (incluant la phase). Les filtres non récursifs, aussi appelés filtres à réponse impulsionnelle finie (*FIR*), constituent un cas particulier du filtre *IIR*.

## Filtres récursifs (*IIR*)

Ces filtres sont caractérisés par une sortie qui est fonction à la fois des sorties précédentes et des entrées courantes et précédentes. L'équation générale du filtre *IIR réalisable* s'écrit :

$$y_n = \sum_{k=0}^{M} c_k x_{n-k}\,\Delta t + \sum_{k=1}^{N} d_k y_{n-k}\,\Delta t = \sum_{k=0}^{\infty} h_k x_{n-k}\,\Delta t \tag{13.6}$$

Comme la sortie actuelle est fonction des entrées et sorties précédentes, on peut remonter la dépendance de $y_n$ jusqu'à $t \to -\infty$. C'est pourquoi on utilise l'appellation *système à mémoire infinie*; ceci implique aussi que $h_k$, la réponse impulsionnelle du filtre, sera théoriquement infinie ($k \to \infty$), d'où le terme *IIR*. En faisant la transformée de Fourier de l'expression précédente (rappelons qu'il s'agit de convolutions), on obtient :

$$Y(f) = C(f)X(f) + D(f)Y(f) = H(f)X(f) \tag{13.7}$$

La réponse en fréquence du filtre est ainsi définie par :

$$H(f) = \frac{C(f)}{1 - D(f)} \tag{13.8}$$

Notons qu'un filtre *IIR* s'apparente à un système asservi (boucle de rétro-action); on pourra donc bénéficier de la flexibilité reconnue de ces systèmes. En contrepartie, il faudra apporter un soin particulier à la stabilité du filtre à l'étape de design.

## Filtres non récursifs (*FIR*)

Dans le cas où les coefficients $d_k$ de l'expression précédente sont tous nuls, la sortie $y_k$ ne dépend plus des sorties précédentes et le filtre devient non-récursif. Ce cas particulier donne un système à *mémoire finie* et la réponse impulsionnelle du filtre est alors finie, d'où l'appellation *FIR*. Ces filtres sont ainsi caractérisés par une sortie qui est seulement fonction des entrées précédentes :

$$y_n = \sum_{k=0}^{M} h_k x_{n-k}\,\Delta t \tag{13.9}$$

Les filtres *FIR* sont simples à mettre en œuvre et offrent l'avantage d'être toujours stables. Ils peuvent également avoir une phase exactement linéaire, ce qui peut être désirable dans certaines applications (transmission de données, traitement d'image, filtrage audio, etc.), alors que la phase des filtres *IIR* est non-linéaire. Notons que dans le cas du filtrage en fréquences vu précédemment, on définissait uniquement le module du filtre, sa phase étant considérée implicitement nulle. Ce type de filtre en fréquences peut donc être représenté par un filtre *FIR* à phase nulle.

En contrepartie, pour effectuer la même tâche que les filtres *IIR*, les filtres *FIR* nécessiteront l'emploi d'un plus grand nombre de coefficients; ceci constitue leur principal désavantage, et ce, surtout dans le contexte du filtrage en temps réel, puisque leur mise en œuvre impliquera un plus grand temps de calcul et requerra davantage d'espace mémoire.

### Quelques filtres FIR simples

- Filtre sommation (« *smoothing filter* » = lissage)

  Si on pose tous les coefficients $h_k = 0$ sauf $h_0 = h_1 = B$, on obtient :

  $$y_n = (h_0 x_n + h_1 x_{n-1})\,\Delta t = B\,(x_n + x_{n-1})\,\Delta t \qquad (13.10)$$

  La réponse en fréquence de ce filtre est :

  $$\begin{aligned} H(f) &= \sum_{m=0}^{1} h_m\, e^{-j2\pi f m \Delta t} \\ &= h_0 + h_1\, e^{-j2\pi f \Delta t} = B\left(1 + e^{-j2\pi f \Delta t}\right) \\ &= B\left(e^{j\pi f \Delta t} + e^{-j\pi f \Delta t}\right) e^{-j\pi f \Delta t} \end{aligned} \qquad (13.11)$$

  En utilisant les identités d'Euler on obtient finalement :

  $$H(f) = 2B\cos(\pi f \Delta t)\, e^{-j\pi f \Delta t} \qquad (13.12)$$

  La notation de fréquence discrète $f_k = k/(N\Delta t)$ nous permet d'écrire le module et la phase de la réponse en fréquence du filtre sommation comme :

  $$|H(f_k)| = 2B\,|\cos(\pi k/N)| \quad \text{et} \quad \phi(f_k) = \pi k/N \qquad (13.13)$$

  On note que pour $k = 0$, on obtient $|H(f_k)| = 2B$ et $\phi(f_k) = 0$ et pour $k = N/2$ (fréquence de Nyquist) on obtient $|H(f_k)| = 0$ et $\phi(f_k) = \pi/2$. Les graphiques de la figure 13.3 illustrent les évolutions du module et de la phase de ce filtre en fonction de $k$.

**Figure 13.3**    Module et phase d'un filtre sommation

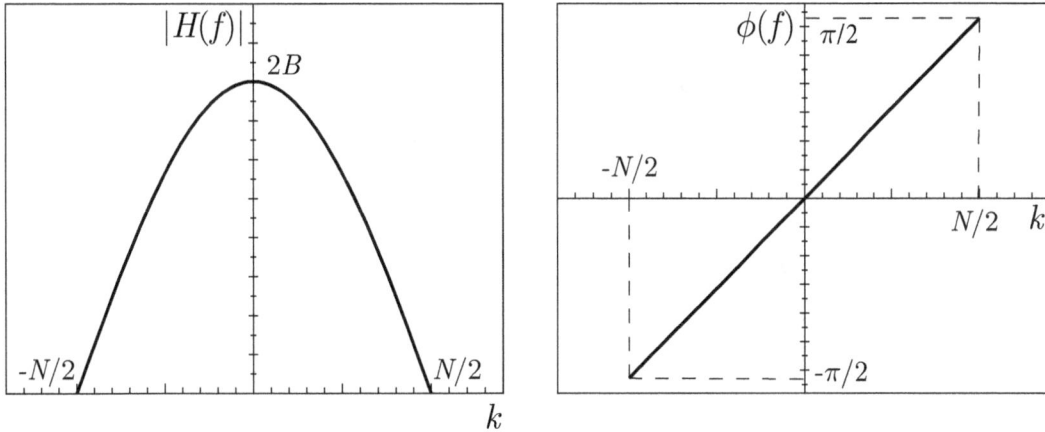

On constate que le filtre sommation est un filtre passe-bas dont la phase est linéaire.

- Filtre différence (« *difference filter* »)

  Si on pose tous les coefficients $h_k = 0$ sauf $h_0 = -h_1 = B$, on obtient:

  $$y_n = (h_0 x_n + h_1 x_{n-1})\, \Delta t = B\, (x_n - x_{n-1})\, \Delta t \qquad (13.14)$$

La réponse en fréquence de ce filtre est:

$$
\begin{aligned}
H(f) &= \sum_{m=0}^{1} h_m\, e^{-j2\pi f m \Delta t} \\
&= h_0 + h_1\, e^{-j2\pi f \Delta t} = B\left(1 - e^{-j2\pi f \Delta t}\right) \\
&= B\left(e^{j\pi f \Delta t} - e^{-j\pi f \Delta t}\right) e^{-j\pi f \Delta t} \qquad (13.15)
\end{aligned}
$$

En utilisant les identités d'Euler et le fait que $j = e^{j\pi/2}$, on obtient finalement:

$$H(f) = 2Bj \sin(\pi f \Delta t)\, e^{-j\pi f \Delta t} = 2B \sin(\pi f \Delta t)\, e^{-j\,(\pi f \Delta t - \pi/2)} \qquad (13.16)$$

Avec $f_k = k/(N\Delta t)$, la forme discrète du module et de la phase de la réponse en fréquence du filtre différence s'écrit:

$$|H(f_k)| = 2B\, |\sin(\pi k/N)| \quad \text{et} \quad \phi(f_k) = \begin{cases} \dfrac{\pi k}{N} + \dfrac{\pi}{2} & \text{si } -\dfrac{N}{2} \le k \le 0 \\[2mm] \dfrac{\pi k}{N} - \dfrac{\pi}{2} & \text{si } \quad 0 \le k \le \dfrac{N}{2} \end{cases}$$

On note que pour $k = 0$, on obtient $|H(f_k)| = 0$ et $\phi(f_k) = \pm\pi/2$ et pour $k = N/2$ (fréquence de Nyquist) on obtient $|H(f_k)| = 2B$ et $\phi(f_k) = 0$. Les graphiques de la figure 13.4 illustrent les évolutions du module et de la phase de ce filtre en fonction de $k$.

**Figure 13.4**    Module et phase d'un filtre différence

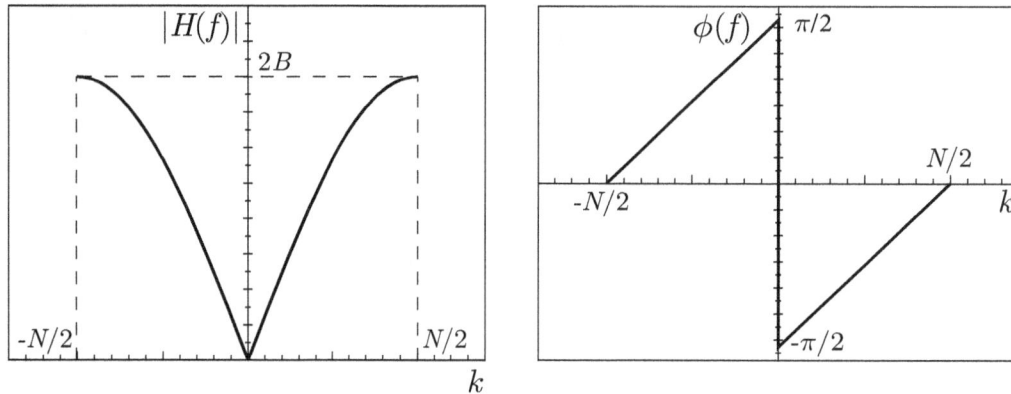

On constate que le filtre différence est un filtre passe-haut dont la phase est linéaire mais discontinue à fréquence nulle.

## Forme matricielle de l'opération de convolution

Nous avons vu qu'un filtre *FIR* réalisable est caractérisé, sous forme discrète, par l'équation suivante :

$$y_n = \sum_{k=0}^{M} h_k x_{n-k} \, \Delta t \qquad (13.17)$$

Pour un filtre à $N$ coefficients ($M = N - 1$), cette équation peut s'écrire sous forme matricielle comme suit :

$$\mathbf{Y} = (\mathbf{C} \times \mathbf{X}) \, \Delta t \Rightarrow \begin{pmatrix} y_1 \\ y_2 \\ y_1 \\ y_3 \\ \vdots \\ y_N \end{pmatrix} = \begin{pmatrix} h_0 & 0 & 0 & 0 & \cdots & 0 \\ h_1 & h_0 & 0 & 0 & \cdots & 0 \\ h_2 & h_1 & h_0 & 0 & \cdots & 0 \\ h_3 & h_2 & h_1 & h_0 & \cdots & 0 \\ \vdots & & & & \ddots & \vdots \\ h_{N-1} & \cdots & & & h_1 & h_0 \end{pmatrix} \begin{pmatrix} x_1 \\ x_2 \\ x_3 \\ x_4 \\ \vdots \\ x_N \end{pmatrix} \Delta t$$

Notons que la matrice de coefficient $C$ est une matrice triangulaire. On remarque de plus que seul le dernier point ($y_N$) sera affecté par tous les coefficients $h_k$ du filtre. On obtiendra aussi des premiers points biaisés car ceux-ci ne seront affectés que par peu de coefficients du filtre (par exemple, $y_1 = h_0 x_1 \, \Delta t$ seulement...). Pour éviter ce problème, on pourra construire un filtre pair et effectuer la convolution pour des valeurs de $k$ négatives. Le filtre devient alors un filtre *non réalisable* car la convolution sera effectuée sur des entrées futures ($n - k > n$ pour $k < 0$). Ceci ne pose cependant pas de problème dans les cas où les entrées sont toutes connues. Cette technique ne s'applique donc pas aux signaux dont on veut faire l'acquisition et le traitement en temps réel. En considérant les valeurs de $k$ négatives, l'opération de convolution s'écrit :

$$y_n = \sum_{k=-N+1}^{N-1} h_k x_{n-k} \, \Delta t \tag{13.18}$$

Si le filtre est défini comme une fonction paire ($h_{-1} = h_1$, ..., $h_{-N+1} = h_{N-1}$) on peut écrire l'opération de filtrage sous la forme matricielle suivante :

$$\mathbf{Y} = (\mathbf{H} \times \mathbf{X}) \, \Delta t \Rightarrow \begin{pmatrix} y_1 \\ y_2 \\ y_1 \\ y_3 \\ \vdots \\ y_N \end{pmatrix} = \begin{pmatrix} h_0 & h_1 & h_2 & h_3 & \cdots & h_{N-1} \\ h_1 & h_0 & h_1 & h_2 & \cdots & h_{N-2} \\ h_2 & h_1 & h_0 & h_1 & \cdots & h_{N-3} \\ h_3 & h_2 & h_1 & h_0 & \cdots & h_{N-4} \\ \vdots & & & & \ddots & \vdots \\ h_{N-1} & \cdots & & & h_1 & h_0 \end{pmatrix} \begin{pmatrix} x_1 \\ x_2 \\ x_3 \\ x_4 \\ \vdots \\ x_N \end{pmatrix} \Delta t$$

Notons que cette matrice de coefficient $\mathbf{H}$ est une matrice symétrique ($\mathbf{H} = \mathbf{H^T}$) que l'on peut obtenir en symétrisant la matrice triangulaire $\mathbf{C}$ de la page précédente.

### Filtre rectangulaire – Introduction à la méthode de la fenêtre

La méthode de la fenêtre consiste à définir un filtre dans le domaine des fréquences et à déterminer sa réponse impulsionnelle par transformée de Fourier inverse. On peut illustrer cette méthode simple à l'aide du filtre *idéal* de forme rectangulaire. Ce filtre $H(f)$ est caractérisé par une phase nulle et une bande passante de type échelon unitaire comprise entre deux fréquences $f_1$ et $f_2$. En considérant que $H(f)$ et cosinus sont des fonctions paires et que sinus est une fonction impaire, on peut écrire la réponse impulsionnelle de ce filtre comme suit :

$$h(t) = \int_{-\infty}^{\infty} H(f) e^{j2\pi ft} \, df = 2 \int_{f_1}^{f_2} \cos(2\pi ft) \, df \tag{13.19}$$

$$\Rightarrow h(t) = \frac{\big(\sin(2\pi f_2 t) - \sin(2\pi f_1 t)\big)}{\pi t} \tag{13.20}$$

Notons que la réponse impulsionnelle correspondant à $t = 0$ est obtenue en appliquant la règle de l'Hospital : $h(0) = 2(f_2 - f_1)$. On peut construire un filtre symétrique en considérant des valeurs de $t$ négatives, ce qui permet de définir la matrice $\mathbf{H}$ de la méthode présentée précédemment. La figure 13.5 illustre différentes réponses impulsionnelles obtenues pour quelques filtres idéaux. Ces filtres ont été définis pour traiter un signal de 256 points échantillonnés à une fréquence de 512 points par seconde. Rappelons que ce signal est caractérisé par une fréquence de Nyquist de 256 Hz et une résolution spectrale $\Delta f = 2$ Hz. Remarquons que la taille des réponses impulsionnelles a été doublée ($2N - 1 = 511$) de façon à rendre le filtre symétrique afin de faire la convolution pour les temps négatifs.

En faisant la transformée de Fourier inverse d'une fonction filtre définie dans le domaine des fréquences, on obtient une fonction définie jusqu'à $t \to \infty$. Par conséquent, le filtre ainsi obtenu n'est pas à proprement parler un filtre de type *FIR*. Pour contourner ce problème, on peut multiplier la réponse impulsionnelle par une fenêtre de troncature, ce qui a pour but d'imposer des valeurs nulles aux frontières du domaine temporel du filtre.

### Troncature temporelle : phénomène de Gibbs

Lorsque l'on effectue l'opération de convolution discrète et que l'on n'utilise aucune fenêtre de troncature, on impose implicitement une troncature avec une fenêtre rectangulaire. Considérons le cas particulier d'un filtre idéal rectangulaire et analysons la nature de la réponse en fréquence du filtre résultant d'une troncature temporelle rectangulaire. La réponse en fréquence résultante est obtenue en faisant la transformée de Fourier de la réponse impulsionnelle. Avant de développer cette fonction, résumons brièvement les différentes étapes du raisonnement :

1. Définition d'un filtre idéal rectangulaire $H'(f)$.

2. Réponse impulsionnelle du filtre : $h(t) = \mathcal{F}^{-1}\{H'(f)\}$; rappelons que $h(t)$ est défini pour $t \to \pm\infty$.

3. Filtrage = convolution discrète sur $N$ points
   $\Rightarrow$ réponse impulsionnelle $h(t)$ tronquée.

4. Réponse en fréquence résultant de la troncation : $H(f) = \mathcal{F}\{h(t)\}$; notons que $H(f) \neq H'(f)$.

Considérons un filtre idéal rectangulaire et sa réponse impulsionnelle $h(t)$ telle que définie précédemment. Dans le cadre d'une opération de convolution avec un signal de durée finie, on sait que l'on impose une troncation implicite de $h(t)$ entre $-T$ et $T$. La transformée de Fourier de $h(t)$ ainsi tronquée s'écrit :

$$H(f) = \int_{-T}^{T} \frac{\left( \sin\left(2\pi f_2 t\right) - \sin\left(2\pi f_1 t\right) \right)}{\pi t} e^{-j2\pi ft} \, dt \tag{13.21}$$

**Figure 13.5**    Réponses impulsionnelles obtenues pour quelques filtres *FIR* idéaux

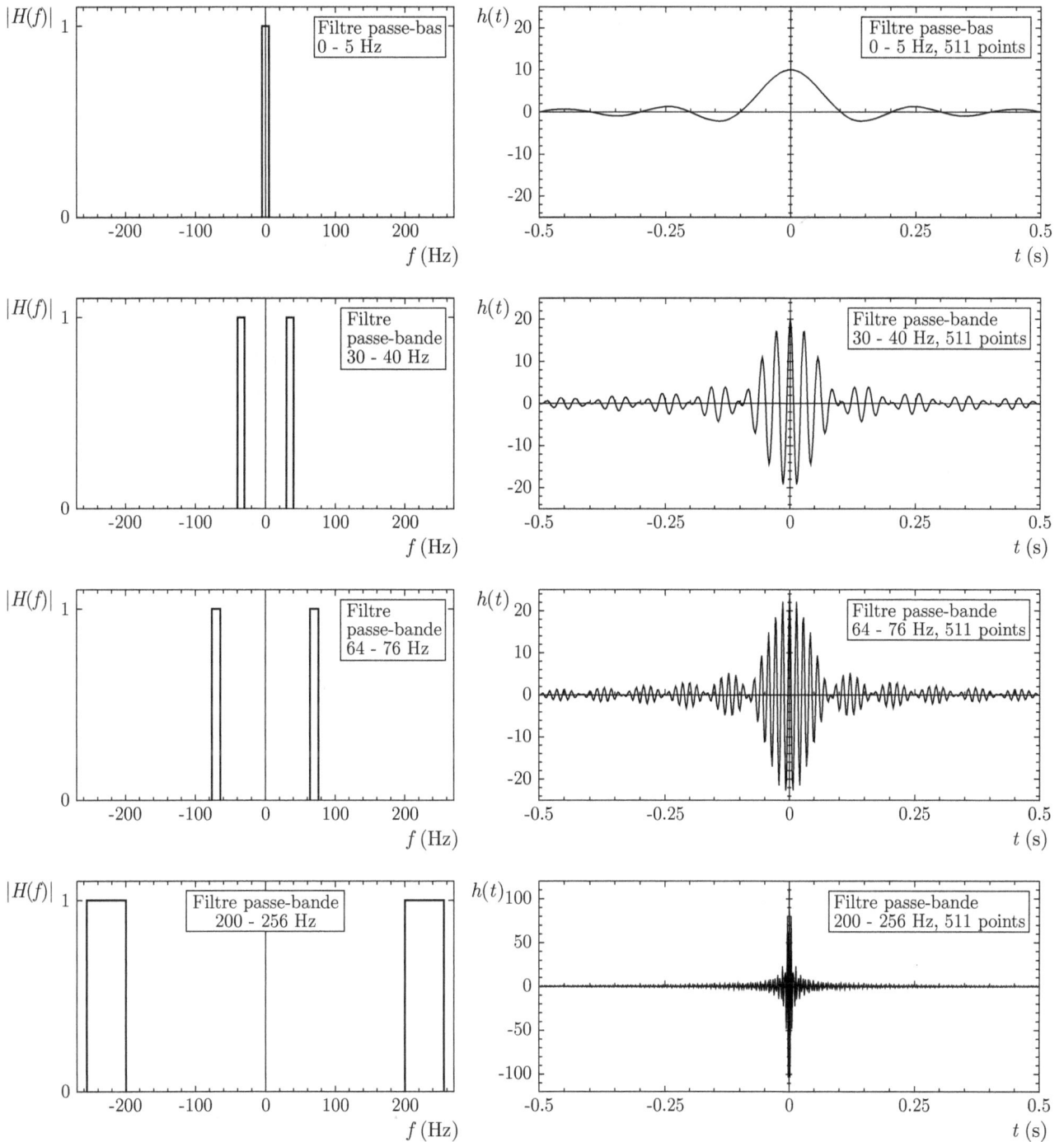

Comme la fonction $\sin(x)/x$ est paire, son produit avec un cosinus sera pair alors que celui avec un sinus sera impair. On peut donc écrire :

$$H(f) = 2 \int_0^T \frac{\left(\sin\left(2\pi f_2 t\right) - \sin\left(2\pi f_1 t\right)\right)}{\pi t} \cos(2\pi f t) \, dt \qquad (13.22)$$

En utilisant la relation trigonométrique $\sin(A)\cos(B) = (\sin(A-B) + \sin(A+B))/2$, on peut écrire :

$$H(f) = \int_0^T \left( \frac{\sin\left(2\pi(f_2 - f)t\right)}{\pi t} + \frac{\sin\left(2\pi(f_2 + f)t\right)}{\pi t} \right. \qquad (13.23)$$

$$\left. - \frac{\sin\left(2\pi(f_1 - f)t\right)}{\pi t} - \frac{\sin\left(2\pi(f_1 + f)t\right)}{\pi t} \right) \, dt \qquad (13.24)$$

En faisant des changements de variable du type

$$x = 2\pi(f_2 - f)t \quad (\Rightarrow x = 2\pi(f_2 - f)T \text{ pour } t = T) \text{ et } dx = 2\pi(f_2 - f)\, dt \quad (13.25)$$

et ainsi de suite pour les autres variables, on peut écrire :

$$H(f) = \frac{1}{\pi} \left( \int_0^{2\pi(f_2-f)T} \frac{\sin x}{x} \, dx + \int_0^{2\pi(f_2+f)T} \frac{\sin x}{x} \, dx \right.$$

$$\left. - \int_0^{2\pi(f_1-f)T} \frac{\sin x}{x} \, dx - \int_0^{2\pi(f_1+f)T} \frac{\sin x}{x} \, dx \right) \qquad (13.26)$$

On constate que le problème se réduit à la somme de quatre intégrales en $\sin(x)/x$, dénommées « intégrales en sinus », et dont la solution est du type :

$$\mathrm{Si}(a) = \int_0^a \frac{\sin x}{x} \, dx = a - \frac{a^3}{3 \cdot 3!} + \frac{a^5}{5 \cdot 5!} - \ldots \qquad (13.27)$$

Cette fonction est impaire et tend asymptotiquement vers $\pm\pi/2$ lorsque $a \to \pm\infty$. La figure 13.6 illustre l'évolution de $\mathrm{Si}(a)$ pour $-20 \le a \le 20$. Notons que $\mathrm{Si}(a)$ se comporte quasi-linéairement pour des faibles valeurs de $a$ et que les maxima sont observés pour $a = \pm\pi$, soit $\mathrm{Si}(a = \pm\,\pi) \simeq \pm 1.85$.

**Figure 13.6**    Évolution de la fonction Si($a$) dénommée intégrale en sinus

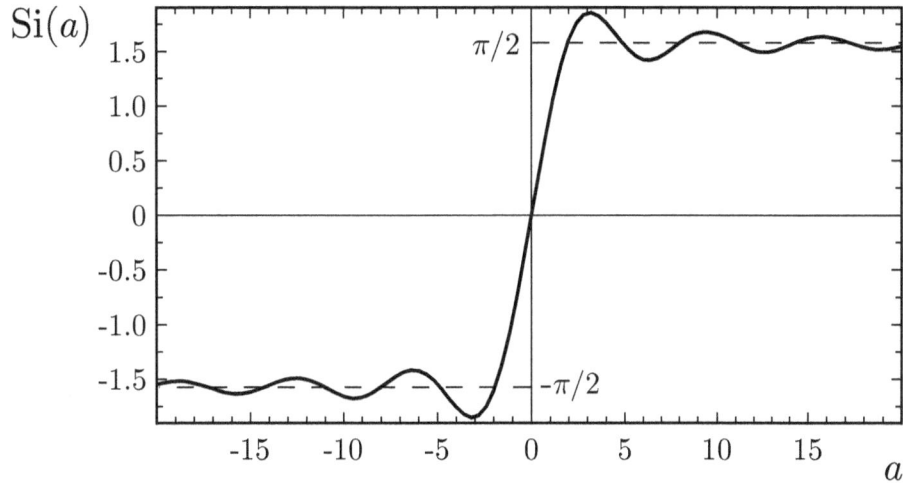

En utilisant la notation de l'intégrale en sinus, la réponse en fréquence du filtre résultant peut s'écrire :

$$H(f) = \frac{1}{\pi}\left(\mathrm{Si}(2\pi(f_2 - f)T) + \mathrm{Si}(2\pi(f_2 + f)T) - \mathrm{Si}(2\pi(f_1 - f)T) - \mathrm{Si}(2\pi(f_1 + f)T)\right)$$

(13.28)

Le caractère ondulatoire de la fonction Si($a$) autour de zéro fera apparaître des oscillations au voisinage des points de discontinuité de la fonction $H(f)$ (soit aux fréquences de coupure, puisque $f_1 - f$ ou $f_2 - f$ tend vers 0 au voisinage de ces fréquences). Ceci sera d'autant plus marqué lorsque la valeur de $a$ sera réduite par une faible valeur de $T$ (filtre défini par peu de points dans le cas discret). Cette particularité qui, rappelons-le, est induite par la troncature temporelle de la réponse impulsionnelle du filtre, est dénommée *phénomène de Gibbs*.

Les graphiques de la figure 13.7 illustrent de quelle façon le phénomène de Gibbs influence la réponse en fréquence d'un filtre rectangulaire idéal. Comme dans les exemples précédents, il s'agit d'un filtre conçu pour traiter un signal de 256 points échantillonnés à une fréquence de 512 points par seconde.

Ces paragraphes donnent seulement un aperçu du filtrage dans le domaine temporel. Soulignons qu'il existe des livres complets dédiés à ce seul sujet. Dans le cadre du présent ouvrage, nous nous limitons à ce bref exposé.

**Figure 13.7** Illustration de l'effet du phénomène de Gibbs sur quelques filtres *FIR* idéaux

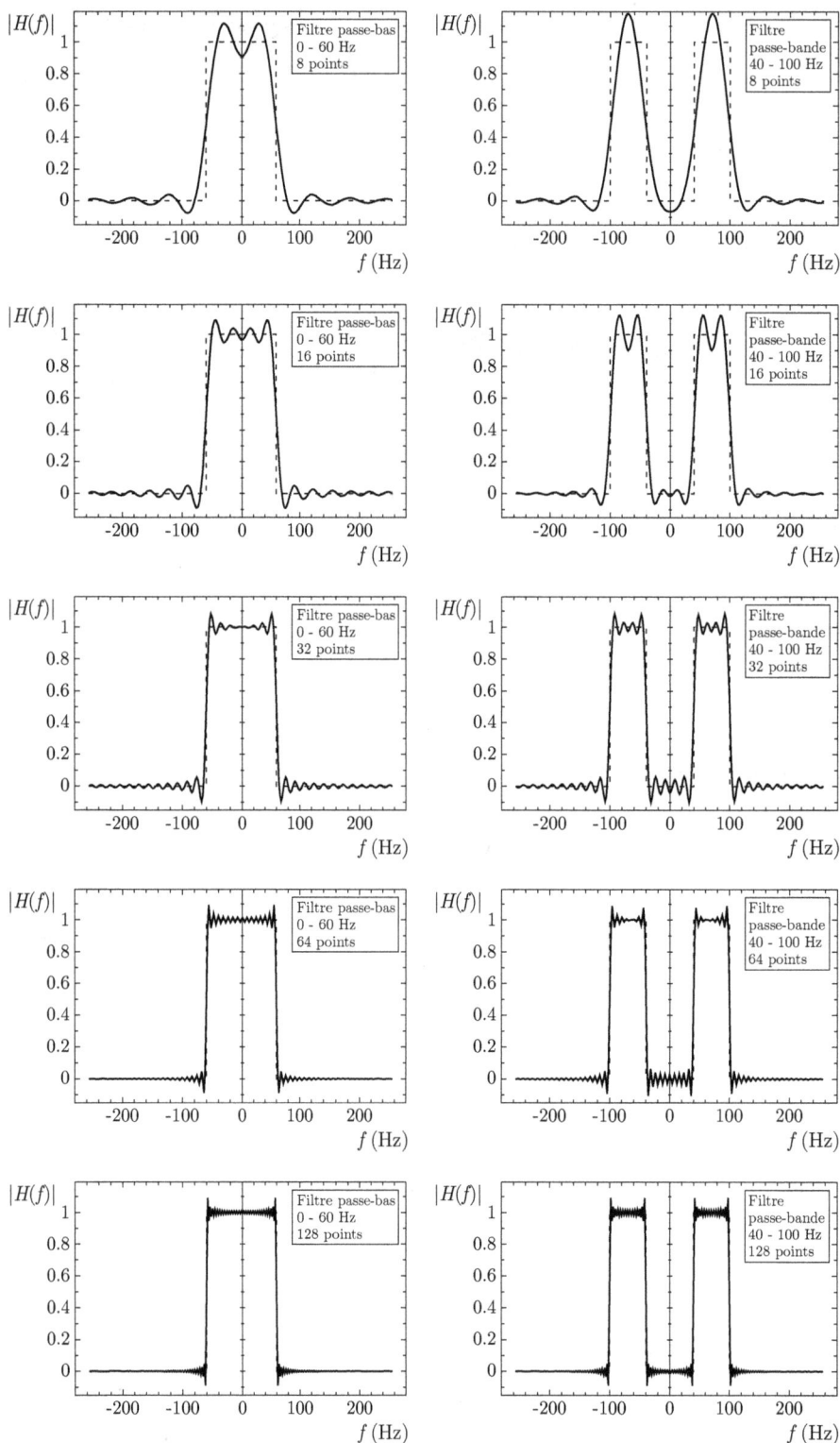

# Annexes

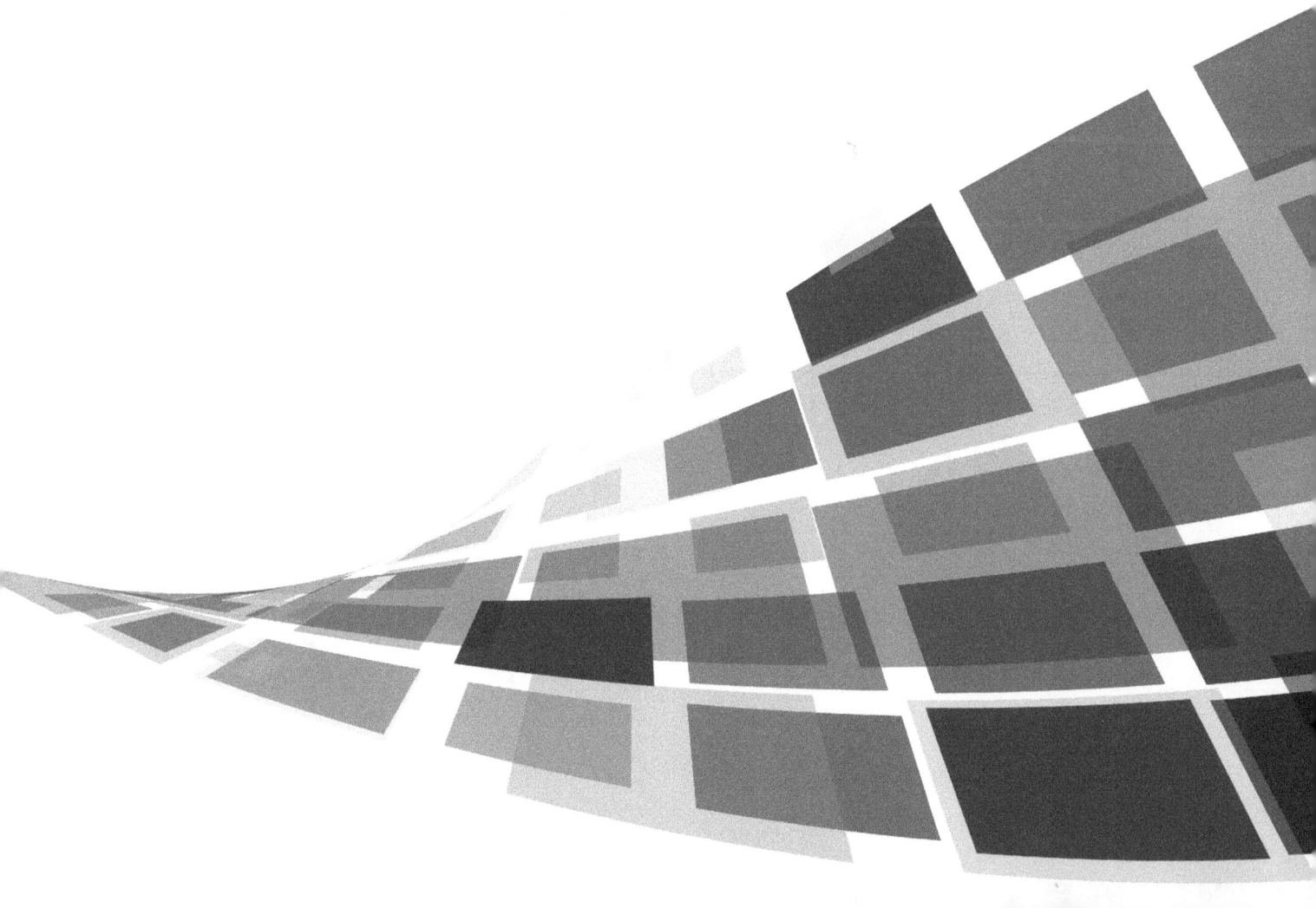

# Annexe A
# Exercices

## Chapitre 1

1.1  On effectue 5 mesures de température dans une chambre maintenue à température constante. Les résultats sont les suivants :

$$T_1 = 20.1\,°\mathrm{C} \quad T_2 = 20.2\,°\mathrm{C} \quad T_3 = 19.7\,°\mathrm{C} \quad T_4 = 19.8\,°\mathrm{C} \quad \text{et} \quad T_5 = 20.2\,°\mathrm{C}$$

Écrire la valeur moyenne ainsi que sa précision sous la forme $\overline{T} \pm \epsilon$ avec une probabilité de 95% d'inclure la vraie valeur. On suppose que l'erreur de biais est nulle.

1.2  Une machine fabrique de petites pièces dont l'épaisseur est de 1 mm. La production dans son ensemble présente un écart-type de 0.1 mm sur l'épaisseur des pièces. Si on prélève 40 pièces au hasard, déterminer la probabilité qu'en empilant les pièces la hauteur de la pile soit comprise entre 33.26 et 46.74 mm.

1.3  Considérons une sonde de température de type RTD dont la résistance est déterminée par la relation suivante :

$$R = R_0 \left[ 1 + \alpha(T - T_0) \right] \ ,$$

avec $\alpha = 0.003925$ °$\mathrm{C}^{-1}$ et $R_0 = 25\ \Omega$ à $T_0 = 0$ °C. On pourra négliger les incertitudes sur $\alpha$, $R_0$ et $T_0$. On mesure la résistance de la sonde avec un pont de Wheatstone (voir le chapitre 8). Lorsque le pont est à l'équilibre, on obtient :

$$R = R_1 \frac{R_3}{R_2}$$

Les couples de résistances $R_1$, $R_3$ et $R_2$, $R$ sont respectivement situés dans des branches opposées du pont. Pour faire ce montage, on utilise des résistances qui ont une certaine précision; c'est-à-dire que la valeur des résistances $R_1$, $R_2$ et $R_3$ peut changer dans le temps sans qu'il y ait changement réel de $R$. On choisit ainsi :

$R_1 =$ résistance variable précise à $\pm 0.025\ \Omega$; elle sert à équilibrer le pont.

$R_2 = R_3 = 25\ \Omega \pm 0.04\%$.

On fera les calculs pour $R_1 = 25\ \Omega$. On cherche à obtenir des mesures de température d'une précision inférieure à $\pm 0.4\ °C$. Est-ce que la précision des résistances choisies est suffisante?

1.4    On cherche à déterminer la masse volumique d'un gaz à l'aide de la loi des gaz parfaits:

$$\rho = \frac{p}{RT}$$

La constante du gaz est $R = 0.2943$ kJ/kg $\cdot$ K et on admet que l'incertitude sur cette valeur est négligeable.

On effectue une compression du gaz dans un contenant rigide et hermétique, tout en mesurant de façon indépendante la température et la pression. On construit ainsi des échantillons de 20 lectures de température et de 10 lectures de pression sur lesquels on calcule les statistiques suivantes:

$$\overline{p} = 108\ \text{kPa} \quad s_p = 8\ \text{kPa}$$

$$\overline{T} = 311\ \text{K} \quad s_T = 1.7\ \text{K}$$

On utilisera la loi des gaz parfaits avec les valeurs moyennes:

$$\overline{\rho} = \frac{\overline{p}}{R\overline{T}}$$

Pour analyser l'incertitude sur $\overline{\rho}$, il faudra considérer les écarts-types des moyennes.

Les incertitudes pouvant être à la source d'erreurs de biais ont été quantifiées comme suit (sources d'erreurs: plage d'exactitude fournie par le fabricant, résolution du capteur...):

Capteur de pression: $B_{\overline{p}} = \pm 1.1$ kPa

Capteur de température: $B_{\overline{T}} = \pm 0.3$ K

Déterminer l'incertitude $u_\rho$ sur $\overline{\rho}$, de telle sorte que la valeur vraie soit incluse dans l'intervalle $\overline{\rho} \pm u_\rho$ avec une probabilité de 95%.

1.5    On considère un processus d'étalonnage impliquant un calcul de régression linéaire de type $y_e = a_0 + a_1 x$. Les 22 points $(x_i, y_i)$ fournis dans le tableau suivant servent à effectuer ce calcul. Tous les points sont affectés par les mêmes incertitudes de biais et de précision ($t_{u,P} = 2$), soit: $B_x = 0.1$, $P_x = 0.1$, $B_y = 0.15$, $P_y = 0.12$, $B_{x_i x_k} = B_x^2$, $B_{y_i y_k} = B_y^2$ et $B_{x_i y_k} = 0$.

a)    Déterminer les incertitudes de régression $u_{\text{rég}}$ affectant les valeurs calculées de $y_e$ et tracer le graphique de l'incertitude $\pm\ u_{\text{rég}}$ en fonction de $x$ ainsi que la répartition des écarts $y_i - y_{e_i}$.

b) Lorsque l'on utilise l'instrument préalablement étalonné, on mesure une valeur $x_m = 5.1$ et l'incertitude affectant cette valeur est $u_{x_m} = 0.2$. Pour un biais croisé $B_{x_m x_i} = B_x^2$, calculer l'incertitude $u_{y_{e_m}}$ affectant la valeur estimée $y_{e_m}$. Écrire la valeur estimée sous la forme $y_{e_m} \pm u_{y_{e_m}}$ en conservant un nombre approprié de chiffres significatifs.

Ensemble de points expérimentaux $(x_i, y_i)$ :

| $x_i$ | 0.48 | 0.68 | 0.77 | 0.91 | 1.06 | 1.27 | 1.52 | 1.77 | 1.13 | 1.77 | 2.55 |
|---|---|---|---|---|---|---|---|---|---|---|---|
| $y_i$ | 0.921 | 1.228 | 1.365 | 1.601 | 1.847 | 2.175 | 2.484 | 2.909 | 1.840 | 2.830 | 4.020 |

| $x_i$ | 3.14 | 3.74 | 4.76 | 5.40 | 5.88 | 6.25 | 6.56 | 7.20 | 7.80 | 8.54 | 9.20 |
|---|---|---|---|---|---|---|---|---|---|---|---|
| $y_i$ | 4.950 | 5.800 | 7.300 | 8.230 | 9.100 | 9.600 | 10.120 | 11.050 | 11.900 | 13.150 | 14.200 |

## Chapitre 2

2.1 Calculer la transformée de Laplace de la fonction

$$f(t) = e^{-2t}(3\cos 6t - 5\sin 6t)$$

2.2 Calculer la transformée de Laplace inverse de la fonction

$$F(s) = \frac{3s + 7}{s^2 - 2s - 3}$$

2.3 Calculer la transformée de Laplace inverse $\mathcal{L}^{-1}\{s/(s^2 + a^2)^2\}$ par le théorème de convolution.

2.4 Déterminer la fonction de transfert du système dont les signaux d'entrée et de sortie sont reliés par l'équation différentielle suivante (conditions initiales nulles) :

$$\frac{d^2y}{dt^2} + 3\frac{dy}{dt} + 2y = x + \frac{dx}{dt}$$

2.5 On effectue l'étalonnage dynamique d'un instrument du premier ordre à l'aide d'un signal d'entrée de type échelon dont l'amplitude est de 100 unités (on considère $K = 1$). Après 1.2 seconde, l'instrument indique une valeur de 80 unités.

   a) Estimer la constante de temps de l'instrument.

   b) Estimer l'erreur de la valeur indiquée par l'instrument après 1.5 seconde, sachant que $y(0) = 0$ unité.

2.6 Considérons un instrument du premier ordre que l'on soumet à un signal d'entrée en échelon. Il faut un temps de 0.5 seconde pour que le signal de sortie de l'instrument atteigne 80% de sa valeur finale (ou réponse statique). Déterminer quelle est la constante de temps de l'instrument.

2.7 Considérons un système dynamique dont la fonction de pondération est $h(\tau) = A\, e^{-a\tau}$, avec $a > 0$. Déterminer la réponse en fréquence de ce système.

2.8 On effectue l'étalonnage dynamique d'un instrument du premier ordre en utilisant un signal d'entrée sinusoïdal d'amplitude $x_{i_A} = 10$ unités. Pour différentes fréquences du signal d'entrée, on enregistre les résultats suivants :

| $f$ (Hz) | Amplitude du signal de sortie $V_o$ (V) |
|---:|:---:|
| 10 | 100 |
| 100 | 100 |
| 1 000 | 31.62 |
| 10 000 | 3.162 |

a) Quelle est la fréquence de coupure de l'instrument?

b) Quelle est la constante de temps de l'instrument?

c) Quelle est la sensibilité statique de l'instrument?

2.9 Un instrument du premier ordre réagit selon l'équation suivante :

$$50 v_o + 0.002 \frac{dv_o}{dt} = x_i$$

a) Quelle est la fréquence de coupure de l'instrument?

b) Quelle est la sensibilité statique de l'instrument?

c) Tracer le diagramme de Bode représentant le gain de la réponse en fréquence de l'instrument ($v_0/x_i$ en dB vs $\log f$).

2.10 On applique une impulsion à l'entrée d'un système; on observe un signal de sortie dont la fonction est $e^{-2t}$. Trouver la fonction de transfert du système.

2.11 À partir des équations normales, écrire les expressions déterminant la valeur des coefficients $a_0$ et $a_1$ de la régression des moindres carrés de la forme $y_e = a_0 + a_1 x$ pour un échantillon de $N$ valeurs de $x_i$ et $N$ valeurs de $y_i$.

2.12 Considérons les 5 valeurs $x_i = 1.12$ 2.03 2.97 4.03 5.07 ainsi que les 5 valeurs $y_i = 2.99$ 5.10 7.08 8.95 11.12.

a) Calculer la régression linéaire des moindres carrés de la forme $y_e = a_0 + a_1 x$.

b) Calculer le coefficient de corrélation linéaire $r_{xy} = s_{xy}/(s_x s_y)$.

c) Calculer le coefficient de régression généralisé $r_{yey}$.

d) Vérifier que $\overline{y_e} = \overline{y}$.

e) Vérifier que $\overline{y_e} = a_0 + a_1 \overline{x}$.

2.13 Écrire l'équation déterminant la valeur de $m$ pour une régression de type $y_e = mx$.

2.14 Démontrer que pour une régression linéaire, on peut écrire : $r_{xy} = r_{yey}$.

2.15 Considérons les couples de points suivants :

| $x \times 10^3$ | $y \times 10^2$ | $x \times 10^3$ | $y \times 10^2$ | $x \times 10^3$ | $y \times 10^2$ | $x \times 10^3$ | $y \times 10^2$ |
|---|---|---|---|---|---|---|---|
| 0.00 | 0.00 | 0.75 | 3.36 | 2.50 | 4.94 | 4.25 | 4.67 |
| 0.10 | 0.64 | 1.00 | 3.94 | 2.75 | 4.90 | 4.50 | 5.02 |
| 0.15 | 0.90 | 1.25 | 4.24 | 3.00 | 4.84 | 4.75 | 4.92 |
| 0.20 | 1.58 | 1.50 | 4.20 | 3.25 | 4.86 | 5.00 | 4.73 |
| 0.25 | 2.13 | 1.75 | 4.47 | 3.50 | 4.61 | 5.25 | 4.79 |
| 0.40 | 2.29 | 2.00 | 4.45 | 3.75 | 4.94 | 5.50 | 4.82 |
| 0.50 | 2.95 | 2.25 | 4.53 | 4.00 | 4.71 | 5.75 | 4.63 |

a) Déterminer par régression des moindres carrés les coefficients $a_0$ et $a_1$ de la fonction $y_e = a_0(1 - e^{a_1 x})$ (mettre en graphique $y_e$ et $y$ vs $x$).

b) Calculer le coefficient de régression $r_{yey}$.

2.16 Considérons les couples de points suivants :

| $x$ | $y$ | $x$ | $y$ |
|---|---|---|---|
| 6 | 1.412 | 16 | 1.762 |
| 8 | 1.488 | 18 | 1.849 |
| 10 | 1.597 | 20 | 1.894 |
| 12 | 1.649 | 22 | 1.933 |
| 14 | 1.754 | 24 | 2.002 |

a) Déterminer par régression des moindres carrés les coefficients $a_0$ $a_1$ et $a_2$ de la fonction $y_e = a_0 + a_1 x^{a2}$ (mettre en graphique $y_e$ et $y$ vs $x$).

b) Calculer le coefficient de régression $r_{yey}$

2.17 Considérons les couples de points suivants obtenus lors de l'étalonnage d'une sonde de type thermistor ($x$ = résistance électrique et $y$ = température en *Kelvin*) :

| $x$ | $y$ |
|---|---|
| 93910 | 273 |
| 76931 | 277 |
| 57670 | 283 |
| 45766 | 288 |
| 36481 | 294 |

| $x$ | $y$ |
|---|---|
| 28106 | 299 |
| 24100 | 303 |
| 19231 | 309 |
| 15955 | 313 |
| 13755 | 317 |

a) Déterminer par régression des moindres carrés les coefficients $a_0$, $a_1$ et $a_2$ de la fonction $y_e = 1/[a_0 + a_1 \ln x + a_2 (\ln x)^3]$ (mettre en graphique $y_e$ et $y$ vs $x$).

b) Calculer le coefficient de régression $r_{yey}$.

# Chapitre 3

3.1 Soit le circuit de la figure suivante.

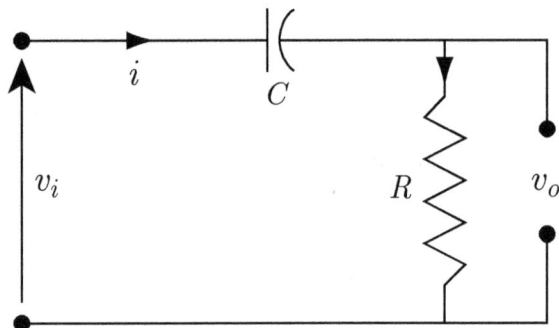

a) Déterminer l'impédance $Z_{\text{éq.}}$ de ce circuit dans le domaine de Fourier.

b) Déterminer la réponse en fréquence $H(\omega)$ (on considère des tensions harmoniques).

c) Déterminer le gain de la réponse en fréquence.

d) Quel est le gain de la réponse en fréquence pour $\omega = 0$ et pour $\omega \to \infty$?

e) Quelle est la fréquence de coupure du filtre ($f_c$ en hertz)?

f) Tracer le graphique du gain de la réponse en fréquence en fonction de la fréquence normalisée ($\omega/\omega_c$). De quel type de filtre s'agit-il?

3.2   Soit le filtre passe-bande du deuxième ordre de la figure suivante.

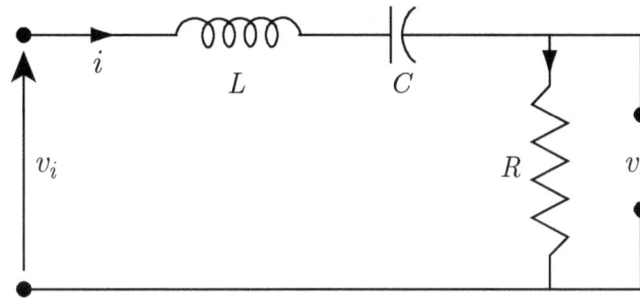

a)  Déterminer la réponse en fréquence $H(\omega)$ (on considère des tensions harmoniques).

b)  Déterminer le gain de la réponse en fréquence.

c)  Réécrire l'expression du gain de la réponse en fréquence en introduisant les expressions exprimant la fréquence naturelle, la fréquence de résonance et le facteur de qualité :

$$\omega_n = \frac{1}{RC} \qquad \omega_r = \frac{1}{\sqrt{LC}} \qquad Q = \frac{\omega_n}{\omega_r}$$

d)  Quel est le gain de la réponse en fréquence pour $\omega \to \infty$ et pour $\omega = \omega_r$?

e)  Tracer le graphique du gain de la réponse en fréquence en fonction de la fréquence normalisée $(\omega/\omega_n)$ pour un facteur de qualité $Q = 10$.

3.3   Répéter l'exercice précédent en utilisant le circuit de la figure suivante. Le filtre est de type *Notch*.

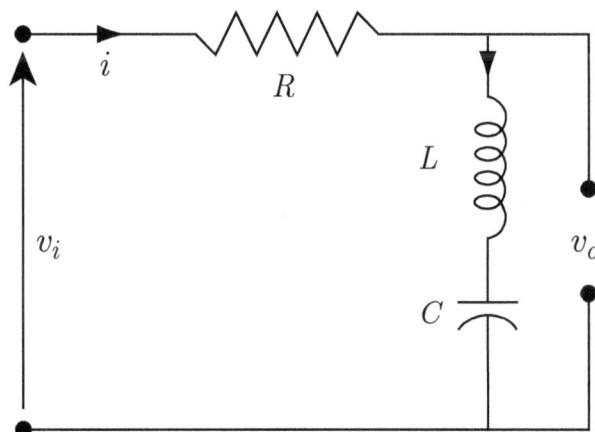

Ce filtre est très intéressant lorsqu'il faut éliminer une composante fréquentielle se trouvant dans la zone dynamique d'intérêt (exemple le 60 Hz). Ce type de filtre est fréquemment utilisé dans les systèmes asservis.

3.4   Soit le circuit de la figure suivante utilisant un amplificateur opérationnel idéal.

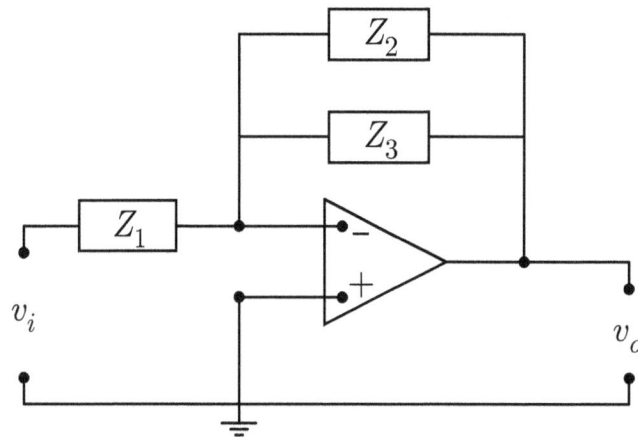

a)   Déterminer de la réponse en fréquence $H(\omega) = f(Z_1, Z_2, Z_3)$ (on considère des tensions harmoniques).

Pour les questions b) à e), posons $Z_1$ comme étant une résistance $R_1$, $Z_2$ une résistance $R_2$ et $Z_3$ un condensateur $C$.

b)   Déterminer la réponse en fréquence $H(\omega)$ (on considère des tensions harmoniques).

c)   Déterminer le gain de la réponse en fréquence.

d)   Quel est le gain de la réponse en fréquence pour $\omega = 0$ et pour $\omega \to \infty$?

e)   Quelle est la fréquence de coupure du filtre ($f_c$ en hertz)?

f)   Tracer le graphique du gain de la réponse en fréquence en fonction de la fréquence normalisée ($\omega/\omega_c$) pour $R_2 = R_1$. De quel type de filtre s'agit-il?

## Chapitre 4

4.1   On effectue une campagne d'essais à l'aide d'une chaîne d'acquisition de données configurée de la façon suivante :

| | |
|---|---|
| Fréquence d'échantillonnage : | 50 kHz |
| Résolution du convertisseur A/N : | 0.1526 mV |
| Mode bipolaire avec $E_{FSR} =$ | ±5 V |

On réalise à l'aide de cette chaîne des échantillons d'une durée de 10 secondes chacun. Calculer le nombre maximum d'échantillons que l'on peut sauvegarder sur un disque rigide d'une capacité de 40 G-octets (40 GB).

4.2  Considérons une caméra *CCD* donnant des images numérisées de $512 \times 512$ pixels et fonctionnant en noir et blanc.

    a)  Déterminer la fréquence d'échantillonnage minimale du convertisseur A/N nécessaire pour que la caméra puisse fournir 24 images par seconde.

    b)  Chacun des pixels est codé suivant son niveau de gris. Si le convertisseur A/N permet de coder 256 niveaux de gris (0 = noir et 255 = blanc), calculer l'espace mémoire (en MB) occupé par un film durant 1 minute.

4.3  On désire échantillonner un signal sinusoïdal dont la fréquence est de 32 Hz.

    a)  Quelle doit être la fréquence minimum du système d'acquisition de données?

    b)  Si on échantillonne le signal à une fréquence de 50 Hz, quelle sera la fréquence du signal mesuré?

4.4  Considérons le signal analogique suivant :

$$x(t) = \sin 43.98t + \sin 69.12t$$

Identifier le contenu fréquentiel du signal discret résultant d'un échantillonnage effectué à $f_{\text{éch.}} = 10$ Hz.

4.5  On désire mesurer des tensions provenant d'une sonde de température thermocouple. Sachant que les tensions à mesurer sont de l'ordre de 1 mV, avec des variations significatives inférieures à 0.1 mV, est-il approprié d'utiliser un convertisseur A/N ayant une gamme d'entrées de $-5$ V à $+5$ V et une quantification numérique sur 12 bit?

4.6  Un convertisseur N/A codant sur 4 bits est conçu pour fournir une tension de sortie analogique dans la gamme $0 - 10$ V. Les résistances du circuit en parallèle ont des valeurs de $R = 3\ \Omega$ et la résistance utilisée dans l'amplificateur linéaire a une valeur de $R_r = 8\ \Omega$.

    a)  Déterminer la tension de référence $E_{ref}$.

    b)  Déterminer la tension de sortie correspondant à l'entier de valeur décimale 9 envoyé comme commande d'entrée numérique.

## Chapitre 5

5.1  Considérons la figure suivante. Pour une température de jonction $T_1 = 50$ °C identifier les schémas qui sont exacts.

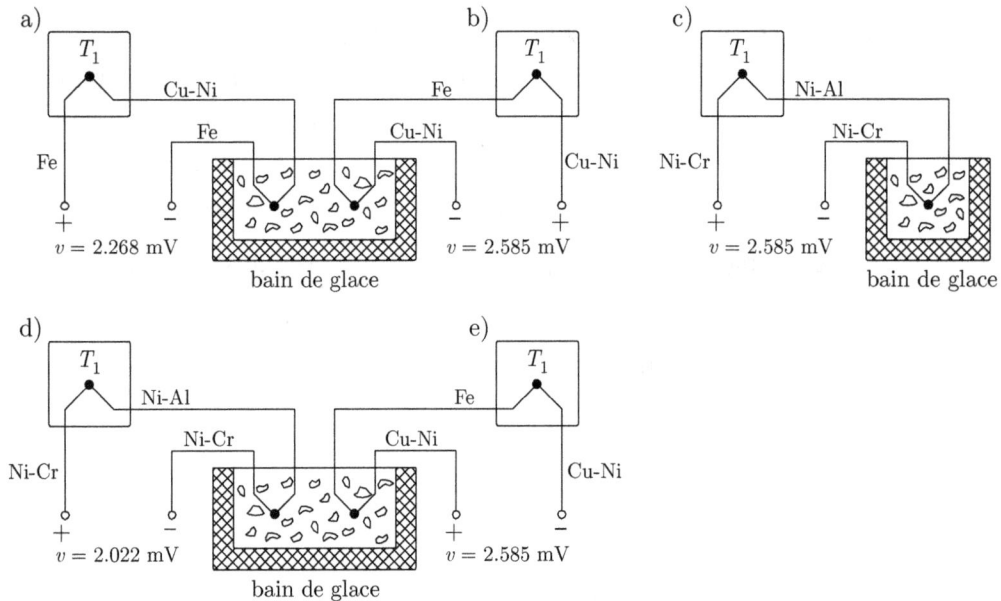

5.2  Considérons des thermocouples de type J et K que l'on utilise à des températures $T_1 = 90$ °C et $T_2 = 25$ °C (jonction froide). Estimer l'erreur relative commise si on utilise une relation du type $v_{voltmètre} = v(T_1 - T_2)_{\text{étalonnage NBS}}$.

5.3  Un thermocouple de type J est branché comme suit :

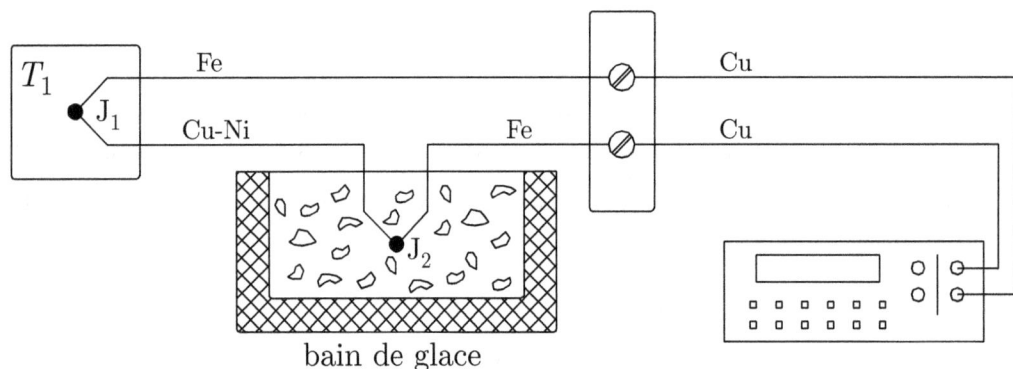

Le voltmètre donne une lecture de 9.667 mV. Sachant que la jonction $J_2$ est à $T_2 = 0$ °C, déterminer la température $T_1$ de la jonction $J_1$.

5.4 Considérons des thermocouples de type J et K mesurant une température $T_1 = 200\ °C$. Pour une température de jonction froide $T_2 = 20\ °C$, montrer que l'on ne peut utiliser la relation $v_{\text{voltmètre}} = v(T_1-T_2)_{\text{étalonnage NBS}}$ que si $\alpha$, le coefficient d'effet Seebeck, est approximativement constant sur cette plage de température[1].

5.5 Sachant que $\alpha$ n'est pas constant dans la plage de 0 à 180 °C, déterminer la lecture du voltmètre du problème 5.3 pour $T_1 = 180\ °C$ et $T_2 = 30\ °C$.

5.6 Considérons un thermocouple de type K que l'on utilise dans une plage de température pour laquelle $\alpha$ est constant. On s'en sert pour mesurer deux températures $T_{1A}$ et $T_{1B}$. La température $A$ est de 75 °C et le voltmètre donne une lecture de 2.436 mV; la température $B$ est inconnue et le voltmètre donne 4.302 mV. Déterminer $T_2$, la température de la jonction froide, qui est la même pour les cas $A$ et $B$, ainsi que la température $T_{1B}$.

5.7 a) Quelle doit être la résistance nominale d'une sonde RTD en Nickel pour qu'elle présente la même sensibilité statique qu'une sonde de platine de classe IEC/DIN?

b) Montrer que pour 2 sondes RTD qui présentent la même sensibilité statique, l'erreur commise sur la température en utilisant un câble de résistance $R_c$ en configuration à 2 fils est la même.

c) Calculer l'erreur commise sur la mesure d'une température de 25 °C si $R_c = 4\Omega$ (2$\Omega$ pour chacun des fils).

# Chapitre 6

6.1 a) Calculer la profondeur maximale à laquelle il est possible de pomper de l'eau d'une nappe souterraine avec une pompe à succion disposée au niveau du sol. On suppose que la surface libre de la nappe d'eau est soumise à une pression atmosphérique de 101 kPa et que l'eau est à 20 °C .

b) Si on mesure la pression à l'entrée de la pompe avec un capteur absolu alors qu'on tente de pomper de l'eau depuis une profondeur de 15 m, quelle sera la pression mesurée par le capteur?

---

[1] Voir le graphique de $\alpha$ vs $T$ de la section 5.4.

6.2 Un capteur de pression dont l'étendue de mesure est de 2 po d'eau est utilisé pour mesurer des vitesses d'écoulement avec un tube de Pitot. La précision du capteur est de 1 % de son étendue de mesure.

Rappel sur le tube de Pitot :

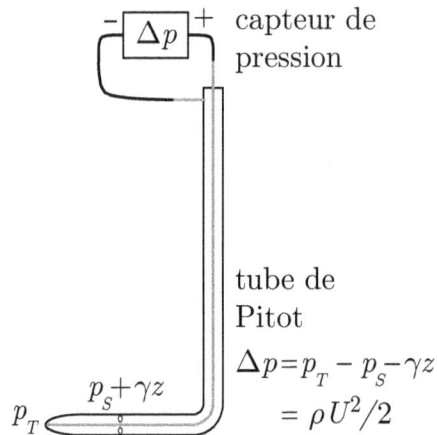

Un tube de Pitot sert à obtenir la vitesse $U$ d'un écoulement de fluide à partir de la mesure de la pression dynamique que l'on définit par $\rho U^2/2$. La pression totale mesurée à l'extrémité du tube (embout elliptique sur la figure) est notée $p_T$ et la pression mesurée à partir des trous pratiqués dans section droite le long du tube est composée de la pression statique, notée $p_S$ et de la pression hydrostatique, notée $\gamma z$. La pression totale étant définie par $p_T = \rho U^2/2 + p_S + \gamma z$, on obtient la pression dynamique en branchant les prises de pression sortant du tube de Pitot sur les entrées du capteur de pression de la manière indiquée sur la figure. La vitesse est alors calculée à partir de la différence de pression $\Delta p$ fournie par le capteur en utilisant la relation : $U = \sqrt{2\Delta p/\rho}$.

   a) Calculer la vitesse maximum mesurable lorsque le tube de Pitot est introduit dans un écoulement d'eau.

   b) Calculer l'erreur sur la vitesse mesurée si la vitesse est 50 % de la vitesse maximum mesurable.

6.3 Un réservoir hermétique peut contenir un volume de 10 m³ d'eau. La section du réservoir est de 3.2 m², et l'air contenu au-dessus de la surface libre peut être pressurisé jusqu'à 50 kPa. Un capteur de pression $p_1$ dont la référence est la pression atmosphérique permet la mesure du niveau à partir d'une prise d'eau située au fond du réservoir. Un deuxième capteur $p_2$ dont la référence est également la pression atmosphérique permet la mesure de la pression au-dessus de la surface libre.

a) Écrire la relation reliant le niveau $h$ aux autres paramètres.

b) Déterminer l'étendue de mesure minimum que doit présenter le capteur $p_1$.

c) Considérant que le capteur choisi présente une précision de 0.1 % de son étendue de mesure, quelle sera la précision correspondante sur le volume contenu dans le réservoir?

## Chapitre 7

7.1 On utilise un débitmètre de type orifice dans un tuyau de 250 mm de diamètre. Sachant qu'il y a un coude de 90° situé à une distance de 4.5 m en amont de l'orifice, déterminer le diamètre que doit avoir l'orifice (faire le calcul pour qu'il n'y ait aucune incertitude additionnelle).

7.2 On utilise un débitmètre de type orifice dans un tuyau de 100 mm de diamètre dans lequel s'écoule de l'eau à un débit de 50 l/s. On considère les caractéristiques suivantes:

orifice : $\beta = 0.5$
prises de pression : "flange tapping"
eau : $\rho = 999$ kg/m$^3$
$\nu = 1 \times 10^{-6}$ m$^2$/s

Estimer la différence de pression mesurée par ce débitmètre.

7.3 Un débitmètre de type turbine est installé dans un conduit de 100 mm de diamètre. Le diamètre du moyeu de la turbine est de 30 mm. À un rayon de 40 mm, l'angle des pales de la turbine est de 20 degrés. La turbine tourne à 200 RPM. Calculer le débit.

7.4 Considérons un rotamètre. Montrer que la section de passage de l'écoulement doit augmenter linéairement avec la hauteur pour que l'échelle verticale du débit soit linéaire.

## Chapitre 8

8.1 Considérons un pont de Wheatstone initialement à l'équilibre, avec une jauge de résistance nominale $R = 350\ \Omega$ (1/4 de pont) et un facteur de jauge $K = 1.8$. La jauge est montée axialement sur une tige d'aluminium dont la section est de 1 cm$^2$ ($E = 70$ GPa). Lorsque l'on charge axialement la tige, la tension de sortie du pont est de 1 mV (tension d'alimentation $E_i = 5$ V). Déterminer la charge appliquée.

8.2 Considérons une poutre soumise à une charge axiale et à un moment de flexion. On désire utiliser deux jauges montées en demi-pont.

    a) Comment doit-on les disposer sur la poutre et dans le pont pour obtenir un ensemble sensible à la charge axiale seulement.

    b) Comment doit-on les disposer sur la poutre et dans le pont pour obtenir un ensemble sensible au moment de flexion seulement.

    c) Pour chacun des cas a) et b), établir la relation entre la charge et la tension de sortie du pont (le moment d'inertie de la poutre est noté $I_z$, la section est notée $A$, la distance entre l'axe neutre et les surfaces est notée $Y$ et le module de Young est noté $E$).

8.3 Deux jauges ($K = 2$ et $R = 120\ \Omega$) sont montées en demi-pont en $R_1$ et $R_4$ (branches opposées). Elles sont disposées sur une pièce qui subit une contrainte axiale. Pour une tension d'alimentation $E_i = 4$ V et une tension de sortie de 120 $\mu$V, estimer l'élongation de la pièce ($\epsilon$). Calculer la variation de résistance électrique de chaque jauge.

8.4 Une jauge dont la résistance nominale est de 350 $\Omega$ et le facteur de jauge est de 1.9 est collée sur une pièce d'acier. Le facteur d'expansion thermique de la jauge est $3 \times 10^{-6}$ m/m °C. Si la jauge a été collée sur la pièce d'acier à une température de 25 °C, calculer la variation de résistance de la jauge due à la dilatation thermique seulement si l'ensemble est soumis à une température de 60 °C. Le coefficient d'expansion thermique de l'acier est de $12 \times 10^{-6}$ m/m °C .

8.5 Considérons une cellule de charge de type poutre en cisaillement. La section de mesure comporte 4 jauges connectées en pont complet, et collées suivant les directions des contraintes principales.

    a) Écrire l'expression donnant $\delta v_m$ en fonction des paramètres $E_i$, $K$ et $\epsilon_\tau$, la déformation en cisaillement à 45°.

    b) Écrire l'expression reliant la force appliquée à la déformation mesurée $\epsilon_\tau$.

## Chapitre 9

9.1 Les capteurs optiques utilisant le principe de nappe laser sont utilisés pour contrôler les dimensions de pièces de précision produites à la chaîne. Dans le cas de pièces dont les dimensions sont comprises entre 1 et 5 cm, la résolution requise est de $5 \times 10^{-6}$ m. Cet instrument est muni d'une matrice de photodétecteurs de type *CCD*, d'un multiplexeur et d'un convertisseur A/N de 8 bits.

    a) Calculer le nombre de photodétecteurs requis.

    b) Déterminer la fréquence d'échantillonnage du convertisseur nécessaire pour que l'instrument possède une bande passante de 1 kHz.

## Chapitre 10

10.1   Un séismomètre a les caractéristiques suivantes : $f_n = 4.75$ Hz et $\zeta = 0.65$. Déterminer la plus basse fréquence au-delà de laquelle l'erreur de mesure devient inférieure à : a) 1 %   et   b) 2 %.

Note : pour résoudre ce problème, il est suggéré de tracer la réponse en fréquence du système.

10.2   On fabrique une accéléromètre à l'aide d'un cristal piézoélectrique ayant une rigidité $k = 1.8 \times 10^9$ N/m. On utilise une masse totale (cristal + séismique + ...) $m = 18.238$ grammes. Calculer la fréquence naturelle de cet accéléromètre (en hertz).

10.3   Un accéléromètre de type piézoélectrique (coefficient d'amortissement $\zeta \simeq 0$) mesure pour une fréquence de vibration de 4000 Hz, une accélération $\omega_n^2 Z(f) = 10$ m/s$^2$. Sachant que la valeur vraie de l'accélération est $A(f) = 9.6$ m/s$^2$, déterminer la fréquence naturelle de cet instrument.

10.4   L'accéléromètre du problème précédent possède un coefficient d'amortissement $\zeta = 0.03$, valeur typique associée aux accéléromètres piézoélectriques. Vérifier que le fait d'avoir considéré $\zeta \simeq 0$ était une hypothèse justifiée.

## Chapitre 11

11.1   Sachant que $E[\ ]$ est un opérateur linéaire, vérifier que $E[(x - \mu_x)^2] = \Psi_x^2 - \mu_x^2$.

11.2   Calculer le coefficient $\alpha_6$ pour une densité de probabilités Gaussienne.

11.3   Établir une formule de récurrence de type $\alpha_n = f(\alpha_{n-2})$, où $n =$ est pair, pour une densité de probabilité Gaussienne.

11.4  Considérons la densité de probabilités triangulaire suivante :

$$p(x) = \begin{cases} -\frac{1}{n^2}x + \frac{1}{n} & 0 \le x \le n \\[2mm] \frac{1}{n^2}x + \frac{1}{n} & -n \le x \le 0 \end{cases}$$

Déterminer la valeur du coefficient d'aplatissement de cette distribution.

11.5  Établir une formule de récurrence pour déterminer $\alpha_n$, le coefficient d'ordre $n$, d'une densité de probabilité rectangulaire centrée (simplifier le résultat au maximum). Donner les valeurs de $\alpha_4$, $\alpha_6$, $\alpha_8$ et $\alpha_{10}$ obtenues avec cette formule.

11.6  Parmi les densités de probabilités illustrées ci-dessous, identifier celle qui a :

a)  Le coefficient d'aplatissement le plus élevé.

b)  Un coefficient de dissymétrie négatif.

c)  Une valeur la plus probable inférieure à la valeur moyenne.

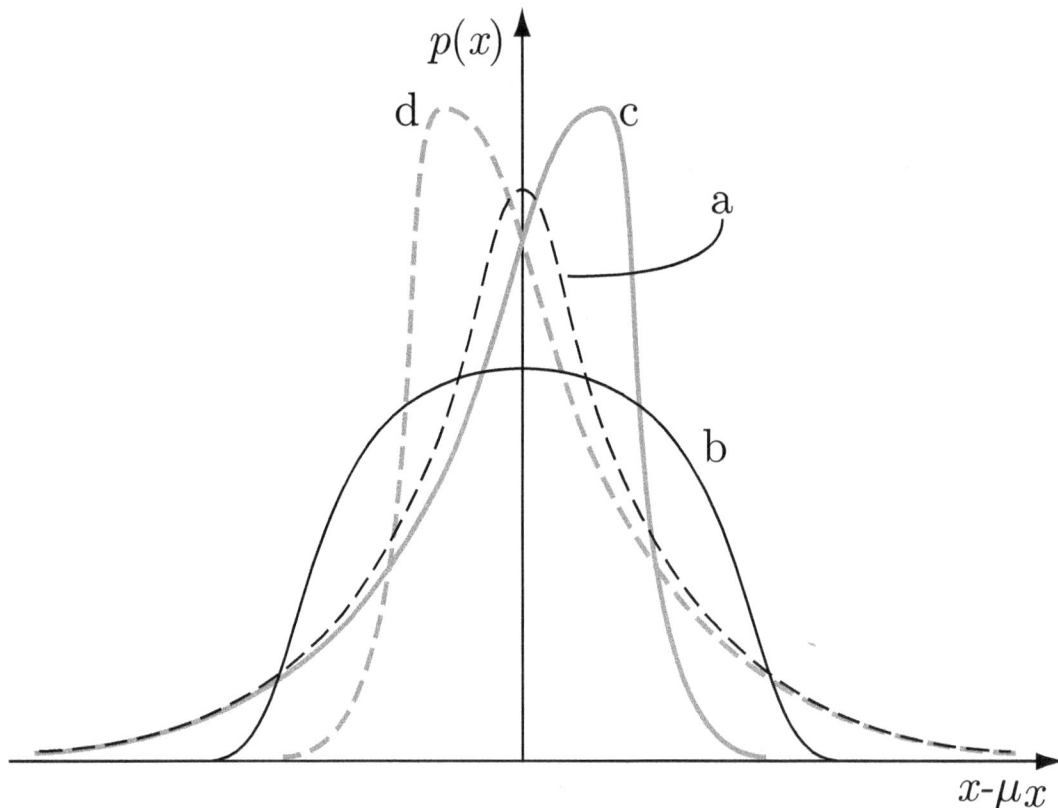

11.7 On trace l'histogramme représentant la répartition de $N = \sum n_i = 46$ données expérimentales ($x = 5.413$) :

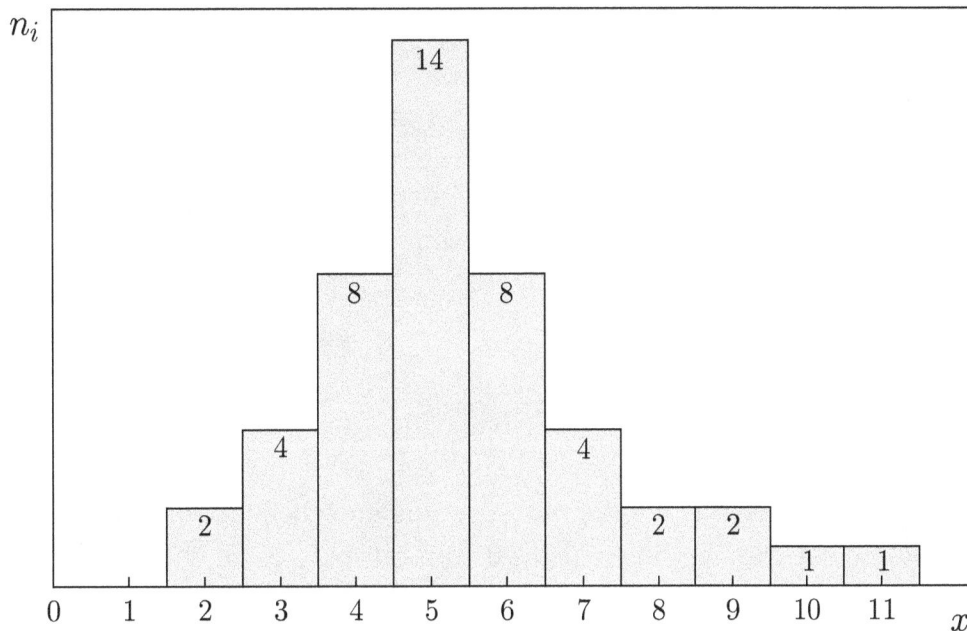

À partir de cette répartition, calculer le coefficient de dissymétrie de cet échantillon.

11.8 Pour $\mu_x = 0$ et $\mu_y \neq 0$, vérifier que $\rho_{xy}(\tau) = R_{xy}(\tau)/(\sigma_x \sigma_y)$.

11.9 Considérons le signal discret suivant :

$$x(n\Delta t) = A\sin(2\pi f_0 n\Delta t) \qquad n = 0, 1, 2, \ldots 255$$

$$\text{avec:} \quad A = 1$$
$$f_0 = 1 \text{ Hz}$$
$$\Delta t = T/N = 5/256$$

Calculer la fonction d'autocorrélation de ce signal pour $m = 256$ retards positifs. Mettre le résultat en graphique et comparer avec l'autocorrélation théorique.

## Chapitre 12

12.1 Soit un échantillon de 8 192 points pour lequel on cherche à calculer la fonction d'autocorrélation pour $m = 256$ retards. Pour ce calcul, on utilise l'approche indirecte faisant intervenir la transformée de Fourier avec un seul bloc de 8 192 points.

On refait ensuite le calcul avec $n_d = 32$ blocs de 256 points. Déterminer lequel de ces deux calculs est le moins long.

12.2  Soit le signal discret suivant :

$$x(n\Delta t) = \sin(2\pi n\Delta t + \theta) \quad (n = 0,\ 1,\ 2,\ \dots 255)$$

Calculer le spectre de puissance à un côté de ce signal en utilisant des fenêtres de troncature rectangulaire et de Hanning pour les cas suivants :

a)  $\theta = 0$ rad. et $\Delta t = 5/256$.

b)  $\theta = 0$ rad. et $\Delta t = 5.5/256$.

c)  $\theta = 1$ rad. et $\Delta t = 5/256$.

Tracer les fonctions de densité autospectrale en échelle lin-lin (en raies) et en échelle log-log. Discuter du problème de troncature.

12.3  Considérons le signal discret suivant :

$$x(n\Delta t) = A\sin(2\pi f_0 n\Delta t) \qquad n = 0, 1, 2, \dots 255$$

$$\text{avec:} \quad A = 1$$
$$f_0 = 1 \text{ Hz}$$
$$\Delta t = T/N = 5/256$$

Calculer la fonction d'autocorrélation de ce signal par transformée de Fourier, avec la technique du « zéro padding », pour $m = 256$ retards positifs. Mettre le résultat en graphique et comparer avec l'autocorrélation théorique.

## Chapitre 13

13.1  Construire un signal composé de la somme de 5 sinus tel que décrit par l'équation suivante :

$$x(i\Delta t) = \sum_{j=1}^{5} A_j \sin(2\pi f_j t_i + \phi_j) \quad \text{avec } t_i = i\Delta t \text{ et } i = 0, 1, \dots N - 1$$

Le pas de temps est $\Delta t = 1/512$ et le nombre de points est $N = 256$. Les paramètres des sinus sont donnés dans le tableau suivant:

| $j$ | $A_j$ | $f_j$ | $\phi_j$ |
|-----|-------|-------|----------|
| 1   | 5     | 5     | 0.0      |
| 2   | 6     | 22    | 1.0      |
| 3   | 7     | 35    | 0.5      |
| 4   | 7     | 70    | 0.7      |
| 5   | 5     | 120   | 0.2      |

a) Tracer le signal brut ainsi que son spectre en échelle linéaire et en échelle log-lin (échelle des fréquences en linéaire).

b) Construire un filtre rectangulaire de type passe-bande ($H(f) = 1$ pour $f_1 \leq f \leq f_2$) afin de filtrer le signal dans le domaine fréquentiel. Varier les valeurs de $f_1$ et $f_2$ de façon à isoler le mieux possible chacune des composantes sinusoïdales du signal. Pour chacune des composantes de fréquence $f_j$ ($j = 1$ à 5), tracer le signal filtré en fonction du temps ainsi que la composante sinusoïdale lui correspondant. Discuter des résultats obtenus.

c) Pour chacune des composantes du signal, déterminer la réponse impulsionnelle $h(\tau)$ du filtre défini en b) et construire un filtre *FIR* que l'on appliquera par convolution avec le signal temporel. On considère $h(\tau)$ paire et on fait la convolution pour les $\tau$ négatifs et positifs. Discuter des résultats obtenus.

d) Réduire le nombre de coefficients de la réponse impulsionnelle de chaque filtre et discuter des effets de cette opération sur les résultats obtenus lors du filtrage.

## Réponses aux exercices sélectionnés

**1.1** $20 \pm 0.29$ °C

**1.2** $90\,\%$

**1.5 b)** $y_{e_m} = 7.9 \pm 0.3$

---

**2.1** $F(s) = \dfrac{3s - 24}{s^2 + 4s + 40}$

**2.2** $f(t) = 4e^{3t} - e^{-t}$

**2.4** $H(s) = \dfrac{1}{s + 2}$

**2.5 a)** $\tau = 0.746$ s

   **b)** Erreur $= -13.4\%$

**2.6** $\tau = 0.311$ s

**2.8 a)** $f_c = 316.2$ Hz

   **b)** $\tau = 5 \times 10^{-4}$ s

   **c)** $K = 10$ V/unité

**2.9 a)** $f_c = 3.98$ kHz

   **b)** $K = 0.02$

   **c)**

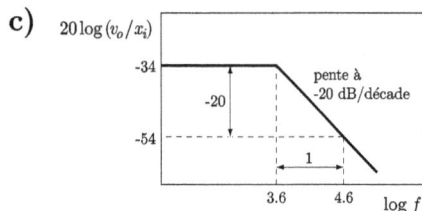

**2.11**

$$a_1 = \frac{\displaystyle\sum_{i=1}^{N} x_i y_i - N\,\overline{x}\,\overline{y}}{\displaystyle\sum_{i=1}^{N} x_i^2 - N\,\overline{x}^2}$$

$$a_0 = \overline{y} - a_1\,\overline{x}$$

$$\text{avec } \overline{x} = \frac{1}{N}\sum_{i=1}^{N} x_i \text{ et } \overline{y} = \frac{1}{N}\sum_{i=1}^{N} y_i$$

**2.12 a)** $a_0 = 0.8728$, $a_1 = 2.0286$

   **b)** $r_{xy} = 0.9990$

   **c)** $r_{y_e y} = 0.9990$

   **d)** $\overline{y}_e = \overline{y} = 7.048$

   **e)** $\overline{y}_e = a_0 + a_1 \overline{x} = 7.048$

**2.13**

$$m = \frac{\displaystyle\sum_{i=1}^{N} x_i y_i}{\displaystyle\sum_{i=1}^{N} x_i^2}$$

---

**3.1 a)** $Z_{\text{éq.}} = \dfrac{RC\omega - j}{C\omega}$

   **b)** $H(\omega) = \dfrac{RC\omega}{(RC\omega)^2 + 1}\,(RC\omega + j)$

   **c)** $|H(\omega)| = \dfrac{RC\omega}{\sqrt{(RC\omega)^2 + 1}}$

   **d)** $|H(\omega)|_{\omega=0} = 0$ ; $|H(\omega)|_{\omega\to\infty} = 1$

   **e)** $f_c = \dfrac{1}{2\pi\,RC}$

   **f)** Il s'agit d'un filtre passe-haut.

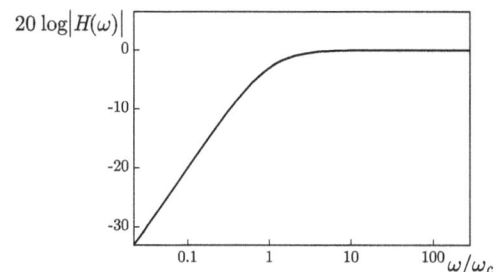

**3.2 a)** $H(\omega) = \dfrac{1 + \left(\frac{1 - LC\omega^2}{RC\omega}\right) j}{1 + \left(\frac{1 - LC\omega^2}{RC\omega}\right)^2}$

**b)** $|H(\omega)| = \dfrac{RC\omega}{\sqrt{(RC\omega)^2 + (LC\omega^2 - 1)^2}}$

**c)** $|H(\omega)| = \dfrac{\omega/\omega_n}{\sqrt{\left[\frac{\omega}{\omega_n}\right]^2 + \left[\left(Q\frac{\omega}{\omega_n}\right)^2 - 1\right]^2}}$

**d)** $|H(\omega)|_{\omega \to \infty} = 0 \; ; \; |H(\omega)|_{\omega = \omega_r} = 1$

**e)**

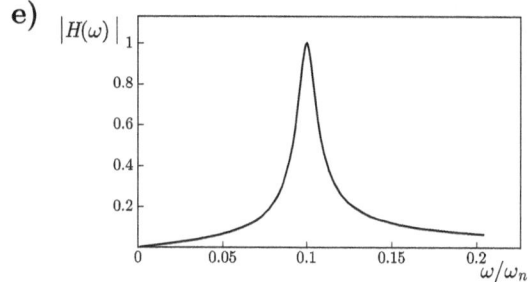

**3.3 a)** $H(\omega) = \dfrac{1 + \left(\frac{RC\omega}{LC\omega^2 - 1}\right) j}{1 + \left(\frac{RC\omega}{LC\omega^2 - 1}\right)^2}$

**b)** $|H(\omega)| = \dfrac{|1 - LC\omega^2|}{\sqrt{(1 - LC\omega^2)^2 + (RC\omega)^2}}$

**c)** $|H(\omega)| = \dfrac{\left|1 - \left(Q\frac{\omega}{\omega_n}\right)^2\right|}{\sqrt{\left[1 - \left(Q\frac{\omega}{\omega_n}\right)^2\right]^2 + \left[\frac{\omega}{\omega_n}\right]^2}}$

**d)** $|H(\omega)|_{\omega \to \infty} = 1 \; ; \; |H(\omega)|_{\omega = \omega_r} = 0$

**e)**

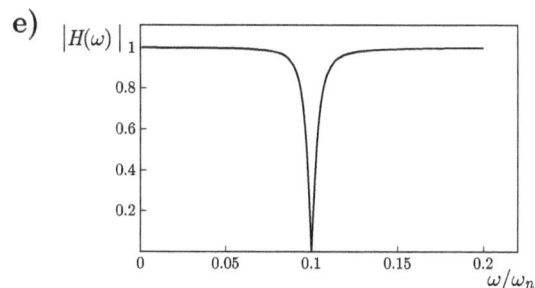

**3.4 a)** $H(\omega) = \dfrac{-Z_2 Z_3}{Z_1 Z_2 + Z_1 Z_3}$

**b)** $H(\omega) = \dfrac{R_2(-1 + R_2 C \omega j)}{R_1 + R_1 (R_2 C \omega)^2}$

**c)** $|H(\omega)| = \dfrac{R_2}{R_1} \dfrac{1}{\sqrt{1 + (R_2 C \omega)^2}}$

**d)** $|H(\omega)|_{\omega = 0} = \dfrac{R_2}{R_1} \; ; \; |H(\omega)|_{\omega \to \infty} = 0$

**e)** $f_c = \dfrac{1}{2\pi R_2 C}$

**f)** Il s'agit d'un filtre passe-bas.

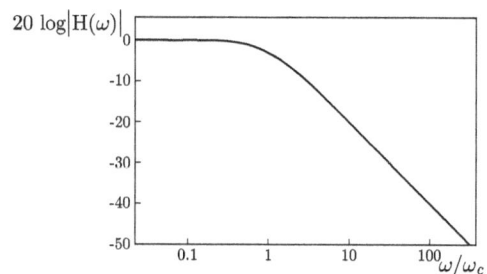

351

**4.1** 40 000 échantillons

**4.2 a)** $f_{\text{éch.}} = 6.3$ MHz ou M éch./s

    **b)** 378 MB

**4.3 a)** $f_{\text{éch. min.}} = 64$ Hz

    **b)** $f = 18$ Hz

**4.4** Le signal échantillonné est vu comme un signal composé des fréquences $f_1 = 3$ et $f_2 = 1$ Hz.

**4.5** non, résolution de 2.44 mV/bit

**4.6 a)** $E_{\text{ref.}} = 2$ V

    **b)** $v_o = 6$ V

---

**5.1** d) et e)

**5.2** erreur relative = $-1.4\%$ pour le type K et $-1.9\%$ pour le type J

**5.3** $T_1 = 180$ °C

**5.5** $v_{\text{voltmètre}} = 8.132$ mV

**5.6** $T_2 = 15$ °C et $T_{1B} = 120$ °C

**5.7 a)** $R_0 = 56.6\,\Omega$ c) erreur = 42 %

---

**6.1 a)** $h = 10.077$ m

    **b)** $p_v = 2.338$ kPa

**6.2 a)** 1 m/s

    **b)** erreur = $\pm 2$ %

**6.3 a)** $h = (p_1 - p_2)/\rho g$

    **b)** 80.64 kPa

    **c)** 26 litres

---

**7.1** $d_{orifice} = 150$ mm

**7.2** $\Delta p = 8.3 \times 10^5$ Pa

**7.3** $0.016\ m^3/s$

---

**8.1** $\sigma = 0.031$ GPa

**8.2 a)** jauges opposées dans le pont (ex.: 1 et 4) montées axialement sur des faces opposées de la poutre

    **b)** jauges adjacentes dans le pont (ex.: 1 et 2) montées axialement sur des faces opposées de la poutre

**8.2 c)** a : $\delta v_m = (K\,E_i/2AE)\,F_a$ et b: $\delta v_m = (K\,E_i\,Y/2I_z E)\,M_f$

**8.3** $\varepsilon = 3 \times 10^{-5}$ et $\delta R = 0.0072\,\Omega$

**8.4** $0.209\ \Omega$

**8.5 a)** $\delta v_m = E_i K \epsilon_\tau$

---

**9.1 a)** $10^4$ photodétecteurs

    **b)** $f_{\text{éch.}} = 10$ MHz ou M éch./s

---

**10.1 a)** 15.9 Hz

   **b)** 7.45 Hz

**10.2** $f_n = 50\,000$ Hz

**10.3** $f_n = 20\,000$ Hz

**11.2** $\alpha_6 = 15$

**11.4** $\alpha_4 = 2.4$

**11.6 a)** a

   **b)** c

   **c)** d

**11.7** $S = 0.790$

# Annexe B
# Rappel sur les
# probabilités et les statistiques

## B.1 Construction d'un histogramme

Considérons un échantillon discret $x(t_i)$ constitué de $N$ points dont l'amplitude est fonction du temps $t_i$ ($i = 1$ à $N$). Pour construire l'histogramme de ce signal, on divise d'abord l'échelle d'amplitude en $N_c$ intervalles ou classes de largeur $\Delta x$. Dans l'exemple de la figure 190, on a choisi d'utiliser $N_c = 101$ classes avec $\Delta x = 0.17$. Le seconde étape de la procédure consiste à compter le nombre d'occurrences $n_k$ du signal compris dans chacune des classes $k$ (avec $1 \leq k \leq N_c$).

**Figure B.1**    Schéma illustrant la construction d'un histogramme; le signal discret est constitué de $N = 10\,240$ points et l'histogramme est construit avec 101 classes.

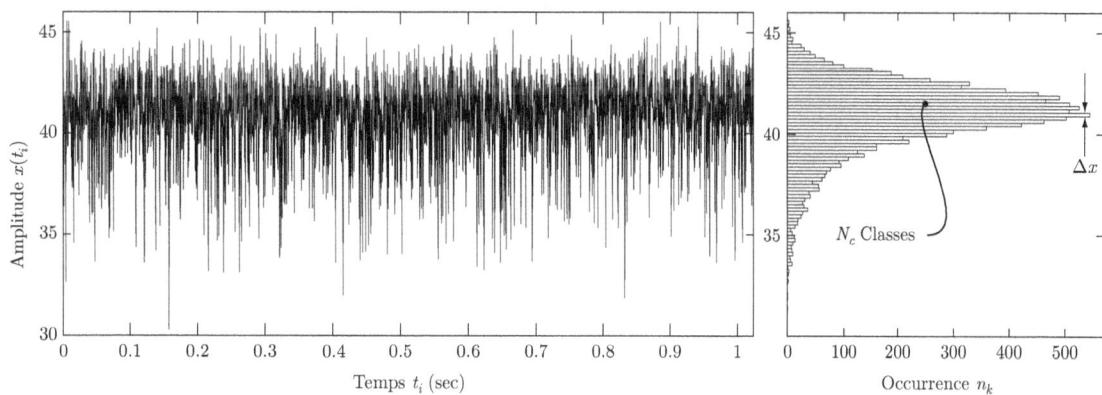

L'histogramme doit respecter les propriétés suivantes :

$$\sum_{k=1}^{N_c} n_k = N \Rightarrow \sum_{k=1}^{N_c} \frac{n_k}{N} = 1 \ , \tag{B.1}$$

où le terme $n_k/N$ représente la *fréquence d'occurrence*.

## B.2  Densité de probabilités

La probabilité $P(x_k)$ qu'un événement d'amplitude $x_k$ se produise ($x_k$ étant inclus dans l'intervalle $k$ de largeur $\Delta x$) est définie à partir de la fréquence d'occurrence observée sur un échantillon de taille infinie :

$$P(x_k) = \lim_{N \to \infty} \frac{n_k}{N} \quad . \tag{B.2}$$

La densité de probabilités $p(x)$ est définie à partir de l'histogramme, en considérant une largeur de classe infinitésimale ($\Delta x \to 0$) et un échantillon de taille infinie ($N \to \infty$). On obtient ainsi :

$$p(x) = \lim_{\Delta x \to 0} \frac{P(x_k)}{\Delta x} = \lim_{\substack{N \to \infty \\ \Delta x \to 0}} \left( \frac{n_k}{N \, \Delta x} \right) \quad . \tag{B.3}$$

La relation (B.1) permet d'écrire l'intégrale de la densité de probabilité comme suit :

$$\int_{-\infty}^{\infty} p(x) \, dx = \lim_{\substack{N \to \infty \\ \Delta x \to 0}} \sum_{k=1}^{N_c} \left( \frac{n_k}{N \, \Delta x} \right) \equiv 1 \quad . \tag{B.4}$$

Cette relation très importante indique que l'intégrale de la densité de probabilité est unitaire.

## B.3  Espérance mathématique

L'espérance mathématique d'une quantité quelconque associée à une variable aléatoire est définie comme suit :

$$E[( \, )] = \int_{-\infty}^{\infty} ( \, ) \, p(x) \, dx \quad . \tag{B.5}$$

Il est important de noter que l'opérateur $E[\ ]$ est un opérateur linéaire. Ainsi, on aura $E[a(b + c)] = a \, (E[b] + E[c])$.

À partir de cette définition, l'espérance mathématique de $x$, représentant la valeur moyenne ($\mu$), est exprimée par :

$$E[x] = \int_{-\infty}^{\infty} x \, p(x) \, dx \quad . \tag{B.6}$$

De la même façon, l'espérance mathématique de $(x - \mu)^2$ représentant la variance ($\sigma^2$) est définie comme suit :

$$E[(x - \mu)^2] = \int_{-\infty}^{\infty} (x - \mu)^2 \, p(x) \, dx \quad . \tag{B.7}$$

Notons enfin que l'écart-type $\sigma$ est défini par la racine carrée de la variance.

## B.4  Variable centrée et réduite

Il est souvent très utile d'exprimer les quantités statistiques en fonction de la variable centrée et réduite définie comme suit :

$$z = \frac{x - \mu}{\sigma} \quad . \tag{B.8}$$

On démontre facilement que $E[z] \equiv 0$ et que $E[z^2] \equiv 1$. En effet :

$$E[z] = E\left[\frac{x - \mu}{\sigma}\right] = \frac{1}{\sigma}\ (E[x] - E[\mu]) = \frac{1}{\sigma}\ (\mu - \mu) \equiv 0$$

$$\text{et} \quad E[z^2] = E\left[\frac{(x - \mu)^2}{\sigma^2}\right] = \frac{1}{\sigma^2}\ \left(E[(x - \mu)^2]\right) = \frac{1}{\sigma^2}\ \sigma^2 \equiv 1 \quad .$$

La relation (B.4) indique que l'intégrale d'une densité de probabilité est unitaire et ceci est valable, que la variable aléatoire soit brute ou qu'elle soit centrée et réduite. Ainsi,

$$\int_{-\infty}^{\infty} p(x)\ dx = \int_{-\infty}^{\infty} p(z)\ dz \equiv 1 \quad . \tag{B.9}$$

Selon la définition (B.8) de la variable centrée et réduite, on a : $dz = dx/\sigma$. Cette expression introduite dans la relation (B.9) impose donc que $p(z) = \sigma\, p(x)$.

## B.5  La distribution normale ou Gaussienne

On dit qu'une variable aléatoire suit une *distribution normale* ou *Gaussienne* si sa densité de probabilités est définie par la relation suivante :

$$p(x) = \frac{1}{\sigma\sqrt{2\pi}} e^{-(x-\mu)^2/2\sigma^2} \quad , \tag{B.10}$$

où, tel qu'introduit précédemment, $\mu$ et $\sigma$ représentent respectivement l'espérance mathématique et l'écart-type de la variable aléatoire. En utilisant la notation de variable centrée et réduite, on obtient :

$$p(z) = \frac{1}{\sqrt{2\pi}} e^{-z^2/2} \quad . \tag{B.11}$$

Le graphique de la distribution normale centrée et réduite est présenté sur la figure B.2.

**Figure B.2**   Distribution normale ou Gaussienne centrée et réduite.

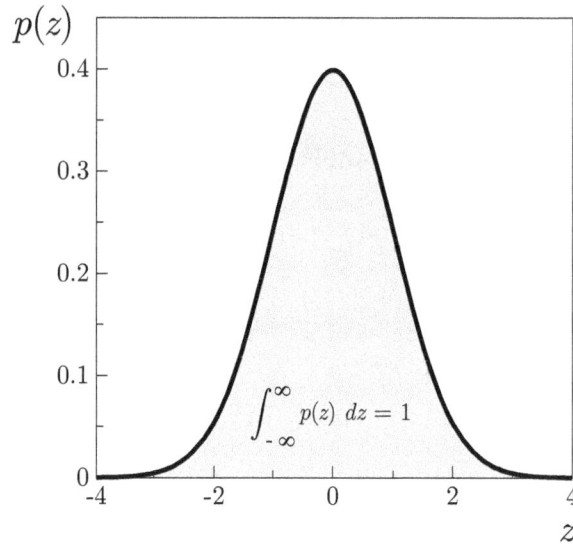

$$\int_{-\infty}^{\infty} p(z)\ dz = 1$$

## Probabilité que la valeur de z se situe entre $-z_1$ et $z_1$

La probabilité que la valeur de $z$ se situe entre $-z_1$ et $z_1$ est notée $P(-z_1 \leq z \leq z_1)$. Cette probabilité est définie par la surface noire de la figure B.3.

**Figure B.3**   Graphique de la Gaussienne centrée et réduite illustrant la probabilité que $z$ se situe entre $-z_1$ et $z_1$.

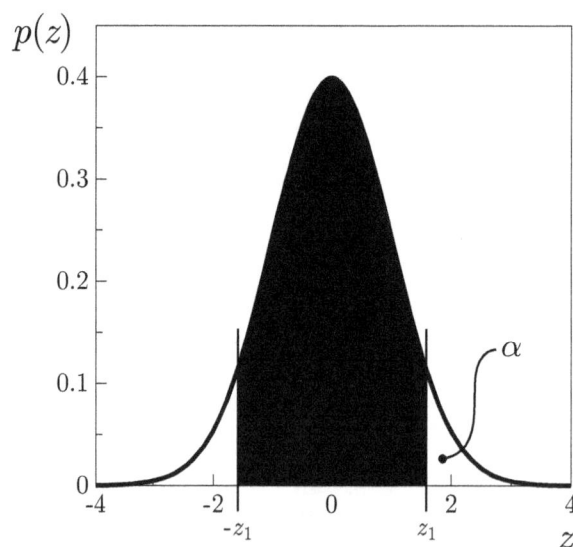

La valeur de $P(-z_1 \leq z \leq z_1)$ est définie comme suit :

$$P(-z_1 \leq z \leq z_1) = \int_{-z_1}^{z_1} p(z)\,dz = 2\int_0^{z_1} p(z)\,dz = 2\,f(z_1) \quad . \tag{B.12}$$

La moitié de l'intégrale bornée par $\pm z_1$ est une fonction notée $f(z_1)$ que l'on retrouve dans la plupart des tables des livres de probabilités et statistiques. En fait, la valeur de $f(z_1)$ représente la probabilité que $z$ se situe entre 0 et $z_1$. Une autre quantité d'intérêt, notée $\alpha(z_1)$, représente l'intégrale de la Gaussienne calculée de $z_1$ à l'infini. Selon la figure B.3, on peut écrire $P(-z_1 \leq z \leq z_1) + 2\alpha(z_1) \equiv 1$, ou encore, $2(f(z_1) + \alpha(z_1)) \equiv 1$. Ainsi, $\alpha(z_1) = 0.5 - f(z_1)$. Les valeurs de ces fonctions sont fournies pour différentes valeurs de $z_1$ dans le tableau B.1.

**Tableau B.1**

**Fonctions $f(z_1)$ et $\alpha(z_1)$ de la distribution normale centrée et réduite.**

| $z_1$ | $f(z_1)$ | $\alpha(z_1)$ |
|:---:|:---:|:---:|
| 0.0 | 0.0000 | 0.5000 |
| 0.1 | 0.0398 | 0.4602 |
| 0.2 | 0.0793 | 0.4207 |
| 0.3 | 0.1179 | 0.3821 |
| 0.4 | 0.1554 | 0.3446 |
| 0.5 | 0.1915 | 0.3085 |
| 0.6 | 0.2257 | 0.2743 |
| 0.7 | 0.2580 | 0.2420 |
| 0.8 | 0.2881 | 0.2119 |
| 0.9 | 0.3159 | 0.1841 |
| 1.0 | 0.3413 | 0.1587 |
| 1.1 | 0.3643 | 0.1357 |
| 1.2 | 0.3849 | 0.1151 |
| 1.3 | 0.4032 | 0.0968 |
| 1.4 | 0.4192 | 0.0808 |
| 1.5 | 0.4332 | 0.0668 |
| 1.6 | 0.4452 | 0.0548 |
| 1.7 | 0.4554 | 0.0446 |
| 1.8 | 0.4641 | 0.0359 |
| 1.9 | 0.4713 | 0.0287 |
| 2.0 | 0.4772 | 0.0228 |
| 2.1 | 0.4821 | 0.0179 |
| 2.2 | 0.4861 | 0.0139 |
| 2.3 | 0.4893 | 0.0107 |
| 2.4 | 0.4918 | 0.0082 |
| 2.5 | 0.4938 | 0.0062 |
| 2.6 | 0.4953 | 0.0047 |
| 2.7 | 0.4965 | 0.0035 |
| 2.8 | 0.4974 | 0.0026 |
| 2.9 | 0.4981 | 0.0019 |
| 3.0 | 0.4987 | 0.0013 |

La figure B.4 illustre trois cas particuliers, soit les cas pour lesquels $z_1 = \pm 1$, $\pm 2$ et $\pm 3$. Pour ces trois cas, les probabilités que $z$ se situe dans les intervalles cités sont respectivement de 68.3%, 95.4% et 99.7%.

| **Figure B.4** | Graphique de la Gaussienne centrée et réduite illustrant la probabilité que $z$ se situe entre $z_1 = \pm 1$, $z_1 = \pm 2$ et $z_1 = \pm 3$. |

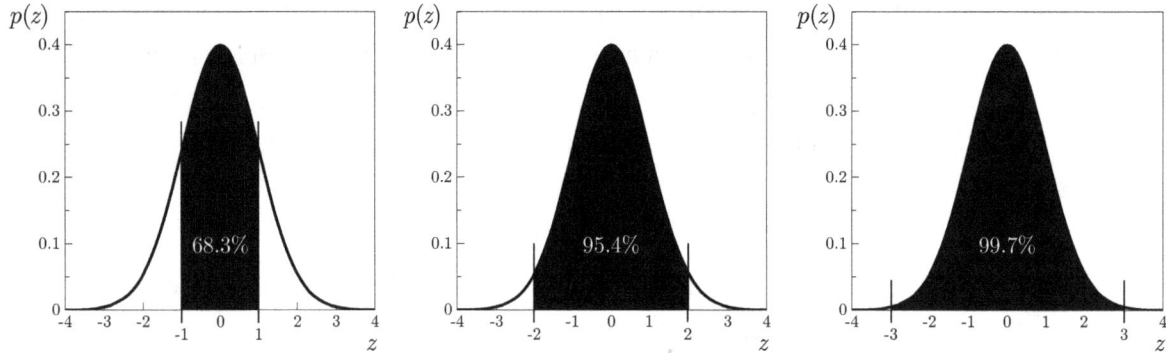

## B.6 Distribution de Student

La distribution de Student, aussi dénommée *distribution de t*, est très utile en statistique. Sans faire un développement détaillé, on peut simplement mentionner que la distribution de Student permet d'effectuer une analyse statistique lorsque l'échantillonnage est fait à partir d'une population normale de variance inconnue et que la taille de l'échantillon est petite (*e.g.* $N < 30$). La distribution de Student est définie par l'équation (B.13) dans laquelle la variable $\nu = N - 1$ représente le nombre de degrés de liberté, la fonction Gamma est décrite par l'expression (B.14) et $t_\nu$ représente la variable centrée et réduite.

$$p(t_\nu) = \frac{\Gamma\left[(\nu+1)/2\right]}{\sqrt{\pi\nu}\,\Gamma\left[\nu/2\right]}\left[1 + \frac{t_\nu^2}{\nu}\right]^{-(\nu+1)/2} . \tag{B.13}$$

Les graphiques de la figure B.5 représentent la distribution de Student présentée pour différents nombres de degrés de liberté. La fonction Gamma $\Gamma[x]$, pour laquelle $x > 0$ et $m$ est entier, que l'on retrouve dans l'expression B.13, est définie par :

$$\left.\begin{array}{l} x = m + 1 \Rightarrow \Gamma\left[m+1\right] = m! \\[1mm] x = m + 1/2 \Rightarrow \Gamma\left[m+1/2\right] = \left(1\cdot 3\cdot 5\cdots(2m-1)\right)\big/\left(2^m\sqrt{\pi}\,\right) \\[1mm] \text{Valeurs particulières : } \Gamma\left[1/2\right] = \sqrt{\pi} \quad \text{et} \quad \Gamma\left[1\right] = 1 \\[1mm] \text{Formule de récurrence : } \Gamma\left[m+1\right] = m\,\Gamma\left[m\right] \end{array}\right\} \tag{B.14}$$

**Figure B.5** Graphique de la distribution de Student présentée pour différentes valeurs de $\nu$; on constate que lorsque la valeur de $\nu$ est élevée, la distribution de Student s'apparente à la Gaussienne.

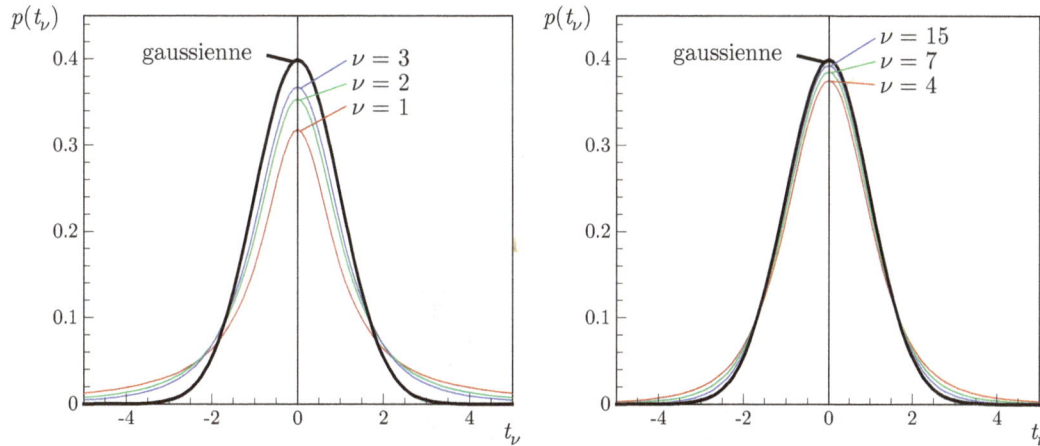

Selon la loi de Student, on définit les probabilités suivantes :

$$P(t_{\nu,\alpha} \leq t_\nu \leq t_{\nu,\alpha}) = \int_{-t_{\nu,\alpha}}^{t_{\nu,\alpha}} p(t_\nu)\, dt_\nu = P \qquad (B.15)$$

$$\text{et} \quad P(t_\nu \geq t_{\nu,\alpha}) = \int_{t_{\nu,\alpha}}^{\infty} p(t_\nu)\, dt_\nu = \alpha \quad . \qquad (B.16)$$

Ainsi, on obtient $P + 2\alpha \equiv 1$. Le graphique de la figure B.6 illustre de quelle façon ces probabilités sont représentées. De plus, le tableau B.2 fournit les valeurs de $t_{\nu,\alpha}$ pour différentes valeurs de $\nu$ et de $\alpha$.

**Figure B.6** Graphique de la distribution de Student présentée pour une valeur de $\nu = 15$; la probabilité $P(t_{\nu,\alpha} \leq t_\nu \leq t_{\nu,\alpha})$ est égale à $P$ et la probabilité $P(t_\nu \geq t_{\nu,\alpha})$ est égale à $\alpha$

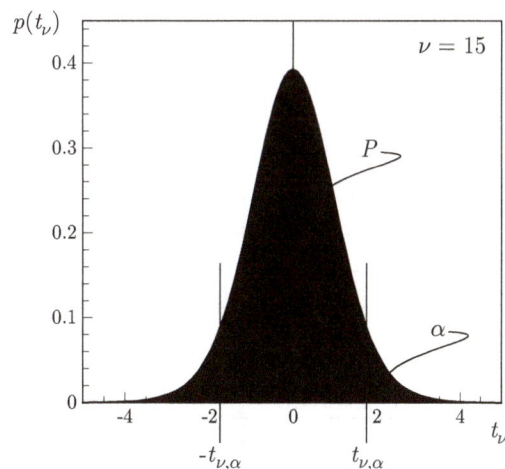

**Tableau B.2**
**Évolution de $t_{\nu,\alpha}$ en fonction de $\nu$ et de $\alpha$ ou $P$**

| $P =$ | 0.8 | 0.9 | 0.95 | 0.98 | 0.99 |
|---|---|---|---|---|---|
| $\alpha =$ | 0.100 | 0.050 | 0.025 | 0.010 | 0.005 |
| $\nu$ | | | $t_{\nu,\alpha}$ | | |
| 1 | 3.078 | 6.314 | 12.706 | 31.821 | 63.656 |
| 2 | 1.886 | 2.920 | 4.303 | 6.965 | 9.925 |
| 3 | 1.638 | 2.353 | 3.182 | 4.541 | 5.841 |
| 4 | 1.533 | 2.132 | 2.776 | 3.747 | 4.604 |
| 5 | 1.476 | 2.015 | 2.571 | 3.365 | 4.032 |
| 6 | 1.440 | 1.943 | 2.447 | 3.143 | 3.707 |
| 7 | 1.415 | 1.895 | 2.365 | 2.998 | 3.499 |
| 8 | 1.397 | 1.860 | 2.306 | 2.896 | 3.355 |
| 9 | 1.383 | 1.833 | 2.262 | 2.821 | 3.250 |
| 10 | 1.372 | 1.812 | 2.228 | 2.764 | 3.169 |
| 11 | 1.363 | 1.796 | 2.201 | 2.718 | 3.106 |
| 12 | 1.356 | 1.782 | 2.179 | 2.681 | 3.055 |
| 13 | 1.350 | 1.771 | 2.160 | 2.650 | 3.012 |
| 14 | 1.345 | 1.761 | 2.145 | 2.624 | 2.977 |
| 15 | 1.341 | 1.753 | 2.131 | 2.602 | 2.947 |
| 16 | 1.337 | 1.746 | 2.120 | 2.583 | 2.921 |
| 17 | 1.333 | 1.740 | 2.110 | 2.567 | 2.898 |
| 18 | 1.330 | 1.734 | 2.101 | 2.552 | 2.878 |
| 19 | 1.328 | 1.729 | 2.093 | 2.539 | 2.861 |
| 20 | 1.325 | 1.725 | 2.086 | 2.528 | 2.845 |
| 21 | 1.323 | 1.721 | 2.080 | 2.518 | 2.831 |
| 22 | 1.321 | 1.717 | 2.074 | 2.508 | 2.819 |
| 23 | 1.319 | 1.714 | 2.069 | 2.500 | 2.807 |
| 24 | 1.318 | 1.711 | 2.064 | 2.492 | 2.797 |
| 25 | 1.316 | 1.708 | 2.060 | 2.485 | 2.787 |
| 26 | 1.315 | 1.706 | 2.056 | 2.479 | 2.779 |
| 27 | 1.314 | 1.703 | 2.052 | 2.473 | 2.771 |
| 28 | 1.313 | 1.701 | 2.048 | 2.467 | 2.763 |
| 29 | 1.311 | 1.699 | 2.045 | 2.462 | 2.756 |
| 30 | 1.310 | 1.697 | 2.042 | 2.457 | 2.750 |
| 32 | 1.309 | 1.694 | 2.037 | 2.449 | 2.738 |
| 34 | 1.307 | 1.691 | 2.032 | 2.441 | 2.728 |
| 36 | 1.306 | 1.688 | 2.028 | 2.434 | 2.719 |
| 38 | 1.304 | 1.686 | 2.024 | 2.429 | 2.712 |
| 40 | 1.303 | 1.684 | 2.021 | 2.423 | 2.704 |
| 60 | 1.296 | 1.671 | 2.000 | 2.390 | 2.660 |
| 80 | 1.292 | 1.664 | 1.990 | 2.374 | 2.639 |
| 100 | 1.290 | 1.660 | 1.984 | 2.364 | 2.626 |
| 120 | 1.289 | 1.658 | 1.980 | 2.358 | 2.617 |
| **Gaussienne** | 1.282 | 1.645 | 1.960 | 2.326 | 2.576 |

# Annexe C
# Exemple détaillé
# de calcul des incertitudes

Cette annexe présente un exemple détaillé de calcul des incertitudes sur la mesure du coefficient de traînée aérodynamique d'un corps non profilé. Il s'agit d'analyser les résultats d'essais expérimentaux conduits en soufflerie avec un cylindre circulaire exposé à un écoulement d'air incompressible, à vitesse constante. Le cylindre est monté sur une balance aérodynamique et son axe longitudinal est orienté perpendiculairement à l'écoulement, tel qu'illustré sur la figure C.1.

| **Figure C.1** | Schéma d'un cylindre supporté par une balance aérodynamique et monté dans la section d'essai d'une soufflerie. |

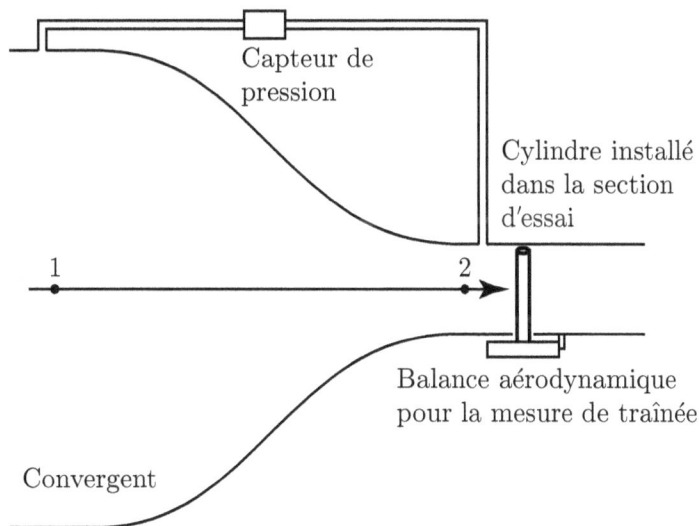

La balance qui supporte le cylindre à sa base est localisée juste sous le plancher de la veine d'essai. Un convergent, situé en amont de la section d'essai, est utilisé pour mesurer la vitesse de référence de l'écoulement à l'aide de prises de pression pariétale. Les deux prises sont raccordées à un capteur de pression différentielle.

# C.1 Équations de base

Lorsque le cylindre de diamètre $d$ et de longueur $L$ est exposé à un écoulement de vitesse $U_\infty$, il subit une force orientée dans la direction de l'écoulement que l'on dénomme la traînée aérodynamique $D$. Cette force est mesurée par la balance aérodynamique qui maintient le cylindre dans l'écoulement. Le coefficient de traînée $C_D$ est défini comme étant le ratio entre la force de traînée et le produit de la pression dynamique $q_\infty$ par la surface frontale $A_F$ du cylindre (relations C.1, C.2 et C.3).

$$C_D = \frac{D}{q_\infty A_F} \, , \tag{C.1}$$

$$q_\infty = \frac{1}{2}\rho U_\infty^2 \, , \tag{C.2}$$

$$A_F = d\, L \, . \tag{C.3}$$

**Mesure de la pression dynamique de référence $q_\infty$**

Dans un premier temps, considérons un écoulement sans pertes, le long d'une ligne de courant allant du point 1 au point 2 (figure C.1), incompressible et permanent. Dans ces conditions, on utilise l'équation de Bernoulli :

$$p_1 + \frac{1}{2}\rho U_1^2 = p_2 + \frac{1}{2}\rho U_2^2 \, . \tag{C.4}$$

Pour un écoulement dont la vitesse est uniforme sur toute la section $A$, la conservation de la masse permet d'écrire :

$$A_1 U_1 = A_2 U_2 \Rightarrow U_1^2 = \left(\frac{A_2}{A_1}\right)^2 U_2^2 \, . \tag{C.5}$$

En introduisant la relation (C.5) dans l'équation de Bernoulli (C.4) et en considérant que le point 2 représente un point de référence (avec $q_2 = 1/2\ \rho U_2^2 = q_\infty$ et $\Delta p_c = p_1 - p_2$), on obtient :

$$p_1 - p_2 = \frac{1}{2}\rho U_2^2 \left[1 - \left(\frac{A_2}{A_1}\right)^2\right] \Rightarrow q_\infty = \frac{1}{[1 - (A_2/A_1)^2]} \Delta p_c \, . \tag{C.6}$$

En réalité, l'équation (C.6) ne s'applique pas parfaitement, car il y a des couches limites qui se développent sur les parois du convergent. Dans ce contexte, l'hypothèse de fluide non visqueux perd sa validité, non pas par défaut d'application de l'équation de Bernoulli, mais parce qu'elle a pour effet de rendre la détermination du ratio des sections débitantes difficile à mesurer. En d'autres termes, on ne sait pas quelles sont les valeurs exactes de $A_1$ et $A_2$ et encore moins la valeur de leur ratio. De plus, on sait que dans un convergent, il y a des phénomènes aérodynamiques qui font en sorte que l'écoulement n'est pas nécessairement uniforme aux sections 1 et 2 considérées. Ce phénomène résulte de la solution de l'écoulement potentiel d'un fluide parfait dans un convergent avec parois courbes. Ceci n'a donc rien à voir avec le non-respect de l'hypothèse de fluide non visqueux. Cependant, on modélise ce phénomène autant pour un fluide parfait que pour un fluide visqueux. Bref, si la vitesse n'est pas pleinement uniforme à la section 2 par exemple, l'utilisation de la relation (C.5) n'est pas valide (à moins qu'on ne considère la vitesse moyenne sur la section).

Pour pallier ces imperfections, on peut étalonner le convergent à l'aide d'un tube de pitot-statique disposé suffisamment en amont du cylindre et utiliser une relation du type :

$$q_\infty = \Delta p_{\text{pitot}} = A_c\, \Delta p_c + B_c \;, \tag{C.7}$$

où $A_c$ et $B_c$ sont les constantes d'étalonnage du convergent, obtenues par régression linéaire, et $\Delta p_{\text{pitot}}$ est la différence entre la pression totale et la pression statique mesurée avec le tube de pitot-statique.

## Mesure de la traînée aérodynamique $D$

La force de traînée s'exerçant sur le cylindre est mesurée avec une balance aérodynamique qui est étalonnée avec des masses connues. La relation d'étalonnage est :

$$D = A_b\, (v_b - v_{b_0}) \;, \tag{C.8}$$

où $A_b$ est la constante d'étalonnage de la balance, obtenue par régression linéaire, et $v_b - v_{b_0}$ est la différence entre la tension de sortie du conditionneur de la cellule de charge de la balance et sa tension de zéro (tension de sortie lorsque $D = 0$).

## Mesure des différences de pression $\Delta p_c$ et $\Delta p_{pitot}$

Les mesures de pression différentielle du convergent et du tube de pitot-statique sont faites à l'aide de capteurs de pression qui ont été étalonnés avec un manomètre de précision. Les relations d'étalonnage sont les suivantes :

$$\Delta p_c = A_{pc}\, (v_{pc} - v_{pc0}) \qquad \text{et} \qquad \Delta p_{\text{pitot}} = A_p\, (v_p - v_{p0}) \;, \tag{C.9}$$

où $A_{pc}$ et $A_p$ sont les constantes d'étalonnage des deux capteurs de pression, obtenues par régression linéaire, et $v_{pc} - v_{pc0}$ et $v_p - v_{p0}$ sont les différences entre les tensions de sortie des capteurs de pression et leur tension de zéro respective (tension de sortie lorsque $\Delta p = 0$).

## C.2 Incertitude sur l'estimation de $C_D$

Le calcul de l'incertitude sur l'estimation du coefficient de traînée aérodynamique du cylindre est basé sur la théorie présentée à la section 1.2.2. En considérant la surface frontale $A_F = d\,L$ dans la relation (C.1), le coefficient de traînée s'écrit :

$$C_D = \frac{D}{q_\infty d\,L}\,,\tag{C.10}$$

L'incertitude sur l'estimation de $C_D$ s'exprime à l'aide de la relation de propagation des erreurs (1.21) appliquée à la définition de $C_D$ (C.10) :

$$u_{C_D} = \pm\sqrt{(\theta_D u_D)^2 + (\theta_{q_\infty} u_{q_\infty})^2 + (\theta_d u_d)^2 + (\theta_L u_L)^2}\,,\tag{C.11}$$

avec :

$$\theta_D^2 = \left(\frac{1}{q_\infty d\,L}\right)^2\,,\quad \theta_{q_\infty}^2 = \left(\frac{D}{q_\infty^2 d\,L}\right)^2\,,\tag{C.12}$$

$$\theta_d^2 = \left(\frac{D}{q_\infty d^2\,L}\right)^2\quad \text{et}\quad \theta_L^2 = \left(\frac{D}{q_\infty d\,L^2}\right)^2\,.\tag{C.13}$$

Après manipulations, on obtient :

$$u_{C_D} = \pm C_D \sqrt{\left(\frac{u_D}{D}\right)^2 + \left(\frac{u_{q_\infty}}{q_\infty}\right)^2 + \left(\frac{u_d}{d}\right)^2 + \left(\frac{u_L}{L}\right)^2}\,.\tag{C.14}$$

Pour matérialiser cet exemple, considérons que les mesures effectuées fournissent les valeurs moyennes suivantes : $D = 3$ N, $q_\infty = 1\,000$ Pa, $d = 0.0127$ m et $L = 0.2000$ m. Ces valeurs introduites dans la relation (C.10) donnent $C_D = 1.181$. On doit maintenant estimer les incertitudes sur chacune de ces quatre quantités mesurées afin de déterminer l'incertitude sur le calcul de $C_D$.

### Incertitude $u_D$ sur la mesure de traînée

La formule de propagation des erreurs (1.21) appliquée à l'expression (C.8), utilisée pour calculer $D$, permet d'écrire :

$$u_D^2 = \left(\theta_{A_b} u_{A_b}\right)^2 + \left(\theta_{v_b} u_{v_b}\right)^2 + \left(\theta_{v_{b_0}} u_{v_{b_0}}\right)^2\,.\tag{C.15}$$

Le premier terme de l'expression (C.15) s'interprète comme le carré de l'erreur introduite par le calcul de régression des moindres carrés effectué sur les données d'étalonnage de la balance aérodynamique. On dénomme ce terme $u_{\text{rég}_b}^2$. Il s'agit d'une fonction des données d'étalonnage ainsi que des incertitudes des tensions, des masses et de la valeur de l'accélération gravitationnelle utilisées. La technique d'analyse exposée à la section 1.2.3 est utilisée pour quantifier cette valeur. En explicitant les dérivées définissant les termes $\theta$, on obtient :

$$u_D^2 = u_{\text{rég}_b}^2 + A_b^2 \left( u_{v_b}^2 + u_{v_{b0}}^2 \right) . \tag{C.16}$$

Un calcul de régression (non détaillé ici) effectué sur les données d'étalonnage permet d'obtenir la sensibilité statique $A_b = 0.3$ N/V et la procédure décrite à la section 1.2.3 fournit l'incertitude de régression $u_{\text{rég}_b}^2 = 0.0001$ N$^2$. Il ne reste qu'à déterminer les incertitudes sur les tensions $v_b$ et $v_{b0}$ afin de pouvoir évaluer $u_D$.

### Erreurs de biais et de précision sur la mesure des tensions

Notons en premier lieu que pour tous les échantillons, les moyennes sont calculées avec suffisamment d'observations pour pouvoir utiliser $t_{\nu,P} = 2$. Les incertitudes sur la mesure des tensions s'écrivent :

$$u_{v_b}^2 = B_{v_b}^2 + t_{\nu,P}^2 P_{v_b}^2 \quad \text{et} \quad u_{v_{b0}}^2 = B_{v_{b0}}^2 + t_{\nu,P}^2 P_{v_{b0}}^2 . \tag{C.17}$$

Les erreurs de biais et de précision s'expriment comme la somme des erreurs élémentaires au carré :

$$B_{v_b}^2 = \left( e_{1B}^2 + e_{2B}^2 + \dots \right)_{v_b} \quad , \quad B_{v_{b0}}^2 = \left( e_{1B}^2 + e_{2B}^2 + \dots \right)_{v_{b0}} , \tag{C.18}$$

$$P_{v_b}^2 = \left( e_{1P}^2 + e_{2P}^2 + \dots \right)_{v_b} \quad \text{et} \quad P_{v_{b0}}^2 = \left( e_{1P}^2 + e_{2P}^2 + \dots \right)_{v_{b0}} . \tag{C.19}$$

Les erreurs élémentaires sur la mesure des tensions sont les suivantes :

- $(e_{1B})_{v_b} = (e_{1B})_{v_{b0}} = 0.00122$ V; moitié de la résolution de la carte d'acquisition de données (0-10 V codé sur 12 bits).

- $(e_{1P})_{v_b} = s_{\overline{v_b}} = s_{v_b}/\sqrt{N} = 0.025$ V; écart-type de la distribution des moyennes. Note : l'écart-type de la tension mesurée durant l'expérience est relativement élevé car le cylindre est soumis à des fluctuations de force aérodynamique induites par l'émission tourbillonnaire caractérisant ce type d'écoulement. Il s'agit donc d'un cas où l'écart-type est davantage influencé par le phénomène à mesurer que par la précision des instruments (cette situation se produit fréquemment).

- $(e_{1P})_{v_{b0}} = s_{\overline{v_{b0}}} = s_{v_{b0}}/\sqrt{N} = 0.001$ V; écart-type de la distribution des moyennes de la tension à zéro. L'écart-type est faible, car la tension est très stable puisqu'il n'y a pas d'écoulement lorsque l'on mesure la tension à zéro.

- $(e_{2P})_{v_b} = (e_{2P})_{v_{b0}} = 0.005$ V; bruit de la carte d'acquisition de données, à considérer seulement si on ne dispose pas des écart-types et, le cas échéant, multiplier par $1/\sqrt{N}$ si on utilise les valeurs moyennes.

- En injectant les valeurs numériques dans les expressions (C.16) à (C.19), on obtient :

$$u_{v_b}^2 = (0.00122)^2 + 4 \times (0.025)^2 = 0.0025 \text{ V}^2 \quad \text{et} \tag{C.20}$$

$$u_{v_{b_0}}^2 = (0.00122)^2 + 4 \times (0.001)^2 = 5.5 \times 10^{-6} \text{ V}^2 \tag{C.21}$$

et finalement :

$$u_D^2 = u_{\text{rég}_b}^2 + A_b^2 \left( u_{v_b}^2 + u_{v_{b_0}}^2 \right) = 0.0001 + (0.3)^2 \times \left( 0.0025 + 5.5 \times 10^{-6} \right) ,$$

$$\Rightarrow u_D^2 = 3.256 \times 10^{-4} \text{ N}^2 . \tag{C.22}$$

## Incertitude $u_{q\infty}$ sur la mesure de la pression dynamique

La formule de propagation des erreurs (1.21) appliquée à l'expression (C.7), utilisée pour calculer $q_\infty$, permet d'écrire :

$$u_{q\infty}^2 = \left( \theta_{A_c} u_{A_c} \right)^2 + \left( \theta_{B_c} u_{B_c} \right)^2 + \left( \theta_{\Delta p_c} u_{\Delta p_c} \right)^2 . \tag{C.23}$$

La somme des termes $(\theta_{A_c} u_{A_c})^2 + (\theta_{B_c} u_{B_c})^2$ s'interprète comme l'erreur introduite par le calcul de régression des moindres carrés effectué sur les données d'étalonnage du convergent de la soufflerie. On dénomme cette erreur $u_{\text{rég}_c}^2$. Il s'agit d'une fonction des données d'étalonnage ainsi que des incertitudes des deux capteurs de pression utilisés lors de l'étalonnage. Comme dans le cas de la balance aérodynamique, la technique d'analyse exposée à la section 1.2.3 est utilisée pour quantifier cette valeur. En explicitant les dérivées définissant le terme $\theta_{\Delta p_c}$, on obtient :

$$u_{q\infty}^2 = u_{\text{rég}_c}^2 + A_c^2 \, u_{\Delta p_c}^2 . \tag{C.24}$$

L'analyse des données de régression permet d'obtenir les constantes d'étalonnage du convergent $A_c = 1.12$ (sans unités), $B_c = 0.05$ Pa et la procédure décrite à la section 1.2.3 fournit l'incertitude de régression $u_{\text{rég}_c}^2 = 12$ Pa$^2$. Il ne reste qu'à déterminer l'incertitude $u_{\Delta p_c}$ sur la mesure de pression afin de pouvoir évaluer $u_{q\infty}$.

## Incertitude $u_{\Delta p_c}$ sur la mesure de la pression

La pression différentielle du convergent est mesurée avec un capteur de pression qui a été étalonné avec un manomètre. La relation d'étalonnage est :

$$\Delta p_c = A_{p_c} \left( v_{pc} - v_{pc_0} \right) \tag{C.25}$$

et l'incertitude sur la mesure de la pression s'exprime à partir de la relation suivante :

$$u_{\Delta p_c}^2 = \left( \theta_{A_{pc}} u_{A_{pc}} \right)^2 + \left( \theta_{v_{pc}} u_{v_{pc}} \right)^2 + \left( \theta_{v_{pc_0}} u_{v_{pc_0}} \right)^2 . \tag{C.26}$$

En notant le premier terme $u^2_{\text{rég}_{pc}}$ et en explicitant les dérivées partielles $\theta$ des deux autres termes, on obtient :

$$u^2_{\Delta p_c} = u^2_{\text{rég}_{pc}} + A^2_{p_c} \left( u^2_{v_{pc}} + u^2_{v_{pc_0}} \right) \; . \tag{C.27}$$

Les données d'étalonnage permettent d'obtenir la sensibilité statique du capteur de pression $A_{p_c} = 250$ Pa/V et l'incertitude de régression $u^2_{\text{rég}_{pc}} = 10.5$ Pa$^2$. De plus, en procédant avec les erreurs élémentaires de la même manière que dans le cas de la balance aérodynamique, on obtient $u^2_{v_{pc}} = 0.0003$ V$^2$, $u^2_{v_{pc_0}} = 0.0001$ V$^2$ et enfin :

$$u^2_{\Delta p_c} = 10.5 + (250)^2 \times (0.0003 + 0.0001) = 35.50 \text{ Pa}^2 \; . \tag{C.28}$$

En introduisant cette dernière valeur ($u^2_{\Delta p_c} = 35.50$ Pa$^2$) ainsi que les valeurs obtenues précédemment ($A_c = 1.12$ et $u^2_{\text{rég}_c} = 12$ Pa$^2$) dans l'expression (C.24), on obtient en fin de compte :

$$u^2_{q_\infty} = u^2_{\text{rég}_c} + A^2_c \, u^2_{\Delta p_c} = 12 + (1.12)^2 \times 35.50 = 56.53 \text{ Pa}^2 \; . \tag{C.29}$$

## Incertitudes $u_d$ et $u_L$ sur les mesures de diamètre et de longueur

### Diamètre

Le diamètre du cylindre est mesuré avec un pied à coulisse. L'incertitude sur la mesure de $d$ s'exprime comme :

$$u^2_d = B^2_d + t^2_{\nu,P} \, P^2_d \; , \tag{C.30}$$

avec :

$$B^2_d = \left( e^2_{1B} + e^2_{2B} + \ldots \right)_d \quad \text{et} \quad P^2_d = \left( e^2_{1P} + e^2_{2P} + \ldots \right)_d \; . \tag{C.31}$$

Les erreurs élémentaires reliées à l'utilisation du pied à coulisse sont les suivantes :

- $e_{1B} = 0.01$ mm (répétabilité).

- $e_{2B} = 0.1$ mm (tolérance sur le diamètre reliée à l'usinage du cylindre).

- $e_{1P} = 0.02$ mm (précision).

- $e_{1B} = 0.02$ mm (manipulations).

On calcule ainsi $B^2_d = 0.0101$ mm$^2$ et $P^2_d = 0.0008$ mm$^2$, ce qui permet d'obtenir :

$$u^2_d = 0.0101 + 4 \times 0.0008 = 0.0133 \text{ mm}^2 \; .$$

$$\Rightarrow u^2_d = 1.33 \times 10^{-8} \text{ m}^2 \; . \tag{C.32}$$

### Longueur

La longueur du cylindre est mesurée avec un pied à coulisse de plus grande longueur et l'incertitude s'exprime de la même manière que précédemment: $u_L^2 = B_L^2 + t_{\nu,P}^2 \, P_L^2$. Avec $e_{1B} = 0.1$ mm, $e_{2B} = 0.2$ mm et $e_{1P} = 0.05$ mm, on obtient:

$$u_L^2 = 7.00 \times 10^{-8} \text{ m}^2 \ . \tag{C.33}$$

## Incertitude finale sur l'estimation du coefficient de traînée

On a démontré précédemment, expression (C.14), que l'incertitude sur l'estimation du coefficient de traînée aérodynamique du cylindre s'écrit:

$$u_{C_D} = \pm C_D \sqrt{\left(\frac{u_D}{D}\right)^2 + \left(\frac{u_{q_\infty}}{q_\infty}\right)^2 + \left(\frac{u_d}{d}\right)^2 + \left(\frac{u_L}{L}\right)^2} \ .$$

On a aussi introduit les valeurs moyennes des différentes quantités physiques mesurées. Ces quantités élevées au carré sont:

$$D^2 = 9 \text{ N}^2 \ , \quad q_\infty^2 = 10^6 \text{ Pa}^2 \ , \quad d^2 = 1.613 \times 10^{-4} \text{ m}^2 \ , \quad L^2 = 0.04 \text{ m}^2 \ .$$

Leurs incertitudes respectives sont:

$$u_D^2 = 3.256 \times 10^{-4} \text{ N}^2 \ , \quad u_{q_\infty}^2 = 56.53 \text{ Pa}^2 \ , \quad u_d^2 = 1.33 \times 10^{-8} \text{ m}^2 \quad \text{et} \quad u_L^2 = 7.00 \times 10^{-8} \text{ m}^2 \ .$$

Ainsi, on calcule $C_D = 1.181$ et l'incertitude sur ce résultat est:

$$u_{C_D} = \pm 1.181 \sqrt{\frac{3.256 \times 10^{-4}}{9} + \frac{56.53}{10^6} + \frac{1.33 \times 10^{-8}}{1.613 \times 10^{-4}} + \frac{7.00 \times 10^{-8}}{0.04}}$$

$$= \pm 1.181 \sqrt{3.62 \times 10^{-5} + 5.65 \times 10^{-5} + 8.25 \times 10^{-5} + 1.75 \times 10^{-6}}$$

$$\Rightarrow u_{C_D} = \pm 0.0157$$

En analysant la contribution des différents termes, il est intéressant de constater que l'erreur sur la mesure du diamètre est celle qui a le plus d'importance (même si les erreurs sur $D$ et sur $q_\infty$ ne sont pas négligeables). Il aurait été difficile de prédire ce constat sans avoir recours à l'analyse des incertitudes. Ce type d'analyse permet aussi d'afficher un résultat avec un nombre de chiffres significatifs approprié. Ainsi, en considérant les chiffres significatifs, le coefficient de traînée aérodynamique du cylindre s'écrit:

$$C_D = 1.18 \pm 0.02 \ .$$

# Annexe D
# Complément de la section 4.2 sur le recouvrement et le diagramme de repliement

Cette annexe fournit des détails supplémentaires sur le phénomène de recouvrement spectral (*aliasing*), aussi dénommé phénomène de repliement des fréquences, permettant ainsi de compléter les informations présentées à la section 4.2. Un exemple de recouvrement spectral est d'abord présenté. Il traite d'un signal de fréquence $f_1 > f_N$ ($f_N$ est la fréquence de Nyquist de l'échantillonneur) perçu, après échantillonnage, comme un signal de fréquence $f_2 < f_N$. Cet exemple est suivi de la présentation d'une méthode de construction du diagramme de repliement que l'on retrouve à la figure 4.3.

## D.1 Exemple de recouvrement spectral

Pour compléter l'exemple d'échantillonnage discret de la section 2, considérons un signal sinusoïdal de fréquence $f = 9$ Hz, échantillonné de la même manière que le signal de l'exemple, soit avec une temps discret de 0.1 seconde entre chaque prise de mesure. La fréquence de l'échantillonneur est de 10 Hz, soit une fréquence de Nyquist $f_N = 5$ Hz. Le signal à mesurer ($f = 9$ Hz) est donc de fréquence $f = 1.8 f_N$: en consultant le diagramme de repliement, on peut prédire qu'il y aura recouvrement spectral du signal perçu vers la fréquence $f = 0.2 f_N$, soit 1 Hz.

La figure D.1 représente ce phénomène. Le trait continu représente le signal réel, les points représentent les valeurs discrètes échantillonnées, et le trait pointillé est le signal perçu.

**Figure D.1** Illustration du problème de recouvrement spectral

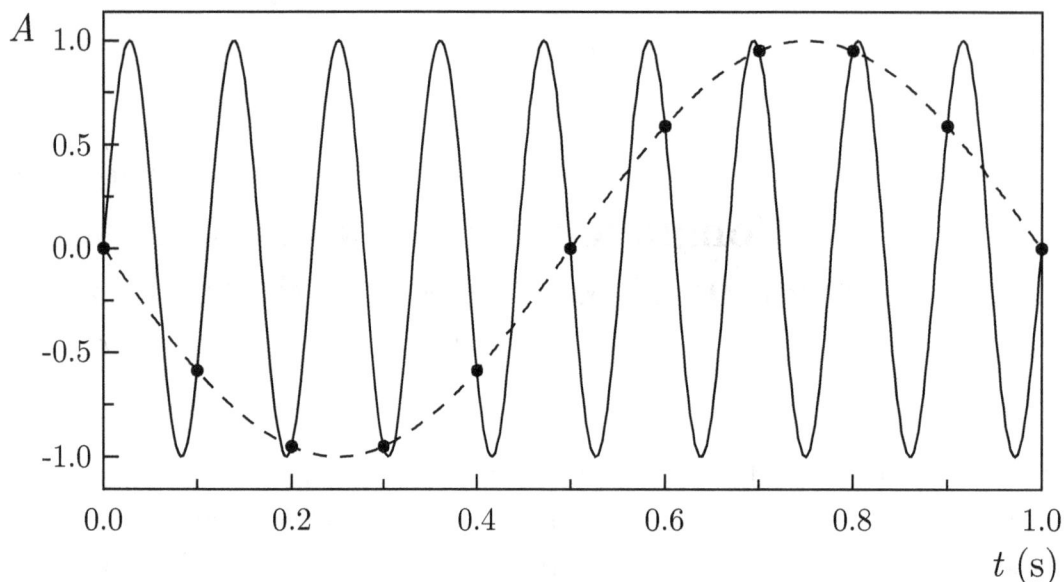

## D.2 Construction du diagramme de repliement

Considérons un signal $e_1(t) = \sin(2\pi f_1 t)$ que l'on échantillonne à une fréquence $f_{\text{éch.}}$. Cela signifie que l'on observe $e_1(t)$ à des temps discrets $t_n = n\delta t$, avec $n = 0, 1, 2, \ldots$ et $\delta t = 1/f_{\text{éch.}}$. Le signal discret peut alors s'écrire comme :

$$e_1(t_n) = \sin(2\pi f_1\, n\delta t) = \sin\left(2\pi n \frac{f_1}{f_{\text{éch.}}}\right) \ . \tag{D.1}$$

Supposons ici que $f_1$ est inférieure à la fréquence de Nyquist $f_N$ de l'échantillonneur ($f_N = f_{\text{éch.}}/2$). Considérons ensuite un signal $e_2(t) = \sin(2\pi(r f_{\text{éch.}} \pm f_1)t)$ avec $r = 1, 2, \ldots$ La fréquence $f_2$ du signal $e_2(t)$ prend ainsi les valeurs suivantes : $f_{\text{éch.}} - f_1$, $f_{\text{éch.}} + f_1$, $2f_{\text{éch.}} - f_1$, $2f_{\text{éch.}} + f_1$, … Notons que $f_{2min}$ est obtenue pour $f_1 = f_N$, soit $f_{2min} = f_{\text{éch.}} - f_N = f_N$. Le signal $e_2(t)$ a donc une fréquence supérieure ou égale à la fréquence de Nyquist de l'échantillonneur.

Le signal discret de $e_2(t)$ peut s'écrire comme :

$$e_2(t_n) = \sin\left(2\pi(r f_{\text{éch.}} \pm f_1)n\delta t\right)$$
$$= \sin\left(2\pi(r f_{\text{éch.}} \pm f_1)\frac{n}{f_{\text{éch.}}}\right) = \sin\left(2\pi r n \pm 2\pi n \frac{f_1}{f_{\text{éch.}}}\right) \ . \tag{D.2}$$

Sachant que $\sin(2\pi m + x) = \sin(x)$ pour $m$ entier, on peut réécrire l'expression précédente comme[1]

$$e_2(t_n) = \sin\left(2\pi n \frac{f_1}{f_{\text{éch.}}}\right) \ .$$ (D.3)

Le signal $e_2(t)$ est donc perçu comme un signal de fréquence $f_1 < f_N$. En fait, $f_1$ est la fréquence repliée de toutes les fréquences $r f_{\text{éch.}} \pm f_1$, $r = 1, 2, \ldots$ Ce raisonnement permet de construire le diagramme de repliement et d'énoncer le théorème d'échantillonnage, aussi dénommé théorème de Shannon ou théorème de Nyquist-Shannon selon les diverses sources : $f_m < f_N$ ou $2f_m < f_{\text{éch.}}$ ou $f_{\text{éch.}} > 2f_m$, $f_m$ étant la fréquence la plus élevée dans le signal à mesurer. On doit donc choisir un échantillonneur dont la fréquence est supérieure à $2f_{\text{m}}$.

---

[1] Seul le signe positif est conservé ici. Le signal affecté du signe négatif est identique au premier, mais en opposition de phase.

# Annexe E
# Réponse en fréquence d'un
# capteur séismique : analyse dimensionnelle

L'équation de la réponse en fréquence d'un capteur séismique établie au chapitre 10 peut s'écrire sous la forme suivante :

$$Z(f) = \frac{m\,4\pi^2 f^2\,X(f)}{-m\,4\pi^2 f^2 + k + j\,c\,2\pi f} = G(m,\,f,\,X,\,k,\,c) \quad . \tag{E.1}$$

Selon le théorème de Buckingham, une équation impliquant 6 variables, exprimées à l'aide de 3 dimensions (F, L et T), peut être réduite à une relation impliquant $6 - 3 = 3$ termes $\Pi$ sans dimensions et indépendants. Le problème précédent peut donc être réduit à l'expression suivante :

$$\Pi_1 = \varphi(\Pi_2,\,\Pi_3) \quad . \tag{E.2}$$

Dans le système F, L, T, les dimensions de base des variables du problème sont :

$$
\begin{aligned}
Z &\rightarrow [\mathrm{L\,T}] \\
X &\rightarrow [\mathrm{L\,T}] \\
m &\rightarrow [\mathrm{F\,L^{-1}\,T^2}] \\
f &\rightarrow [\mathrm{T^{-1}}] \\
k &\rightarrow [\mathrm{F\,L^{-1}}] \\
c &\rightarrow [\mathrm{F\,L^{-1}\,T}] \quad .
\end{aligned}
\tag{E.3}
$$

L'analyse dimensionnelle est effectuée en considérant $Z(f)$ comme variable dépendante et celle-ci fera partie du terme $\Pi_1$. Le théorème de Buckingham nous impose de choisir 3 variables répétées qui doivent faire intervenir toutes les dimensions de base. Nous choisissons les variables $X$, $m$ et $k$ comme variables répétées. Les trois termes $\Pi$ peuvent alors s'exprimer comme ceci :

$$
\begin{aligned}
\Pi_1 &= Z\,X^a\,m^b\,k^c \\
\Pi_2 &= f\,X^a\,m^b\,k^c \\
\Pi_3 &= c\,X^a\,m^b\,k^c \quad .
\end{aligned}
\tag{E.4}
$$

Les termes $\Pi$ étant sans dimension, on obtient donc pour chacun des termes :

$$
\begin{aligned}
\Pi_1 &\to a = -1 \quad b = 0 \quad\;\; c = 0 \quad\;\;\; \Rightarrow \Pi_1 = Z/X \\
\Pi_2 &\to a = 0 \quad\;\; b = 1/2 \quad c = -1/2 \Rightarrow \Pi_2 = f\sqrt{m/k} \\
\Pi_3 &\to a = 0 \quad\;\; b = -1/2 \quad c = -1/2 \Rightarrow \Pi_3 = c/\sqrt{km} \;.
\end{aligned}
\tag{E.5}
$$

Par commodité, on peut multiplier les termes $\Pi$ par des constantes sans changer la nature de l'analyse dimensionnelle. Ainsi, on adopte généralement les termes suivants :

$$
\Pi_1 = H(f) = \frac{Z(f)}{X(f)}, \;\; \Pi_2 = 2\pi f\sqrt{\frac{m}{k}} = \frac{f}{f_n} \;\; \text{et} \;\; \Pi_3 = \zeta = \frac{c}{2\sqrt{km}}
\tag{E.6}
$$

Notons que l'on a introduit la notation de fréquence naturelle $f_n$ et de coefficient d'amortissement $\zeta$. La fréquence naturelle est définie par :

$$
f_n = \frac{1}{2\pi}\sqrt{\frac{k}{m}} \;.
\tag{E.7}
$$

On obtient finalement le résultat classique :

$$
H(f) = \varphi\left(\frac{f}{f_n}, \zeta\right) \;.
\tag{E.8}
$$

# Bibliographie

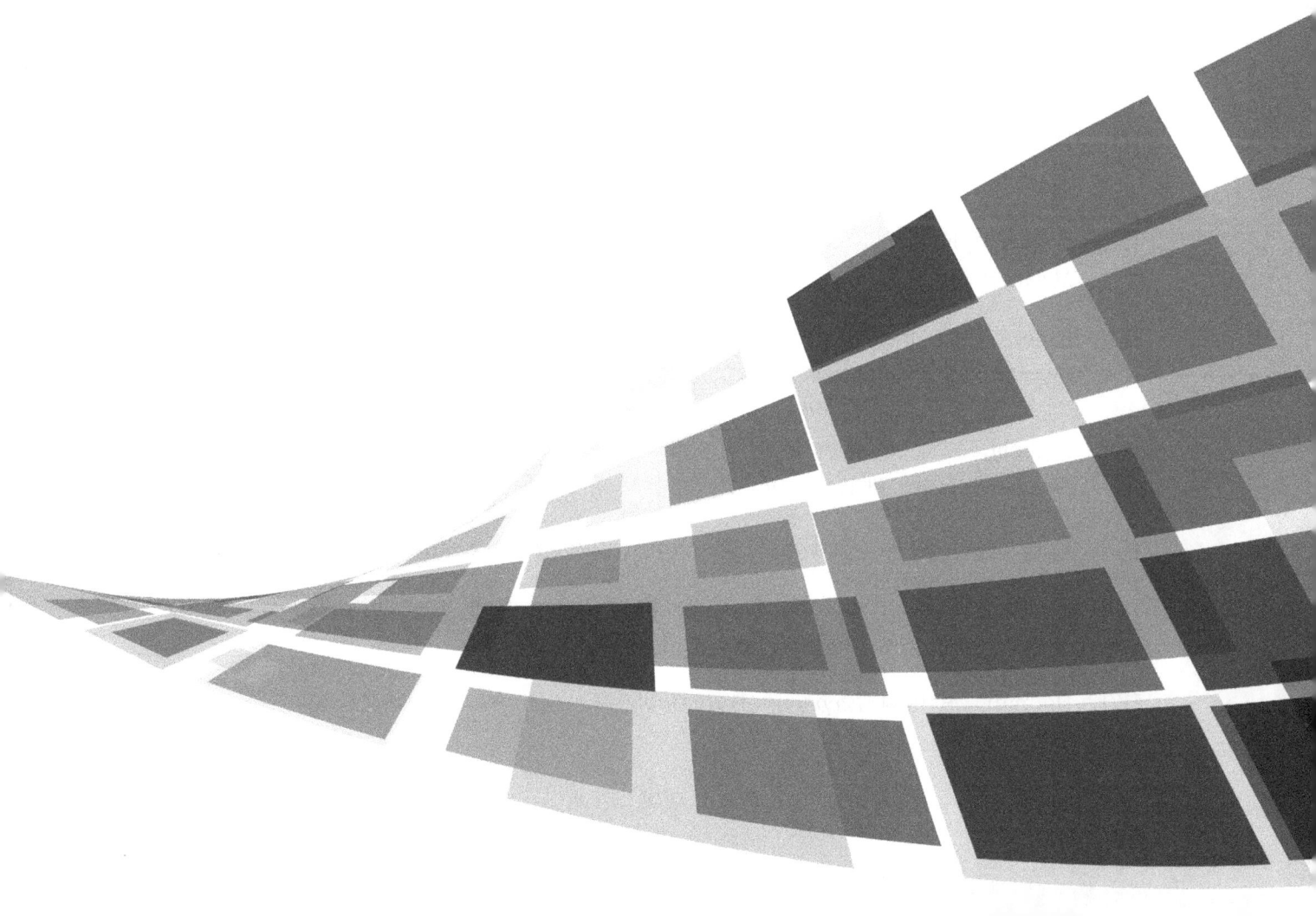

[1]   Baker, R.C. 2000: *Flow Measurement Handbook*. Cambridge University Press.

[2]   Beckwith, T.G.; Marangoni, R.D.; Lienhard, J.H. 1993: *Mechanical Measurements*. 5th Ed., Addison-Wesley.

[3]   Bendat, J.S.; Piersol, A.G. 2010: *Random Data: Analysis and Measurement Procedures*. 4th Ed., Wiley.

[4]   Bendat, J.S.; Piersol, A.G. 1980: *Engineering Applications of Correlation and Spectral Analysis*. Wiley.

[5]   Benedict, R.P. 1984: *Fundamentals of Temperature, Pressure, and Flow Measurements*. 3rd Ed., Wiley.

[6]   Burton, T.D. 1994: *Introduction to Dynamic Systems Analysis*. McGraw-Hill.

[7]   Coleman, H.W.; Steele, W.G. 1999: *Experimentation and Uncertainty Analysis for Engineers*. 2nd Ed., Wiley.

[8]   Cunningham, E.P. 1992: *Digital Filtering: An Introduction*. Houghton Mifflin.

[9]   Dally, J.W.; Riley, W.F.; McConnel, K.G. 1993: *Instrumentation for Engineering Measurements*. 2nd Ed., Wiley.

[10]  Dally, J.W.; Riley, W.F. 1978: *Experimental Stress Analysis*. 2nd Ed., McGraw-Hill.

[11]  Doebelin, E.O. 1990: *Engineering Experimentation: Planning, Execution, Reporting*. McGraw-Hill.

[12]  Doebelin, E.O. 1995: *Measurement Systems: Application and Design*. 4th Ed., McGraw-Hill.

[13]  Elliot, D.F.; Rao, K.R. 1982: *Fast Transforms: Algorithms, Analyses, Applications*. Academic Press.

[14]  Figliola, R.S.; Beasley, D.E. 2006: *Theory and Design for Mechanical Measurements*. 4th Ed., Wiley.

[15]  Gonzalez, R.F.; Woods, R.E. 1992: *Digital Image Processing*. Addison-Wesley.

[16]  Histand, M.B.; Alciatore, D.G. 1999: *Introduction to Mechatronics and Measurement Systems*. McGraw-Hill.

[17]  Holman, J.P. 1984: *Experimental Methods for Engineers*. 6th Ed., McGraw-Hill.

[18]   Horowitz, P.; Hill, W. 2015: *The Art of Electronics*. 3rd Ed., Cambridge University Press.

[19]   Ifeachor, E.C.; Jervis, B.W. 1993: *Digital Signal Processing: A Practical Approach*. Addison-Wesley.

[20]   Levine, M.D. 1985: *Vision in Man and Machine*. McGraw-Hill.

[21]   Morrison, N. 1994: *Introduction to Fourier Analysis*. Wiley-Interscience.

[22]   Papoulis, A.; Pillai S.U. 2002: *Probability, Random Variables, and Stochastic Processes*. 4th Ed., McGraw-Hill.

[23]   Porat, B. 1997: *A Course in Digital Signal Processing*. Wiley.

[24]   Press, W.H.; Teukolsky, S.A.; Vetterling, W.T.; Flannery, B.P. 1992: *Numerical Recipes in FORTRAN (The Art of Scientific Computing)*. 2nd Ed., Cambridge University Press.

[25]   Réfrégier, P. 1993: *Théorie du Signal: Signal, Information, Fluctuation*. Masson.

[26]   Thomas, Y. 1992: *Signaux et systèmes linéaires*. Masson.

[27]   Wheeler, A.J.; Ganji, A.R. 1996: *Introduction to Engineering Experimentation*. Prentice-Hall.

# Index

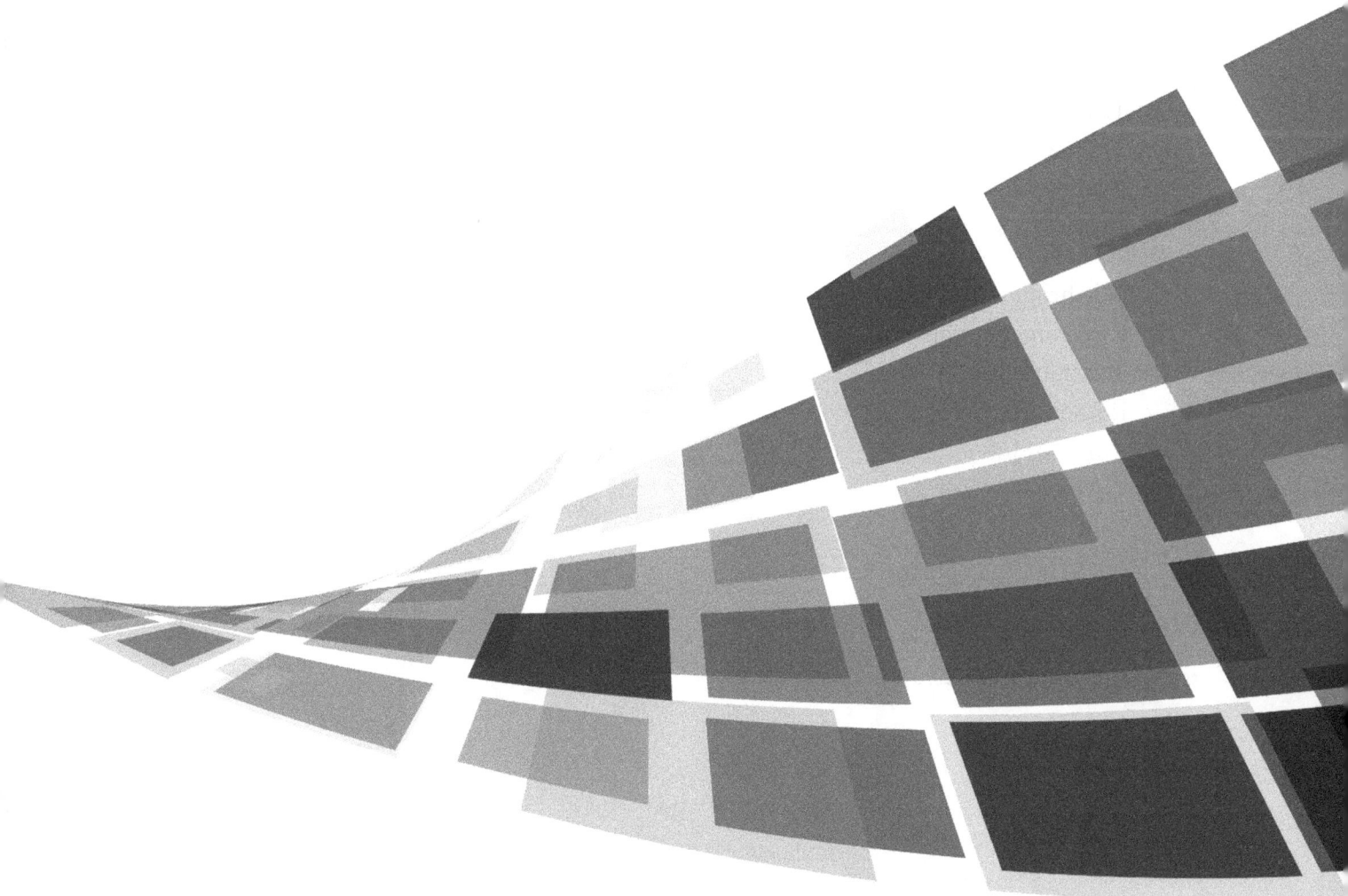

www.ingramcontent.com/pod-product-compliance
Lightning Source LLC
Chambersburg PA
CBHW081042220326
41598CB00038B/6959